新工科暨卓越工程师教育培养计划电子信息类专业系列教材
普通高等学校“十四五”规划电子信息类专业特色教材
丛书顾问/郝　跃

WEIJI YUANLI YU JIEKOU JISHU

微机原理与接口技术

■ 编　著/吴叶兰　薛子云　王立

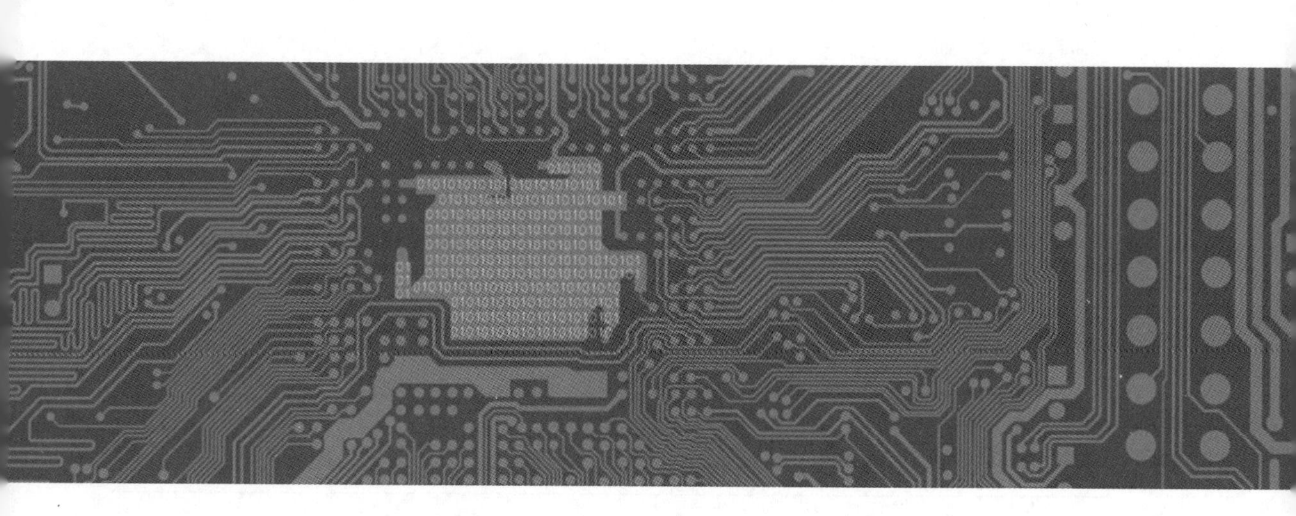

华中科技大学出版社
http://www.hustp.com
中国·武汉

内 容 简 介

本书从微型计算机系统的角度出发，以 Intel 8086 系列微机为平台，系统阐述了现代微型计算机的基本结构、工作原理、指令系统及接口技术等，主要内容包括微型计算机基础、8086/8088 微处理器、8086/8088 指令系统、汇编语言程序设计、存储器系统、输入/输出接口技术、中断技术与中断控制器、可编程接口芯片及应用、模拟接口技术。

本书可作为新工科相关专业本科生的“微机原理与接口技术”课程的教材或参考书，也可以作为相关专业工程技术人员的自学参考书。

图书在版编目(CIP)数据

微机原理与接口技术/吴叶兰，薛子云，王立编著. —武汉：华中科技大学出版社，2022.8
ISBN 978-7-5680-8256-3

Ⅰ.①微…　Ⅱ.①吴…　②薛…　③王…　Ⅲ.①微型计算机-理论　②微型计算机-接口技术
Ⅳ.①TP36

中国版本图书馆 CIP 数据核字(2022)第 113291 号

微机原理与接口技术　　吴叶兰　薛子云　王　立　编著
Weiji Yuanli yu Jiekou Jishu

策划编辑：祖　鹏　王红梅
责任编辑：刘艳花
封面设计：秦　茹
责任校对：张会军
责任监印：周治超
出版发行：华中科技大学出版社(中国·武汉)　　电话：(027)81321913
武汉市东湖新技术开发区华工科技园　　邮编：430223
录　排：武汉市洪山区佳年华文印部
印　刷：武汉科源印刷设计有限公司
开　本：787mm×1092mm　1/16
印　张：23.5
字　数：563 千字
版　次：2022 年 8 月第 1 版第 1 次印刷
定　价：78.00 元

编　委　会

前言

“微机原理与接口技术”是电子信息类与电气工程类等工科专业的专业基础课，其知识体系具有软硬件结合、综合性实践性强的特点。本书的编写理念是既要强调微型计算机系统的基础性和系统性，又要突出实践应用特色、新工科教育立足培养创新能力的特点，使读者能够从理论和实践两方面掌握微型计算机的基本组成、工作原理和常用接口技术，掌握汇编语言程序设计的基本方法和上机调试过程，具备利用微型计算机实现硬软件开发的初步能力。

本书的主要内容包括微型计算机基础、8086/8088微处理器、8086/8088指令系统、汇编语言程序设计、存储器系统、输入/输出接口技术、中断技术与中断控制器、可编程接口芯片及应用、模拟接口技术。本书的每节都给出了教学目标，每章给出了习题与思考题，帮助读者深入理解微机系统的知识点和各部分的工作原理。本书力求做到内容讲解深入浅出，并考虑学习者的认知规律，例如在“指令系统”这节，不仅给出了每类指令的定义，还总结了其使用特点，使读者通过对8086指令系统的学习，能够掌握指令的内涵并触类旁通。本书在内容编排上注重各知识环节的内在联系，表达流畅，重点突出。

本书结构清晰，循序渐进，配套了大量例题和习题，可作为高等院校相关课程的本科生教材，也适合自学者使用。本书教学参考学时为48～64学时。

参加本书编写工作的教师具有多年丰富的课程教学和实践教学经验，全书由吴叶兰负责组织编写并统稿。吴叶兰编写了第1章、第2章、第3章、第6章、第7章、第8章，薛子云编写了第4章、第5章，王立编写了第9章。本书的编写工作得到了北京工商大学人工智能学院领导和老师们的大力支持和帮助，在此表示感谢。

由于编者水平有限，书中难免有疏漏和不妥之处，敬请读者批评指正。

编　者

2022.1

目录

1 微型计算机基础 …… (1)
1.1 微型计算机系统 …… (1)
1.1.1 微型计算机系统层次 …… (1)
1.1.2 微型计算机系统的组成 …… (2)
1.1.3 微型计算机的工作过程 …… (5)
1.1.4 微型计算机的发展 …… (6)
自测练习 1.1 …… (7)
1.2 微型计算机的性能指标和分类 …… (7)
1.2.1 微型计算机的性能指标 …… (8)
1.2.2 微型计算机的分类 …… (9)
自测练习 1.2 …… (10)
1.3 计算机的运算基础 …… (10)
1.3.1 进位计数制 …… (11)
1.3.2 数制的相互转换 …… (12)
1.3.3 二进制的运算 …… (14)
自测练习 1.3 …… (15)
1.4 计算机的信息表示 …… (15)
1.4.1 数值数据表示 …… (16)
1.4.2 有符号数编码 …… (18)
1.4.3 有符号数运算 …… (20)
1.4.4 十进制数编码 …… (22)
1.4.5 非数值数据表示 …… (24)
自测练习 1.4 …… (26)
本章总结 …… (26)
习题与思考题 …… (27)
2 8086/8088 微处理器 …… (28)
2.1 8086/8088 微处理器结构 …… (28)
2.1.1 8086/8088 CPU 特点 …… (28)
2.1.2 8086/8088 功能结构 …… (29)
2.1.3 8086/8088 内部寄存器 …… (31)
自测练习 2.1 …… (34)
2.2 8086/8088 引脚功能及系统配置 …… (35)

2.2.1 工作模式 …………………………………………………………… (35)
2.2.2 引脚功能 …………………………………………………………… (35)
2.2.3 系统配置 …………………………………………………………… (41)
自测练习 2.2 ……………………………………………………………… (44)
2.3 8086/8088 的存储器与 I/O 组织 ……………………………………… (44)
2.3.1 存储器地址空间和数据存储格式 ………………………………… (44)
2.3.2 存储器的分段管理 …………………………………………………… (45)
2.3.3 8086/8088 堆栈 …………………………………………………… (47)
2.3.4 8086/8088 的 I/O 组织 …………………………………………… (48)
自测练习 2.3 ……………………………………………………………… (48)
2.4 8086/8088 的操作时序 ………………………………………………… (49)
2.4.1 8086/8088 的时序组成 …………………………………………… (49)
2.4.2 系统的总线操作 …………………………………………………… (50)
自测练习 2.4 ……………………………………………………………… (53)
2.5 80386 微处理器 ………………………………………………………… (54)
2.5.1 80386 主要特点 …………………………………………………… (54)
2.5.2 80386 的内部结构 ………………………………………………… (54)
2.5.3 80386 的内部寄存器 ……………………………………………… (57)
2.5.4 80386 的主要引脚 ………………………………………………… (60)
2.5.5 80386 的工作模式 ………………………………………………… (62)
本章总结 ……………………………………………………………………… (69)
习题与思考题 ………………………………………………………………… (69)
3 8086/ 8088 **指令系统** ……………………………………………………… (70)
3.1 指令概述 ………………………………………………………………… (70)
3.1.1 指令格式 …………………………………………………………… (70)
3.1.2 操作数类型 ………………………………………………………… (71)
自测练习 3.1 ……………………………………………………………… (72)
3.2 寻址方式 ………………………………………………………………… (72)
3.2.1 立即数寻址 ………………………………………………………… (72)
3.2.2 寄存器寻址 ………………………………………………………… (73)
3.2.3 存储器寻址 ………………………………………………………… (73)
3.2.4 隐含寻址 …………………………………………………………… (78)
3.2.5 寻址方式总结 ……………………………………………………… (78)
自测练习 3.2 ……………………………………………………………… (78)
3.3 指令系统 ………………………………………………………………… (79)
3.3.1 数据传送指令 ……………………………………………………… (79)
3.3.2 算术运算指令 ……………………………………………………… (86)
3.3.3 逻辑运算指令 ……………………………………………………… (97)
3.3.4 移位指令 …………………………………………………………… (99)
3.3.5 控制转移指令 ……………………………………………………… (102)

3.3.6 串操作指令………………………………………………………………………… (111)
3.3.7 处理器控制指令…………………………………………………………………… (116)
自测练习 3.3 ……………………………………………………………………………… (117)
本章总结……………………………………………………………………………………… (118)
习题与思考题………………………………………………………………………………… (118)
4 汇编语言程序设计 ………………………………………………………………… (121)
4.1 汇编语言基本知识 …………………………………………………………………… (121)
4.1.1 汇编语言源程序结构……………………………………………………………… (121)
4.1.2 汇编语言语句类型及格式………………………………………………………… (122)
4.1.3 汇编语言的数据表示……………………………………………………………… (123)
自测练习 4.1 ……………………………………………………………………………… (128)
4.2 伪指令与宏指令 ……………………………………………………………………… (128)
4.2.1 符号定义伪指令…………………………………………………………………… (128)
4.2.2 数据定义伪指令…………………………………………………………………… (129)
4.2.3 段定义伪指令……………………………………………………………………… (131)
4.2.4 模块定义和结束伪指令…………………………………………………………… (133)
4.2.5 过程定义伪指令…………………………………………………………………… (134)
4.2.6 宏指令……………………………………………………………………………… (135)
自测练习 4.2 ……………………………………………………………………………… (136)
4.3 DOS 和 BIOS 功能调用 ……………………………………………………………… (137)
4.3.1 DOS 功能调用 ……………………………………………………………………… (137)
4.3.2 BIOS 功能调用 ……………………………………………………………………… (140)
自测练习 4.3 ……………………………………………………………………………… (143)
4.4 汇编语言程序设计基础 ……………………………………………………………… (144)
4.4.1 汇编语言程序设计开发过程……………………………………………………… (144)
4.4.2 顺序程序设计……………………………………………………………………… (146)
4.4.3 分支程序设计……………………………………………………………………… (148)
4.4.4 循环程序设计……………………………………………………………………… (150)
4.4.5 子程序设计………………………………………………………………………… (155)
自测练习 4.4 ……………………………………………………………………………… (164)
4.5 汇编语言程序设计实例 ……………………………………………………………… (164)
4.5.1 算术逻辑运算程序………………………………………………………………… (164)
4.5.2 数据分类统计程序………………………………………………………………… (166)
4.5.3 代码转换程序……………………………………………………………………… (168)
4.5.4 排序程序…………………………………………………………………………… (170)
4.5.5 输入/输出程序 …………………………………………………………………… (171)
本章总结……………………………………………………………………………………… (175)
习题与思考题………………………………………………………………………………… (175)
5 存储器系统 ……………………………………………………………………………… (178)
5.1 存储器概述 …………………………………………………………………………… (178)

5.1.1 存储器系统层次结构 …… (178)
5.1.2 半导体存储器的分类 …… (179)
5.1.3 半导体存储器的主要技术指标 …… (181)
自测练习 5.1 …… (181)
5.2 随机存取存储器 …… (182)
5.2.1 静态 RAM …… (182)
5.2.2 动态 RAM …… (185)
自测练习 5.2 …… (187)
5.3 只读存储器 …… (187)
5.3.1 EPROM …… (188)
5.3.2 EEPROM(E^2PROM) …… (189)
5.3.3 闪存(Flash Memory) …… (190)
自测练习 5.3 …… (193)
5.4 存储器扩展技术 …… (194)
5.4.1 存储器扩展方法 …… (194)
5.4.2 片选信号的产生方法 …… (197)
5.4.3 半导体存储器扩展设计举例 …… (199)
自测练习 5.4 …… (202)
5.5 高速缓冲存储器 …… (202)
5.5.1 Cache 的工作原理 …… (202)
5.5.2 Cache 与主存的地址映射 …… (204)
5.5.3 Cache 的替换算法 …… (208)
5.5.4 Cache 的读/写操作 …… (209)
自测练习 5.5 …… (210)
本章总结 …… (211)
习题与思考题 …… (211)
6 输入/输出接口技术 …… (214)
6.1 接口技术概述 …… (214)
6.1.1 I/O 接口概念 …… (214)
6.1.2 I/O 端口与编址方式 …… (217)
6.1.3 I/O 端口地址译码 …… (218)
自测练习 6.1 …… (221)
6.2 CPU 与外部设备数据传输方式 …… (221)
6.2.1 程序控制方式 …… (221)
6.2.2 中断控制方式 …… (224)
6.2.3 DMA 方式 …… (225)
自测练习 6.2 …… (225)
6.3 DMA 控制器 8237A …… (226)
6.3.1 8237A 内部结构及引脚 …… (226)
6.3.2 8237A 工作方式 …… (230)

6.3.3 8237A 工作时序…… (231)
6.3.4 8237A 内部寄存器…… (233)
6.3.5 8237A 编程…… (237)
自测练习 6.3 …… (239)
本章总结…… (239)
习题与思考题…… (240)
7 中断技术与中断控制器 …… (241)
7.1 中断技术概述 …… (241)
7.1.1 中断的基本概念…… (241)
7.1.2 中断处理过程…… (243)
7.1.3 中断技术的应用…… (245)
自测练习 7.1 …… (245)
7.2 8086/8088 中断系统 …… (246)
7.2.1 8086/ 8088 中断类型 …… (246)
7.2.2 中断向量和中断向量表…… (248)
7.2.3 可屏蔽中断的响应过程…… (252)
7.2.4 非屏蔽中断与软件中断的响应过程…… (252)
自测练习 7.2 …… (253)
7.3 可编程中断控制器 8259A …… (254)
7.3.1 8259A 的内部结构和引脚…… (254)
7.3.2 8259A 的工作方式…… (259)
7.3.3 8259A 的控制字与编程…… (262)
7.3.4 8259A 应用举例…… (268)
自测练习 7.3 …… (272)
本章总结…… (272)
习题与思考题…… (273)
8 可编程接口芯片及应用 …… (275)
8.1 可编程并行接口芯片 8255A …… (275)
8.1.1 并行通信…… (275)
8.1.2 8255A 内部结构及引脚…… (276)
8.1.3 8255A 工作方式…… (279)
8.1.4 8255A 控制字与状态字…… (282)
8.1.5 8255A 的应用…… (284)
自测练习 8.1 …… (295)
8.2 可编程串行接口芯片 8251A …… (295)
8.2.1 串行通信…… (295)
8.2.2 8251A 内部结构及引脚…… (300)
8.2.3 8251A 控制字与状态字…… (304)
8.2.4 8251A 的应用…… (306)
自测练习 8.2 …… (310)

8.3 可编程定时/计数器 8253 …… (310)
8.3.1 定时/计数器概述 …… (311)
8.3.2 8253 内部结构及引脚 …… (311)
8.3.3 8253 的工作方式 …… (313)
8.3.4 8253 控制字与初始化 …… (318)
8.3.5 8253 的应用 …… (320)
自测练习 8.3 …… (324)
本章总结 …… (324)
习题与思考题 …… (324)
9 模拟接口技术 …… (328)
9.1 模拟接口技术概述 …… (328)
9.1.1 模拟输入/输出系统接口 …… (328)
9.1.2 模拟输入通道 …… (328)
9.1.3 模拟输出通道 …… (329)
自测练习 9.1 …… (330)
9.2 数/模转换芯片及接口技术 …… (330)
9.2.1 D/A 转换原理 …… (330)
9.2.2 D/A 转换主要技术指标 …… (332)
9.2.3 典型 D/A 转换芯片 …… (333)
自测练习 9.2 …… (339)
9.3 模/数转换芯片及接口技术 …… (340)
9.3.1 A/D 转换原理 …… (340)
9.3.2 A/D 转换主要技术指标 …… (342)
9.3.3 典型 A/D 转换芯片 …… (343)
自测练习 9.3 …… (348)
本章总结 …… (349)
习题与思考题 …… (349)
附录 A ASCII 码 …… (350)
附录 B DOS 功能调用 …… (351)
附录 C BIOS 中断调用 …… (356)
附录 D DEBUG 调试软件 …… (359)
参考文献 …… (362)

1

微型计算机基础

计算机是二十世纪最重要的科技成果之一，是信息时代的主要标志。微型计算机是计算机的重要分支，极大推动了计算机技术在各领域的应用。本章主要介绍微型计算机的概念、体系结构和工作原理，微型计算机的性能指标和分类，计算机中信息的表示。

1.1 微型计算机系统

微型计算机是计算机的一种，有微型计算机系统、微型计算机、微处理器三个层次。一个完整的微型计算机系统包括硬件系统和软件系统两大部分。

本节目标：

(1) **掌握微处理器、微型计算机、微型计算机系统三个概念。**

(2) **掌握现代微型计算机的典型结构。**

(3) **了解微型计算机的工作过程和发展现状。**

1.1.1 微型计算机系统层次

微处理器、微型计算机、微型计算机系统这三个概念具有不同的内涵和外延，只有微型计算机系统才是完整的计算机系统，可以正常工作。图 1-1 为微型计算机系统的层次结构图。

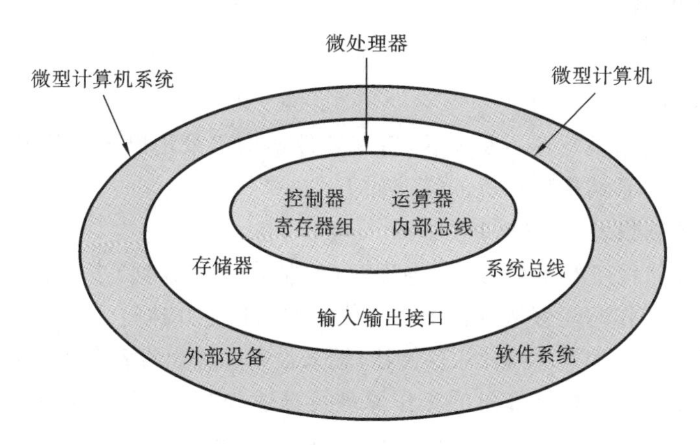

图 1-1 微型计算机系统的层次结构图

1. 微处理器(Microprocessor)

微处理器是微型计算机的核心部件,包含运算器、控制器、寄存器组(Registers Group)、内部总线等部件,由一片或几片大规模集成电路组成,在微型计算机中也称为 CPU。

2. 微型计算机(Micro Computer)

微型计算机以微处理器为核心,外加存储器、输入/输出接口及系统总线共同构成,也称为主机。没有软件系统配合的主机称为裸机,裸机是不能工作的。

3. 微型计算机系统(Micro Computer System)

微型计算机系统是以微型计算机为核心,配上外部设备和软件系统,构成完整的计算机系统。人们通常说的电脑实际上指的是微型计算机系统。

1.1.2　微型计算机系统的组成

完整的微型计算机系统由硬件系统和软件系统组成,如图 1-2 所示。硬件系统是构成微型计算机物理设备的总称,由主机和外部设备组成。主机包括微处理器(CPU)、存储器(内存)、输入输出(I/O)接口,由总线连接,总线是各部件间传递信息的公共通道。软件系统是运行的各种程序、数据及相关文档资料的总称,包括系统软件和应用软件两大类。

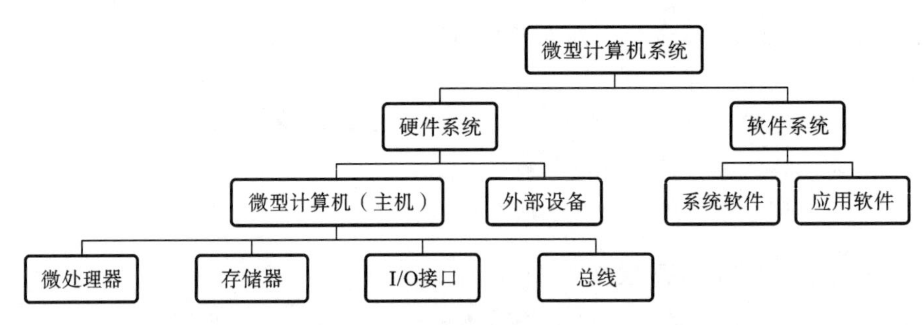

图 1-2　微型计算机系统组成

微型计算机系统的硬件系统和软件系统是相互依存、缺一不可的。两者在逻辑上具有等效性,任何操作既可以用软件实现,也可以用硬件实现,总的趋势是软、硬件融合统一,互相促进发展。

1. 硬件系统

微型计算机技术虽然在不断发展,但其硬件架构仍采用冯·诺依曼建立的经典结构。冯·诺依曼体系结构计算机的特点如下。

(1) 用二进制数表示数据和指令。

(2) 采用存储程序的工作方式:将程序(包括指令和数据)事先存储在存储器(内存)中,计算机在工作时能够从内存中自动依次取出指令并执行。

(3) 计算机由运算器、控制器、存储器、输入设备和输出设备五大部件组成。

冯·诺依曼体系结构计算机的工作原理可描述为"存储程序、程序控制"。存储程序是将编制好的程序存放在存储器(内存)中,程序控制是指用程序控制计算机的操作。图 1-3 为冯·诺依曼计算机体系结构,双线表示数据流,虚线表示控制流,输入设备输入指令和数据，保存在存储器中。计算机工作时，在控制器作用下，顺序取出存储器中的指令进行译码分析，产生命令信号控制运算器、存储器或输入/输出设备，以实现相应功能。

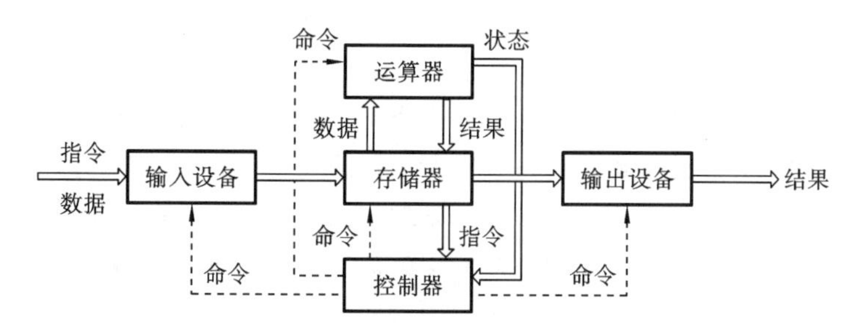

图 1-3　冯·诺依曼计算机体系结构

为了使计算机系统更易于扩展，现代微型计算机系统将冯·诺依曼计算机各部件间的相互连接转换为面向总线的单一连接，如图 1-4 所示，但存储程序控制的本质没有改变。系统总线由地址总线(Address Bus，AB)，数据总线(Data Bus，DB)和控制总线(Control Bus，CB)三总线组成。

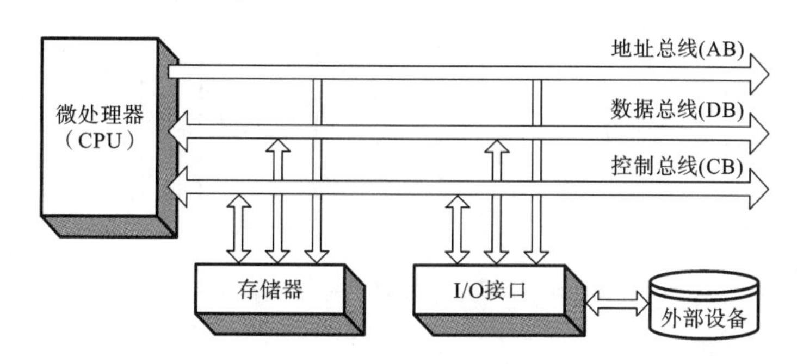

图 1-4　微型计算机典型架构

1) 微处理器

微处理器是微型计算机的核心，是整个系统的运算和控制中心。主要包含运算器、控制器、寄存器组和内部总线等。微处理器内部架构如图 1-5 所示。

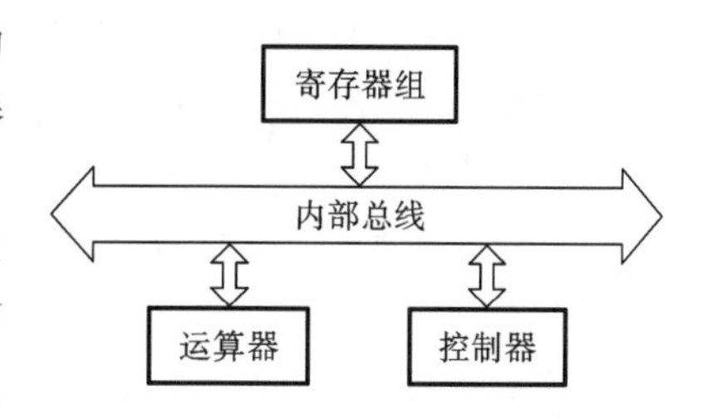

图 1-5　微处理器内部架构

运算器主要实现算术逻辑运算，核心部件是算术逻辑单元(Arithmetic Logic Unit，ALU)，ALU 由加法器、移位寄存器及相应控制逻辑组合而成，在控制信号的作用下可完成加、减、乘、除四则运算和各种逻辑运算。

控制器是指挥控制中心，主要包括指令寄存器、指令译码器和定时控制电路等，其基本功能有取指令、分析指令、控制数据输入/输出等。控制器依次从存储器中读取指令，译码分析后产生一系列的控制信号，发向各个部件，控制各部件协调工作，控制计算机的正常运行。

寄存器组是位于 CPU 内部的存储单元，用来存放数据、运算结果等。寄存器组可分为两类：一类寄存器有名称，可以被指令访问；另一类寄存器没有名称，不能被访问，仅受内部定时和控制逻辑部件控制，如暂存器、指令寄存器等。现代微处理器配置了大量寄存器组，很多频繁访问的数据或中间结果能够暂存在寄存器中，以减少对存储器的访问，提高 CPU 的性能。

内部总线是 CPU 内部连接运算部件和寄存器组的信息通道，实现 CPU 内部信息的传输。

2）存储器

概括地讲，计算机中的存储系统包括两大类：主存储器和辅助存储器。主存储器又称为内存或主存，用来存放计算机运行过程中所使用的程序和数据；辅助存储器又称为辅存或外部存储器，用来长久保存程序和数据。辅助存储器在计算机系统中属于外部设备。

现代微型计算机采用多级存储体系，如图 1-6 所示，不同存储部件的存储容量、读写速度和价格差别较大。寄存器组位于 CPU 内部，存储容量小，访问速度快。高速缓冲存储器 Cache 是位于主存与 CPU 之间的存储器，一般由高速静态存储芯片（SRAM）组成，存储容量比较小，单位为 KB 或 MB，但比主存存取速度快、价格高。主存由半导体存储芯片组成，与辅存相比容量小、价格高、速度快。辅存主要有磁带、磁盘和光盘等存储设备。

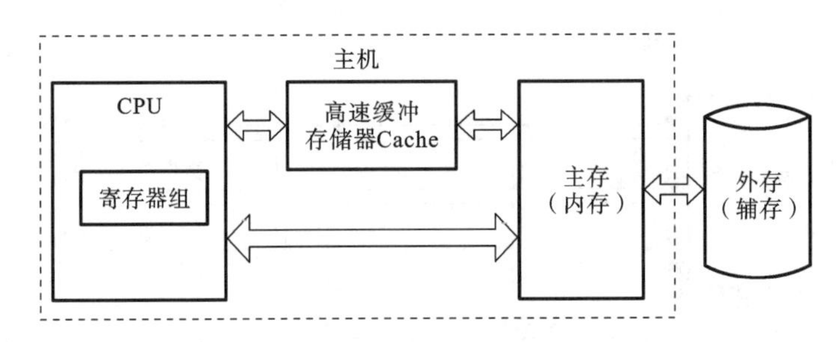

图 1-6　微型计算机存储系统分级结构

3）输入/输出接口

输入/输出（I/O）接口是 CPU 与外部设备之间交换信息的控制电路，是微型计算机的重要组成部分。接口技术包括接口电路和软件编程两个方面。

在外部设备中，常用的输入设备有键盘、鼠标、扫描仪等；常用的输出设备有显示器、打印机、绘图仪等；常用的输入/输出设备有存储卡、U 盘、移动硬盘等。

由于外部设备种类繁多，不同设备的工作原理、数据格式、读写速度等差异较大，为了使 CPU 和性能各异的外部设备能进行信息交互，必须在 CPU 和外部设备之间配置一组称为 I/O 接口的电路进行协调。

4）系统总线

总线（Bus）是用来传输信息的公共信号线，由一组导线或控制电路组成。系统总线是微机内部各部件相互连接、传输信息的公共线路，如 CPU 与存储器、I/O 接口相互连接的总线。通常，根据所传输信息功能的不同，可将系统总线分为地址总线（AB）、数据总线（DB）、控制总线（CB）三类。

地址总线是单向总线，由 CPU 发出，传输的是内存单元地址或 I/O 端口地址。地址总线的根数决定了系统能访问的存储器容量和 I/O 端口范围。

数据总线是双向总线，CPU 读操作时，外部数据通过 DB 送往 CPU；CPU 写操作时，数据通过 DB 送往存储器或外部设备接口。DB 的根数决定了 CPU 一次能传输数据的位数。

控制总线用来协调系统中各部件的操作，可以是控制信号、状态信息和时序信号等。控制总线的传输方向由具体控制信号决定，有些是CPU发给存储器或I/O接口的输出信号，有些是CPU读取存储器或I/O接口的输入信号，因此，控制总线整体上是双向的。

2. 软件系统

软件系统是为实现计算机各种功能而编写的程序总和，通常分为系统软件和应用软件两大类。

系统软件用于计算机自身的管理、维护、控制和运行，以及对应用软件的解释和执行，主要包括操作系统、语言处理程序、实用程序软件等。

操作系统是管理计算机硬件与软件资源、方便用户使用计算机系统的程序集合，其主要功能有进程管理、存储器管理、设备管理和文件管理。操作系统是系统软件的核心，是其他软件运行的基础。目前占主导地位的通用桌面操作系统是微软公司的Windows、苹果公司的MACOS和各种Linux操作系统。

计算机的程序语言分为机器语言、汇编语言和高级语言三个级别。机器语言是计算机能直接理解和运行的二进制代码的集合。汇编语言将机器语言符号化，便于记忆和使用。汇编语言必须由汇编程序翻译成机器语言才能被计算机执行。汇编语言编写的程序具有简洁、快速的特点，常用于实时控制等应用场合。机器语言和汇编语言均与计算机硬件高度相关。高级语言是独立于机器，具有可移植性、高度可读性的程序语言，形式上与自然语言和数学公式接近，需要经编译器或解释器翻译成机器代码才能执行。常用的高级语言有面向过程的C语言，面向对象的C＋＋、Java、Python等。

实用程序软件包括各种高级语言的编译/汇编程序软件、文本编辑程序软件、数据库管理系统程序软件、诊断调试程序软件、测试程序软件，以及各种系统工具软件等。

应用软件是建立在系统软件之上，面向用户需求，具有特定功能的一类软件，如实时控制软件、办公软件、图形图像处理软件、游戏软件等。

1.1.3 微型计算机的工作过程

微型计算机的工作过程就是执行程序的过程，程序由指令序列组成，执行程序就是执行指令序列的过程，即逐条地执行指令。执行指令包括取指令与执行指令两个基本阶段，所以微型计算机的工作过程是不断地取指令和执行指令的过程。

微型计算机工作过程如图1-7所示。设主存中存放要执行的程序，执行过程如下。

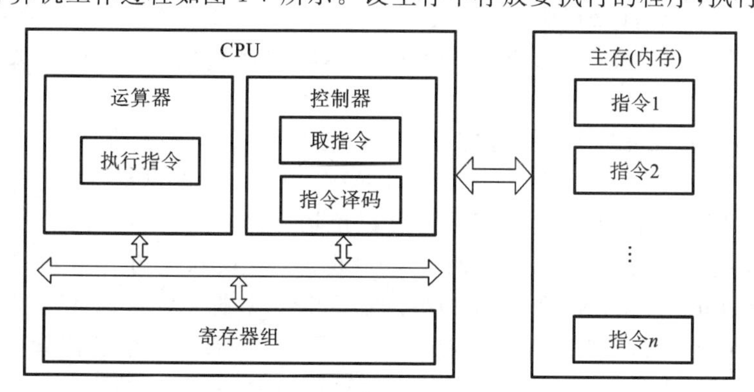

图1-7 微型计算机工作过程

(1) 取指令。CPU 控制器将第一条指令由内存中取出。

(2) 指令译码。将取出的指令送指令译码器译码,以确定要进行的操作。

(3) 读取操作数。操作数是指令操作的对象,操作数可从寄存器、存储器或 I/O 接口等处获得。

(4) 执行指令。CPU 运算器对操作数进行规定的操作,并存储结果。

(5) 当前指令执行完后,自动执行下一条指令,直到程序中的指令执行完。

1.1.4 微型计算机的发展

计算机技术是发展最快的技术之一。自 1946 年世界上第一台计算机 ENIAC 在美国问世以来,随着集成电路技术不断发展,电子器件的不断更新,计算机已经历了电子管(Electron Tubes)、晶体管(Transistors)、集成电路(Integrated Circuit,IC)、大规模集成/超大规模集成(Large Scale Integration/Very Large Scale Integration,LSI/VLSI)电路四个发展阶段。图 1-8 给出了集成电路的发展阶段。

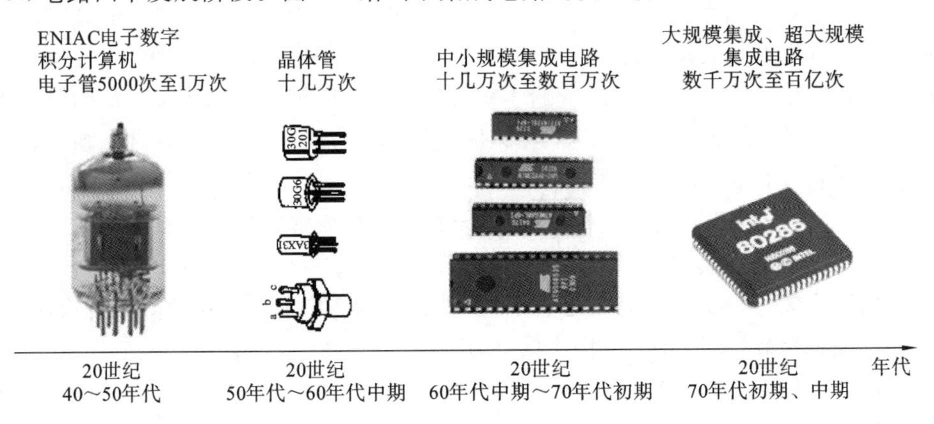

图 1-8 集成电路的发展阶段

微型计算机属于大规模集成及超大规模集成电路计算机。微型计算机的发展是以微处理器的发展来表征的。著名的摩尔定律指出,微处理器的集成度每隔 18～24 个月就会翻一番,芯片的性能也随之提高一倍。摩尔定律准确描述了半导体行业的发展步伐,并为万亿美元的电子产业奠定了基础。

1959 年,仙童(Fairchild)半导体公司发明了第一个集成电路,标志着微处理器时代的开始。1971 年,Intel 公司研发世界上第一个单芯片微处理器英特尔 4004。1976 年,Intel 公司推出了 8 位高档微处理器 Intel 8085,时钟频率为 2～4 MHz,集成度达到 1 万个晶体管/片。

1978 年,Intel 公司推出第一款 16 位微处理器 8086,时钟频率达到 4～8 MHz,集成度达 2 万～6 万个晶体管/片。1981 年,IBM 公司推出的以 8086/8088 为微处理器的个人计算机 IBM PC/XT 迅速占据了计算机市场,形成了使用 16 位个人计算机的高潮。此外,摩托罗拉的 68000、Zilog 的 Z-8000 也都是最受欢迎的 16 位处理器。

1985 年,Intel 公司首次推出 32 位处理器 80386,数据总线和地址总线都是 32 位,可访问 4GB 内存。80386 的经典产品 80386DX 包含 27.5 万个晶体管,时钟频率为 12.5～40 MHz。由于 32 位微处理器的强大运算能力,采用 80386 的计算机在商业办公和计算、工程设计和计算、数据中心等领域得到广泛应用。80386 使 32 位 CPU 成为当时 PC 工业的标准。同期，摩托罗拉推出了 32 位处理器 68020。

1993 年，Intel 公司推出了新一代高性能处理器 Pentium（奔腾），Pentium 最大的改进是它拥有超标量结构，支持在单个时钟周期内执行一至多条指令；采用双 Cache 结构，外部数据总线达到了 64 位。2000 年发布的 Pentium 4 具有 4200 万个晶体管，时钟频率为 1.5 GHz，运算速度达 1500 MIPS（每秒百万条指令）。从 1993 年到 2003 年，32 位 x86 架构在台式机、笔记本电脑和服务器市场上占据主导地位，Intel 的奔腾产品线在当时是最著名的 32 位处理器系列。同期推出的微处理器还有 AMD 公司的 K5 和 Cyrix 公司的 M1 等。

2003 年，AMD 推出了与 x86 向后兼容的 64 位架构，即 x86-64（也称 AMD64），之后是 Intel 几乎完全兼容的 64 位扩展（最初称 IA-32e 或 EM64T，后更名为 Intel 64），标志着 64 位桌面时代的开始。两种版本都可以运行 64 位软件，并兼容 32 位应用程序。从 IA-32e 到 Intel 64，不仅增加了寄存器大小，还将通用寄存器的数量增加了一倍。

2006 年，Intel 正式发布酷睿（Core）架构的微处理器，它是一个跨平台的构架体系，包括服务器版、桌面版、移动版三大领域。从此，Intel 的产品系列进入 Core 时代。2019 年 5 月，Intel 正式宣布了十代酷睿处理器：采用 10nm 工艺的 Ice Lake 处理器，使用全新的 CPU、GPU（Graphics Processing Unit）及 AI（Artificial Intelligence）架构，CPU 性能指标 IPC（Instruction Per Clock）提升 18%，AI 性能提升 150%。

自测练习 1.1

1. 微型计算机包括微处理器、存储器、__________和__________四大部件。
2. 微型计算机系统由__________和__________组成。
3. 按照传输信息的功能，系统总线可分为__________、__________、__________三总线。
4. 提出“存储程序”概念的科学家是__________。
5. 运算器的主要功能是（　　）。
   A. 算术运算　B. 逻辑运算　C. 控制程序　D. 算术和逻辑运算
6. 下面不属于微处理器的部件是（　　）。
   A. ALU　B. 寄存器组　C. 片内总线　D. 数据总线
7. 计算机能够自动连续执行程序的原因是（　　）。
   A. 采用了二进制　B. 具有存储程序的功能　C. 具有算术逻辑部件
8. 微型计算机的主存是指（　　）。
   A. 内存　B. 外存　C. 寄存器　D. 寄存器和内存

1.2 微型计算机的性能指标和分类

衡量微型计算机的性能指标有多种，主要有字长、存储容量、运算速度、制造工艺、指令系统、系统总线性能和外设扩展能力等。可以从不同角度对微型计算机进行分类。

本节目标：

（1）**掌握微型计算机的主要分类指标。**

（2）**了解微型计算机的不同分类。**

1.2.1 微型计算机的性能指标

微型计算机的性能指标主要有字长、存储容量、运算速度、制造工艺等。

1. 位、字节和字

位(bit,简写为 b):是计算机内部信息存储的最小单位,1 位就是 1 个二进制数,有 0 或 1 两个值。

字节(Byte,简写为 B):8 个二进制位构成 1 个字节,即 1 Byte=8 bit。字节是计算机信息表达和存储的基本单位。1 个字节表示的最小数为 0000 0000,最大数为 1111 1111(255)。

字(Word):计算机一次存取、处理和传输的数据长度称为字(word)。1 个字通常由 1 个或多个字节构成。例如 8086CPU 的字是 16 位,2 个字节;Core i7CPU 的字是 64 位,8 个字节。

2. 字长

字长是计算机内部一次可以处理的二进制数位数,字长取决于 CPU 的 ALU 位数,也表示了 CPU 内部寄存器和内部数据总线的宽度。

字长表示了计算精度,字长越长,数据的有效位数越多,精度就越高。在完成相同精度运算时,字长较长的 CPU 具有更快的运算速度。

字长是衡量计算机性能的一个重要指标,常利用字长进行微型计算机分类,如 16 位、32 位、64 位微机等。

3. 存储容量

存储容量是衡量微型计算机内部存储器存储二进制信息量大小的一个重要指标,以字节 B 为单位。

内部存储器由存储单元组成,1 个存储单元存放 1B 内容,每个存储单元都被分配了地址,这个地址数量代表了内存容量,是由 CPU 的地址总线根数决定的。例如,8086CPU 的地址总线为 16 位,则最大内存容量为 2^{16} B=64 KB,地址范围为 00000~FFFFFH;Pentium 处理器的地址总线为 32 位,则最大内存容量为 2^{32} B=4 GB,地址范围为 00000000~FFFFFFFFH。常用的存储容量单位还有以下几种。

(1) KB:Kilo Byte,1 KB =1024 B =2^{10} B。

(2) MB:Mega Byte,1 MB=1024 KB =2^{20} B。

(3) GB:Giga Byte,1 GB=1024 MB =2^{30} B。

(4) TB:Tera Byte,1 TB=1024 GB =2^{40} B。

(5) PB:Peta Byte,1 PB=1024 TB =2^{50} B。

4. 运算速度

运算速度是指计算机执行一条指令所需的平均时间,是表征计算机运行快慢的重要指标。由于执行不同类型指令所需的时间长度不同,因此衡量运算速度的方法也不同。衡量运算速度的指标通常有主频和 MIPS。

主频是 CPU 的工作频率,是 CPU 内部数字脉冲信号振荡频率,常以 MHz、GHz 为单位。一般而言,主频越高,运算速度越快。但主频和运算速度并不是线性关系,影响运算速度的因素还有 CPU 的流水线、总线等其他指标。

MIPS(Millions of Instruction Per Second)指每秒运行的百万条指令数量,MIPS是对不同类型指令出现的频度乘以不同的系数得到的统计平均值。

5. 制造工艺

制造工艺指制造CPU的制程,即晶体管门电路的尺寸,单位为纳米(nm)。制程越小,连接线也越细,同样的材料可容纳更多的晶体管,集成度更高。主流的CPU制程已达到了7～14 nm,如正式商用的高通855采用7 nm制程。更高的在研制程甚至已达到了4 nm或更小。

6. 指令系统

指令系统是计算机硬件的语言系统,是全部指令的集合。指令系统决定了计算机能够实现的基本功能。通常,指令系统的指令数越多,表明计算机系统的性能越强。计算机指令系统的指令一般为几十到几百条。

7. 系统总线性能

系统总线性能是反映微型计算机整体性能的一个指标,主要有总线工作频率、总线位宽、总线带宽等指标。总线工作频率由CPU工作频率决定,总线位宽是指能同时传输的二进制数据位数,总线带宽是单位时间内总线传输的二进制数信息量。总线工作频率越高,总线位宽越宽,总线带宽也越宽,表明系统总线的信息吞吐量越大,微机系统性能越强。常用的系统总线标准有ISA、PCI、USB总线等。

8. 外设扩展能力

外设扩展能力主要指计算机系统配置各种外部设备(简称外设)的可能性、灵活性和适应性。一台计算机允许配置多少外部设备对系统接口和软件研制都有重大影响。在微机系统中,外存储器容量、显示屏幕分辨率、主板对外接口的类型和数量等都是外设配置中需要考虑的问题。

此外,软件也是计算机系统必不可少的重要组成部分,直接关系到计算机的性能和效率。例如是否有功能强、能满足应用要求的操作系统、高级语言和汇编语言,是否有丰富的、可供选用的工具软件和应用软件等,都是衡量计算机系统性能好坏的指标。

1.2.2 微型计算机的分类

微型计算机的种类繁多,型号各异,可以从不同角度进行分类。例如按CPU字长、微处理器的制造工艺、组装形式、用途、芯片型号等进行分类。下面介绍常见的几种分类方式。

1. 按CPU字长分类

按CPU的字长,微型计算机可分为4位、6位、8位、32位和64位等。

2. 按用途分类

按照用途,微型计算机分为通用计算机与专用计算机。

通用计算机是用来解决各类问题、具有较强通用性的计算机系统,一般用于科学计算、数据处理、工程设计等领域,适应性强、应用面广。

专用计算机是指为完成某一特定功能所设计的计算机系统,常具有特定用途,一般用于工业设备、仪器仪表、医疗设备、导航系统等领域,具有运行速度快、可靠性高、精度高等特点。

3. 按组装形式分类

按组装形式和系统规模,微型计算机可分为单板机、单片机、个人计算机、服务器等。

单板机是将 CPU 芯片、存储器芯片、I/O 接口芯片,以及简单的输入/输出设备(如小键盘)、数码显示器 LED(发光二极管)装配在同一块印刷电路板上,形成一台完整的微型机。单板机常用于简单的控制系统和教学中。

单片机是将构成微型计算机的各功能部件(如 CPU、RAM、ROM 及 I/O 接口电路等)集成在一块大规模集成电路芯片上,一块芯片就是一台微型机。单片机具有体积小、功耗低、控制功能强、成本低等特点,在工业控制、智能仪器仪表、数据采集和处理、家用电器等领域用途广泛。

个人计算机(PC)是把微处理器芯片、存储器芯片、I/O 接口芯片、驱动电路、电源等装配在不同的印刷电路板上,各种印刷电路板插在主机箱内标准的总线插槽上,并配置各种输入/输出设备和软件系统的微型计算机系统。个人计算机具有功能强、软/硬件配置灵活丰富的特点,应用广泛。

服务器是一种高性能计算机,是网络运行、管理和服务的中枢,为用户提供计算或应用服务。服务器对 CPU 运算能力、长时间可靠运行、I/O 外部数据吞吐能力及扩展性都有较高要求。

自测练习 1.2

1. 计算机中数据存储的最小单位是__________,存储容量的单位是__________。
2. 1 个字节包含了__________个二进制位。
3. 8 KB=__________ B。1 MB=__________ B。
4. 计算机的字长是指(　　)。
   A. CPU 数据总线的宽度　　B. CPU 一次可以处理的二进制数码位数
   C. CPU 地址总线的宽度　　D. 64 位长的数据
5. MIPS 常用来衡量计算机的运算速度,其含义是(　　)。
   A. 每秒钟处理百万条字符数　　B. 每秒钟处理百万条指令数
   C. 每分钟处理百万条字符数　　D. 每分钟处理百万条指令数

1.3 计算机的运算基础

数是运算的基础,数制是用符号和规则来表示数值的方法。常用的数制有二进制、八进制、十进制和十六进制等。人们最常用的是十进制数,而计算机的数据表示、处理和存储均采用二进制,这是因为二进制数只有 0、1 两个状态,物理上容易实现,运算规则简单,但二进制数太长、难以被记忆,为方便阅读和书写,计算机中常用十六进制数。因此,需要掌握常用进制数及转换规则。

本节目标:

(1) **掌握进位计数制特点。**

(2) **掌握二进制、十进制和十六进制数的相互转换。**

(3) **掌握二进制算术和逻辑运算规则。**

1.3.1 进位计数制

进位计数制是指按进位规则进行计数的方法。进制数有四要素:数码、基数、位权和进位规则。进位计数制如表 1-1 所示。

表 1-1 进位计数制

数制	数码	基数	位权	进位规则	表示符号
二进制	0,1	2	2^i	逢 2 进 1	B
十进制	0～9	10	10^i	逢 10 进 1	D
十六进制	0～9,A～F	16	16^i	逢 16 进 1	H

(1) 数码:数的集合。

(2) 基数:数码的个数,用 R 表示。

(3) 位权:数码在不同数位上代表的数值,用 R^i 表示。i 的取值:小数点左边第 1 位 $i=0$,第 2 位 $i=1$,依次递推;小数点右边第 1 位 $i=-1$,第 2 位 $i=-2$,依次递推。

(4) 进位规则:逢 R 进一。

R 进制下,数 S 可表示为各位数码与对应位权的乘积之和:

$$S=\sum_{i=-m}^{n-1} a_i R^i = a_{n-1}\times R^{n-1}+a_{n-2}\times R^{n-2}+\cdots+a_0\times R^0+a_{-1}\times R^{-1}+\cdots+a_{-m}\times R^{-m} \tag{1-1}$$

式中:R 为基数;R^i 为位权;a_i 为数码。式(1-1)称为按位权展开式。

【例 1-1】 分别将三个数$(1101.01)_2$、$(786.A)_{16}$、$(235.2)_{10}$按位权展开。

解 $(1101.01)_2=1\times2^3+1\times2^2+0\times2^1+1\times2^0+0\times2^{-1}+1\times2^{-2}$

$(786.A)_{16}=7\times16^2+8\times16^1+6\times16^0+10\times16^{-1}$

$(235.2)_{10}=2\times10^2+3\times10^1+5\times8^0+2\times10^{-1}$

计算机中常用的十进制、二进制和十六进制数的关系如表 1-2 所示。可以看出,4 位二进制数可以用 1 位十六进制数表示,表达简洁、明晰,因此,在程序编写、内存内容表示等计算机应用中,常用十六进制数表达数据。

表 1-2 十进制、二进制和十六进制数的关系

十进制(D)	二进制(B)	十六进制(H)	十进制(D)	二进制(B)	十六进制(H)
0	0000	0	10	1010	A
1	0001	1	11	1011	B
2	0010	2	12	1100	C
3	0011	3	13	1101	D
4	0100	4	14	1110	E
5	0101	5	15	1111	F
6	0110	6	16	0001 0000	10
7	0111	7	17	0001 0001	11
8	1000	8	18	0001 0010	12
9	1001	9	19	0001 0011	13

1.3.2 数制的相互转换

同一数据可用不同数制表达，不同数制间可以相互转换，转换规则如表 1-3 所示。

表 1-3　数制转换规则

转换类型	转换规则
十进制整数转换为任意进制整数	除基取余
十进制小数转换为任意进制小数	乘基取整
任意进制转换为十进制	按权展开求和
二进制转换为十六进制	4 合 1:4 位二进制数合为 1 位十六进制数
十六进制转换为二进制	1 展 4:1 位十六进制数展开为 4 位二进制数

1. 十进制数转换成非十进制数

十进制数转换为 R 进制数，整数部分和小数部分转换规则不同。

整数部分转换规则："除基 R 取余，逆序取余"，用 R 连续去除待转换的十进制整数，直到商为 0 止，把各次余数从下至上排列起来的 R 进制数序列就是所求整数部分。

小数部分转换规则为："乘基 R 取整，顺序取整"，用 R 连续去乘待转换的十进制小数，直到所得乘积的小数部分为 0 或满足所需精度为止，把各次整数从上至下依次排列起来的 R 进制数序列就是所求小数部分。

【例 1-2】 将十进制数 125.8125 转换为对应的二进制数。

分析 将该十进制数按整数和小数部分分别转换。整数部分的转换规则为除 2 取余，小数部分的转换规则为乘 2 取整。

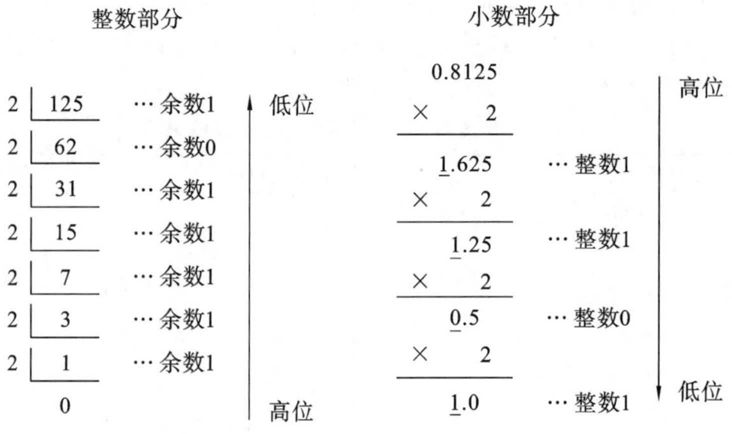

整数部分

```
2 | 125   … 余数1   ↑ 低位
2 | 62    … 余数0
2 | 31    … 余数1
2 | 15    … 余数1
2 | 7     … 余数1
2 | 3     … 余数1
2 | 1     … 余数1
    0               高位
```

小数部分

```
   0.8125                高位
×       2
---------
   1.625      … 整数1
×      2
---------
   1.25       … 整数1
×     2
---------
   0.5        … 整数0
×     2
---------
   1.0        … 整数1    ↓ 低位
```

$$(125)_{10}=(1111101)_2,\quad (0.8125)_{10}=(0.1101)_2$$

结果为　$(125.8125)_{10}=(1111101.1101)_2$

【例 1-3】 将十进制数 5245.265 转换为对应的十六进制数，结果保留 3 位小数。

分析 将该十进制数按整数和小数部分分别转换。整数部分的转换规则为除 16 取余，小数部分的转换规则为乘 16 取整。

整数部分			小数部分		
16 | 5245		低位	0.265		高位
16 | 327	…余数13→D		× 16		
16 | 20	…余数7		4.24	…整数4	
16 | 1	…余数4		× 16		
0	…余数1	高位	3.84	…整数3	
			× 16		
			13.44	…整数D	低位

$$(5245)_{10}=(147D)_{16},(0.265)_{10}=(43D)_{16}$$

结果为 $(5245.265)_{10}=(147D.43D)_{16}$

例 1-3 中，小数部分在乘 16 取整过程中乘积不会为 0，此时需要用精度来确定小数位数。例如，要求转换精度大于 0.01%，则需要保留 4 位小数，因为 $16^{-4}<0.01\%$。

【例 1-4】 将十进制数 112.35 转换为对应的二进制数，要求精度大于 1%。

分析 本题要求小数部分的精度大于 1%，由于 $2^{-7}<1\%$，因此小数部分需要取 7 位二进制位。

结果为 $(112.35)_{10}=(1110000.0101100)_2$

2. 非十进制数转换成十进制数

非十进制转换成十进制采用按权展开求和的方法，将非十进制数的每个数码乘以该位的位权，再求和即可得到十进制数。

【例 1-5】 将二进制数 1011.001 转换成十进制数。

$$(1011.001)_2=1\times 2^3+0\times 2^2+1\times 2^1+1\times 2^0+0\times 2^{-1}+0\times 2^{-2}+1\times 2^{-3}=(11.8)_{10}$$

【例 1-6】 将十六进制数 B23.A 转换成十进制数。

$$(B23.A)_{16}=11\times 16^2+2\times 16^1+3\times 16^0+10\times 16^{-1}=(2851.625)_{10}$$

3. 二进制数与十六进制数间的转换

由于 $2^4=16$，所以 1 位十六进制数可用 4 位二进制数表示，两者之间的转换简单易行。

二进制数转换为十六进制数：按照 4 位二进制数对应 1 位十六进制数的方法，从二进制数的小数点开始分别向左右两边每 4 位一组用十六进制数码表示，不足四位时用零补齐。整数最高位的一组不足 4 位时，左补零；小数最低位的一组不足 4 位时，右补零。

十六进制数转换为二进制数：将 1 位十六进制数展开为 4 位二进制数。

【例 1-7】 将二进制数 1011100100.011 转换为十六进制数。

分析 该二进制数有整数和小数，整数部分从最右边开始 4 位一组，最高组不足 4 位，高位补 2 个 0；小数部分从最左边开始 4 位一组，不足 4 位最低位补 1 个 0。

(00)10	1110	0100	.	011(0)
↓	↓	↓		↓
2	E	4	.	6

结果为 $(11100100.011)_2=(2E4.6)_{16}$

【例 1-8】 将十六进制数 2BA.9 转换为二进制数。

分析 该十六进制数的每个数码按 4 位二进制数展开。

$$\begin{array}{ccccc} 2 & B & A & . & 9 \\ \downarrow & \downarrow & \downarrow & & \downarrow \\ 0010 & 1011 & 1010 & . & 1001 \end{array}$$

结果为 $(2BA.9)_{16}=(001010111010.1001)_2$

注意:在进行二进制数与十进制数转换时,为简化运算,可先将二进制数转换为十六进制数,再进行十六进制数与十进制数转换。十进制数与二进制数转换同理。

【例 1-9】 将十进制数 125.8125 转换为二进制数。

分析 本题同例 1-2,可以先将该数转换为十六进制数,再转换为二进制数。

$$(125.8125)_{10}=(7D.D)_{16}, \quad (7D.D)_{16}=(1111101.1101)_2$$

结果为 $(125.8125)_{10}=(1111101.1101)_2$

【例 1-10】 将二进制数 1011100100.011 转换为十进制数。

分析 由例 1-5 可知,$(11100100.011)_2=(2E4.6)_{16}$

$$(2E4.6)_{16}=2\times16^2+14\times16^1+4\times16^0+6\times16^{-1}=(740.375)_{10}$$

结果为 $(11100100.011)_2=(740.375)_{10}$

1.3.3 二进制的运算

二进制的运算包括算术运算和逻辑运算。

1. 二进制的算术运算

二进制的算术运算包括加、减、乘、除四种。二进制的算术运算规则如下。

(1) 加法运算:0+0=0,1+0=1,1+1=0(有进位 1)。

(2) 减法运算:1−0=1,1−1=0,0−0=0,0−1=1(有借位 1)。

(3) 乘法运算:0×0=0,0×1=1×0=0,1×1=1。

(4) 除法运算:0/1=0,1/1=1。

【例 1-11】 完成两个二进制数 1001 和 0101 的加法、减法和乘法运算。

解

```
                                      1001
                                  ×   0101
                                  --------
                                      1001
                                     0000
    1001            1001            1001
+   0101        −   0101           0000
--------        --------        ----------
    1110            0100           010 1101
```

结果为 $(1001)_2+(0101)_2=(1110)_2$,$(1001)_2-(0101)_2=(0100)_2$

$(1001)_2\times(0101)_2=(0101101)_2$

2. 二进制的逻辑运算

逻辑运算又称布尔运算,是按二进制位完成的。基本的逻辑运算有与(AND)、或(OR)、非(NOT)、异或(XOR)四种。表 1-4 给出四种基本逻辑运算的运算规则。

表 1-4 逻辑与、或、非、异或运算

A	B	与(∧)	或(∨)	非(对 A 运算)	异或(⊕)
0	0	0	0	1	0
0	1	0	1	1	1
1	0	0	1	0	1
1	1	1	1	0	0

【例 1-12】 完成二进制数 11010011 和 01100110 的与、或、异或运算。

解

$$\begin{array}{r} 11010011 \\ \wedge\ \ 01100110 \\ \hline 01000010 \end{array} \qquad \begin{array}{r} 11010011 \\ \vee\ \ 01100110 \\ \hline 11110111 \end{array} \qquad \begin{array}{r} 11010011 \\ \oplus\ \ 01100110 \\ \hline 10110101 \end{array}$$

结果为

$$(11010011)_2(01100110)_2=(01000010)_2$$

$$(11010011)_2 \vee (01100110)_2=(11110111)_2$$

$$(11010011)_2 \oplus (01100110)_2=(10110101)_2$$

自测练习 1.3

1. 二进制数 1000 0000 对应的十进制数是____________，十六进制数是____________。
2. 十六进制数 FFFEH 对应的十进制数是____________，二进制数是____________。
3. 计算：3AH＋B7H＝____________，FFH－80H＝____________。
4. 下列与十进制数 251 相等的二进制数是(　　)。

   A. 11111110　　B. 11101111　　C. 11111011　　D. 11111101
5. 下列不同数制表示的数中，数值最大的是(　　)。

   A. 11011101B　　B. 304H　　C. 1229D　　D. EAH
6. 二进制数 10010110.10B 对应的十进制数为(　　)。

   A. 96.8　　B. 150.5　　C. 96.5　　D. 160.5
7. 十六进制数 5BF.C8H 转换为二进制数为(　　)。

   A. 1101 1100 1111. 11101B　　B. 0101 1101 1011. 01101B

   C. 0101 1011 1111.11001B　　D. 0101 1011 1101.11001B

1.4 计算机的信息表示

计算机内部信息有数据信息和控制信息两大类。数据信息分为数值数据和非数值数据，数值数据用来表示数据的大小，完成算术和逻辑运算；非数值数据包括字符、汉字等，实现数据输入/输出。控制信息是一系列的控制命令或指令，用于控制计算机操作。在计算机中，无论是数据信息还是控制信息都用二进制数表示。

本节目标：

(1) **掌握有符号数和无符号数的编码。**

(2) **理解定点数和浮点数。**

(3) 掌握补码概念和运算规则。

(4) 深入理解 BCD 编码和非数值数据编码。

1.4.1 数值数据表示

数值数据用来表示数的大小,通常有两个属性:表数范围和数值精度。表数范围是指某种类型数据所能表示的数值范围,数值精度是指表示的有效数字位数。按照有无符号,数值数据分为无符号数和有符号数;按照小数点的设置,数值数据分为定点数和浮点数。

1. 无符号数和有符号数

无符号数是指所有的二进制位都是数值位,没有符号。无符号数可表示正数或零。N 位无符号二进制数 X 的表数范围为

$$0 \leqslant X \leqslant 2^{N-1}$$

例如,当 $N=8$ 时,无符号数的范围为 $0 \sim 2^8-1(0 \sim 255)$,即 00～FFH;当 $N=16$ 时,无符号数的范围为 $0 \sim 2^{16}-1(0 \sim 65535)$,即 0000～FFFFH。

有符号数是指二进制数的最高位定义为符号位,规定:符号位为 0 表示正数,符号位为 1 表示负数。在计算机内部,符号被数码化了,用 0、1 来表示。

N 位有符号二进制数的表数范围取决于编码方式,常见的有符号数编码方式有原码、反码和补码,具体定义见 1.4.2 节。

2. 小数点的设置

计算机中所有信息只能用 0、1 两个数码来表示,所以小数点不能显示表示,只能隐含表示。计算机中小数点的表示采用位置约定方式:小数点位置固定的数称为定点数,小数点位置浮动的数称为浮点数。定点数分为定点整数和定点小数两种。小数点位置的设置如图 1-9 所示,其中,浮点数小数点的位置由阶码规定。

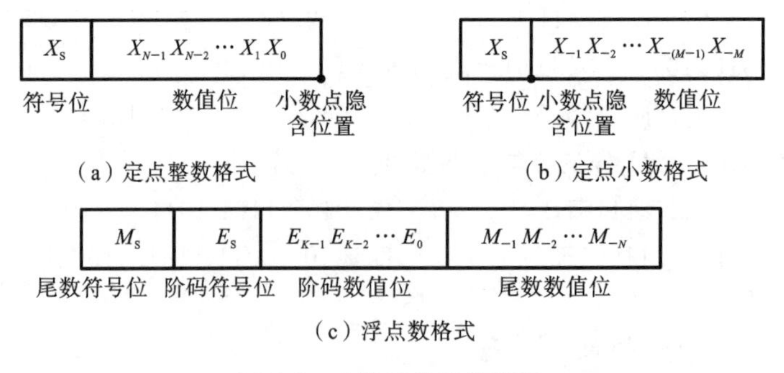

图 1-9 小数点位置的设置

3. 定点数

定点数的小数点位置固定不变,分为定点整数和定点小数两种。

1) 定点整数

定点整数的小数点位置在数值的最低位,如图 1-9(a)所示,定点整数分为无符号和有符号整数两种。

无符号定点整数 X 的所有二进制位都为数值位,图 1-9(a)中的符号位 X_S 被 X_N 替代,$X=X_NX_{N-1}\cdots X_1X_0$,$N+1$ 位无符号定点整数的表数范围为

$$0 \leqslant X \leqslant 2^{N+1}-1$$

有符号定点整数 X 的最高位为符号位，如图 1-9(b)所示，$X=X_S X_{N-1}\cdots X_1 X_0$，有符号定点整数的表数范围为

$$|X| \leqslant 2^{N-1}$$

有符号定点整数 X 的表数范围还取决于具体的编码方式，见 1.4.2 节。

2) 定点小数

定点小数的小数点位置在数值的最高位。如果有符号位，小数点位置在符号位 X_S 之后、数值最高位 X_{-1} 之前，如图 1-9(b)所示。

定点小数表数范围很小，设 X 用 M 位小数表示，$X=X_S X_{-1}\cdots X_{-(M-1)} X_{-M}$，其表数范围为

$$|X| \leqslant 1-2^{-M}$$

由于定点小数表示法节省硬件，主要用在早期的计算机中。目前计算机的定点小数主要用浮点数的尾码表示。

4. 浮点数

浮点数用来表示实数，其小数点的位置是浮动的，由阶码决定。浮点数 X 的典型格式如图 1-9(c)所示，X 的表示方法为

$$X=M\times R^E \tag{1-2}$$

尾数 M 是浮点数的有效数值部分，决定了浮点数的精度，用有符号定点小数表示，由符号位 M_S 和数值位 $M_{-1}M_{-2}\cdots M_{-N}$ 组成。尾数的符号位 M_S 表示了浮点数的正负，常位于浮点数的最高位。尾数一般用原码或补码表示。

阶码 E 是浮点数的指数部分，决定了浮点数的表数范围，用有符号定点整数表示，由符号位 E_S 和数值位 $E_{K-1}E_{K-2}\cdots E_0$ 组成。阶码的符号位 E_S 决定了小数点移动的方向，数值位 $E_{K-1}E_{K-2}\cdots E_0$ 决定了移动的位数。阶码一般用移码或补码表示。

阶码基数 R 也称阶码的底，表示阶码采用的数制，一般规定为 2、8 或 16。R 与尾数的基数相同，例如尾数为二进制，则 $R=2$。R 是隐含规定的，不需要在浮点数中表示出来。通常取 $R=2$。

由于浮点数的小数点位置不固定，所以表示的实数不唯一。为保证唯一性，通常对浮点数进行规格化表示，即将尾数的绝对值限定在某个范围内。

浮点数的规格化：当尾数不为 0 时，调整阶码使尾数数值的最高有效位为 1。

原码规格化后：正数为 0.1××……×；

负数为 1.1××……×。

补码规格化后：正数为 0.1××……×；

负数为 1.0××……×。

例如，令 $R=2$，则规格化浮点数尾数应满足的条件是：最高有效位为 1，即尾数 M 的真值为 0.5～1。

【例 1-13】 将 $X=-14.25$ 表示为二进制规格化浮点数。设机器字长为 32 位，阶码为 8 位(包括 1 位符号位)，尾数为 24 位(包括 1 位符号位)。阶码和尾数均采用补码表示。

分析 $X=-14.25D=-1110.01B=-0.111001\times2^{100B}=-0.111001\times2^{+4H}$。

阶码$E_X=+4H$， $[E_X]_{补}=00000100B$

尾数$M_X=-0.111001$， $[M_X]_{补}=1.00011100000000000000000$

$[X]_{补}=100000100\ 00011100000000000000000$

注意：$[X]_{补}$最高位的 1 为尾数$[M_X]_{补}$的符号位。

1.4.2 有符号数编码

由于计算机系统不能识别“+、−”这样的符号，所以计算机中有符号数的符号位必须用“0、1”来表示。为讨论方便，引入机器数和真值的概念。

1. 机器数与真值

机器数：符号被数码化了的二进制数，即机器数是“符号位+数值位”组成的数。

真值：机器数代表的实际值，即机器数的数值位加上“+、−”号就是对应的真值。

若计算机字长为 8 位，则机器数的D_7是符号位，$D_6\sim D_0$ 为数值位；若计算机字长为 16 位，则机器数的D_{15}是符号位，$D_{14}\sim D_0$ 是数值位。

【例 1-14】 在 8 位字长的计算机中，+8、−8 的机器数和真值如何表示？

+8 的机器数：0000 1000，真值：+000 1000。

−8 的机器数：1000 1000，真值：−000 1000。

思考：在 16 位字长的计算机中，+8、−8 的机器数和真值又如何表示呢？

在对机器数数值部分的处理上，提供了不同的编码方式，常用的有原码、反码、补码，同一真值可以对应不同的编码。

2. 原码

原码表示法：最高位为符号位，其余位为数值位，数值位为真值的绝对值。

真值求原码：正数原码符号位为 0，负数原码符号位为 1，无论正、负数，数值位均为真值的绝对值。

原码求真值：把符号位转换为“+”“−”号，数值位不变。

【例 1-15】 8 位二进制数原码举例。

$$[+0]_{原}=00000000,\quad [-0]_{原}=10000000$$

$$[+5]_{原}=00000101,\quad [-5]_{原}=10000101$$

$$[+127]_{原}=01111111,\quad [-127]_{原}=11111111$$

【例 1-16】 求原码 00001100、10001100 对应的真值。

分析 原码 00001100 最高位为 0，表正数，数值位就是真值。原码 10001100 最高位为 1，表负数，数值位不变，真值是数值位前面加负号。

原码 00001100 对应的真值为+0001100，对应的十进制数为+12。

原码 10001100 对应的真值为−0001100，对应的十进制数为−12。

原码的特点如下。

(1) 设二进制数 $X=X_{N-1}X_{N-2}\cdots X_1X_0$，原码的定义公式为

$$[X]_{原}=\begin{cases}X & 0\leqslant X<2^{N-1}\\ 2^{N-1}-X=2^{N-1}+|X| & -2^{N-1}<X\leqslant 0\end{cases}\tag{1-3}$$

(2) N 位原码的表数范围为$-(2^{N-1}-1)\sim(2^{N-1}-1)$。例如，8 位二进制原码的真

值范围为－127～＋127，16 位二进制原码的真值范围为－32767～＋32767。

(3) 0 的原码不唯一，＋0 和－0 有区别。

(4) 原码表示法的优点是简单、直观，与真值转换方便，容易实现乘、除运算。缺点是加、减运算较复杂，符号位不能和数值位一起运算，要单独处理符号位，增加了运算器的设计难度。

3. 反码

反码表示法：最高位为符号位，数值位按正、负数不同编码不同。

真值求反码：正数反码的符号位为 0，其余位为数值位；负数反码符号位为 1，其余位为数值位取反。负数反码也可以是对应正数反码，符号位按位取反。

反码求真值：正数反码是把符号位 0 转换为"＋"，数值位不变；负数反码是把符号位 1 转换为"－"，数值位按位取反。

【例 1-17】 8 位二进制数反码举例。

$$[+0]_{反}=00000000,\quad [-0]_{反}=11111111$$
$$[+5]_{反}=00000101,\quad [-5]_{反}=11111010$$
$$[+127]_{反}=01111111,\quad [-127]_{反}=10000000$$

【例 1-18】 求反码 00001100、10001100 对应的真值。

分析 反码 00001100 最高位为 0，表正数，数值位就是真值。反码 10001100 最高位为 1，表负数，真值是数值位取反，前面加负号。

反码 00001100 对应的真值为＋0001100，对应的十进制数为＋12。

反码 10001100 对应的真值为－111 0011，对应的十进制数为－115。

反码的特点如下。

(1) 设二进制数 $X=X_{N-1}X_{N-2}\cdots X_1X_0$，反码的定义公式为

$$[X]_{反}=\begin{cases} X & 0\leqslant X<2^{N-1} \\ (2^N-1)+X & -2^{N-1}<X\leqslant 0 \end{cases} \tag{1-4}$$

(2) N 位反码的表数范围为$-(2^{N-1}-1)\sim(2^{N-1}-1)$，8 位二进制反码的真值范围为－127～＋127，16 位二进制反码的真值范围为－32767～＋32767。

(3) 0 的反码不唯一，＋0 和－0 有区别。

(4) 反码运算不方便，计算机中已很少采用。

4. 补码

补码表示法：最高位为符号位，数值位按正、负数不同编码不同。

真值求补码：正数补码的符号位为 0，其余位为数值位；负数补码是把对应正数补码连同符号位按位取反后再加 1。

补码求真值：正数补码是把符号位 0 转换为"＋"，数值位不变；负数补码是数值位连同符号位按位取反加 1，前面加上"－"号。

【例 1-19】 8 位二进制数补码举例。

$$[+0]_{补}=00000000,\quad [-0]_{补}=00000000$$
$$[+5]_{补}=00000101,\quad [-5]_{补}=11111011$$
$$[+127]_{补}=01111111,\quad [-128]_{补}=10000000$$

注意：$[-0]_{补}$的补码是$[+0]_{补}$的补码整个取反加 1；$[-5]_{补}$的补码是$[+5]_{补}$的补

码整个取反加 1;[−128]$_补$ 的补码可以看成是[+128]$_补$=10000000 整个取反加 1。

【例 1-20】 求补码 00001100、10001100 对应的真值。

分析 补码 00001100 最高位为 0,表正数,数值位就是真值。补码 10001100 最高位为 1,表负数,真值是符号位与数值位一起按位取反再加 1,前面加负号。

补码 00001100 对应的真值为+0001100,对应的十进制数为+12。

补码 10001100 对应的真值为−0111 0100,对应的十进制数为−116。

补码的特点如下。

(1) 设二进制数 $X=X_{N-1}X_{N-2}\cdots X_1X_0$,补码的定义公式为

$$[X]_{反}=\begin{cases} X & 0\leqslant X<2^{N-1} \\ 2^N+X=2^N-|X| & -2^{N-1}\leqslant X<0 \end{cases} \tag{1-5}$$

(2) N 位补码的表数范围为 $-2^{N-1}\sim(2^{N-1}-1)$,8 位二进制补码的真值范围为−128~+127;16 位二进制补码的真值范围为−32768~+32767。

(3) 0 的补码唯一。

(4) 补码表示法可以使符号位参加运算,简化了加减运算,计算机内部的数值数据是用补码表示的。

5. 原码、反码、补码小结

同一有符号数可以采用原码、反码、补码表示,这 3 种编码间可以相互转换。

(1) 正数:补码=原码=反码。负数:补码≠反码≠原码。

(2) 正数补码的数值部分=真值。负数补码的数值部分≠真值。

(3) 正数补码等于真值。负数补码等于相反数(正数)补码,带符号位按位取反+1。

(4) 计算机中数值数据采用的是补码表示法。

1.4.3 有符号数运算

计算机中有符号数的运算是指补码运算,补码的加、减运算包含符号位,简化了运算过程。

1. 求补运算

求补运算是指对补码表示的机器数(正、负均可)连同符号位取反加 1。求补运算是对补码再次求补,得到的结果是相反数的补码。

【例 1-21】 对 117 的补码做求补运算。设机器字长为 8 位。

分析 对 117 的补码做求补运算,得到的是相反数−117 的补码。

$$[117]_{补}=01110101,\quad [[117]_{补}]_{补}=10001011=[-117]_{补}$$

思考:对−117 的补码做求补运算,得到的结果是什么?

2. 补码运算规则

根据求补运算,补码运算的加、减法规则如下。

(1) 补码加法规则:$[X+Y]_{补}=[X]_{补}+[Y]_{补}$。

(2) 补码减法规则:$[X-Y]_{补}=[X]_{补}-[Y]_{补}=[X]_{补}+[-Y]_{补}$。

补码加、减运算中,符号位参与运算,不需要判断正、负号。根据求补运算的定义,可以把补码减法运算转换为加法运算。

【例 1-22】 设 $X=23$,$Y=-62$,求$[X+Y]_{补}$,$[X-Y]_{补}$。设机器字长为 8 位。

分析 $[X+Y]_{补}=[X]_{补}+[Y]_{补}$,需要先求出$[X]_{补}$和$[Y]_{补}$。

$[X-Y]_{补}=[X]_{补}+[-Y]_{补}$,需要先求出$[X]_{补}$和$[-Y]_{补}$。

$[23]_{补}=00010111$, $[62]_{补}=00111110$, $[-62]_{补}=11000010$

则 $[X+Y]_{补}=[23]_{补}+[-62]_{补}=00010111+11000010=11011001$

$[X-Y]_{补}=[23]_{补}-[-62]_{补}=[23]_{补}+[62]_{补}$

$=00010111+00111110=01010101$

注意:计算的结果是补码,要得到真值,还需将补码转换为真值。

$[23+(-62)]_{补}=11011001$,最高位为 1,表负数,转为真值时需要将结果取反加 1 再加上负号,真值为-39。$[23-(-62)]_{补}=01010101$,最高位为 0,表正数,真值为 85。

3. 补码运算的溢出判断

溢出是指有符号数的补码运算结果超出了机器数的表数范围。N 位补码的表数范围是$-2^{N-1}\sim(2^{N-1}-1)$,如果运算结果超出了这个范围,则发生了溢出,表示运算结果错误。显然,溢出发生在两个同符号数相加或者异符号数相减的情况下。

溢出判定规则:最高位(符号位)和次高位(数值最高位)都产生进/借位或都没有产生进/借位,则结果无溢出;否则结果溢出。

设符号位产生的进/借位为C_S,数值部分最高位产生的进/借位为C_P,则溢出的条件是:$C_S \oplus C_P=1$($\oplus$表示异或运算)。

【例 1-23】 设 $X=95$,$Y=104$,求$[X+Y]_{补}$,并判断结果是否溢出。

分析 $[95]_{补}=01011111$,$[104]_{补}=01101000$。

```
     0 1 0 1 1 1 1 1          [95]补
  +  0 1 1 0 1 0 0 0          [104]补
  ---------------------     -----------
     1 1 0 0 0 1 1 1          [-69]补
     ↑ ↑
     | Cp=1
     Cs=0
```

由于 $C_S=0$,$C_P=1$,则 $C_S \oplus C_P=1$,溢出,结果错误。本例中,两个正数相加,结果为负数,原因是 $95+104=199$,超出了 8 位二进制补码的表数范围。

【例 1-24】 设 $X=68$,$Y=72$,求$[X+Y]_{补}$,判断:

(1) 若为无符号数,计算结果是否正确?

(2) 若为有符号补码数,计算结果是否正确?

分析 $[68]_{补}=01000100$,$[72]_{补}=01001000$。

```
     0 1 0 0 0 1 0 0
  +  0 1 0 0 1 0 0 0
  ---------------------
     1 0 0 0 1 1 0 0
     ↑ ↑
     | Cp=0
     Cs=1
```

(1) 若为无符号数,计算结果为 140,8 位无符号数表数范围为 0~255,结果正确。

(2) 若为有符号,按补码运算溢出判断规则,$C_S \oplus C_P = 1$,溢出,结果错误。

注意:计算机在运算时,依据的是补码运算规则,没有区分有符号数和无符号数,采用了同一套运算电路,这也是补码编码的优点。

1.4.4 十进制数编码

为了使计算机能表达和处理十进制数,用二进制编码表示十进制数,称为 BCD(Binary Coded Decimal)码。

1. BCD 码

BCD 码是用二进制编码表示的十进制数。BCD 码形式上为二进制,但本质上是十进制,因其进位规则是逢 10 进 1,采用十进制权,有 10 个数码 0~9。用二进制表示 10 个数码,需要 $\log_2 10$ 个二进制位,取整,则 4 个二进制位表示 1 位十进制数,即 1 个 BCD 码用 4 位二进制数表示。

4 个二进制位有 16 种组合,而十进制数只有 0~9 这十个数码,所以编码的方法有多种,最常用的是 8421BCD 码,是指 4 个二进制位的权值是固定的,从左往右分别为 $2^3=8$,$2^2=4$,$2^1=1$,$2^0=1$,故称为 8421BCD 码,简称为 BCD 码。

BCD 码有压缩和非压缩两种格式。其中,压缩 BCD 码用 4 位二进制位表示 1 位十进制数,非压缩 BCD 码用 8 位二进制位表示 1 位十进制数,如表 1-5 所示。

表 1-5 BCD 码编码表

十进制数	压缩 BCD 码	非压缩 BCD 码	十进制数	压缩 BCD 码	非压缩 BCD 码
0	0000(00H)	0000 0000(00H)	10	00010000	0000 0001 0000 0000
1	0001(01H)	0000 0001(01H)	11	00010001	0000 0001 0000 00001
2	0010(02H)	0000 0010(02H)	12	00010010	0000 0001 0000 0010
3	0011(03H)	0000 0011(03H)	13	00010011	0000 0001 0000 0011
4	0100(04H)	0000 0100(04H)	14	00010100	0000 0001 0000 0100
5	0101(05H)	0000 0101(05H)	15	00010101	0000 0001 0000 0101
6	0110(06H)	0000 0110(06H)	16	00010110	0000 0001 0000 0110
7	0111(07H)	0000 0111(07H)	17	00010111	0000 01110000 0001
8	1000(08H)	0000 1000(08H)	18	00011000	0000 0001 0000 1000
9	1001(09H)	0000 1001(09H)	19	00011001	0000 0001 0000 1001

从表 1-5 可以看出,1 个字节可表示 2 个压缩 BCD 码,但只能表示 1 个非压缩 BCD 码。例如,十进制数 34 用压缩 BCD 码表示为 00110100(34H),占一个字节;用非压缩 BCD 码表示为 0000001100000100(0304H),占两个字节。

2. BCD 码与十进制数的转换

BCD 码与十进制数的转换非常简单,只需要按表 1-5 的对应关系对每个十进制数单独转换即可。

【例 1-25】 将十进制数 85.7 转换为压缩 BCD 码。

分析 根据表 1-5，将每位十进制数转换为对应的压缩 BCD 码。

$$(85.7)_{10}=(10000101.0111)_{BCD}$$

同理，BCD 码转换为十进制数也很容易，如 BCD 码 10010001.0101 对应的十进制数为 91.5。

3. BCD 码与二进制数的转换

BCD 码与二进制数不能直接转换。BCD 码转换为二进制数，需先将 BCD 码转化为十进制数，再转化为二进制数；反之亦然。

【例 1-26】 将压缩 BCD 码 10010001.0101 转换为二进制数。

分析 先将 BCD 码转换为十进制数：$(10010001.0101)_{BCD}=(91.5)_{10}$；

再将十进制数转换为二进制数：$(91.5)_{10}=(01011011.1)_2$。

【例 1-27】 将二进制数 10101000 转换为压缩 BCD 码。

分析 先将二进制数转换为十进制数：$(10101000)_2=(168)_{10}$；

再将十进制数转换为 BCD 码：$(168)_{10}=(000101101000)_2$。

4. BCD 码与十六进制数的区别

BCD 码是用二进制表示的十进制数，在表示形式上采用的是二进制，为书写简单，二进制通常用十六进制表示，所以，BCD 码也可采用十六进制数的 0～9 表示。

对 BCD 码而言，数码 A～F 是非法的。如$(00110101)_{BCD}$可表示成$(35H)_{BCD}$，但它和十六进制数 35H 是有区别的，分别代表了不同的十进制数。$(35H)_{BCD}$对应的十进制数为 35，35H 对应的十进制数为 3×16＋5＝53。

所以，对用十六进制数码 0～9 表示的数，既可以解释为十六进制数，也可以解释为 BCD 码，由具体应用决定，两者对应不同的十进制数。

5. BCD 码的运算

BCD 码的加、减运算遵循十进制“逢十进一”的规则，而计算机的加、减运算遵循二进制规则，所以需要调整 BCD 码的运算结果以保证其正确性。

BCD 码调整规则：BCD 码加法，如果个位相加结果超过 1001(9)或者有进位，则需要加 06H 进行修正，如果十位超过 1001(9)或者有进位，则需要加 60H 进行修正；BCD 码减法，如果个位超过 1001(9)或者产生借位，则应减去 06H 进行修正，如果十位超过 1001(9)或者产生借位，则应减去 60H 进行修正。

【例 1-28】 计算十进制加法 4＋5。

分析 计算机中十进制数的运算可看成是 BCD 码的运算。4＋5 没有产生进位，不需要调整结果。

$$\begin{array}{r} 0100 \\ +\ 0101 \\ \hline 1001 \end{array} \qquad \begin{array}{r} 4 \\ 5 \\ \hline 9 \end{array}$$

结果为 1001，即十进制 9。

【例 1-29】 计算十进制加法 51＋82。

分析 十进制数 51 的压缩 BCD 码为$(01010001)_{BCD}$，82 的压缩 BCD 码为$(10000010)_{BCD}$。十位相加产生了进位，需要调整结果。结果为 100110011，即十进制的 133，结果正确。

```
        0101 0001
    +   1000 0010
    -------------
        1101 0011   → 十位结果大于9
    +   0110 0000   ← 加60H修正
    -------------
   [1]  0011 0011
进位↑
```

```
        0100
    -   1000
    --------
   [1]  1100      出现借位
    -   0110   ← 减6修正
    --------
   [1]  0110
借位↑
```

【例 1-30】 计算十进制减法 4－8。

分析　4－8 产生了借位，需要调整结果。结果为 0110，即十进制的 6，有借位，结果正确。这里，6 是－4 以 10 为模的补码。

注意：对计算机中的数值数据，物理含义不同，代表的数值大小不同。需要结合具体应用进行分析。

【例 1-31】 设 X＝10010110B，试计算 X 所对应的十进制数值大小。

分析　题目给定了一个二进制数，该数在不同的应用中可被当成无符号数、有符号数、压缩型 BCD 码，应分别进行计算。

(1) 无符号数：

X＝10010110B

$=1\times2^7+0\times2^6+0\times2^5+1\times2^4+0\times2^3+1\times2^2+1\times2^1+0\times2^0=150$

(2) 有符号数：

$[X]_{补}$＝10010110B，最高位符号位为 1，该数为负数

$[[X]_{补}]_{补}$＝01101010B，求补运算，真值需要加负号

$X=-1\times2^6+1\times2^5+0\times2^4+1\times2^3+0\times2^2+1\times2^1+0\times2^0=-106$

(3) BCD 码：

X＝96

结论：对同一个二进制数，物理含义不同，对应的数值大小不同。

1.4.5　非数值数据表示

计算机除了能对数值数据进行处理外，还能处理大量的非数值数据，如英文字母、标点符号、各种控制符号、图形等，这些也都是用二进制数编码表示的。

1. 字符编码

计算机中最常用的字符编码是 ASCII（American Standard Code for Information Interchange）码，即美国标准信息交换码，参见附录 A。

标准 ASCII 码由 7 位二进制数组成，用 1 个字节表示，最高位 D_7 置 0，可表示 2^7＝128 个字符，包括的字符种类如下。

(1) 0～9 十个数字，ASCII 码为 30H～39H。

(2) 26 个大写英文字符，ASCII 码为 41H～5AH。

(3) 26 个小写英文字符，ASCII 码为 61H～7AH。

(4) 32 个控制符号，ASCII 码为 00～1FH，如回车 CR(0DH)、换行 LF(0AH)、

ESC(1BH)等。

(5) 34 个专用字符,如空格 SPACE(20H)、删除键 DEL(7FH)等。

标准 ASCII 中,除 32 个控制字符和 DEL 字符外,其余的 95 个字符均可打印和显示输出。

扩展 ASCII 码最早由 IBM 制定,并非标准的 ASCII 码,是将最高位 D_7 置 1,用到了高 128 位,这 128 个扩充字符主要包括特殊符号字符、外来语字母和图形符号等。

2. 汉字编码

计算机中的汉字表示也用二进制编码。汉字在输入、存储和输出过程中使用的编码不同,分别对应外码、交换码与机内码、字形码。不同汉字编码的相互关系如图 1-10 所示。

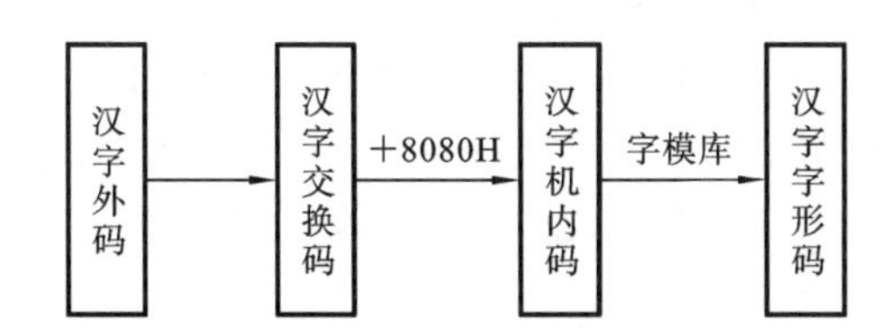

图 1-10　不同汉字编码的相互关系

1) 外码

外码也称输入码,是将汉字用键盘输入到计算机所用的编码。同一汉字有不同的输入码,取决于采用的输入法,输入法不同输入码不同。常用的输入码有拼音编码、字形编码、数字编码等。拼音编码有全拼、双拼编码等,字形编码有五笔字型码等,数字编码有区位码、国标码、电报码等。

2) 交换码与机内码

交换码也称国标码,国标码是汉字的国家标准编码,目前主要有 GB2312、GBK、GB18030 三种。GB2312 是 1980 年制定的《信息交换用汉字编码字符集·基本集》,收录汉字 6763 个,按其使用频率和用途分为一级常用汉字 3755 个,二级次常用汉字 3008 个。每个汉字的国标码用 2 个字节表示,每个字节的最高位为 0。

另一种表示方法是区位码,将 6763 个两级汉字分为 94 个区,每个区有 94 位,表示成二维数组,每个汉字在数组中的下标就是区位码,国标码和区位码的对应关系:国标码=区位码+2020H。

国标码是汉字信息交换的标准编码,但因其 2 个字节的最高位均为 0,与 ASCII 码发生冲突,不能在计算机内部直接使用,需要进行变换。

机内码是计算机内部用于存储和处理汉字的编码,每个机内码用 2 个字节表示,每个汉字具有唯一的机内码。机内码和国标码的对应关系:机内码=国标码+8080H。这种编码方案解决了国标码与 ASCII 码的冲突问题。

【例 1-32】 汉字“中”位于 54 区 48 位,分别计算其对应的国标码和机内码。

分析　“中”的区位码为 5448,为十进制数,将高低字节分别转换为十六进制数为 3630H。

“中”的国标码=3630H+2020H=5650H

“中”的机内码=5650H +8080H=D6D0H

3）字形码

字形码是汉字的输出码。为显示和打印输出汉字，把汉字按图形符号设计成点阵图，就得到了相应的点阵代码，即字形码。汉字点阵大小通常有16×16、24×24、32×32，对应的字节数分别为32B、72B、128B。例如，16×16汉字点阵是指每个汉字有16行，每行由16个点组成，一个点用1位二进制位表示，16个点需用16位二进制位(即2个字节)表示。将所有汉字的字模点阵代码按内码顺序集中起来，就构成了汉字库。当输出汉字时，一般是通过检索汉字库来实现的。

3. Unicode

Unicode是国际组织制定的可以容纳世界上所有文字和符号的字符编码方案，也称统一码、万国码、单一码，是计算机领域里的一项业界标准。它为每种语言中的每个字符设定了统一且唯一的二进制编码，以满足跨语言、跨平台的文本转换、处理要求。

Unicode从ISO组织制定的通用字符集(Universal Character Set, UCS)发展而来，有UCS-2标准，用2个字节编码表示1个字符；UCS-4标准，用4个字节编码表示1个字符。

自测练习1.4

1. 8位有符号数表示的最大正数是__________，最小负数是__________。
2. 设机器字长为8位，已知$X=-1$，则$[X]_{原}=$__________，$[X]_{反}=$__________，$[X]_{补}=$__________。
3. 设$[X]_{补}=10000000B$，则X对应的真值为__________。$[Y]_{补}=11111111B$，则Y对应的真值为__________。
4. 设有2个1，6个0，能表示的最大有符号数是__________，最小有符号数是__________。
5. 十进制数86对应的二进制数为__________，十六进制数为__________，BCD码为__________。
6. 8位有符号数的补码表数范围是(　　)。
   A. −127～127　　B. −127～128　　C. −128～128　　D. −128～127
7. 加法运算6AH+9FH，计算结果是否溢出？(　　)
   A. 溢出　　B. 无溢出　　C. 不确定
8. 将10010111B转换为BCD码为(　　)。
   A. $(000010010111)_{BCD}$　　B. $(000101010001)_{BCD}$
   C. $(000101010000)_{BCD}$　　D. $(000110010111)_{BCD}$

本章总结

本章分析了微型计算机系统、微型计算机和微处理器三个层次的内涵，介绍了微型计算机系统的软/硬件组成。阐述了现代微型计算机面向总线的典型体系结构，分析了其工作过程。给出了衡量微型计算机性能的指标，从不同角度对微型计算机进行了分类。掌握计算机的信息表达是本章的重点，内容包括微型计算机的常用数制及其相互转换，二进制数的算术和逻辑运算规则；数值数据的定点数和浮点数表达，有符号数、无符号数、机器数与真值的概念；有符号数的原码、反码、补码三种编码方式，补码运算规则和溢出判断；BCD 编码格式、运算规则；非数值数据的编码，标准 ASCII 码的编码方式。

习题与思考题

1. 冯·诺伊曼型计算机的工作原理是什么？主要包括哪些组成部分？各部分功能是什么？
2. 微型计算机系统通常有哪些部分组成？各部分的作用是什么？
3. 系统总线的基本概念是什么？数据总线、地址总线和控制总线的特点分别是什么？
4. 微机系统的性能指标主要有哪些？
5. 将下列十进制数转换为二进制数、十六进制数。
   (1) 60；　(2) 76.8；　(3) 18.735。
6. 将下列十六进制数转换成十进制数、二进制数。
   (1) BC.DH；　(2) 20.BH；　(3) 6C.6H。
7. 下列数中，最大的数是(　　)。
   A. 1B.19H　B. 27.25D　C. 11011.1111B
8. 完成下列二进制数的逻辑与、或、非、异或运算。
   (1) 10010110 和 01101001；　(2) 00111100 和 10110010；
   (3) 11100101 和 10101010；　(4) 00011101 和 11101000。
9. 8 位和 16 位二进制数的补码表数范围分别是多少？
10. 将 $X=-7.5$ 表示为二进制规格化浮点数。设机器字长为 32 位，阶码为 8 位(包括 1 位符号位)，尾数为 24 位(包括 1 位符号位)，均采用补码表示。
11. 写出下列各数的补码。
    (1) −1；　(2) −128；　(3) 48；　(4) 127。
12. 若 $X=-90$，$Y=+48$，求$[X+Y]_{补}$、$[X-Y]_{补}$，判断运算结果的溢出情况。
13. 若$[X]_{原}=10010110B$，求$[X/2]_{补}$、$[-X/2]_{补}$、$[2X]_{补}$的值。
14. 将下列十进制数表示为压缩 BCD 码。
    (1) 3728；　(2) 315。
15. 将下列压缩 BCD 码转换为十六进制数。
    (1) (0111 0100)BCD；　(2) (00010001B)BCD。
16. 将下列数值或字符串表示为相应的 ASCII 码。
    (1) 31H；　(2) A4H；　(3) 3DH；　(4) ‘OK’

2

8086/8088 微处理器

Intel 公司是微处理器的主要厂商，为全球大公司（如苹果、三星、惠普、戴尔等）提供微处理器。Intel 产品有酷睿 i(Core i)、酷睿(Core)、奔腾(Pentium)、X86 等系列，目前多为双核或多核产品。本章以 Intel 8086/8088 和 80386 处理器为例，介绍微处理器的功能结构、内部寄存器、引脚特性、存储器管理机制等。

2.1 8086/8088 微处理器结构

8086/8088 是 Intel 公司 1978 年推出的高性能 16 位微处理器，采用硅栅工艺 HMOS 制造，1.45 cm^2 单个硅片上集成了约 29000 个晶体管，40 引脚双列直插 DIP 封装。8086/8088 被用作微型计算机 IBM PC/XT 的微处理器，在微机发展史上具有重要地位。

本节目标：

(1) **了解** 8086/8088 **微处理器特点。**

(2) **掌握执行单元** EU **和总线接口单元** BIU **的组成和功能。**

(3) **掌握** 8086/8088 **内部寄存器。**

(4) **理解** EU **和** BIU **的并行工作原理。**

2.1.1 8086/8088 CPU 特点

Intel 8086/8088 微处理器是 16 位微处理器，40 个外部引脚，特点如下。

(1) 16 根数据线。

(2) 20 根地址线。可寻址的地址空间达 2^{20} B(1 MB)，内存空间实行分段管理。

(3) 主时钟频率为 5～10 MHz。

(4) 单一 5 V 电源。

8086/8088 首次采用流水线结构，具有并行工作能力，提高了处理速度。丰富的指令系统，能对多种类型的数据进行处理，程序设计灵活、方便。

8086/8088 支持协处理器，可与数值协处理器 8087 和输入/输出协处理器 8089 构成多处理器系统，提升系统的数据处理能力。

8088 微处理器的内部结构和指令功能与 8086 基本相同，但外部数据总线的宽度只有 8 位，在与外部数据交换时，每次只能输入或输出 1 个字节。8088 微处理器适用于8位输入/输出接口芯片构成的系统。

2.1.2 8086/8088 功能结构

8086/8088 微处理器内部结构按功能分为执行单元(Execution Unit,EU)和总线接口单元(Bus Interface Unit,BIU)两部分,如图 2-1 所示。

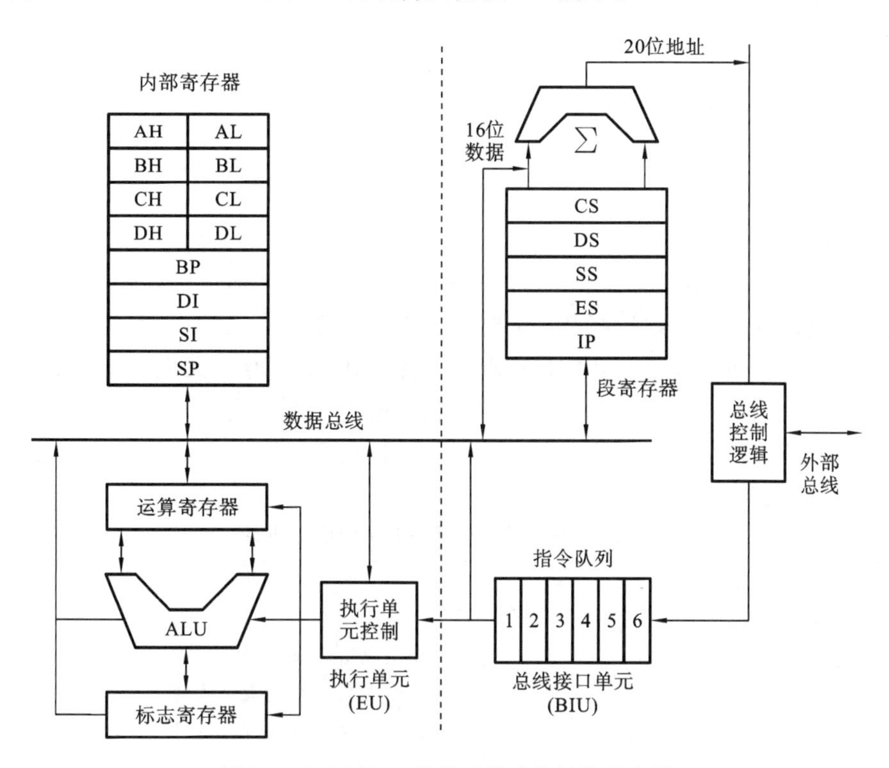

图 2-1 8086/8088 微处理器功能结构示意图

1. 执行单元

执行单元主要包括算术逻辑单元(Arithmetic and Logic Unit,ALU)、通用寄存器组、标志寄存器(FLAGS)及执行单元控制电路,主要功能是负责指令的执行,即对指令进行译码、用 ALU 完成算术逻辑运算、用寄存器暂存数据或运算结果以及标志位。执行单元的主要组成及功能如表 2-1 所示。

表 2-1 执行单元的主要组成及功能

主要组成	主要功能
ALU 8个通用寄存器 标志寄存器 执行单元控制电路	执行算术逻辑运算 暂存运算结果、保存标志特征 指令译码

1) 算术逻辑单元

ALU 主要完成 8 位或 16 位二进制算术运算和逻辑运算。

2) 通用寄存器组

通用寄存器组包括 8 个 16 位寄存器。分别是 4 个数据寄存器 AX、BX、CX、DX,

也可用作8个8位寄存器，记为AH、AL、BH、BL、CH、CL、DH、DL；2个16位指针寄存器SP和BP；2个16位变址寄存器SI和DI。

3）标志寄存器

FLAGS是16位寄存器，包括6个状态标志和3个控制标志，另外7位未使用。标志寄存器用来记录8086/8088运算的状态，并存放控制标志。

4）运算暂存器

运算暂存器暂存参与运算的数据，协助ALU完成运算。

5）执行单元控制电路

执行单元控制电路负责从指令队列中取出指令，对指令进行译码，产生各种控制信号，实现指令功能。

2. 总线接口单元

总线接口单元包括段寄存器、地址加法器、指令指针（Instruction Pointer，IP）寄存器、指令队列缓存器及总线控制逻辑电路。主要功能是负责CPU与存储器或I/O接口之间的信息传输，包括取指令和数据存取。具体操作：从内存单元中取出指令，送入指令队列中暂存；当CPU执行指令时，BIU从指定的内存单元或I/O端口中取出数据传输给EU，或者将EU处理完的结果传输到指定的内存单元或I/O端口中。总线接口单元的主要组成及功能如表2-2所示。

表2-2 总线接口单元的主要组成及功能

主要组成	主要功能
4个段寄存器、指令指针寄存器 20位地址加法器 6/4字节指令队列缓存器 总线控制逻辑电路	负责生成指令或数据的20位物理地址 从内存中取指令到指令队列 负责与内存或输入/输出接口之间的数据传送

1）段寄存器

4个16位段寄存器包括数据段寄存器（DS）、代码段寄存器（CS）、堆栈段寄存器（SS）和附加段寄存器（ES），用来存放各个段的段基址。

2）20位地址加法器

20位地址加法器负责生成指令或数据的20位物理地址。将段寄存器的16位段基址左移4位，与来自指令指针寄存器或内部暂存器的16位数据（有效偏移地址）相加，形成20位物理地址。

3）指令指针寄存器

指令指针寄存器是16位寄存器，用来存放下一条要取指令的偏移地址，控制程序的执行顺序。指令指针寄存器和CS配合使用，共同生成指令的20位物理地址。

程序运行时，指令指针寄存器具有自动加1功能。程序不能直接访问指令指针寄存器，但可由某些指令隐含修改，如转移、调用类指令等。

4）指令队列缓存器

指令队列用来存放指令，长度为6B（8086）或4B（8088），是与CPU速度匹配的高速缓冲寄存器。

在EU执行指令时，BIU可以从内存中预取指令到指令队列，因此，取指令和执行指令可以并行进行，提高 CPU 的工作效率。

5）总线控制逻辑电路

总线控制逻辑电路负责 CPU 内部总线和外部总线的连接，实现 CPU 和存储器或 I/O 接口的信息交互。外部总线包括地址总线、数据总线和控制总线。

3. EU 和 BIU 的并行工作

8086/8088 的执行单元（EU）和总线接口单元（BIU）既相互独立又相互配合，在 EU 执行指令的同时，BIU 可以预取指令到指令队列，实现取指令和执行指令的并行操作。图 2-2 表明，从 t_2 时刻开始，EU 和 BIU 作为独立的两个部件，可以同时运行。

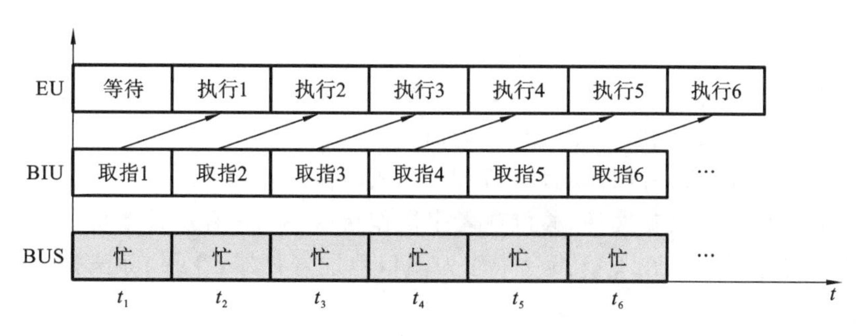

图 2-2 EU 和 BIU 并行工作示意图

EU 和 BIU 并行工作应遵循如下规则。

(1) 指令队列中无指令时，BIU 取指令，EU 处于等待状态。指令队列存满一条指令后，EU 立即执行。

(2) 当 BIU 发现指令队列有 2 个空字节时，会自动寻找空闲总线周期执行取指令操作，直到填满指令队列。

(3) EU 执行指令时如果需要存取数据，会请求 BIU 访问存储器或 I/O 接口。此时，若 BIU 处于空闲状态，则立即响应 EU 请求；若 BIU 正在取指令，则需完成取指令操作后，再完成数据存取。

(4) 若指令队列已满，且 EU 没有向 BIU 发出申请，则 BIU 处于空闲状态。

(5) 当执行转移、子程序调用、返回指令时，BIU 会清空指令队列，装入另一段要执行的指令。

指令队列的存在使 EU 和 BIU 实现了并行工作，提高了 CPU 的工作效率。

2.1.3 8086/8088 内部寄存器

8086/8088 内部有 14 个 16 位寄存器，包括 8 个通用寄存器、4 个段寄存器、1 个控制寄存器和 1 个标志寄存器，如图 2-3 所示。寄存器用来存放指令操作数、运算的中间结果或最终结果等数据。通过寄存器可以了解指令执行的状态和结果。

1. 通用寄存器

通用寄存器分为数据寄存器、地址指针寄存器、变址寄存器三类。

1）数据寄存器

8088/8086 有 4 个 16 位数据寄存器 AX、BX、CX、DX，可表示为 8 个 8 位寄存器，即 AH、AL、BH、BL、CH、CL、DH、DL，其中，AH、BH、CH、DH 存高字节数据，AL、BL、CL、DL 存低字节数据。8 个 8 位寄存器可以在指令中独立使用。

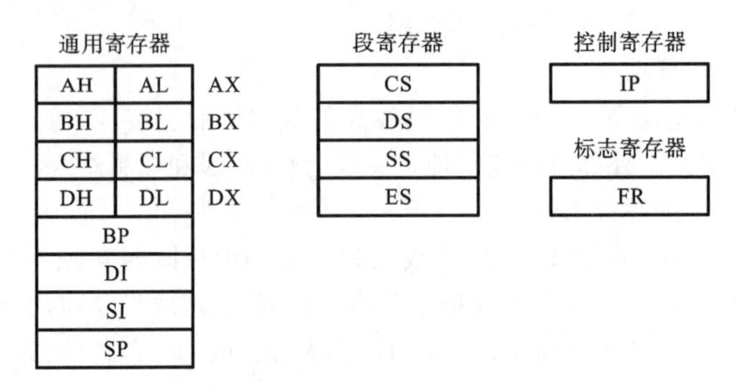

图 2-3 8086/8088 **内部寄存器**

◇ 累加器 AX:是算术运算指令的主要寄存器,某些运算必须用 AX 或 AL 完成,如乘、除法指令,十进制调整指令,输入/输出指令等。

◇ 基址寄存器 BX:可用作地址寄存器,存放内存单元的地址。

◇ 计数寄存器 CX:在循环、移位或者串操作指令中用来存放计数值。

◇ 数据寄存器 DX:在 I/O 指令中作为端口地址寄存器,在乘、除法指令中存放高位数据。

2) 地址指针寄存器

地址指针寄存器 BP、SP 均为 16 位寄存器,用来存放相对于段起始地址的偏移量。

◇ 基址指针(Base Pointer,BP)常用来存放堆栈段数据的偏移地址。当数据在堆栈段时,BP 存放堆栈段中某个数据区"基址"的偏移量,称为基址指针。BP 常与 SS 寄存器配对使用。

◇ 堆栈指针(Stack Pointer,SP)用来存放堆栈栈顶的偏移地址。SP 常用在堆栈、转移、子程序调用指令中。

3) 变址寄存器

变址寄存器 SI、DI 均为 16 位寄存器,分别称为源变址寄存器(Source Index,SI)、目的变址寄存器(Destination Index,DI),常用来存放存储器操作数的段内偏移地址。SI、DI 常用于串操作指令中。

2. 段寄存器

8086/8088 有 4 个 16 位段寄存器:CS、DS、SS、ES,存放相应段的起始地址。8086/8088 的存储器分了 4 个逻辑段,分别为代码段、数据段、堆栈段和附加段,需要用段寄存器的值表明这些逻辑段在内存中的位置。

1) 代码段寄存器(Code Segment,CS)

代码段用来存放指令,CS 用来存放代码段的段首地址。CS 和 IP 寄存器配合得到指令的物理地址。

2) 数据段寄存器(Data Segment,DS)

数据段用来存放操作数,DS 用来存放数据段的段首地址。DS 常与 BX、SI、DI 配合得到数据段数据的物理地址。

3) 堆栈段寄存器(Stack Segment,SS)

堆栈段用来存放需要暂存的中间数据,SS 用来存放堆栈段的段首地址。SS 常与 BP 配合得到堆栈段数据的物理地址。

4）附加段寄存器（Extra Segment，ES）

ES 用来存放附加段的段首地址，8086/8088 附加段是为字符串操作指令设置的。

3. 控制寄存器

指令指针寄存器是控制寄存器，用来存放预取指令的偏移地址。当程序顺序执行时，指令指针寄存器具有自动加 1 功能，指向下一条要执行指令的地址。8086/8088 就是通过指令指针寄存器来控制程序的执行，它不能被访问。

4. 标志寄存器

标志寄存器（Flag Register，FR）用于存放指令执行后的状态特征，或者设置控制标志。状态标志有 6 个：CF、PF、AF、ZF、SF、OF，常作为后续操作的判断依据。控制标志有 3 个：DF、IF、TF。FLAGS 剩余的 7 位没有定义。标志寄存器的位定义如图 2-4 所示。

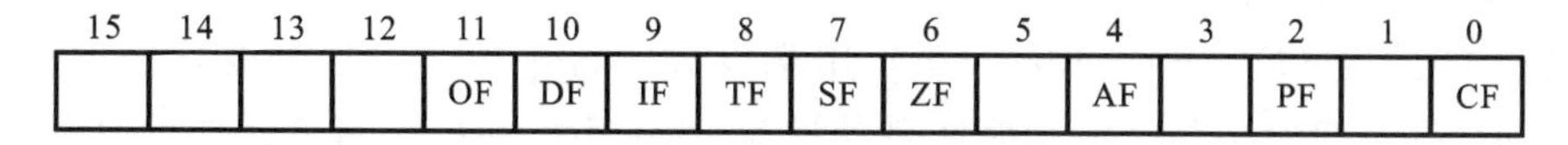

15	14	13	12	11	10	9	8	7	6	5	4	3	2	1	0
				OF	DF	IF	TF	SF	ZF		AF		PF		CF

图 2-4　标志寄存器的位定义

1）状态标志

◇ 进位标志（Carry Flag，CF）：表示运算结果的最高位是否有进位或借位。CF＝1，表示有进/借位；CF＝0，表示无进/借位。

◇ 奇偶标志（Parity Flag，PF）：表示运算结果中“1”的个数的奇偶性，当运算结果低 8 位中 1 的个数为偶数时，PF＝1；否则，PF＝0。常用于数据传输时的校验位，判断数据传输是否出错。

◇ 辅助标志（Auxiliary Flag，AF）：在加减运算中，若第 3 位向第 4 位有进/借位时，AF＝1；否则 AF＝0。该标志位通常被用于 BCD 码算术运算结果的调整。

◇ 零标志（Zero Flag，ZF）：表示运算结果是否为 0。如果运算结果为 0，则 ZF＝1，否则，ZF＝0。

◇ 符号标志（Sign Flag，SF）：表示运算结果最高位（即符号位）的状态。若运算结果最高位为 1，则 SF＝1，表示结果为负数；若最高位为 0，则 SF＝0，表示结果为正数。

◇ 溢出标志（Overflow Flag，OF）：表示运算结果是否超出有符号数的表数范围。若运算结果超出了有符号数范围，则表示溢出，OF＝1；否则，OF＝0。

【例 2-1】　设变量 $x=11101111B$，$y=11001000B$，$X=0101101000001010B$，$Y=0100110010100011B$，分别执行 $x+y$ 和 $X+Y$ 后，标志寄存器中各状态位的状态如何？

分析　相加结果如图 2-5 所示。图中 C_S 表示最高位的进位，C_P 表示次高位的进位。

$$x+y: CF=1、PF=1、AF=1、ZF=0、SF=1、OF=0$$

$$X+Y: CF=0、PF=0、AF=1、ZF=0、SF=1、OF=1$$

溢出的判断方法可根据最高位进/借位 C_S（与 CF 相同）与次高位进/借位 C_P 是否相同来确定，如果 $C_S \oplus C_P=1$，则 OF＝1；否则，OF＝0。溢出表示运算结果已经超出机器能够表示的数值范围，运算结果是错误的。

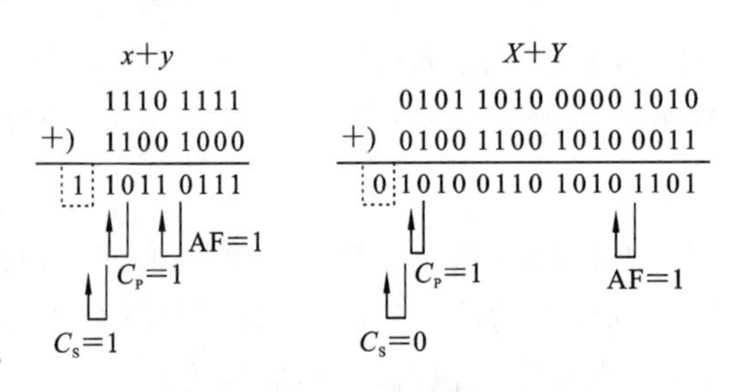

图 2-5 例 2-1 运算示意图

2）控制标志

标志寄存器的控制位有 3 个，实现对 CPU 的控制，可以用指令进行设置。

◇ 中断标志（Interrupt Flag，IF）：用来控制 8086/8088 是否响应外部的可屏蔽中断请求。当 IF=1 时，8086/8088 响应可屏蔽中断请求；当 IF=0 时，禁止响应。指令 STI、CLI 分别对 IF 置 1 或清 0。

◇ 方向标志（Direction Flag，DF）：用来设置字符串操作时地址变化的方向。当 DF=1 时，字符串所在存储单元地址自动递减；当 DF=0 时，存储单元地址自动递增。指令 STD、CLD 分别对 DF 置 1 或清 0。

◇ 陷阱标志（Trap Flag，TF）：也称单步标志或跟踪标志，用于单步操作。当 TF=1 时，进入系统的单步中断，程序单步执行；当 TF=0 时，程序连续执行。

自测练习 2.1

1. 8086 微处理器的字长为（　　）。

A. 8 位　　B. 16 位　　C. 32 位　　D. 64 位

2. 8086 微处理器的指令队列长度为（　　）。

A. 4B　　B. 5B　　C. 6B　　D. 8B

3. 能够计算 20 位地址的地址加法器在（　　）部件中。

A. ALU　　B. EU　　C. BIU　　D. A 和 C 都可以

4. 指令队列的作用是（　　）。

A. 暂存操作数地址　　B. 暂存操作数　　C. 暂存指令地址　　D. 暂存指令

5. 若指令队列满，EU 没有向 BIU 发出总线请求，则 BIU 处于（　　）状态。

A. 写操作　　B. 读操作　　C. 空闲　　D. 取指令

6. 8086/8088 中能自动加 1 的寄存器是（　　）。

A. SP　　B. IP　　C. BP　　D. SI

7. 既可以当成 16 位寄存器又可以拆开当成 8 位寄存器的是（　　）。

A. DI　　B. BX　　C. BP　　D. SI

8. 标志寄存器中，可屏蔽中断允许和禁止的标志位是（　　）。

A. IF　　B. CF　　C. DF　　D. TF

9. 下列寄存器不能作为指针寄存器的是（　　）。

A. BX　　B. BP　　C. CX　　D. SP

10. 编程时不能访问的寄存器是（　　）。

A. IP　　B. SP　　C. CX　　D. SI

2.2 8086/8088 引脚功能及系统配置

8086/8088 的 40 根引脚按功能可分为地址/数据引脚、地址/状态引脚、控制引脚、其他引脚。8086/8088 有两种工作模式，在不同工作模式下，部分引脚定义有区别，系统配置电路不同。

本节目标：

（1）**掌握** 8086 **引脚名称、功能、输入/输出方向、有效电平。**

（2）**掌握两种工作模式下系统配置电路。**

2.2.1 工作模式

8086/8088 微处理器为适应各种应用场合，提供了两种工作模式：最小工作模式和最大工作模式，用 MN/$\overline{MX}$引脚进行设置。MN/$\overline{MX}$接高电平，最小工作模式；MN/$\overline{MX}$接低电平，最大工作模式。

1. 最小工作模式

最小工作模式也称单处理器模式，系统只有一个 8086/8088 微处理器，所有总线控制信号都由 8086/8088 直接产生，系统所需的总线控制逻辑电路最少。

2. 最大工作模式

最大工作模式也称多处理器模式，系统可以有一个以上的微处理器，8086/8088 为主处理器，其他处理器为协处理器。

与 8086/8088 配合的协处理器主要有用于数值运算的协处理器 8087 和用于输入/输出的协处理器 8089。8087 协处理器用硬件方法实现数值运算，如高精度的整数和浮点数以及超越函数的运算。8089 协处理器主要用于频繁使用输入/输出设备的场合，减少微处理器在输入/输出操作中的占用时间，提高微处理器的工作效率。

在最大工作模式下，系统所需的总线控制信号不能完全由微处理器提供，需要由总线控制器 8288 产生部分控制信号。

2.2.2 引脚功能

8086/8088 的引脚如图 2-6 所示，括号中为最大模式的引脚定义。8086/8088 在引脚设计上采用了分时复用技术，如地址/数据线 AD_{15}～AD_0、地址/状态线 A_{19}/S_6～A_{16}/S_3 等。所谓分时复用是指同一个引脚在不同时刻有两个或以上功能，复用的目的是减少引脚个数。引脚按功能可以分为地址/数据引脚、地址/状态引脚、控制引脚、其他引脚四类。

1. 地址/数据引脚(Address/Data Bus)

AD_{15}～AD_0 是 16 位的分时复用地址/数据线，双向三态，在不同时刻分别传输地址和数据信息，地址信息先传输。AD_{15}～AD_0 传输地址时是单向三态输出，传输数据时是双向三态输入/输出。

2. 地址/状态引脚(Address/Status Bus)

A_{19}/S_6～A_{16}/S_3 是 4 位分时复用的地址/状态线，三态输出。先输出地址信息

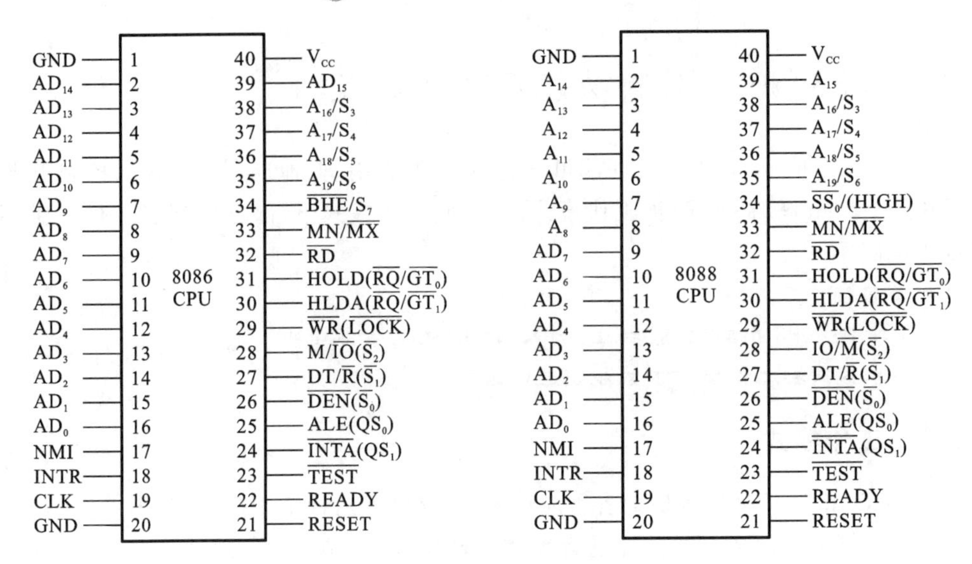

图 2-6　8086/8088 的引脚

$A_{19}\sim A_{16}$，后输出状态信号 $S_6\sim S_3$。

$S_6=0$，表示 8086/8088 与总线连接。S_5 表示中断标志 IF 的状态，若 IF=1，则 $S_5=1$，允许可屏蔽中断请求，否则禁止可屏蔽中断。S_4、S_3 的状态组合表示当前正在使用的段寄存器，如表 2-3 所示，当 $S_4S_3=10$ 时，表示当前使用的是 CS 寄存器，或者在访问 I/O 接口或中断操作时没有使用段寄存器。

$AD_{15}\sim AD_0$ 与 $A_{19}/S_6\sim A_{16}/S_3$ 共同构成 8086/8088 的 20 位物理地址。

表 2-3　S_4S_3 对应的段寄存器

S_4	S_3	段寄存器	S_4	S_3	段寄存器
0	0	ES	1	0	CS(或者没有使用段寄存器)
0	1	SS	1	1	DS

3. 控制引脚

控制引脚是 CPU 实现具体操作时发出的控制信号，根据操作类型可分为读/写控制引脚、中断控制引脚、总线操作控制引脚、启动复位和时钟信号等。部分控制引脚在最大工作模式和最小工作模式下定义不同，本节按最小工作模式下控制引脚进行分类介绍。表 2-4 给出了最小工作模式的控制引脚。

1) 读/写相关控制引脚

(1)$\overline{RD}$(Read)：读信号，三态输出，低电平有效，表示 8086/8088 正在对存储器或 I/O 端口执行读操作。

(2) $\overline{WR}$(Write)：写信号，三态输出，低电平有效，表示 8086/8088 正在对存储器或 I/O 端口执行写操作。

(3) $M/\overline{IO}$(Memory/Input and Output)：存储器或 I/O 端口选择信号，三态输出，$M/\overline{IO}=1$ 访问存储器；$M/\overline{IO}=0$ 访问 I/O 接口。在 DMA 方式时，$M/\overline{IO}$被置为高阻状态。表 2-5 给出了 $M/\overline{IO}$、$\overline{RD}$、$\overline{WR}$在数据读/写操作时的引脚组合。

(4) $\overline{BHE}/S_7$(Bus High Enable/Status)：高 8 位数据总线允许/状态复用信号，三态输出，低电平有效，表示高 8 位数据 $AD_{15}\sim AD_8$ 有效，8086/8088 没有定义 S_7。

表 2-4 最小工作模式的控制引脚

模式	引 脚 号	名 称	功 能	有效电平	方 向
两种模式共用引脚	34	$\overline{BHE}/S_7$	高 8 位数据总线允许/状态线	$\overline{BHE}$低电平	三态输出
	32	$\overline{RD}$	读控制信号	低电平	三态输出
	33	$MN/\overline{MX}$	工作模式选择	高/低电平	输入
	17	NMI	非屏蔽中断请求	上升沿	输入
	18	INTR	可屏蔽中断请求	高电平	输入
	21	RESET	系统复位	高电平	输入
	22	READY	存储器或外设准备好信号	高电平	输入
	23	$\overline{TEST}$	测试信号	低电平	输入
最小工作模式引脚	24	$\overline{INTA}$	可屏蔽中断响应信号	低电平	输出
	25	ALE	地址锁存允许	高电平	输出
	26	$\overline{DEN}$	数据允许信号	低电平	三态、输出
	27	$DT/\overline{R}$	数据发送/接收允许	高/低电平	三态、输出
	28	$M/\overline{IO}$	存储器或 I/O 端口访问选择	高/低电平	三态、输出
	29	$\overline{WR}$	写存储器或 I/O 端口	高电平	三态、输出
	30	HLDA	总线保持响应信号	高电平	输出
	31	HOLD	总线保持请求信号	高电平	输入

表 2-5 最小工作模式的数据读/写操作

$M/\overline{IO}$	$\overline{RD}$	$\overline{WR}$	数据读/写操作	$M/\overline{IO}$	$\overline{RD}$	$\overline{WR}$	数据读/写操作
1	0	1	读存储器	0	0	1	读 I/O
1	1	0	写存储器	0	1	0	写 I/O

$\overline{BHE}/S_7$ 实际是存储器的片选信号，这是因为 8086/8088 的 1MB 存储空间由 2 个 512 KB 的 8 位存储体构成，分别与数据总线的高 8 位和低 8 位相连。与高 8 位数据线 $D_{15}\sim D_8$ 连接的是奇地址存储体（$A_0=1$），与低 8 位数据线 $D_7\sim D_0$ 连接的是偶地址存储体（$A_0=0$），如图 2-7 所示。

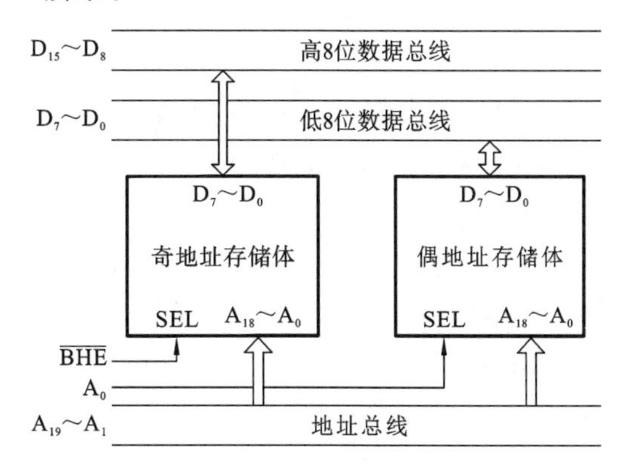

图 2-7 8086/8088 存储器结构

$\overline{BHE}$和 A_0 分别作为奇、偶地址存储体的片选信号，当$\overline{BHE}=0$、$A_0=1$ 时，选中奇地址存储体，经高 8 位数据总线传递数据。当$\overline{BHE}=1$、$A_0=0$ 时，选中偶地址存储体，经低 8 位数据总线传递数据。当$\overline{BHE}=0$、$A_0=0$ 时，同时选中奇、偶地址存储体，经 16 位数据总线传递数据，如表 2-6 所示。

表 2-6 $\overline{BHE}$、A_0 组合对应的操作

$\overline{BHE}$	A_0	访问存储器的操作	使用的数据总线
0	0	从偶地址单元读/写一个字	$AD_{15}\sim AD_0$
0	1	从奇地址单元读/写一个字节	$AD_{15}\sim AD_8$
1	0	从偶地址单元读/写一个字节	$AD_7\sim AD_0$
1	1	无效	
0 1	1 0	从奇地址单元读/写一个字，需要 2 个总线周期	$AD_{15}\sim AD_0$

(5) ALE(Address Latch Enable)：地址锁存允许信号，三态输出，高电平有效。在任一总线周期的 T_1 时刻 ALE 有效，将地址信息 $A_{19}\sim A_0$ 锁存到锁存器。

(6) $\overline{DEN}$(Data Enable)：数据允许信号，三态输出，低电平有效。$\overline{DEN}$作为数据总线收发器的选通信号，在访问存储器、I/O 接口或中断响应周期时有效，表明数据总线上的数据有效。$\overline{DEN}$和 DT/$\overline{R}$配合使用。

(7) DT/$\overline{R}$(Data Transmit/Receive)：数据发送/接收允许信号，三态输出，控制数据总线收发器的数据传送方向。当 DT/$\overline{R}=1$ 时，表示 8086/8088 发送数据；当 DT/$\overline{R}=0$ 时，表示 8086/8088 接收数据。

2) 中断控制引脚

(1) NMI(Non-maskable Interrupt)：非屏蔽中断请求信号，输入，上升沿有效。NMI 中断请求不受中断标志 IF 的控制，当 NMI 有效时，8086/8088 在执行完当前指令后，立即响应中断类型号为 2 的中断。

(2) INTR(Interrupt Request)：可屏蔽中断请求信号，输入，高电平有效。INTR 中断请求受 IF 的控制，所以称为可屏蔽中断请求。8086/8088 在每条指令的最后一个时钟周期检测 INTR 引脚，如果为高电平，且 IF=1，则 8086/8088 在结束当前指令后，进入中断响应周期。

(3) $\overline{INTA}$(Interrupt Acknowledge)：中断响应信号，三态输出，低电平有效，是 INTR 的应答信号，用两个中断响应周期来获取中断类型号。

3) 总线控制引脚

(1) HOLD(Hold Request)：总线保持请求信号，输入，高电平有效。当某个总线主控设备(如 DMAC)要求使用总线时，通过 HOLD 引脚向 8086/8088 发出请求。

(2) HLDA(Hold Acknowledge)：总线保持响应信号，输出，高电平有效，是对 HOLD 的应答信号。当 8086/8088 收到 HOLD 信号后，会在当前总线周期结束发出 HLDA 应答信号，让出总线控制权，使所有三态总线处于高阻态。当 HOLD=0 时，表示总线使用完毕，8086/8088 会使 HLDA 变低，重新获得总线控制权。

4）复位引脚

RESET(Reset)：复位信号，输入，高电平有效。RESET 信号至少要持续 4 个时钟周期的高电平才能正确复位，复位后 8086/8088 的状态如表 2-7 所示。在复位状态，指令队列清空，内部寄存器初始化，除 CS= FFFFH 外，其他寄存器均为 0，8086/8088 从物理地址为 FFFF0H(逻辑地址为 FFFFH ： 0000H)的存储单元处开始执行程序，通常在该存储单元放一条转移指令，以转移到真正的程序入口地址执行程序。

表 2-7 复位后 8086/8088 的状态

寄存器	寄存器状态	寄存器	寄存器状态
标志寄存器	清 0	ES	0000H
指令队列	清空	SS	0000H
CS	FFFFH	IP	0000H
DS	0000H	引脚	高阻态或无效

5）其他控制引脚

(1) READY(Ready)：准备好信号，输入，高电平有效，实现 8086/8088 和慢速存储器或 I/O 设备的速度匹配。若 READY 为低电平，表明存储器或 I/O 设备未准备好，8086/8088 需等待，直到 READY 变为高电平才退出等待状态，进行数据传输。

(2) $\overline{TEST}$(Test)：测试信号，输入，低电平有效。$\overline{TEST}$用于多处理器系统中，实现多处理器间的同步协调功能。$\overline{TEST}$与 WAIT 指令结合使用，执行 WAIT 指令时，8086/8088 每隔 5 个时钟周期对$\overline{TEST}$引脚检测一次，当为高电平时，继续等待，当$\overline{TEST}$为低电平时，结束等待，8086/8088 执行下一条指令。

(3) MN/$\overline{MX}$(Minimum/Maximum Mode Control)：工作模式控制信号，输入。MN/$\overline{MX}$接高电平，8086/8088 工作在最小工作模式；接低电平，8086/8088 工作在最大工作模式。

6）最大工作模式的控制引脚

8086/8088 引脚 MN/$\overline{MX}$接地时，工作在最大工作模式，引脚 24～31 有不同定义，如表 2-8 所示。

表 2-8 最大工作模式引脚信号

引 脚 号	名 称	功 能	有效电平	方 向
24、25	QS_1、QS_0	指令队列状态		三态、输出
26～28	$\overline{S_2}$、$\overline{S_1}$、$\overline{S_0}$	总线周期状态		三态、输出
27	$\overline{LOCK}$	总线锁存	低电平	三态、输出
31	$\overline{RQ}/\overline{GT_1}$、$\overline{RQ}/\overline{GT_0}$	总线请求/允许	低电平	双向

(1) QS_1、QS_0(Instruction Queue Status)：指令队列状态信号，三态输出，用来指示 8086/8088 指令队列的当前状态，使外部协处理器对 CPU 指令队列的动作进行跟踪。QS_1、QS_0 的代码组合含义如表 2-9 所示。

(2) $\overline{S_2}$、$\overline{S_1}$、$\overline{S_0}$(Bus Cycle Status)：总线周期状态信号，三态输出，这三个信号的组合指出了当前总线周期的操作类型，如表 2-10 所示。$\overline{S_2}$、$\overline{S_1}$、$\overline{S_0}$与总线控制器 8288 连接，产生访问存储器和 I/O 端口的控制信号。

表 2-9 QS_1、QS_0 的代码组合含义

QS_1	QS_0	含 义
0	0	无操作
0	1	从指令队列中取走当前指令的第一个字节(操作码)
1	0	指令队列空,由于执行转移指令,指令队列清空重装
1	1	从指令队列中取走当前指令的后续字节

表 2-10 $\overline{S_2}$、$\overline{S_1}$、$\overline{S_0}$的组合

$\overline{S_2}$	$\overline{S_1}$	$\overline{S_0}$	操作类型	8288 产生的信号	$\overline{S_2}$	$\overline{S_1}$	$\overline{S_0}$	操作类型	8288 产生的信号
0	0	0	中断响应	$\overline{\text{INTA}}$	1	0	0	取指令	$\overline{\text{MRDC}}$
0	0	1	读 I/O 端口	$\overline{\text{IORC}}$	1	0	1	读存储器	$\overline{\text{MRDC}}$
0	1	0	写 I/O 端口	$\overline{\text{IOWC}}$、$\overline{\text{AIOWC}}$	1	1	0	写存储器	$\overline{\text{MWTC}}$、$\overline{\text{AMWC}}$
0	1	1	暂停	无	1	1	1	保留	无

(3) $\overline{\text{LOCK}}$(Lock):总线锁存信号,三态输出,低电平有效。该信号为低电平时,表示总线由 8086/8088 控制,其他总线控制主模块不占用总线。$\overline{\text{LOCK}}$信号由指令前缀 LOCK 产生,当含有前缀 LOCK 的指令执行时,会使$\overline{\text{LOCK}}$引脚输出低电平,封锁总线,直到指令执行完毕,$\overline{\text{LOCK}}$引脚输出高电平,解除总线封锁。

在中断响应周期,$\overline{\text{LOCK}}$引脚会自动变为低电平,防止其他总线控制主模块占用总线,保证中断响应过程完整性。

(4) $\overline{RQ}/\overline{GT_1}$、$\overline{RQ}/\overline{GT_0}$(Request/Grant):总线请求信号/总线请求允许信号,三态双向,低电平有效,是 8086/8088 和其他总线控制主模块(如协处理器)交换总线控制权的联络控制信号,与最小工作模式下 HOLD 和 HLDA 功能类似,但这里请求和允许是同一引脚,双向。$\overline{RQ}/\overline{GT_1}$、$\overline{RQ}/\overline{GT_0}$两根引脚可以接两个协处理器,$\overline{RQ}/\overline{GT_0}$的优先级要高于$\overline{RQ}/\overline{GT_1}$。

4. 其他引脚

1) CLK(Clock)

CLK 是时钟信号,输入,提供 CPU 和总线控制的基本定时脉冲。CLK 信号可由时钟发生器 8284A 产生占空比为 33%的方波信号,8086/8088 为 5 MHz,8086/8088-2 为 8 MHz,8086/8088-1 为 10 MHz。

2) V_{CC}和 GND

V_{CC},电源信号,输入,+5 V;GND,地信号,1 和 20 引脚。

5. 8088CPU 与 8086CPU 的区别

8088 是准 16 位微处理器,内部数据总线为 16 位,但外部数据总线为 8 位,其内部结构、引脚名称与功能与 8086 大部分相同,指令系统完全相同。不同之处如下。

(1) 指令队列的区别。8086 的指令队列为 6 字节,8088 为 4 字节。

(2) 外部数据总线位数不同。8086 的 AD_{15}~AD_0 都定义为地址/数据分时复用引脚,8088 只有 AD_7~AD_0 分时复用,A_{15}~A_8仅输出地址信号。

(3) 引脚 28 的有效电平不同。8086CPU 是 $M/\overline{IO}$，8088CPU 是 $IO/\overline{M}$，有效电平正好相反。

(4) 引脚 34 的定义不同。8086CPU 的 34 引脚是 $\overline{BHE}/S_7$，8088CPU 的 34 引脚最大工作模式保持高电平，最小工作模式为状态信号线 $\overline{SS_0}$，与 $IO/\overline{M}$、$DT/\overline{R}$ 组合，决定总线操作类型，如表 2-11 所示。

表 2-11 $\overline{M}/IO$、$DT/\overline{R}$、$\overline{SS_0}$ **代码组合**

$IO/\overline{M}$	$DT/\overline{R}$	$\overline{SS_0}$	操作类型	$IO/\overline{M}$	$DT/\overline{R}$	$\overline{SS_0}$	操作类型
0	0	0	取指令	1	0	0	中断响应
0	0	1	读存储器	1	0	1	读 I/O 端口
0	1	0	写存储器	1	1	0	写 I/O 端口
0	1	1	保留	1	1	1	暂停

2.2.3 系统配置

系统配置是指构成微机系统的基本电路，配置完成的系统能提供地址、数据、控制三总线信号。8086/8088 工作在不同模式时，系统配置不同。

1. 最小工作模式的系统配置

当 8086/8088 的引脚 $MN/\overline{MX}$ 接 +5 V 时，系统工作在最小工作模式，系统的基本组成包括 CPU、存储器、I/O 接口等，还包括 8284 时钟发生器、8282 锁存器（或者 74LS373)、8286(或 8287)收发器等，如图 2-8 所示。

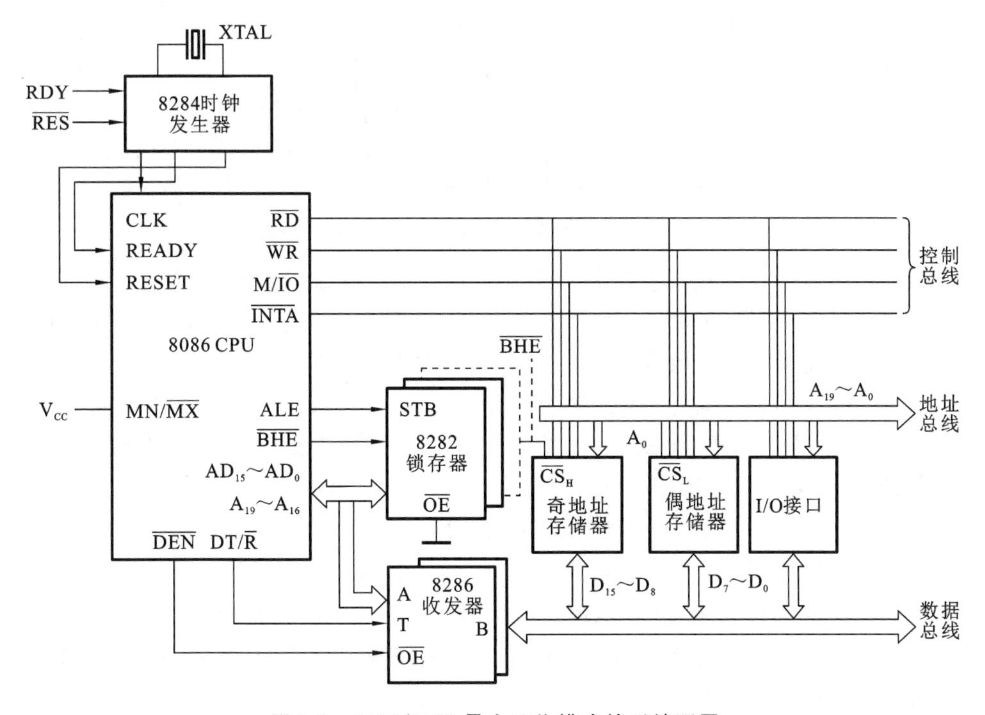

图 2-8 8086/8088 **最小工作模式的系统配置**

图 2-8 中，地址总线 $A_{19} \sim A_0$ 由 3 片 8282 锁存器锁存 $AD_{19} \sim AD_0$、ALE、$\overline{BHE}$ 信

号得到；数据总线 $D_{15} \sim D_0$ 由 2 片 8286 收发器双向缓冲 $AD_{15} \sim AD_0$ 得到；控制总线 ALE、$\overline{BHE}$、M/$\overline{IO}$、$\overline{RD}$、$\overline{WR}$、NMI、INTR、$\overline{INTA}$、HOLD、HLDA 等全部由 8086/8088 产生。

8284 时钟发生器内部包括 CLK 信号发生电路、RESET 信号发生电路及 READY 信号发生电路等。CLK 信号发生电路可选择晶体振荡器 XTAL 作为时钟源，对输入的晶振信号进行 3 分频，产生占空比为 1/3 的 CLK 信号。RESET 信号发生电路要保证复位信号与时钟信号同步，使系统工作稳定。READY 信号发生电路用来匹配 CPU 与存储器或 I/O 接口的速度。

8282 锁存器是典型的 8 位双极性三态输出锁存器，用来锁存 20 位地址及 $\overline{BHE}$ 信号，使整个总线读/写周期内地址信号保持有效。由于 8086/8088 系统需要锁存 21 根引脚，因此需要 3 片 8282 锁存器作为地址锁存器。图 2-9 为 8282 地址锁存器与 8086 CPU 的连接图。ALE 提供 8282 锁存器芯片的选通信号，当 ALE 有效时，20 位地址和 $\overline{BHE}$ 信号锁存进 8282 锁存器，8282 锁存器的输出引脚 DO_i 输出地址。

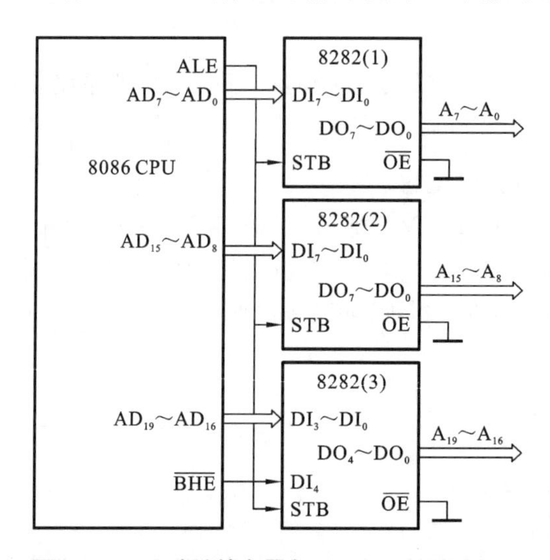

图 2-9 8282 地址锁存器与 8086 CPU 的连接图

8286 收发器是 8 位双极型数据收发器，用来提高系统总线驱动能力。由于 8086 CPU 数据总线有 16 位，需要 2 片 8286 收发器，如图 2-10 所示。8086 CPU 用 $\overline{DEN}$ 与 DT/$\overline{R}$ 两个引脚控制 8286 收发器，分别与 8286 收发器的控制端 $\overline{OE}$、方向控制端 T 相连。当 $\overline{DEN}$=0 时，8286 收发器正常工作；当 $\overline{DEN}$=1 时，8286 收发器处于高阻状态。当 DT/$\overline{R}$=0 时，数据经数据总线传送给 8086 CPU，执行读操作；当 DT/$\overline{R}$=1 时，数据经数据总线输出，8086 CPU 执行写操作。

最小工作模式下系统的工作原理如下。

(1) 读存储器。$AD_{19} \sim AD_0$ 上先发送地址信号，由 ALE 将地址信号和 $\overline{BHE}$ 信号锁存到 3 片 8282 锁存器中，产生地址总线信号 $A_{19} \sim A_0$，选中相应存储单元。当 M/$\overline{IO}$=1、$\overline{RD}$=0、$\overline{DEN}$=0、DT/$\overline{R}$=0 时，存储单元数据经数据总线 $D_{15} \sim D_0$ 送到 8286 收发器，最终送给 CPU。

(2) 写存储器。同样先由 $AD_{19} \sim AD_0$ 发送地址信号，ALE 选通 8282 锁存器，将地址信号和 $\overline{BHE}$ 信号锁存到 3 片 8282 锁存器中，得到地址总线信号 $A_{19} \sim A_0$，选中相应

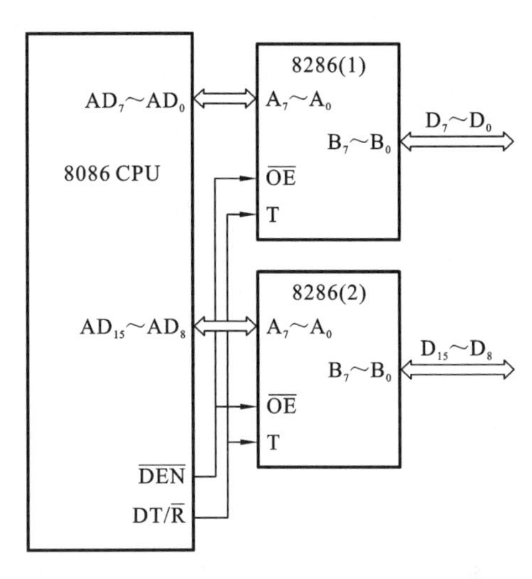

图 2-10　8286 收发器与 8086 CPU 的连接图

存储单元。当 $M/\overline{IO}=1$、$\overline{WR}=0$、$\overline{DEN}=0$、$DT/\overline{R}=1$ 时，数据由 $D_{15} \sim D_0$ 传送给 8286 收发器，再由数据总线 $D_{15} \sim D_0$ 传给相应存储单元。

(3) 读/写 I/O。与存储器读写类似，仅 $M/\overline{IO}$ 信号不同。

2. 最大工作模式的系统配置

当 8086/8088 引脚 $MN/\overline{MX}$ 接地时，系统工作在最大工作模式，图 2-11 为最大工作模式的系统典型配置。最大工作模式系统配置与最小工作模式相比，控制信号的产生不同。最大工作模式下，系统的控制信号由 $\overline{S_2}$、$\overline{S_1}$、$\overline{S_0}$ 状态组合，经 8288 总线控制器

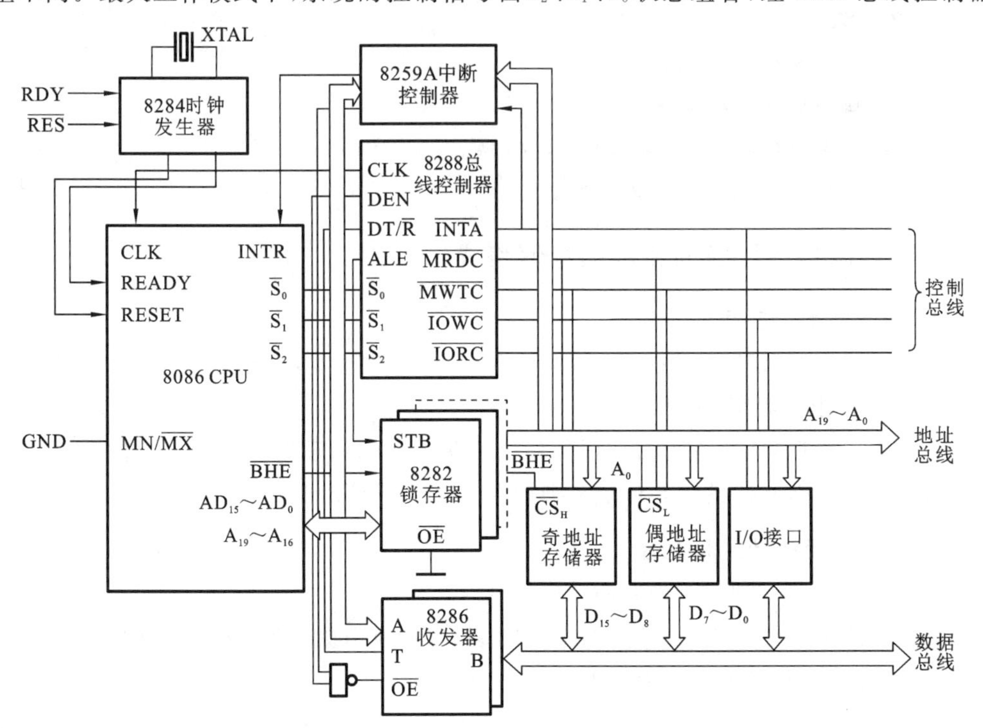

图 2-11　8086/8088 最大工作模式的系统典型配置

译码处理后产生。此外，在最大模式系统中，通常包括 8259A 中断控制器，用于对多个可屏蔽中断的管理。

自测练习 2.2

1. 8086 微处理器的数据线有＿＿＿＿＿＿根，地址线有＿＿＿＿＿＿根。
2. 决定 8086 微处理器工作在最大或最小工作模式的引脚是＿＿＿＿＿＿。
3. 执行存储器读操作时，无效的信号是(　　)。

   A. $M/\overline{IO}$　　B. $\overline{RD}$　　C. $\overline{WR}$　　D. ALE
4. 非屏蔽中断引脚信号是(　　)。

   A. INTR　　B. $\overline{INTA}$　　C. NMI　　D. HOLD
5. 8086 微处理器要正确复位，RESET 信号至少要维持(　　)个时钟周期。

   A. 4　　B. 5　　C. 6　　D. 8
6. RESET 信号有效后，下列哪个寄存器的值为 FFFFH(　　)。

   A. IP　　B. CS　　C. SP　　D. FLAG

2.3 8086/8088 的存储器与 I/O 组织

微机系统的核心部件不仅有 CPU，还包括存储器(内存)和 I/O 芯片，CPU 通过地址、数据、控制总线和存储器、I/O 接口芯片进行数据传输，因此，需要了解存储器和I/O端口的地址空间、数据存储方式，只有事先得到存储单元或 I/O 端口的地址，CPU 才能正确地读/写数据。

本节目标：

(1) **掌握数据存储格式。**

(2) **掌握存储器分段原理。**

(3) **掌握逻辑地址、物理地址概念及转换。**

(4) **掌握堆栈的概念和相关操作。**

2.3.1 存储器地址空间和数据存储格式

1. 存储器地址空间

内存由存储单元构成，每个存储单元有唯一的物理地址，存储单元以字节为单位，1 个存储单元大小为 1 字节。

8086/8088 有 20 条地址线，因此，每个存储单元的物理地址为 20 位，内存存储空间为 2^{20}B=1 MB，对应的物理地址范围为 00000～FFFFFH。

2. 存储单元的地址和内容

每个存储单元有地址和内容两个属性。

(1) 存储单元物理地址：是存储单元的编号，从 0 开始顺序加 1，线性增长，8086/8088 能访问的最大物理地址为 FFFFFH。

(2) 存储单元内容：存储单元中存放的信息，以字节为单位。如图 2-12 中，存储单元 A0000H 的内容为 8AH。

CPU 要读/写存储单元内容，必须先确定存储单元的物理地址。

3. 数据存储格式

8086/8088 的存储器数据可以是字节、字或双字，访问不同字长的数据，首先需要确定该数据的物理地址。

(1) 字节数据：每个字节数据占据 1 个存储单元，该数据的地址就是存储单元地址。图 2-12 中，字节数据 61H 对应的存储单元物理地址为 80000H。

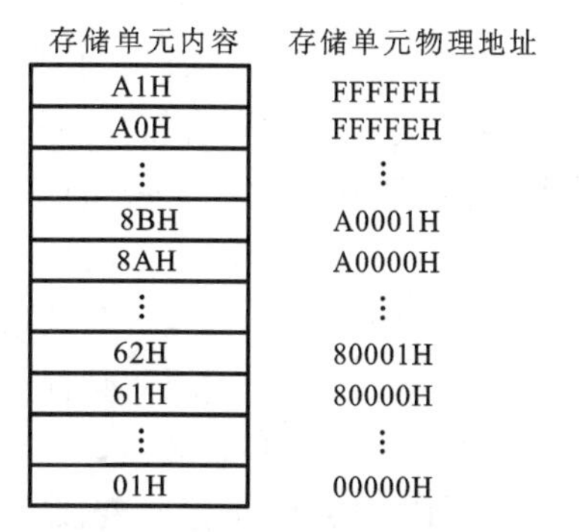

图 2-12　内存地址分配示意图

(2) 字数据：每个字数据占据 2 个存储单元，高位放在高地址单元，低位放在低地址单元，用低地址作为字数据地址。图 2-12 中，字数据 8B8AH(由高字节 8BH 和低字节 8AH 组成)对应的存储单元物理地址为 A0000H。

(3) 双字数据：每个双字数据占据 4 个存储单元，存储格式同样是高位高地址，低位低地址，低地址作为双字数据地址。双字数据通常是作为操作数的地址指针，低字为偏移低地址，高字为段地址。

同一个存储单元，物理地址既可以作为字节单元地址，又可以作为字或双字单元地址，具体情况由指令决定。

2.3.2　存储器的分段管理

8086/8088 指令指针寄存器和内部寄存器都是 16 位，能够寻址的地址空间范围为 64 KB(2^{16}B)，而 8086/8088 有 20 根地址线，允许寻址的最大内存容量为 1MB(2^{20} B)，每个内存单元都有一个 20 位的物理地址。如何用 16 位的寄存器表示 20 位的物理地址呢？8086/8088 采用了存储器分段机制。

存储器分段是把 1MB 地址空间分为若干逻辑段，每个段的最大容量不超过 64 KB，最小容量为 16B。为了表示每个段，引入段基址、偏移地址和逻辑地址的概念。

(1) 段基址：段的起始地址(也称段首地址)的高 16 位。

(2) 偏移地址：段内单元相对段首地址的偏移量(字节数)，也称为有效地址(Effective Address，EA)。

(3) 逻辑地址：表示为“段基址：偏移地址”。

段基址存放在段寄存器 CS、DS、ES、SS 中，偏移地址存放在指令指针寄存器或四个通用寄存器 BX、BP、SI、DI 中。段基址和偏移地址都是无符号的 16 位二进制数。

一个存储单元地址既可以用物理地址表示，也可以用逻辑地址表示。每个存储单元的物理地址唯一，逻辑地址不唯一。

1. 物理地址与逻辑地址

CPU 访问存储单元用的是物理地址，但程序中用的是逻辑地址，存储单元的 20 位物理地址可以用逻辑地址表示，表示方法为

物理地址＝段基址×16D(10H)＋ 偏移地址

BIU的20位地址加法器实现了逻辑地址到物理地址的转换，如图2-13所示。转换的方法是将存储单元逻辑地址的段基址左移4位（相当于乘以16D），再与偏移地址相加，得到20位的物理地址。

注意：各段的起始地址必须能被16整除，即段首地址低4位为0000B。

2. 分段存储与段寄存器

8086/8088存储器分段不仅使内存最大容量达到1 MB，还能将不同性质的信息分段存储。存储器的内容按性质可分为代码、数据、堆栈数据等信息，可以分别存放在不同的逻辑段中。8086/8088的逻辑段分为以下几类。

（1）代码段：存放程序的指令代码。

（2）数据段或附加段：存放数据、运算结果。

（3）堆栈段：存放堆栈数据，包括数据、状态等信息。

程序中，每个逻辑段可以有一个或多个，每个逻辑段的段基址分别存放在段寄存器CS、DS、ES、SS中，通过改变段寄存器的值可以使逻辑段存放在内存的不同位置。逻辑段可以连续存放，也可以互相重叠。CPU操作不同，段寄存器与偏移地址的配合也不同，如图2-14所示。

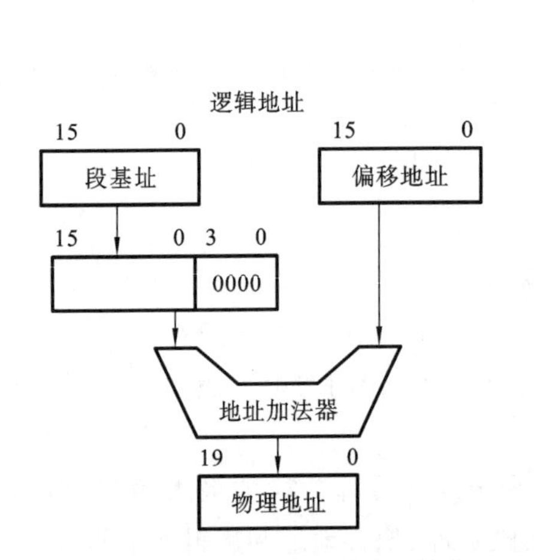

图2-13 物理地址和逻辑地址转换

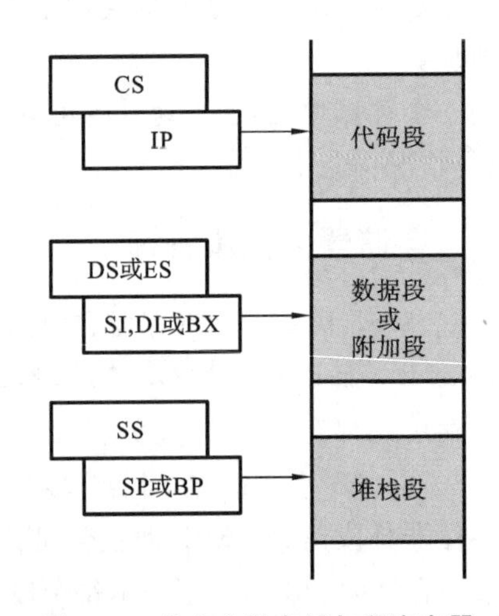

图2-14 信息分段存储与段寄存器

（1）取指令操作，代码段寄存器（CS）与指令指针（IP）寄存器配合获得指令的20位物理地址，指令的物理地址＝（CS）×10H ＋（IP）。

（2）数据读/写操作，数据段寄存器或附加段寄存器（DS或ES）与偏移地址配合获得数据的20位物理地址，偏移地址取决于指令的寻址方式。数据的20位物理地址＝（DS）或（ES）×10H ＋偏移地址。计算偏移地址用到的寄存器为BX、SI、DI。

（3）堆栈操作（PUSH、POP指令），堆栈段寄存器（SS）与堆栈指针寄存器（SP）配合获得堆栈数据的20位物理地址，堆栈数据的物理地址＝（SS）×10H ＋（SP）。

【例2-2】 设CS＝1000H，IP＝2500H，写出当前要读取指令的逻辑地址和物理地址。

分析 指令的逻辑地址由CS和IP寄存器给出，物理地址由逻辑地址计算得到。

解 逻辑地址＝（CS）：（IP）＝1000H：2500H

物理地址＝（CS）×10H＋（IP）＝10000H＋2500H＝12500H

【例 2-3】 分析图 2-15 中值为 8AH 存储单元的物理地址和逻辑地址。

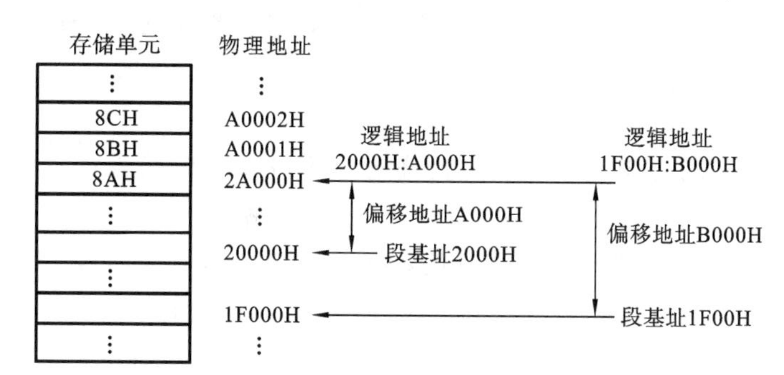

图 2-15 例 2-3 示意图

分析 图 2-15 中,值为 8AH 存储单元的物理地址为 2A000H,它可以对应多个逻辑地址,图 2-15 中给出了 2 个逻辑地址。第一个逻辑地址的段基址为 2000H,偏移地址为 A000H,物理地址=2000H×10H+A000H=2A000H。第二个逻辑地址的段基址为 1F00H,偏移地址为 B000H,物理地址=1F00H×10H+B000H=2A000H。

所以,同一个物理地址可以对应多个逻辑地址。存储单元物理地址唯一,逻辑地址不唯一。

2.3.3 8086/8088 堆栈

堆栈是内存中的特定区域,采用“先进后出”或“后进先出”操作方式,最后进入堆栈的数据最先弹出。设置堆栈的目的是实现数据暂存、子程序调用和中断响应过程断点保护等操作。

8086/8088 堆栈在内存中所处的段称为堆栈段,段基址由 SS 提供,偏移地址由 SP 提供。与其他逻辑段一样,堆栈段容量最大为 64 KB。

堆栈的一端固定,称为栈底;另一端移动,称为栈顶。堆栈寄存器(SP)存放栈顶地址。当有数据压入堆栈时,SP 指针朝地址减少的方向移动。8086/8088 的堆栈操作为字操作,即压栈和弹栈操作均为字数据。

【例 2-4】 如图 2-16 所示,设堆栈区地址范围为 1250:0000H~1250:0100H,(SP)=0050H,问:(SS)为多少?栈顶地址为多少?栈底地址为多少?当压入数据 3456H 后,(SP)为多少?

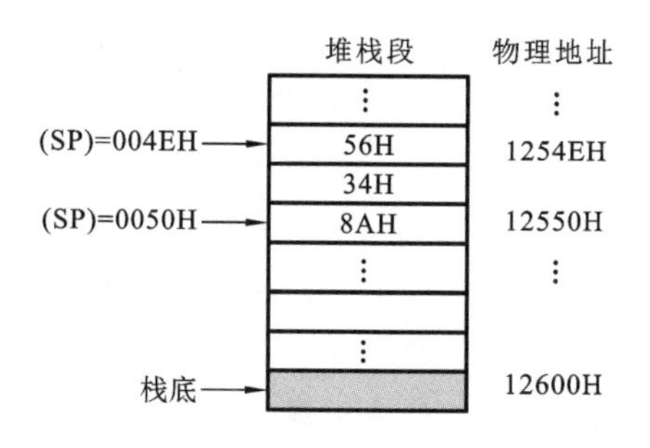

图 2-16 例 2-4 示意图

分析 题中给出了逻辑地址,容易得到(SS)=1250H。栈顶的偏移地址由 SP 指针提供,栈顶的逻辑地址为 1250:0050H,物理地址为 12550H。

栈底固定，是堆栈段的高地址，栈底的逻辑地址为 1250:0100H，物理地址为 12600H。由于数据 3456H 为 2 个字节，压入堆栈后，SP 指针减 2，(SP)=004EH。

2.3.4 8086/8088 的 I/O 组织

8086/8088 微机系统和外部设备之间需通过 I/O 接口电路进行数据传输，这是因为外部设备种类多、速度慢，需要通过 I/O 接口进行匹配。

I/O 接口内部通常有多个寄存器存放数据，为了访问这些寄存器，需要给它们分配地址，分配了地址的寄存器称为 I/O 端口，CPU 和 I/O 接口的数据传输实际是 CPU 和 I/O 端口的数据传输。

8086/8088 采用地址总线的低 16 位(AD_{15}～AD_0)对 I/O 端口进行寻址，因此可访问的 8 位端口有 2^{16}(65536)个，I/O 地址范围为 0000H～FFFFH。地址连续的两个端口可以构成一个 16 位端口。

8086/8088 微机系统的存储器空间和 I/O 空间是两个独立的地址空间，地址范围不同，需要用不同的指令访问。

自测练习 2.3

1. 8086 微处理器能寻址的地址空间是__________，地址范围是__________。
2. 8086 微机系统中字数据的存储特点是__________。已知(20000H)=12H，(20001H)=34H，则字数据 3412H 的存储单元地址为__________。
3. 存储单元可以用物理地址和逻辑地址表示，逻辑地址的表示形式为__________，物理地址和逻辑地址的转换关系式为__________。能存放偏移地址的寄存器有__________。
4. 8086 微机系统的堆栈在__________空间，采用__________的数据结构，堆栈的固定端称为__________，位于高地址区，SP 指针指向__________。
5. 已知 8086 微处理器内部 CS=1000H，DS=2000H，IP=3000H，则将要执行指令代码的内存单元地址为(　　)。

   A. 4000H　　B. 5000H　　C. 13000H　　D. 23000H
6. 存储单元的内容(　　)。

   A. 可读　　B. 可写　　C. 可读可写　　D. 只能读不能写
7. 8086/8088 存储器分段管理中，段的最大值和最小值分别为(　　)。

   A. 64 KB/16 KB　　B. 16 KB/16 B

   C. 64 KB/16 B　　D. 16 KB/64 B
8. 下列有关存储单元地址说法正确的是(　　)。

   A. 逻辑地址唯一　　B. 逻辑地址不唯一

   C. 物理地址唯一　　D. 物理地址不唯一
9. 8086 微处理器用来访问 I/O 空间的地址线有(　　)条。

   A. 20　　B. 16　　C. 10　　D. 8
10. 8086 微处理器可寻址的最大 I/O 空间为(　　)。

    A. 1 KB　　B. 64 KB　　C. 640 KB　　D. 1 MB

2.4　8086/8088 的操作时序

时序是计算机运行时各引脚信号依次有效的时间顺序。计算机是时序系统，所有操作都是在时钟信号控制下逐步进行的。掌握总线操作时序是深入理解总线操作的关键。

本节目标：

（1）**掌握时钟周期、总线周期、指令周期的概念。**

（2）**理解不同总线操作的时序特点。**

2.4.1　8086/8088 的时序组成

8086/8088 时序单位由时钟周期、总线周期、指令周期组成。

1. 时钟周期

时钟周期是基本时间单位，CPU 工作的最小节拍，由主频决定。例如，8086 的主频为 5 MHz，1 个时钟周期为 200 ns。显然，时钟周期越短，CPU 运行速度越快。

2. 总线周期

总线周期是指 CPU 访问一次存储器或 I/O 接口所需的时间。8086/8088 与存储器或外部设备间的数据传输必须通过总线，这个过程所经历的时间就是总线周期。1 个基本的总线周期由 4 个时钟周期组成，每个时钟周期称为 1 个 T 状态，也称 4 个状态 T_1、T_2、T_3、T_4。典型的总线周期波形如图 2-17 所示。

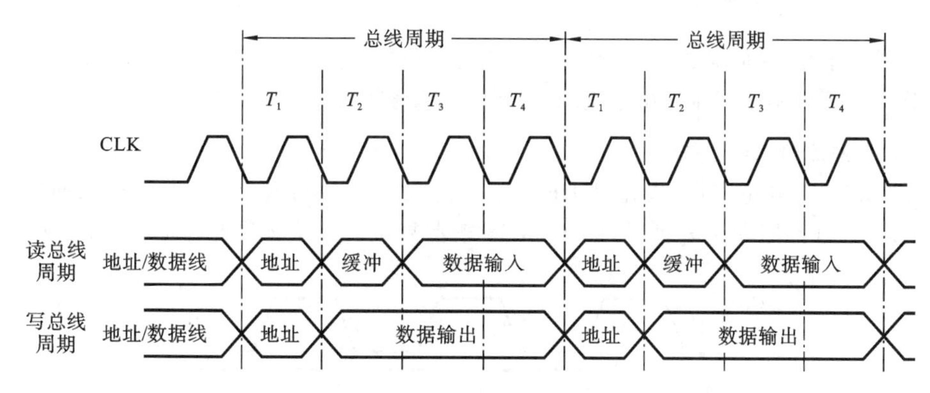

图 2-17　总线周期波形

T_1 状态，输出地址信号，CPU 把要访问的存储器地址或 I/O 端口地址送到地址/数据复用总线上。

T_2 状态，若为读总线周期，则总线浮空成高阻态，为接收数据/指令做准备。若为写总线周期，则总线上输出数据并保持到总线周期结束。

T_3、T_4 状态，读、写总线周期的总线上均为数据，并结束总线周期。

若外部设备速度较慢，8086/8088 不能在 4 个 T 状态内完成数据传输，外部设备会向 8086/8088 发出请求延长总线周期的信号（READY＝0），8086/8088 收到后，需在 T_3 之后插入 1 个或几个等待状态 T_w，当 READY 变为高电平，表示存储器或 I/O 设备中的数据准备就绪，等待状态结束，进入 T_4 状态。图 2-18 为带有等待状态的总线时序。

执行完一个总线周期后，若没有其他总线操作，系统总线就处于空闲状态。空闲状态由一个或几个 T_i状态组成。图 2-19 为带有空闲状态的总线时序。

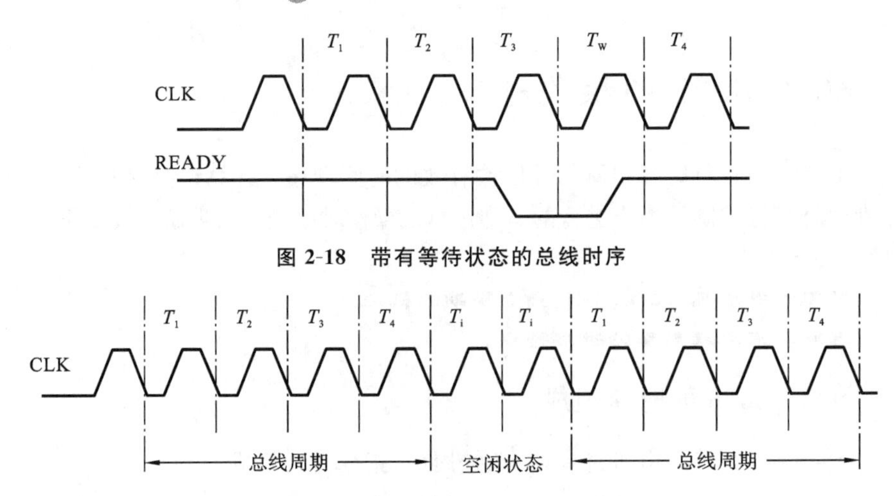

图 2-18 带有等待状态的总线时序

图 2-19 带有空闲状态的总线时序

空闲周期 T_i 期间，高 4 位地址/状态总线仍然维持前一个总线周期的状态信息，低 16 位地址/数据总线，如果是写周期，总线维持上一周期的数据信息；如果是读周期，总线浮空。

3. 指令周期

指令周期是 CPU 执行一条指令所需的时间，1 个指令周期由若干总线周期组成。指令不同，指令周期的长度不同。

2.4.2 系统的总线操作

总线操作包括系统复位/启动操作、总线读/写操作、中断响应操作、总线保持与响应操作等。总线操作不同，在总线周期的不同时刻，引脚状态不同。

1. 系统复位/启动操作

8086/8088 复位/启动操作是 RESET 信号触发的。当 RESET 上的正脉冲信号至少维持 4 个时钟周期高电平时，8086/8088 正常复位。复位操作时序如图 2-20 所示。

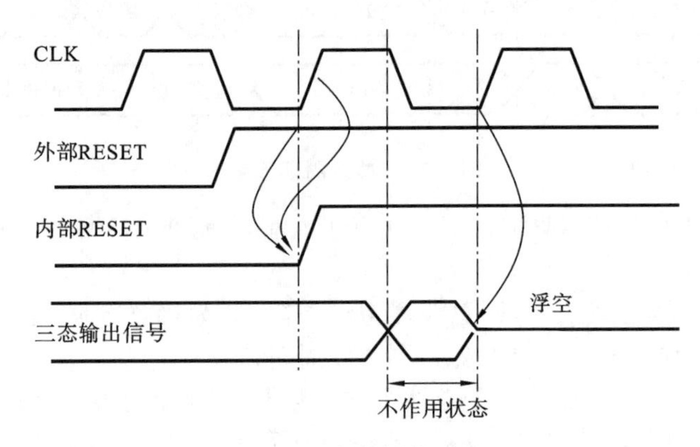

图 2-20 复位操作时序

图 2-20 中，CLK 的上升沿用来同步外部 RESET 信号，内部 RESET 信号是在外部 RESET 信号变为高电平后时钟的上升沿有效，复位时的总线状态为：所有的三态输出线，包括 $AD_{15} \sim AD_0$、$A_{19}/S_6 \sim A_{16}/S_3$、$\overline{BHE}/S_7$、$M/\overline{IO}$、$DT/\overline{R}$、$\overline{DEN}$、$\overline{RD}$、$\overline{WR}$ 及 $\overline{INTA}$ 等都置成浮空状态；将非三态引脚，如 ALE、HLDA 等，置为无效状态。此时，

8086/8088 内部寄存器的状态如表 2-7 所示。当 RESET 信号变低，退出复位状态，8086/8088 从 FFFF0H 地址开始执行。

2. 总线读/写操作

总线读/写操作包括存储器读/写和 I/O 读/写，这两种读/写操作时序类似。在此只介绍最小工作模式下的总线读/写操作。

1）总线读操作

存储器或 I/O 端口读操作时，总线进入读周期，1 个基本的读周期包括 4 个 T 状态，若存储器或外设速度较慢，需在 T_3 状态后插入若干个等待状态 T_w。最小工作模式的总线读周期时序如图 2-21 所示，可以看出，T 状态不同，引脚信号变化不同。

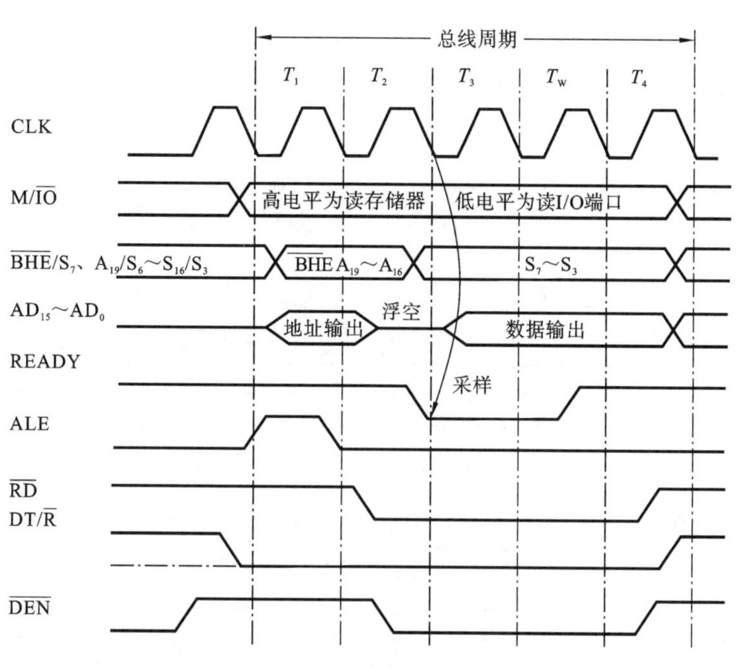

图 2-21　最小工作模式的总线读周期时序

(1) T_1 状态。

T_1 状态有效的信号是 AD_{15}～AD_0、A_{19}/S_6～A_{16}/S_3、M/$\overline{IO}$、ALE、$\overline{BHE}/S_7$、DT/$\overline{R}$。

AD_{15}～AD_0、A_{19}/S_6～A_{16}/S_3 输出 20 位地址信号。ALE 为正脉冲信号，将 20 位地址线和$\overline{BHE}$信号锁存到 8282 锁存器。$\overline{BHE}/S_7$ 信号若为低电平，表示高 8 位数据总线上的数据有效。

M/$\overline{IO}$在整个读周期保持有效，高电平表示读存储器，低电平表示读 I/O 端口。DT/$\overline{R}$信号在整个读周期保持低电平有效。

(2) T_2 状态。

T_2 状态，地址信息消失，地址/数据复用线 AD_{15}～AD_0 变为高阻状态，为读入数据做好准备。地址/状态复用线 A_{19}/S_6～A_{16}/S_3 和$\overline{BHE}/S_7$ 输出状态信息，一直持续到 T_4 状态，S_7 没有实际意义。

$\overline{DEN}$信号低电平有效，作为数据总线收发器 8286 的选通信号，维持到 T_3 状态结束。$\overline{DEN}$和 DT/$\overline{R}$信号配合，使 8286 接收数据。

$\overline{RD}$信号低电平有效，维持到 T_3 状态结束，$\overline{RD}$信号有效时数据从存储器或 I/O 端口送到数据总线上。

(3) T_3 状态。

T_3 状态，8086/8088 采样 READY 信号，若 READY 为高电平，表示存储器或 I/O 端口已准备好数据，送到数据总线 $AD_{15}\sim AD_0$ 上，T_3 状态结束后被 8086/8088 读取。若 READY 为低电平，表示存储器或 I/O 端口数据未准备好，需要插入一个或多个等待状态 T_W，直到 READY 信号变为高电平，等待状态结束，进入 T_4 状态。

(4) T_4 状态。

T_4 状态，8086/8088 获取数据总线上的数据信息，完成总线读操作的全过程。在 T_4 状态的后半周期，数据总线上的数据消失，所有控制信号变为无效，读周期结束。

2) 总线写操作

存储器或 I/O 端口写操作，总线进入写周期，最小工作模式的总线写周期时序如图 2-22 所示。可以看出，总线写周期和总线读周期类似，同样在 T_1 状态送出地址及相关信号，$T_2\sim T_4$ 状态不同之处如下。

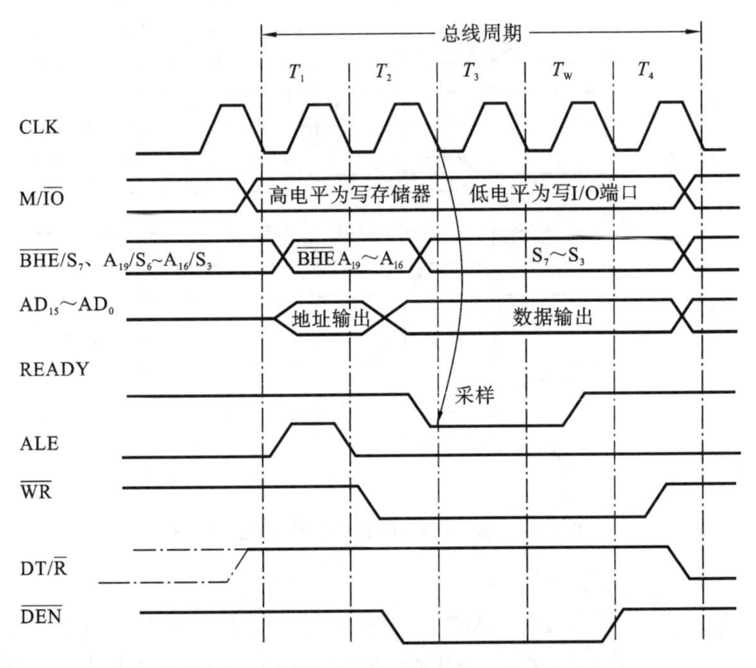

图 2-22　最小工作模式的总线写周期时序

(1) 在 T_2 状态，$AD_{15}\sim AD_0$ 数据有效，不需要经过高阻态。

(2) $\overline{WR}$信号在 $T_2\sim T_4$ 状态有效，$\overline{RD}$信号无效。

(3) DT/$\overline{R}$在整个写周期保持高电平有效，与$\overline{DEN}$信号配合，控制数据总线收发器 8286 输出数据。

(4) 在 T_4 状态，存储器或外设取走数据。在 T_4 状态的后半周期，数据总线上的数据消失，所有控制信号变为无效，写周期结束。

3. 中断响应操作

中断响应操作由 INTR 信号触发。当 8086/8088 检测到 INTR 引脚为高电平，且中断标志位 IF=1 时，在执行完当前指令后，响应中断。中断响应周期由 2 个总线周期组成，每个总线周期有 4 个 T 状态，2 个总线周期间有 3 个 T_i空闲状态。8086/8088 中断响应总线周期时序如图 2-23 所示。

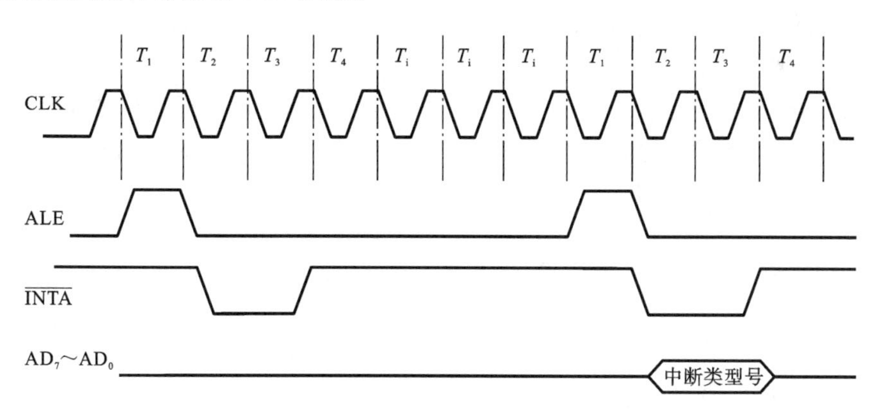

图 2-23 8086/8088 中断响应总线周期时序

第 1 个中断响应总线周期的 $T_2 \sim T_4$ 状态，$\overline{INTA}$引脚发出第 1 个负脉冲，表明 8086/8088 收到中断请求，通知外设中断请求得到允许；第 2 个中断响应总线周期的 $T_2 \sim T_4$ 状态，$\overline{INTA}$引脚发出第 2 个负脉冲，通知外设将中断类型号送到低 8 位数据总线上供 8086/8088 读取，8086/8088 根据中断类型号在中断向量表中找到中断服务程序的入口地址，自动转入中断服务程序执行。

4. 总线保持与响应操作

当系统中存在多个总线主控模块时，总线使用权的切换采用请求与响应机制。在最小工作模式下，8086/8088 提供了一对总线控制联络信号 HOLD 和 HLDA。图 2-24 为总线保持请求/响应时序。

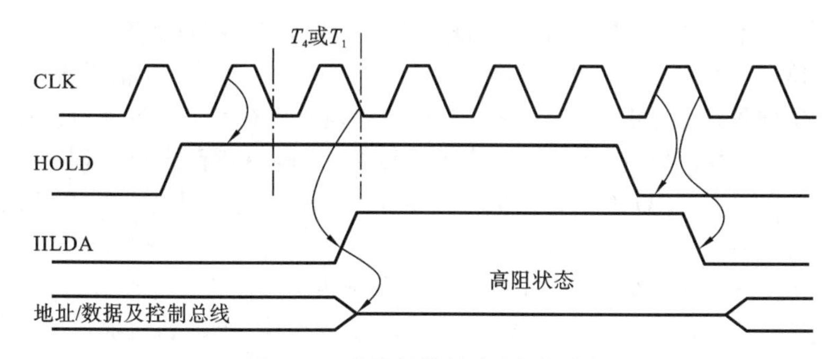

图 2-24 总线保持请求/响应时序

8086/8088 在每个时钟周期的上升沿检测 HOLD 信号，若为高电平，则表明有总线请求，8086/8088 会在当前总线周期的 T_4 状态或者下一个总线周期 T_1 状态的下降沿输出总线响应信号 HLDA，让出总线控制权。

HLDA 有效期间，地址/数据/控制三总线对 8086/8088 呈高阻状态，此时，I/O 设备和存储器间可以直接传输数据，无需经过 CPU。当 HOLD 信号变为低电平时，在同一时钟周期的下降沿，HLDA 被拉低成无效状态，8086/8088 收回总线控制权。

自测练习 2.4

1. 8086 微处理器的一个典型总线周期需要__________个 T 状态。

2. 8086微处理器用(　　)信号在T_1结束时将地址信息锁存到地址锁存器中。

A. $M/\overline{IO}$　　B. ALE　　C. $\overline{BHE}$　　D. READY

3. 下列描述错误的是(　　)。

A. 1个指令周期包括4个时钟周期　　B. 1个时钟周期称为1个T状态

C. 1个基本总线周期包括4个T状态　　D. 执行1条指令所需时间为指令周期

4. 空闲周期T_i插入的位置是(　　)。

A. T_1和T_2间　　B. T_2和T_3间　　C. T_3和T_4间　　D. T_4和T_1间

5. 在总线读操作中,哪些信号在T_1状态有效(　　)。

A. $M/\overline{IO}$　　B. ALE　　C. $\overline{RD}$　　D. $DT/\overline{R}$

2.5 80386微处理器

80386是Intel的第一代32位x86架构处理器,1985年发布,标志着微处理器迈入32位时代。80386与8086、80286兼容,是一款为满足高性能应用领域多用户、多任务操作系统需求而设计的高集成度芯片。

本节目标:

(1) **了解**80386**微处理器特点。**

(2) **理解**80386**内部结构与**8086/8088**的异同。**

(3) **掌握**8086/8088**内部寄存器。**

(4) **理解**80386**的三种工作模式。**

2.5.1 80386主要特点

80386是32位微处理器,与上一代微处理器相比,主要特点如下。

(1) 32位微处理器,32位ALU,32位内部寄存器和总线,一次能处理32位数据。

(2) 32位地址总线,可访问2^{32} B=4 GB物理地址内存和64TB虚拟内存。

(3) 指令流水线扩展到六级,多条指令的取指、译码、执行、内存管理和总线访问同时执行,可达4MIPS,CPU的数据传输速率为32 MB/s。指令队列从8086的6B增加到16 B。

(4) 8 KB代码、数据统一的高速缓存,提高内存访问速度。

(5) 片内集成存储器管理部件MMU,支持虚拟存储、代码和数据共享、特权保护。硬件支持分段和分页两级存储器管理。

(6) 支持三种工作模式:实模式、保护模式、虚拟8086模式。

(7) 支持不同的数据类型,例如位、字节、字、双字、四字、十字节整数,有符号和无符号两种形式。

(8) 地址和数据线具有单独引脚,硬件设计简单、性能提高。

(9) 硬件支持多任务,一条指令能完成任务转换。允许用户在不同的操作系统之间进行切换,如DOS、WINDOWS和UNIX。

2.5.2 80386的内部结构

80386的内部结构包括中央处理部件(CPU)、总线接口部件(BIU)和存储器管理部件(MMU)三大部分,如图2-25所示。

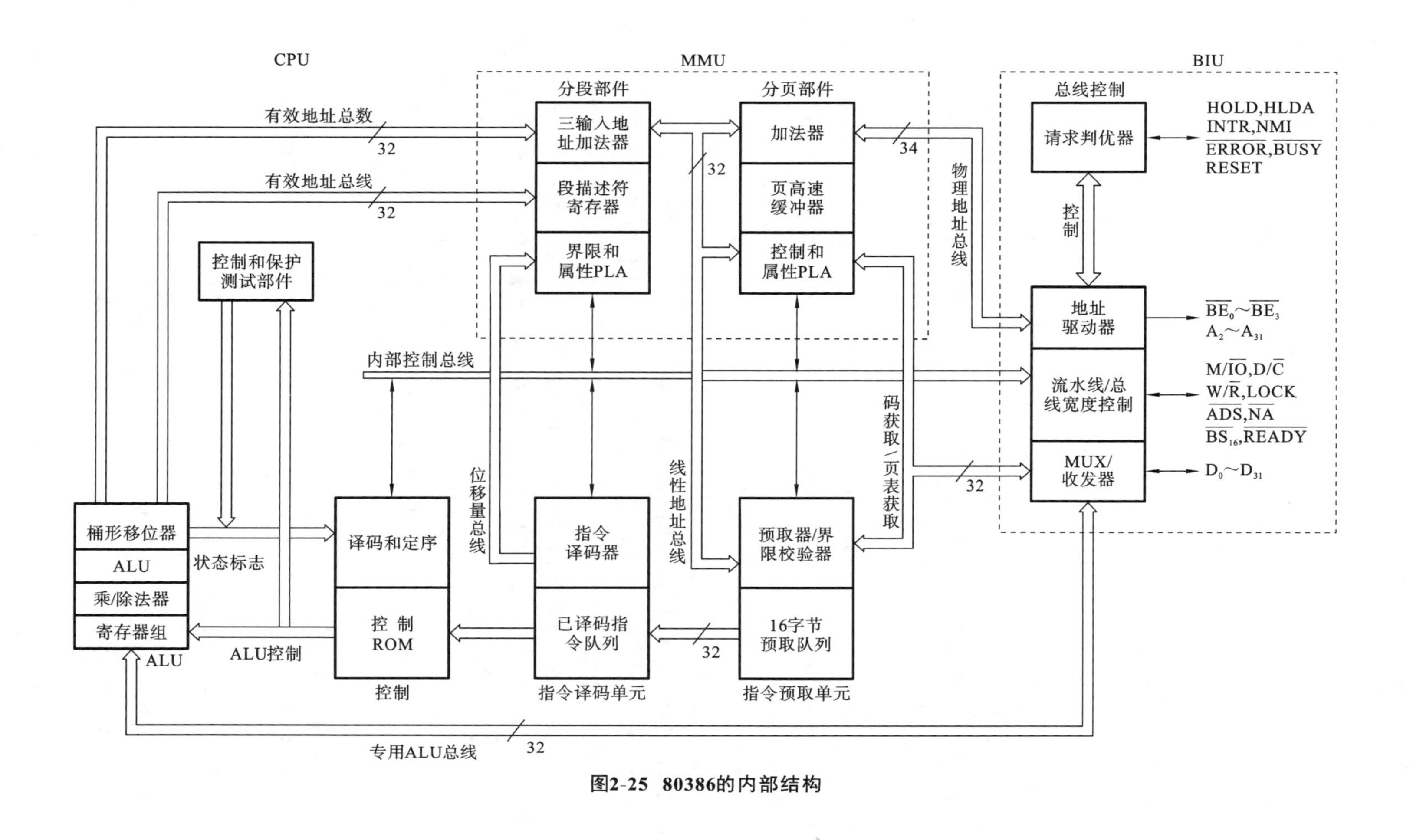

图2-25　80386的内部结构

1. 总线接口部件

总线接口部件(Bus Interface Unit,BIU)功能与 8086 的 BIU 基本相同,由请求判优器、地址驱动器、流水线/总线宽度控制、多路转换(MUX)/收发器等部件组成,负责提供访问存储器和 I/O 接口所需的地址、数据和控制信号,实现从存储器和 I/O 接口读取指令和传输数据。当取指令和数据传输多个总线请求同时发生时,请求判优器将优先数据传输请求。80386 支持总线数据传输和总线地址生成同步实现,所以总线周期仅为 2 个时钟周期。

2. 中央处理部件

中央处理部件(CPU)包括指令预取单元、指令译码单元和执行单元。

1) 指令预取单元(Instruction Prefetch Unit,IPU)

IPU 取代 BIU 负责取指令操作,包括预取器/界限校验器和 16 字节预取队列,预取器管理预取指令指针和段预取界限,在总线空闲周期时负责从存储器取指令,存入 16 字节预取队列中,为指令译码部件提供指令。预取器需保证预取队列总是满的。

2) 指令译码单元(Instruction Decode Unit,IDU)

IDU 从指令预取队列中获取指令流字节进行译码,转换成指令的微码入口地址和指令的寻址信息,存放在已译码指令队列中。已译码指令队列可同时存放三条指令的译码信息。指令的译码信息由控制部件读取,微码地址送控制 ROM,寻址信息送存储器管理部件(MMU)。

3) 执行单元(Execution Unit,EU)

EU 由数据处理部件、控制和保护测试部件组成,主要功能是将已译码指令队列中的内部编码转换为控制信息,发送给相关部件,执行指令。

数据处理部件包括 1 个 32 位算术逻辑单元(ALU)、1 个 64 位桶形移位器、8 个 32 位寄存器组和 1 个乘/除法器。桶形移位器用来实现移位、循环移位和位操作,常用于乘法等运算,可实现一个时钟周期内 64 位同时移位,也可对任何数据类型移动任意位。寄存器组既可用于数据操作,又可用于地址计算。乘/除法器能在一个时钟周期内完成 1 位乘法或除法计算。

控制和保护测试部件负责从已译码指令队列中取出指令的译码信息,解释执行。80386 采用的是微程序控制方式,指令的执行过程实际是逐条执行指令的微程序微码,微码存放在控制 ROM 中。微码是控制各部件实际操作的一系列控制信号。

3. 存储器管理部件

存储器管理部件(Memory Management Unit,MMU)包括分段部件和分页部件。

1) 分段部件

分段部件负责将执行单元送来的逻辑地址转换成线性地址并进行合法性检验,由三输入地址加法器、段描述符寄存器、界限和属性 PLA 组成。转换操作由三输入地址加法器完成,利用段描述符寄存器加速转换。转换后的线性地址被送入分页部件。段以字节或页为单位,段的大小由数据结构或代码大小确定。

2) 分页部件

分页部件负责将分段部件或代码预取部件产生的线性地址转换成物理地址,同时检验标准存储器访问与页属性是否一致,由加法器、页高速缓冲器、控制和属性 PLA 组成。页高速缓冲器也称转换后援缓冲器（Translation Lookaside Buffer，TLB），用来加速线性地址到物理地址的转换。页是一个大小固定的 4 KB 存储块，物理地址一旦由分页部件形成，就立即送 BIU 进行存储器访问操作。

2.5.3 80386 的内部寄存器

80386 有 7 类 34 个寄存器，包括通用寄存器、段寄存器与段描述符寄存器、指令指针和标志寄存器、控制寄存器、系统地址寄存器、调试寄存器、测试寄存器等，如图 2-26 所示。

通用寄存器

	31　16	15　8 7　0		31　16	15　0
EAX		AX(AH,AL)	ESP		SP
EBX		BX(BH,BL)	EBP		BP
ECX		CX(CH,CL)	ESI		SI
EDX		DX(DH,DL)	EDI		DI

段寄存器与段描述符寄存器

15　0	31　0 31　0
CS选择器	CS段描述符寄存器：32位段基址+20位段界限+12位段属性
SS选择器	SS段描述符寄存器：32位段基址+20位段界限+12位段属性
DS选择器	DS段描述符寄存器：32位段基址+20位段界限+12位段属性
ES选择器	ES段描述符寄存器：32位段基址+20位段界限+12位段属性
FS选择器	FS段描述符寄存器：32位段基址+20位段界限+12位段属性
GS选择器	GS段描述符寄存器：32位段基址+20位段界限+12位段属性

指令指针和标志寄存器

	31　16	15　0
EIP		IP
EFLAGS		FLAGS

控制寄存器

	31　16	15　0
CR_0		MSW
CR_1		
CR_2		
CR_3		

系统地址寄存器

	47　16	15　0
GDTR	32位基地址	16位界限
IDTR	32位基地址	16位界限

	15　0	31　0
LDTR	16位选择符	局部描述符表寄存器：32位基地址+16位界限+16位其他属性
TR	16位选择符	任务描述符寄存器：32位基地址+16位界限+16位其他属性

调试寄存器

	31　0
DR_0	
DR_1	
DR_2	
DR_3	
DR_4	
DR_5	
DR_6	
DR_7	

测试寄存器

	31　0
TR_6	
TR_7	

图 2-26　80386 的内部寄存器

1. 通用寄存器

80386 有 8 个 32 位通用寄存器，包括 EAX、EBX、ECX、EDX、ESI、EDI、EBP、ESP，是对 8086/8088 相应通用寄存器的扩展。每个 32 位寄存器的低 16 位可单独使用，与 8086/8088 的同名寄存器作用相同。同样，16 位 AX、BX、CX、DX 寄存器的高、低 8 位可以作为 8 位寄存器单独使用。

2. 段寄存器与段描述符寄存器

80386 有 6 个 16 位段寄存器，包括 CS、DS、ES、SS、FS 和 GS。前 4 个在实模式下与 8086/8088 使用方式相同。FS 和 GS 是增加的附加段寄存器。

在实模式下，80386 存储器最大分段固定为 64 KB，32 位段基址直接由 16 位段寄存器左移 4 位得到，与 8086/8088 类似。32 位段内偏移地址由寻址方式确定。

在保护模式下，80386 存储器分段大小在 4GB 内变化，16 位段寄存器不再存放段基址，存放的是 16 位选择符，并且每个段寄存器都配置了一个 64 位段描述符寄存器（也称段描述符高速缓冲寄存器），由 32 位段基址、20 位段界限（描述段的大小）和 12 位段属性组成。段描述符寄存器是隐藏的，程序员不可见。

保护模式下访问存储器时，指令给出段寄存器的 16 位选择符，CPU 将其当成索引，从内存的段描述符表中取出 8 字节段描述符，装入对应的段描述符寄存器中。一旦段描述符被载入，32 位段基址用于计算线性地址，20 位段界限用于界限检查操作，就不必每次访问内存单元时都去查找段描述符表，加快了存储器访问速度。

3. 指令指针和标志寄存器

32 位的指令指针 EIP 由 8086/8088 的 IP 寄存器扩展而来。EIP 的低 16 位可单独作为 IP 寄存器使用。

标志寄存器 EFLAGS 也是 32 位，其中低 12 位与 8086/8088 的标志位相同，新增了 4 个标志位 IOPL、NT、VM、RF，如图 2-27 所示。

31	17	16	15	14	13 12	11	10	9	8	7	6	5	4	3	2	1	0
保留	VM	RF		NT	IOPL	OF	DF	IF	TF	SF	ZF		AF		PF		CF

图 2-27　80386 标志寄存器

(1) IOPL(I/O Privilege Level Flag)：输入/输出特权级标志，该标志占用 2 位二进制位（位 13、12），4 个状态，用来确定 I/O 操作的特权水平。IOPL＝00，特权水平最高；IOPL＝11，特权水平最低。

(2) NT(Nested Task Flag)：嵌套任务标志，用来控制返回指令的运行。NT＝0，表明发生了中断或执行调用指令时没有发生任务切换，返回指令执行常规的从中断或过程返回主程序的操作（同一任务的返回）；NT＝1，表明发生了任务切换，即当前任务嵌套在另一任务中，执行完当前任务后要返回到原来的任务（不同任务间的返回）。

(3) RF(Resume Flag)：重新启动标志，也称调整恢复标志，用于 DEBUG 调试。RF＝0，接受调试故障并应答；RF＝1，调试故障被忽略。每执行完一条指令，RF 自动清 0。

(4) VM(Virtual 8086 Mode Flag)：虚拟 8086 方式标志，用来控制处理器在哪种

保护方式下运行。VM=1,处理器工作在虚拟 8086 方式;VM=0,处理器工作在一般保护方式。

4. 控制寄存器

控制寄存器(Control Register,CR)包括 4 个 32 位寄存器 CR_0、CR_1、CR_2 和 CR_3,CR_1 保留未用,如图 2-28 所示。控制寄存器和系统地址寄存器共同作用,保存全局性的机器状态,控制分段管理与分页管理机制的实施。

	31	16	15 5	4	3	2	1	0
CR_0	PG	000 0000 0000 0000	0000 0000 00	ET	TS	EM	MP	PE
CR_1	保留未用							
CR_2	页故障线性地址							
CR_3	页目录基地址的高 20 位			0000 0000 0000				

图 2-28 80386 控制寄存器结构

1) CR_0

CR_0 用来保存全局性的控制位,低 16 位称为机器状态字(Machine Status Word,MSW)。CR_0 的 30~5 是保留位,必须为 0。其余位定义如下。

PE(Protection Enable):保护允许位,控制微处理器是否进入保护模式,初值为 0。PE=1,80386 工作在保护模式;PE=0,80386 工作在实模式。PE 标志一旦置位,只能通过系统复位清除。

MP(Monitor Processor Extension Flag):协处理器监控位。若 MP=1,则有协处理器;否则,MP=0。

EM(Emulate Processor Extension Flag):仿真协处理器位。当用软件仿真协处理器功能时,MP=0,EM=1;当有协处理器时,MP=1,EM=0。

TS(Task Switched Flag):任务转换标志位,由硬件置位、软件复位。当两个任务切换时,硬件使 TS=1,此时若 CPU 正在执行协处理器指令,则会产生协处理器不存在的异常,TS 的这一功能使系统软件在允许其他任务使用协处理器之前,具有保存协处理器状态的机会。

ET(Extension Type Flag):协处理器类型位。若协处理器是 80387,则 ET=1;若协处理器是 80287 或没有协处理器,则 ET=0。

PG(Paging Flag):分页允许控制位。PG=1,允许分页部件工作,由分页部件将线性地址转换成物理地址;PG=0,禁止分页部件工作,线性地址直接当成物理地址。

2) CR_2

CR_2 是页故障线性地址寄存器,保存最后出现页故障的 32 位线性地址,用来报告错误信息。只有当 CR_0 的 PG=1 时,CR_2 才有效。

3) CR_3

CR_3 是页目录基地址寄存器,用来保存当前任务的页目录物理基地址。由于页的大小为 4 KB(2^{12} B=4 KB),页目录是按页对齐的,所以页目录基地址只有高 20 位有效,低 12 位不起作用,通常取 0 值。

5. 系统地址寄存器

系统地址寄存器(System Address Register,SAR)有 4 个,包括全局描述符表寄存器(Global Descriptor Table Register,GDTR)、中断描述符表寄存器(Interrupt Descriptor Table Register,IDTR)、局部描述符表寄存器(Local Descriptor Table Register,LDTR)和任务寄存器(Task Register,TR),分别用来管理保护模式下 4 个对应的系统表。

◇ 全局描述符表(GDT):1 个。

◇ 局部描述符表(LDT):多个。

◇ 中断描述符表(IDT):1 个。

◇ 任务状态段(Task Status Segment,TSS):多个。

系统地址寄存器仅用在保护模式下,用来存储操作系统需要的保护信息、地址转换表信息,定义正在执行任务的环境、地址空间和中断向量空间等。系统地址寄存器结构如图 2-26 所示。

(1) GDTR:48 位寄存器,高 32 位存放全局描述符表 GDT 的基地址,低 16 位存放全局描述符表的界限值。全局描述符表最大为 64 KB,每个描述符为 8 B,共有 8K 个全局描述符。

(2) LDTR:16 位寄存器,存放局部描述符表 LDT 的选择符。LDTR 包括一个隐含的 64 位局部描述符表寄存器,存放 LDT 的 32 位基地址、16 位界限和 16 位其他属性(如访问权限等)。一旦 LDTR 装载了 16 位选择符,则该选择符指定的局部描述符会自动装入 64 位局部描述符表寄存器中。

(3) IDTR:48 位寄存器,高 32 位存放中断描述符表 IDT 的线性基地址,低 16 位存放中断描述符表的界限。每个中断分配一个中断描述符,所有中断描述符存放在中断描述符表中,由 IDTR 指明中断描述符表在内存中的位置。中断描述符表最大为 64 KB,共有 8K 个中断描述符,每个中断描述符为 8 B。

(4) TR:16 位寄存器,用来存放任务状态段 TSS 的 16 位选择符。TR 也包括一个隐含的 64 位任务描述符寄存器。一旦 TR 装载了 16 位选择符,则该选择符指定的任务描述符会自动装入 64 位任务描述符寄存器中。

6. 调试寄存器

调试寄存器(Debug Register,DR)是 8 个 32 位的寄存器 DR_0~DR_7,用来支持断点调试。其中,DR_0~DR_3 为 4 个线性断点地址寄存器,存放断点的线性地址。DR_6 为断点状态寄存器,存放调试标志,用来说明调试中断类型及断点是否发生异常。DR_7 为断点控制寄存器,用来设置断点访问类型及设置断点发生的条件。DR_4、DR_5 保留。

7. 测试寄存器

测试寄存器(Test Register,TR)是 2 个 32 位的寄存器 TR_6、TR_7,用来测试转换后援缓冲器(Translation Lookaside Buffer,TLB),TLB 存放最常用的虚拟地址到物理地址映射对应的页表项。TR_6 是测试控制寄存器,存放测试控制命令。TR_7 是测试状态寄存器,存放 TLB 的物理地址。其余的 TR_0~TR_5 保留未用。

2.5.4 80386 的主要引脚

80386 采用 132 根引脚网格阵列 (Pin Grid Array,PGA)封装,PGA 比 DIP 封装节

省空间，因此，80386 引脚不再分时复用，如图 2-29 所示。80386 有 34 根地址引脚（$A_{31}\sim A_2$、$\overline{BE_3}\sim\overline{BE_0}$），32 根数据引脚（$D_{31}\sim D_0$），3 根中断引脚，13 根控制引脚，1 根时钟引脚，20 根电源线 V_{CC}，21 根地线 V_{SS}，8 条为空。

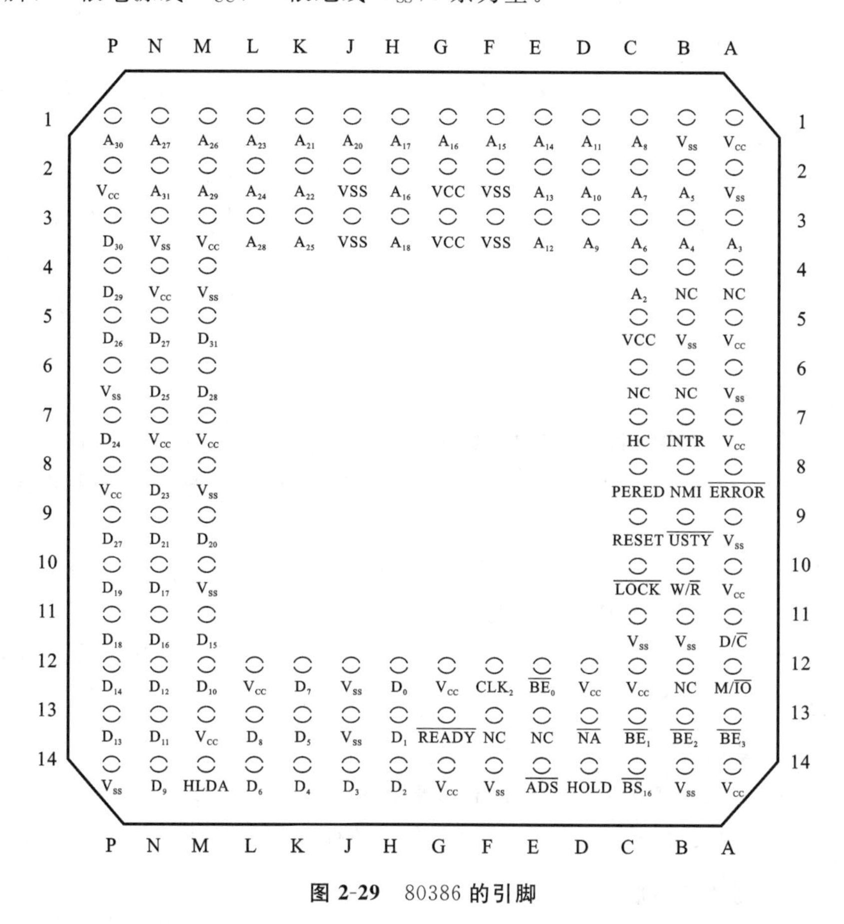

图 2-29　80386 的引脚

1. 数据引脚

$D_{31}\sim D_0$：32 根双向数据总线。一次可传输 8 位、16 位或 32 位数据。

2. 地址引脚

地址总线生成 32 位地址，由 30 个地址引脚（$A_{31}\sim A_2$）和 4 个字节使能引脚（$\overline{BE_3}\sim\overline{BE_0}$）组成。

（1）$A_{31}\sim A_2$：30 根地址信号，三态输出，与$\overline{BE_3}\sim\overline{BE_0}$结合形成 32 位地址总线。

（2）$\overline{BE_3}\sim\overline{BE_0}$：字节选通信号。$\overline{BE_3}\sim\overline{BE_0}$与 8086 的$\overline{BHE}$和 A_0 功能相似，它们由内部地址信号 A_1、A_0 译码产生。$\overline{BE_3}\sim\overline{BE_0}$分别选通 $D_{31}\sim D_{24}$、$D_{23}\sim D_{16}$、$D_{15}\sim D_8$、$D_7\sim D_0$ 对应的存储体，与 $A_{31}\sim A_2$ 结合可寻址 $2^{30}\times 2^2=4G$ 个存储单元。

3. 总线状态引脚

总线状态引脚确定要执行的总线周期类型，包括以下引脚。

（1）$M/\overline{IO}$：存储器或 I/O 接口选择信号，三态输出。

（2）$W/\overline{R}$：读/写控制信号，三态输出。高电平写操作，低电平读操作。

（3）$\overline{ADS}$：地址选通信号，三态输出，低电平有效时总线周期中地址信号有效。

(4) $D/\overline{C}$:数据/指令控制信号,输出。高电平时传送数据,低电平时传送指令代码。

(5) $\overline{LOCK}$:总线周期封锁信号,低电平有效。

4. 总线控制引脚

总线控制引脚允许外部逻辑控制总线周期,如总线周期开始时刻、数据总线的宽度和总线周期的终结。

(1) $\overline{READY}$:准备就绪信号,输入,低电平有效时表示当前总线周期结束。

(2) $\overline{NA}$:下一个地址请求信号,输入,低电平有效时允许地址流水线操作。$\overline{NA}$有效时表示当前执行的周期结束后,下一个总线周期的地址和状态信号可变为有效。

(3) $\overline{BS_{16}}$:16 位数据总线操作信号,输入,低电平有效时数据在数据总线的低 16 位上传输。

5. 中断与复位引脚

(1) INTR:可屏蔽中断请求信号,输入,高电平有效。INTR 信号可以被标志寄存器的 IF 位屏蔽。一个 INTR 请求会使 80386 执行两个中断响应周期来获取中断类型号。

(2) NMI:非屏蔽中断请求信号,输入,高电平有效。80386 响应 NMI 时不运行中断响应周期,而是自动产生中断类型号 2。

(3) RESET:复位信号,输入,高电平有效时将中止 80386 止在执行的一切操作,进入一个已知的复位状态。

6. 总线仲裁引脚

(1) HOLD:总线请求信号,输入,高电平有效。

(2) HLDA:总线保持响应信号,输出,高电平有效。有效时 80386 让出总线。

7. 协处理器接口引脚

PEREQ、$\overline{BUSY}$, $\overline{ERROR}$构成外部数字协处理器的接口,$\overline{BUSY}$和$\overline{ERROR}$是协处理器发出的状态信号。

(1) PEREQ:协处理器请求信号,输入,高电平有效时 PEREQ 允许协处理器从 80386 请求数据。

(2) $\overline{BUSY}$:协处理器忙信号,输入,低电平有效。$\overline{BUSY}$由协处理器发出,以避免 80386 在协处理器结束当前指令之前执行下一条指令。

8. 时钟引脚

CLK_2:双频时钟信号。CLK_2 的频率是 80386 内部时钟信号频率的两倍,即 80386 基频是 CLK_2 信号频率的一半。例如,16 MHz 的 80386 使用 32 MHz 的 CLK_2 信号。

2.5.5 80386 的工作模式

80386 的工作模式有实模式、保护模式和虚拟 8086 模式(也称 V86 模式)三种。常用的操作系统 WINDOWS、LINUX 工作在 80386 的保护模式下,为了兼容 8086 软件,80386 支持实模式,但实模式不能支持多任务,所以 80386 提供了 V86 模式,一种特殊的保护模式,能够在保护模式下运行 16 位的 8086 程序。

1. 实模式

实模式也称实地址模式，实模式下的80386是一个高速的8086/8088。在此模式下，80386的32位地址总线的低20位有效，只能寻址2^{20}B=1 MB的存储器空间。存储器管理模式与8086/8088相同，内存采用分段管理，每段的最大长度为64 KB，存储单元物理地址是段寄存器内容左移4位与偏移地址之和，物理地址的最大值为FFFFFH。在实模式下，80386完全兼容8086/8088指令，也可以执行32位运算指令。实模式下的80386不支持多任务，只支持单操作系统，如DOS运行在实模式下。

2. 保护模式

保护模式也称保护虚地址模式，是80386的本质工作模式，为多用户、多任务提供硬件支撑，提供虚拟存储管理功能和保护机制。保护模式下的逻辑地址由段寄存器和偏移地址组成，但物理地址由存储器管理部件(MMU)的分段分页机制提供。保护模式使用全部32条地址总线，可寻址4 GB内存空间，虚拟存储空间达到64 TB。

1) 地址空间

在保护模式下，80386有逻辑地址、线性地址和物理地址三种地址空间，通过"逻辑地址—线性地址—物理地址"的转换实现存储器地址管理。

逻辑地址也称虚拟地址，由16位段寄存器和32位偏移量组成。保护模式下，段寄存器的内容不再是段基址，而是段选择器，作为段描述符表的索引，从段描述符表中取出段描述符，包含32位段基址、段界限和段属性等信息。

线性地址是逻辑地址的32位段基址与32位偏移量求和得到的，是连续的32位地址。段基址来自段描述符，段描述符是内存中的一种数据结构，可以是全局描述符表或局部描述符表。系统中的所有任务共用一个GDT，每个任务有各自的LDT。偏移量是指令给出的有效地址。线性地址由存储器分段机制管理。

物理地址是80386地址总线上的地址。如果仅采用分段管理机制，线性地址就是物理地址；如果启用分页管理机制，则该机制会将线性地址转换为物理地址。

80386支持的逻辑地址空间(虚拟地址空间)可达64 TB，这是因为每个任务最多有16 K(2^{14})个段，每个段最大可以达到2^{32}B=4 GB，所以每个任务的虚拟地址空间为$2^{14}\times2^{32}=64$ TB。线性地址空间和物理地址空间都是连续的一维空间，大小为4 GB。程序员编程时使用的是虚拟地址空间，CPU访问的是物理地址空间。

2) 虚拟存储

虚拟存储是一种内存扩充技术，建立在主存和大容量辅存架构上，把主存与外部存储器有机结合起来，用存储管理部件进行管理。

虚拟存储依据程序执行的局部性原理，即在一段时间内，仅执行程序的局部，相应地，访问的存储空间也是局部的。因此，程序不必一次性全部装入主存，只需将当前执行程序段的虚拟地址空间映射到主存就能运行，其余部分保存在辅存。当新的程序段需执行时，MMU将新程序段调入主存，将已执行的程序段存入辅存。这样，用户感受到的主存容量比实际的物理主存大得多，就好像程序是在非常大的物理存储空间运行，但这个非常大的存储空间是虚的，称为虚拟存储器。

正是有了虚拟存储技术，程序员编写程序时可以不受主存容量的限制，可编写比实际配置的物理主存储器大得多的程序。

3）地址转换

在保护模式下，编程使用的是虚拟地址空间，程序运行必须在物理地址空间，需要把虚拟地址转换为物理地址。80386使用存储管理部件MMU实现地址管理，包括分段和分页两种机制。分段用于给每个程序若干独立的、受保护的地址空间，分页用于支持使用少量RAM和一些磁盘空间模拟大地址空间。这两种机制可以单独或同时使用，当多个程序同时运行时，任一种机制都可以用来保护程序不受其他程序的干扰。虚拟地址到物理地址的转换示意图如图2-30所示。

图2-30 虚拟地址到物理地址的转换示意图

从图2-30可以看出，虚拟地址到物理地址的转换分为两个阶段，第一阶段是分段部件把虚拟地址转换为线性地址，第二阶段是分页部件把线性地址转换为物理地址。第二阶段是可选的，如果禁止分页功能，则线性地址就是物理地址。

4）分段管理机制

分段管理机制实现虚拟地址空间到线性地址空间的映射，把二维的虚拟地址转换为一维的线性地址。为了实现分段管理，80386把段的信息保存在段描述符中，它提供段的大小、位置和访问控制等信息。一个段描述符占8个字节，所有的段描述符存放在段描述符表中，供硬件查找和识别。80386段描述符表有全局描述符表、中断描述符表、局部描述符表三类。

虚拟地址（逻辑地址）采用的是“段选择器：偏移地址”二维数据结构，由16位段寄存器和指令给出的32位偏移量组成，线性地址是32位的一维数据。虚拟地址转换为线性地址的方法：将16位段选择器高13位作为索引值乘以8，与GDTR或LDTR的基地址相加，得到段描述符在描述符表中的位置，从段描述符表中取出对应的32位段基址与32位偏移地址相加得到32位线性地址，如图2-31所示。

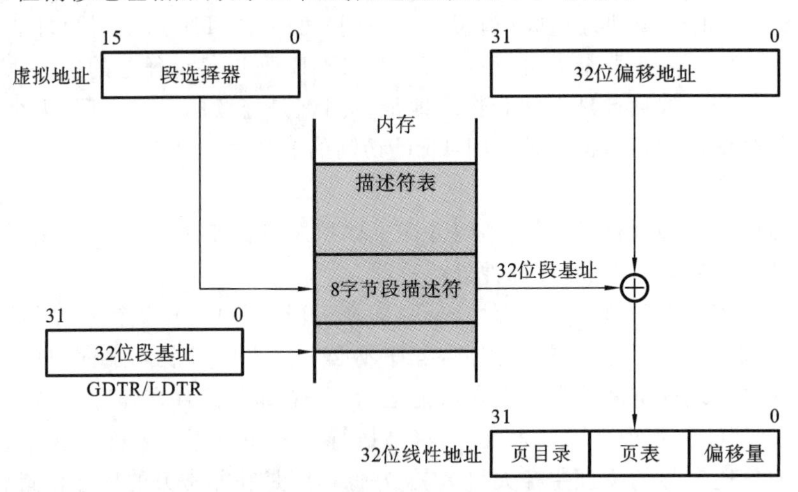

图2-31 信息分段存储与段寄存器

（1）段选择器。

段选择器的功能是用间接方法得到段首地址，即利用段选择器可以从描述符表中找到段基址(段的起始地址),段选择器在确定段首址时起到索引作用。段选择器的格式如图 2-32 所示。

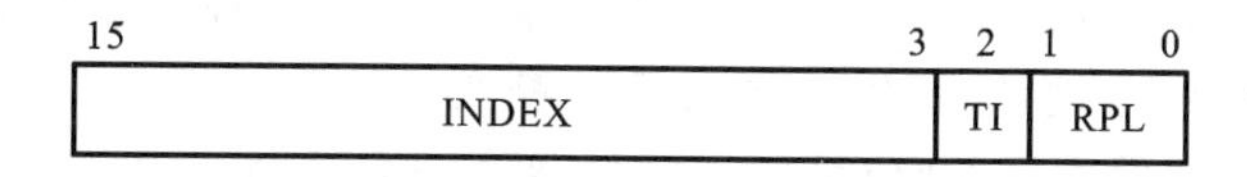

图 2-32 段选择器的格式

INDEX:13 位索引值,利用 INDEX 可以从描述符表的 8192 个描述符中选择一个描述符。由于每个描述符为 8B,微处理器将 INDEX 乘以 8,再加上 GDTR 或 LDTR 中存放的描述符表基地址,就得到了描述符在描述符表中的地址。

TI(Table-Indicator bit):指定要使用的描述符表。TI=0,选择 GDT;TI=1,选择 LDT。

RPL(Requested Privilege Level):定义请求的特权级别,占 2 位。特权级有 4 级,0 级最高,3 级最低。RPL 用来防止低特权级程序访问受高特权级程序保护的数据。

(2) 段描述符。

段描述符是一种数据结构,用来保存段信息,向处理器提供段的大小、位置、控制和状态等信息。段描述符通常由编译器、链接器、加载器或操作系统创建,而不是应用程序创建。段描述符的格式如图 2-33 所示。

31 24					19 16	15	14 13	12	11 9	8	7 0
段基址(31~24)	G	D	0	AVL	段界限(19~16)	P	DPL	S	TYPE	A	段基址(23~16)
段基址(15~0)						段界限(15~0)					

(1) G:GRANULARITY,粒度位。G=0,段长单位为字节;G=1,段长单位为页。

(2) D:D=1,32 位数据和寻址方式;D=0,16 位数据和寻址方式。

(3) AVL:AVAILABLE FOR USE BY SYSTEM SOFTWARE,供系统软件使用。

(4) P:SEGMENT PRESENT,段存在。P=1,段在主存中;P=0,段不在主存中。

(5) DPL:DESCRIPTOR PRIVILEGE LEVEL,描述符优先级,占 2 位。00 优先级最高。

(6) S:段描述符,S=1,为非系统段描述符;S=0,为系统段描述符或门描述符。

(7) TYPE:SEGMENT TYPE,段类型。

(8) A:ACCESSED,段访问。A=1,段描述符被访问过;A=0,段描述符未被访问过。

图 2-33 段描述符的格式

每个段描述符有 8 字节,其中段基址 32 位,段限界 20 位,段属性 12 位。段界限定义了段的长度,段的大小还取决于粒度位 G。当 G=0 时,段长以字节为单位,段的最大容量为 1 MB;当 G=1 时,段长以页为单位,1 页为 4 KB,段最大为 4 GB。

80386 的段有两种类型:非系统段和系统段,相应的段描述符 S 有非系统段描述符和系统段描述符。非系统段一般指代码段、数据段和堆栈段,系统段包括任务状态段和门,局部描述符表也作为一种系统段。

TYPE 字段占 3 位,其含义取决于段描述符是应用程序段还是系统段。对于数据段,TYPE 字段的最低三位可以解释为扩张(Expand,E)、写启用(Write Enable,W)和接近(Accessible,A)。对于代码段,TYPE 字段的最低三位可以解释为共用(Compatible,C)、读启用(Read Enable,R)和接近(Accessible,A)。系统段的含义略有不同。

通过以上分析可知,要把虚拟地址(逻辑地址)转换为线性地址,需要用到段寄存器、段描述符和段描述符表三要素。由段寄存器中的段选择器做索引,结合 GDTR/LDTR 中描述符表的基地址,可以找到段描述符在描述符表中的位置,从而得到一个8B 的描述符,该描述符中有 32 位段基址信息,将段基址和指令提供的偏移地址相加,即得到线性地址。同时,从描述符表中得到的 8B 描述符会被装入段寄存器隐含的描述符寄存器中,这样,下次访问同一个段时,可以直接使用描述符寄存器的基地址,而不用到内存中提取,加快了地址转换过程。

【例 2-5】 分析下列段描述符。

10 40	6
92 80	4
00 00	2
0F FF	0

分析 根据图 2-33 中段描述符格式,有 92H=10010010,数据段可写,在内存,未被访问。

数据段基址:10800000H。

段界限:00FFFH。

【例 2-6】 设 GDTR=800000002FFFH,求 GDT 的起始地址、结束地址和表长。计算 GDT 存放的描述符个数和最后一个描述符的地址范围。

分析 根据图 2-26 中 GDTR 的格式,有:

GDT 的起始地址=80000000H

GDT 的结束地址=80000000H+2FFFH=80002FFFH

GDT 的表长=2FFFH+1=3000H

GDT 存放的描述符个数=3000H÷8=600H

最后一个描述符的地址范围:80002FF8H~80002FFFH。

【例 2-7】 设 GDT 的基地址为 02004000H,LDTR=2208H,求 LDT 描述符的地址范围。

分析 LDTR=0010001000001000,根据图 2-32 段选择器的格式,可知 TI=0,LDT 描述符在 GDT 中,索引=0010001000001。

LDT 描述符的起始地址=GDT 基地址+索引×8

=02004000H+0010001000001×8

=02006208H

LDT 描述符的地址范围:02006208H~0200620FH,8 字节。

5) 分页管理机制

地址转换的第二阶段是页转换,将线性地址转换成物理地址。这个阶段是可选的,只有当 CR_0 的 PG=1 时,分页机制才会生效。PG 位通常由操作系统在软件初始化时设置。当操作系统要实现多个虚拟 8086 任务、面向页面的保护或面向页面的虚拟内存时，必须设置 PG 位。当 PG=0 时，分页机制被禁止，线性地址直接当成物理地址。

80386 分页管理的对象是 4 KB 固定大小的存储块，称为页。分页机制采用了两级表结构：页目录表和页表。页目录表和页表均为 4 KB 大小的页，页目录表项和页表项格式相同，长度为 4 字节，如图 2-34 所示。页目录表和页表各自有 1 K(2^{10})个表项。

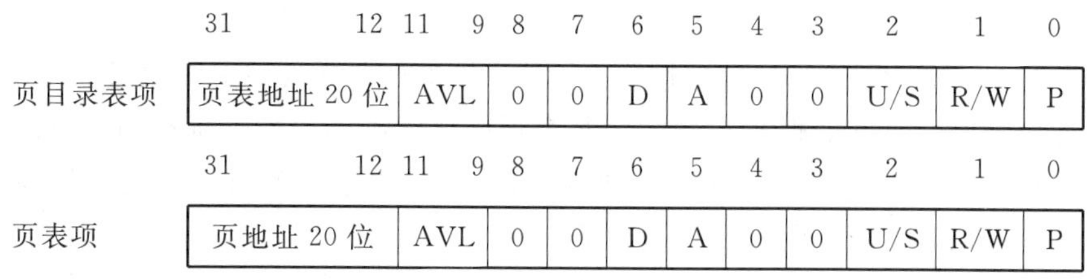

(1) P：Present，存在位，表示该页或页表是否在内存。

(2) R/W：Read/Write，表示该页或页表是否允许读/写。

(3) U/S：User/Supervisor，表示该页或页表用户是否可用。

(4) A：Access，访问位，表示该页或页表是否访问过。

(5) D：Dirty，出错位。

(6) AVL：AVAIL，程序员可使用的位。

图 2-34 页目录表项与页表项

当允许分页时，两级表用于寻址内存中的一页。分页机制实现两级地址转换，第一级是页目录表项映射页表，第二级是页表映射内存页，如图 2-35 所示。页目录可为第二级页表寻址 1 K 大小，第二级的页表最多处理 1 K 个页。因此，一个页目录寻址的所有页表可以寻址 1 M(2^{20})个内存页，每个内存页大小为 4 KB(2^{12} B)，一个页目录表可以寻址 80386 的整个物理地址空间 4 GB($2^{20}\times2^{12}=2^{32}$)。

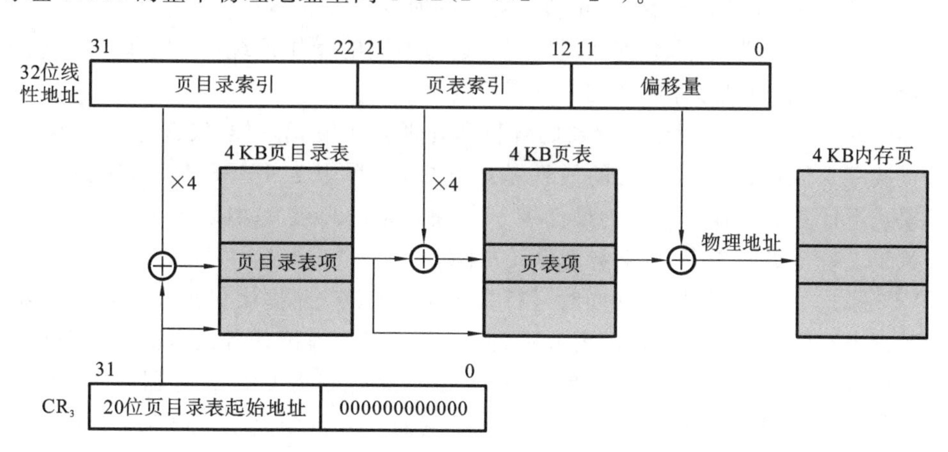

图 2-35 两级页表转换成物理地址

从图 2-35 可知，分页机制将 32 位线性地址分为三部分：页表中的两个 10 位索引和一个 12 位偏移量。第一级页目录项映射页表的步骤：将线性地址的页目录索引乘以 4，与 CR_3 中的页目录表起始地址相加得到页目录表项的地址，该目录表项的高 20 位就是页表起始地址的高 20 位，由于页表起始地址要求页对齐，所以将此高 20 位地址左移 12 位就得到页表起始地址。

第二级页表映射内存页的步骤：将线性地址的页表索引乘以 4，得到页表项在页表中的偏移地址，与页表起始地址相加得到页表项地址，该页表项的高 20 位就是内存页起始地址的高 20 位，将它左移 12 位后与线性地址的 12 位偏移量相加，得到指向某一内存单元的 32 位物理地址。

注意：图 2-35 中，2 个索引值乘以 4 的原因是每个表项大小为 4 B，所以每个表项地址相差 4 个字节。

6）保护机制

为支持多任务，需要对不同任务实施保护。80386 支持两种主要的保护类型。

一类是不同任务间的保护。通过给每个任务分配不同虚拟地址空间的方法来实现任务间的隔离，达到应用程序之间保护的目的。每个任务有各自不同的虚拟地址到物理地址的转换映射，实现任务间的完全隔离。

另一类是同一任务内的保护。在一个任务中，定义四种特权级别，用于限制对任务中段的访问。4 种特权级别为 0～3，0 级最高，3 级最低。每个段都有对应的特权级，访问段时需遵循相应的特权保护规则。最高特权级别分配给最重要的数据段和最可信任的代码段，不重要的数据段和一般代码段分配较低的特权级别。具有最低特权级别的数据，可被具有任何特权级别的代码访问。

特权级的典型用法是：操作系统核心设置为 0 级，应用程序设置为 3 级，1 级和 2 级供中间软件使用。这样，操作系统核心有权访问任务中的所有存储段，应用程序只能访问程序本身的存储段，这些存储段也是 3 级。

3. 虚拟 8086 模式

虚拟 8086 模式也称 V86 模式，是一种特殊的保护模式，实现在保护模式下运行 16 位的 8086/8088 应用程序。当操作系统或执行程序切换到一个 V86 模式任务时，微处理器仿真一个 8086 微处理器，V86 模式可以同时模拟多个 8086 微处理器来加强多任务处理能力。V86 模式下，允许多用户同时运行不同的操作系统，16 位和 32 位应用程序并行运行，每个用户好像完全拥有计算机资源。

V86 模式下，80386 对段寄存器的解释和处理与实模式一样，段寄存器内容左移 4 位后直接存入段描述符寄存器的线性基地址中，段界限为 FFFFH。与实模式不同，V86 模式下任务的特权级只能为最低级 3，实模式是最高级 0，如果在 V86 模式下执行一条赋予了特权级的指令，则会导致系统故障。

V86 模式下，分页部件允许同时运行多个虚拟任务，并提供保护和操作系统隔离。尽管运行虚拟任务时并不一定需要分页，但当运行多个虚拟任务或者虚拟任务所需的物理地址空间大于 1 MB 时，需要启动分页机制，此时需将 CR_0 寄存器的 PG 位置 1。分页机制会将虚拟任务的 20 位线性地址产生的 1 MB 空间分为 256 个页面，每页 4 KB，每个页面会被映射到 4 GB 物理地址空间的任何位置上。因此，80386 通过 MMU 的段页管理机制，将多个不同任务分配到不同的物理地址空间，实现多用户多任务操作。

4. 80386 三种工作模式的转换

80386 的三种工作模式可以相互转换，如图 2-36 所示。80386 复位后进入实模式，通过修改控制寄存器 CR_0 中的控制位 PE，可使 CPU 从实模式转换到保护模式，或者逆向转换。通过执行 IRETD 指令，或者进行任务间的切换，可从保护模式转换到 V86 模式。采用中断操作，可以从 V86 模式转换到保护模式。

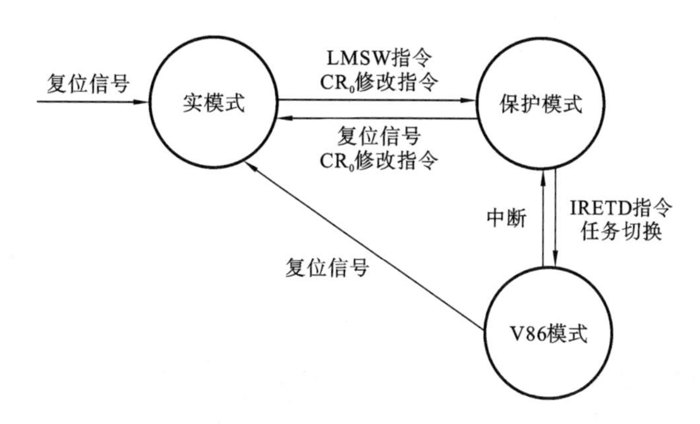

图 2-36 80386 工作模式的转换

本章总结

本章介绍了 Intel 8086/8088 和 80386 微处理器。通过本章学习，重点掌握 8086/8088、80386 的功能结构、内部寄存器和外部引脚。掌握 8086/8088 的存储器分段管理、系统配置、三总线结构和时序概念。理解 80386 的不同工作模式和特点。

习题与思考题

1. 8086 CPU 是多少位的微处理器？为什么采用地址/数据复用技术？
2. 8086 CPU 内部 EU 和 BIU 的功能分别是什么？指令队列的作用是什么？
3. 8086 CPU 和 8088 CPU 的主要区别是什么？
4. 简述 8086 CPU 标志寄存器的组成，各标志位的含义。
5. 如何确定 8086 CPU 最大和最小工作模式？这两种模式下控制信号的产生有何不同？
6. 8086 CPU 的中断引脚有哪些？对应的中断类型分别是什么？如何区别？
7. 8086 微机系统最小工作模式下的系统配置由哪些基本电路组成？是如何构成数据、地址和控制三总线的？
8. 设某存储器单元的物理地址为 2BC60H，该单元在段地址为 2AF0H 的段内偏移地址是多少？
9. 设某数据区由 20 个字组成，起始地址为 2F00H:1C00H，写出该数据区首末单元的物理地址。
10. 设堆栈段寄存器(SS)=3A50H，堆栈指针(SP)=1500H，该堆栈的栈顶物理地址是多少？如果压入 10 个字数据，(SP)为多少？如果再弹出 2 个字数据，(SP)为多少？

3

8086/8088 指令系统

指令系统是微处理器所能执行全部指令的集合，是表征计算机性能的重要因素，指令系统越完善计算机功能越强。不同微处理器有不同的指令系统，学习和掌握指令系统是汇编语言程序设计的基础，有助于深入理解计算机工作原理。本章主要介绍 8086/8088 指令系统的指令格式、操作数类型、寻址方式以及指令功能。

3.1 指令概述

指令从形式上可分为机器指令和汇编指令两种。机器指令是能被计算机识别并直接执行的指令，用二进制码表示。机器指令难以被识别和记忆，人们更多采用汇编指令。汇编指令是用英文助记符表示的指令，与机器指令一一对应，汇编指令需要用汇编器翻译成机器指令才能运行。

本节目标：

(1) **掌握指令的基本格式，理解操作码、操作数含义。**

(2) **掌握操作数类型，理解不同操作数的存放位置。**

3.1.1 指令格式

指令的基本格式包括操作码和操作数，如图 3-1 所示。

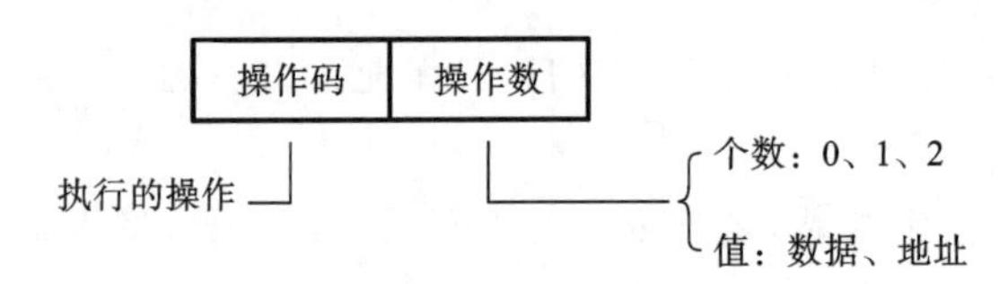

图 3-1 指令的基本格式

操作码也称指令码，用助记符表示，表明指令执行何种操作，如传送、算术逻辑运算、移位、转移等操作，是指令必不可少的组成部分。

操作数是指令操作的对象。操作数的表达方式可以是具体的数值、寄存器符号、存储单元地址或 I/O 端口地址。操作数的值(内容)可以是数值数据，也可以是地址，取决于操作数的寻址方式。

操作数的个数可以是 0、1、2 个，相应指令分别称为无操作数指令、单操作数指令和双操作数指令，如图 3-2 所示。双操作数指令的两个操作数分别称为目的操作数和源操作数，指令执行后，运算结果放入目的操作数中，目的操作数的原有数据被取代。

指令格式
- 无操作数指令：指令码
- 单操作数指令：指令码　操作数
- 双操作数指令：指令码　目的操作数，源操作数

图 3-2　不同操作数指令格式

操作数的个数会影响指令长度（字节数），8086/8088 指令长度在 1～7 字节间。指令长度不同，指令执行时间也不同。

3.1.2　操作数类型

8086/8088 操作数可存放在指令、寄存器、存储单元或 I/O 端口中，根据操作数的存放位置，可以将操作数分为立即数操作数、寄存器操作数、存储器操作数和 I/O 端口操作数四类。

1. 立即数操作数

立即数是常数，由指令直接给出，随指令从存储器中取出并存到指令队列中。立即数可以是 8 位或 16 位无符号数或有符号数，取值范围如表 3-1 所示。立即数只能作为源操作数，不能作为目的操作数。

表 3-1　立即数的取值范围

立　即　数	8 位	16 位
无符号数	00H～FFH(0～255)	0000H～FFFFH(0～65535)
有符号数	80H～7FH(－128～127)	8000H～7FFFH(－32768～32767)

【例 3-1】 立即数示例。

```
MOV   AL,20H           ；源操作数为 8 位立即数
MOV   AX,2000H         ；源操作数为 16 位立即数
MOV   BL,－32          ；源操作数为 8 位有符号数
```

2. 寄存器操作数

寄存器操作数是指存放在 8086/8088 内部寄存器的数据。

(1) 16 位通用寄存器：AX、BX、CX、DX、SP、BP、SI、DI；其中 AX、BX、CX、DX 寄存器可以当成 8 位寄存器使用，分别为 AH、AL、BH、BL、CH、CL、DH、DL。

(2) 16 位段寄存器：CS、DS、ES、SS。

寄存器操作数既可作为源操作数，也可作为目的操作数。

注意：CS 不能为目的操作数；不能将立即数直接传送给段寄存器。

3. 存储器操作数

存储器操作数是指存放在内存中的数据。存储器操作数的长度可以是字节、字(2 字节)或双字(4 字节)等。存储器操作数用存储单元偏移地址表示：[偏移地址(有效地址)]，中括号内的数据是地址，操作数存放在该地址表示的存储单元中。

存储器操作数可以是源操作数或者目的操作数，但双操作数指令中的两个操作数不能同时为存储器操作数。

【例 3-2】 存储器操作数示例。

```
MOV  AL,[20H]          ;源操作数是存储器操作数,存储单元地址为20H
                       ;目的操作数是寄存器操作数
```

4. I/O 端口操作数

I/O 端口操作数是指存放在外设端口中的数据,可以是字节也可以是字操作数,I/O端口操作数只能用于 IN、OUT 指令中。

自测练习 3.1

1. 指令由操作码和__________组成。
2. 指令操作数的个数可以是__________、__________、__________个。
3. 操作数类型有__________、__________、__________、__________四种。
4. 立即数操作数存放在(　　)中。
   A. CPU　　B. 指令　　C. 内存单元　　D. I/O 接口
5. 寄存器操作数存放在(　　)中。
   A. CPU　　B. 指令　　C. 内存单元　　D. I/O 接口
6. 寄存器操作数可以是(　　)。
   A. 8 位　　B. 16 位　　C. 8 位或 16 位
7. 双操作数指令运行后,运算结果存放在(　　)中。
   A. 源操作数　　B. 目的操作数　　C. 源操作数或者目的操作数

3.2 寻址方式

寻址方式是指找到操作数地址的方法。根据操作数存放位置的不同,寻址方式分为立即数寻址、寄存器寻址、存储器寻址和隐含寻址四种,I/O 寻址可看成是存储器寻址的特例。掌握寻址方式是学好指令的关键之一。

本节目标:

(1) **掌握不同寻址方式的概念和特殊规定。**

(2) **灵活使用不同的寻址方式,能够正确写出指令操作数。**

3.2.1 立即数寻址

指令中的源操作数为常数,该源操作数寻址称为立即数寻址。立即数是指令机器代码的一部分,存放在代码段中。

立即数寻址要点如下:

(1) **立即数是常量,常用来给寄存器或存储单元赋值。**

(2) **立即数寻址仅用于双操作数指令的源操作数。**

(3) **立即数寻址特点是执行速度快,原因是立即数在指令队列中获取,无需访问存储器。**

【例 3-3】 立即数寻址实例。

```
MOV  AX,0102H
```

分析 本例的源操作数是立即数寻址,指令功能是将立即数送给寄存器 AX,指令执行后(AX)=0102H。要注意的是,该立即数是 16 位,分为高字节和低字节,高字节 01H 给 AH,低字节 02H 给 AL,寻址示意图如图 3-3 所示。

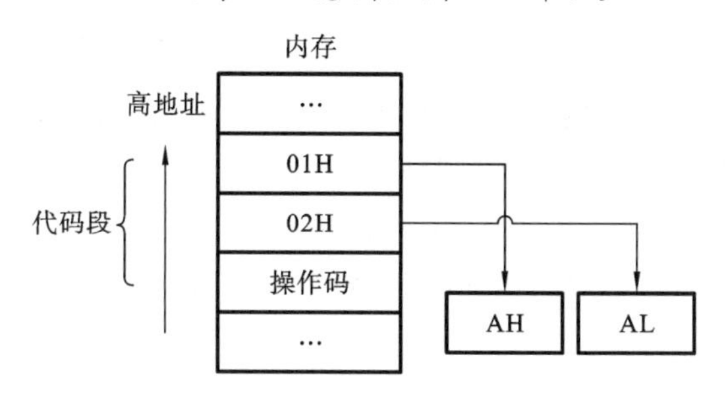

图 3-3　立即数寻址示意图

【例 3-4】 错误指令举例。

```
MOV   20H,AL        ;错误,立即数只能为源操作数
MOV   BL,2000H      ;错误,不能将 16 位立即数送给 8 位寄存器
```

3.2.2　寄存器寻址

寄存器寻址是指操作数存放在 CPU 的内部寄存器中。内部寄存器包括通用寄存器(8 位或 16 位),地址指针、变址寄存器和段寄存器。

寄存器寻址要点如下:

(1) **双操作数指令中,如果源操作数和目的操作数都是寄存器寻址,要求寄存器长度相同,同为 8 位或 16 位寄存器。**

(2) **不允许将立即数传送给段寄存器。CS 只能作为源操作数。**

(3) **寄存器寻址操作数位于 CPU 内部,无需访问内存,执行速度快。**

【例 3-5】 寄存器寻址实例。

```
MOV   AX,  BX
```

分析　本例中源操作数和目的操作数都是寄存器寻址,指令功能是将 BX 值赋给 AX。注意 BH→AH,BL→AL,寻址示意图如图 3-4 所示。

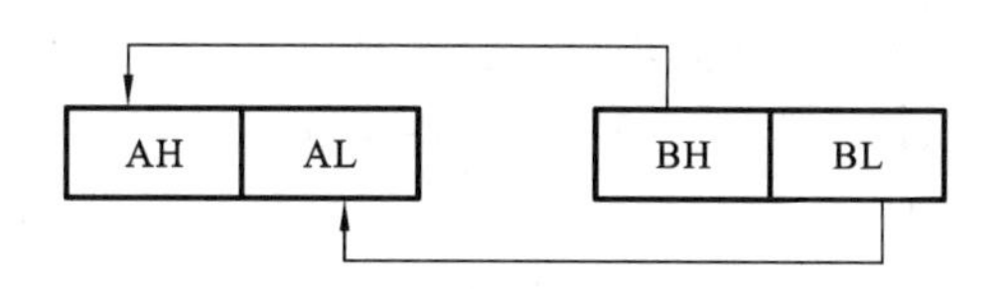

图 3-4　寄存器寻址示意图

【例 3-6】 错误指令举例。

```
MOV   CS,BX         ;错误,CS 不能为目的操作数
MOV   DS,2000H      ;错误,立即数不能赋给段寄存器
MOV   AX,BL         ;错误,两个寄存器操作数的字长不匹配
```

3.2.3　存储器寻址

存储器寻址是指操作数存放在存储器(内存)中的寻址方式。要访问存储器操作数,必须先得到存储器操作数的地址。指令中,只需给出存储器操作数的偏移地址(有效地址),段基址由操作数隐含给出,一般默认为 DS。

存储器寻址方式有直接寻址、寄存器间接寻址、寄存器相对寻址、基址加变址寻址、基址加变址相对寻址五类。

1. 直接寻址

直接寻址是指操作数的偏移地址在指令中直接给出。操作数默认的段寄存器为DS,操作数的物理地址=(DS)×16+偏移地址。

【例 3-7】 MOV　AX,[2000H]。指令执行后(AX)为多少?设(DS)=5000H。

分析　本例中源操作数为直接寻址,指令功能是将数据段偏移地址为2000H的字单元内容传输给AX。

源操作数物理地址=(DS)×10H+(2000H)=52000H。由于目的操作数AX的字长为16位,所以源操作数[52000H]的字长也为16位,指令执行后(AX)=3412H,示意图如图3-5所示。

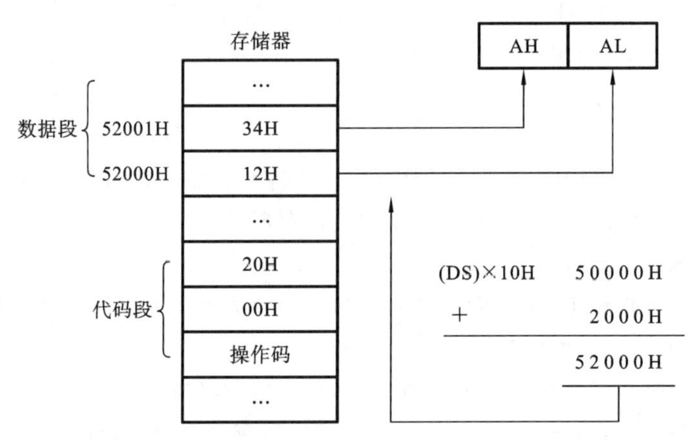

图 3-5　直接寻址示意图

直接寻址也可以用符号地址、常量表达式等形式表示。

符号地址:符号地址在数据段(或附加段、堆栈段)中定义,可以是单个变量名、也可以是数组变量名。代码段中出现的标号也可看成是符号地址。

【例 3-8】 下列指令的源操作数均为直接寻址。

```
MOV   AX,[BUF]        ;BUF为符号地址,在数据段中定义
MOV   AX,BUF          ;符号地址为偏移量时,可以去掉中括号
```

注意:可采用段超越前缀方式将默认的DS改为其他段寄存器,表达方法:段寄存器名:[有效地址]。

【例 3-9】 设BUF是附加段定义的一个变量名,偏移地址为2000H,下面三条指令等效,均表示将寄存器BX的值传输给附加段偏移地址为2000H的字单元。

```
MOV   ES:[2000H],BX
MOV   ES:[BUF],BX
MOV   ES:BUF,BX
```

2. 寄存器间接寻址

寄存器间接寻址是指操作数的偏移地址存放在寄存器中。8086/8088中存放偏移地址的寄存器只能是BX、BP、SI、DI,也称为间址寄存器。间址寄存器可以使用段跨越

前缀。当操作数采用寄存器间接寻址时，段地址取决于间址寄存器，如表 3-2 所示。

表 3-2　间址寄存器与默认段的对应关系

间址寄存器	默认段	段寄存器
BX、SI、DI	数据段	DS
BP	堆栈段	SS

【例 3-10】　MOV　AX,[BX]。指令执行后(AX)为多少？设(DS)=3000H，(BX)=2000H，(32000H)=10H，(32001H)=20H。

分析　本例中源操作数是寄存器间接寻址，指令功能是将寄存器 BX 的内容作为操作数偏移地址，将该地址单元的字数据取出传送给 AX。

源操作数的物理地址=(DS)×10H+(BX)=32000H，指令执行后(AX)=2010H，示意图如图 3-6 所示。

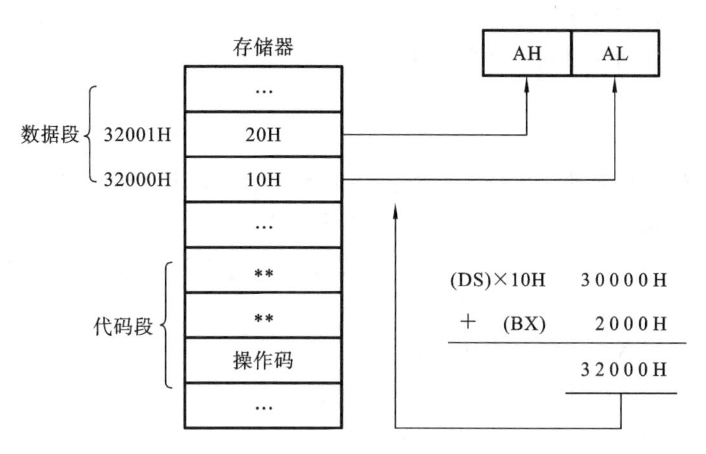

图 3-6　寄存器间接寻址示意图

3. 寄存器相对寻址

寄存器相对寻址指操作数的偏移地址(有效地址 EA)是间址寄存器内容与一个 8 位或 16 位的位移量(常量)之和，即

$$\text{有效地址 EA}=\begin{Bmatrix}\text{BX}\\\text{BP}\\\text{SI}\\\text{DI}\end{Bmatrix}+8\text{ 位}/16\text{ 位位移量} \tag{3-1}$$

该寻址方式的寄存器只能是 BX、BP、SI、DI 四个间址寄存器，可以使用段跨越前缀。

【例 3-11】　下面两条指令等效，指令执行后(AX)为多少？设(DS)=3000H，(SI)=2000H，(32006H)=50H，(32007H)=60H。

```
MOV   AX,  [SI+06H]
MOV   AX,  06H [SI]
```

分析　本例中源操作数是寄存器相对寻址，指令功能是将寄存器 SI 的值与位移量 06H 相加作为操作数有效地址，将该地址单元的字数据取出传送给 AX。

源操作数的物理地址=(DS)×10H+(SI)+06H=32006H，指令执行后(AX)=6050H，示意图如图 3-7 所示。

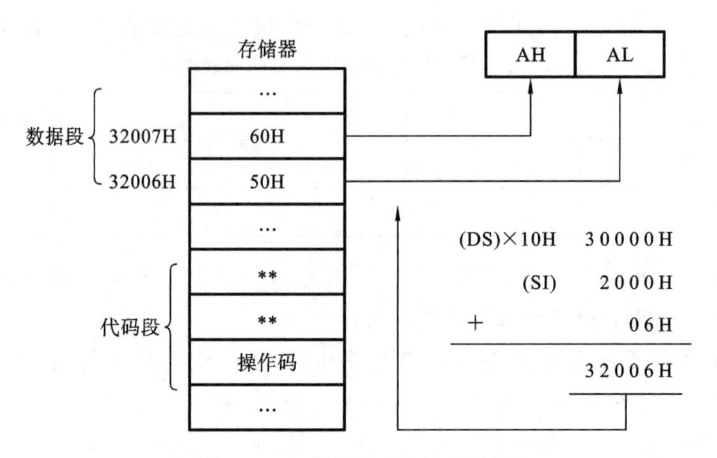

图 3-7　寄存器相对寻址示意图

本例数据段内容可看成是一个表格数据，表首偏移地址为 2000H，06H 是第 4 个字数据相对于表首的位移量，计算公式为(4－1)×2＝6H。注意是从 0 偏移量开始计算地址。

思考：该表格的第 8 个字节数据是多少？

解　表首偏移地址为 2000H，第 8 个字节数据相对于表首的位移量为 07H(从 0 地址开始计算)，所以该表格的第 8 个字节数据是 60H。

寄存器相对寻址方式中的位移量也可以用符号地址表示，以下几条指令表示相同的功能，COUNT 表示 8 位或 16 位的位移量。

```
MOV   AX,  [SI+COUNT]
MOV   AX,  COUNT[SI]
MOV   AX,  [SI]+COUNT
```

4. 基址加变址寻址

基址加变址寻址是指操作数的偏移地址(有效地址 EA)是基址寄存器内容与变址寄存器内容之和，即

$$有效地址\ EA=\begin{Bmatrix}BX\\BP\end{Bmatrix}+\begin{Bmatrix}SI\\DI\end{Bmatrix} \tag{3-2}$$

基址寄存器是 BX 和 BP，变址寄存器是 SI 和 DI。

基址寄存器是 BX 时，默认的段寄存器为 DS；基址寄存器是 BP 时，默认的段寄存器为 SS。段寄存器可用段超越前缀改变。

操作数采用基址加变址寻址时只能同时使用一个基址或变址寄存器，不能同时使用两个基址或两个变址寄存器。

基址加变址寻址方式是将寄存器相对寻址中的位移量存放到变址寄存器中，该寻址方式使表格数据操作更加方便。

【例 3-12】　下面两条指令等效。指令执行后(AX)为多少？设(DS)＝3000H，(BX)＝2000H，(SI)＝06H，(32006H)＝50H，(32007H)＝60H。

```
MOV   AX,  [BX+SI]
MOV   AX,  [BX][SI]
```

分析　本例中源操作数是基址加变址寻址方式，指令功能是将寄存器 BX、SI 的值

相加作为操作数有效地址，将该地址单元的字数据取出传输给 AX。

源操作数的物理地址＝(DS)×10H＋(BX)＋(SI)＝32006H，指令执行后(AX)＝6050H，示意图如图 3-8 所示。

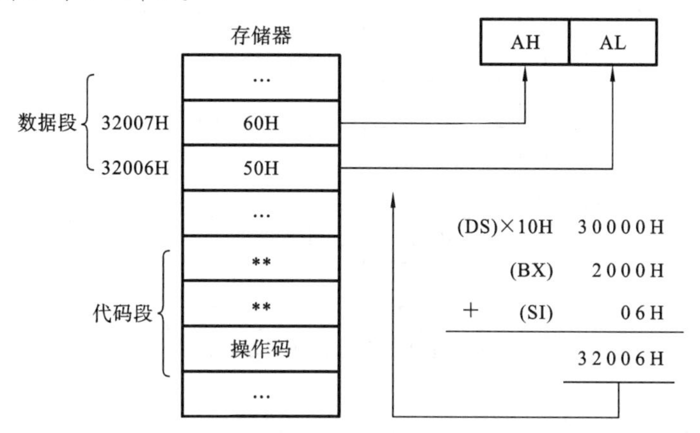

图 3-8 基址加变址寻址示意图

思考：MOV AX,[BX＋BP]，该指令是否正确？

解 错误，不能同时用两个基址寄存器或两个变址寄存器进行基址加变址寻址。

5. 基址加变址相对寻址

基址加变址相对寻址是指操作数的偏移地址(有效地址 EA)是基址寄存器内容、变址寄存器内容与位移量之和，即

$$\text{有效地址 EA}=\left\{\begin{matrix}BX\\BP\end{matrix}\right\}+\left\{\begin{matrix}SI\\DI\end{matrix}\right\}+8\text{位}/16\text{位位移量} \tag{3-3}$$

【例 3-13】 下面两条指令等效，指令执行后(AX)为多少？设(DS)＝3000H，(BX)＝2000H，(DI)＝1000H，(33006H)＝A0H，(32007H)＝B0H。

```
MOV   AX,   [BX+DI+06H]
MOV   AX,   06H[BX][DI]
```

分析 本例中源操作数是基址加变址相对寻址方式，指令功能是将寄存器 BX、SI 和位移量的值相加作为操作数有效地址，取出该地址单元的字数据传送给 AX。

源操作数的物理地址＝(DS)×10H＋(BX)＋(DI)＋06H＝33006H，指令执行后(AX)＝ B0A0H，示意图如图 3-9 所示。

存储器寻址方式中，操作数在内存单元中，需要用内存单元地址来表示操作数。存储器寻址方式小结如表 3-3 所示。

表 3-3 存储器寻址方式小结

寻 址 方 式	操作数形式
直接寻址	[偏移地址]，偏移地址为数值或者符号地址
寄存器间接寻址	间址寄存器是 BX/BP/SI/DI 之一
寄存器相对寻址	一个间址寄存器加上 8/16 位位移量
基址加变址寻址	两个不同类别的间址寄存器
基址加变址相对寻址	两个不同类别的间址寄存器加上位移量

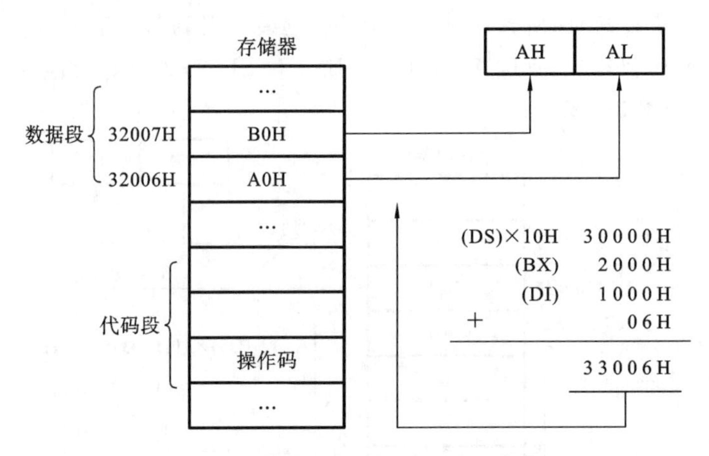

图 3-9 基址加变址相对寻址示意图

3.2.4 隐含寻址

隐含寻址方式是指令中的部分或全部操作数没有出现在指令中，如乘除指令、十进制调整指令、串操作指令等都采用了隐含寻址。

【例 3-14】 MUL BL。分析该指令的运行结果。

分析 MUL 表示将 AL 和 BL 的内容相乘，乘积存入 AX 中，隐含了被乘数 AL 及乘积 AX。

3.2.5 寻址方式总结

(1) 立即数寻址只能用于源操作数。

(2) 寄存器寻址表示操作数在寄存器中(常为通用寄存器)，寄存器操作数没有地址的概念，用寄存器符号表示。

(3) 存储器寻址表示操作数在内存中，用[有效地址]表示。双操作数指令中，2 个操作数不能同时是存储器寻址。

(4) 存储器寻址和寄存器寻址均可用于源操作数或目的操作数。

(5) 掌握寻址方式是保证指令正确的必要条件。

自测练习 3.2

1. 寻址方式是指________________。
2. 根据操作数类型，可将寻址方式分为__________、__________、__________、__________四种。
3. 操作数的段基址由__________给出，偏移地址由__________给出。
4. 指出下列指令中源操作数、目的操作数的寻址方式。

   (1) MOV DI,2000H;

   (2) SBB DISP[BX],10;

   (3) ADD [DI],AX;

   (4) AND AX,[6000H];

   (5) MOV [BX+DI+10H],DX。

5. 寄存器间接寻址方式中，操作数在(　　)中。
   A. 通用寄存器　　B. 段寄存器　　C. 存储单元　　D. 堆栈
6. BP 为间址寄存器时，操作数所在的段是(　　)。
   A. 数据段　　B. 附加段　　C. 代码段　　D. 堆栈段
7. 下列指令错误的是(　　)。
   A. MOV AX,2000H　　B. MOV DL,20H
   C. MOV DS,2000H　　D. MOV DX,20H
8. 下列指令正确的是(　　)。
   A. MOV [DX],AX　　B. MOV [BX],AX
   C. MOV [BX+DX],AX　　D. MOV [BX+BP],AX
9. 下列指令正确的是(　　)。
   A. MOV AL,2000H　　B. MOV SI,20H
   C. MOV CS,AX　　D. MOV [2000H],20H
10. 设存储器某数据表 TABLE 中顺序存放数字 0～9 的 ASCII 码，将数字 4 对应的 ASCII 码取出送给 AL，下列指令正确的是(　　)。
   A. MOV AL,TABLE　　B. MOV AL,TABLE+3
   C. MOV AL,TABLE+4　　D. MOV AL,TABLE+5

3.3　指令系统

Intel 8086/8088 指令系统有 133 条基本指令，按功能可分为六类：数据传送指令、算术运算指令、逻辑运算指令、移位指令、控制转移指令、串操作指令、处理器控制指令。

本节目标：

(1) **掌握每条指令的功能、操作数的特点、对标志位的影响。**

(2) **能够正确使用指令编写基本程序段。**

3.3.1　数据传送指令

数据传送指令是最基本、使用最频繁的指令。无论何种程序，都需要将原始数据、中间结果、最终结果及其他各种信息在寄存器、存储器及 I/O 端口间多次传送。数据传送指令如表 3-4 所示。

表 3-4　数据传送指令

指令类型	指令格式	指令功能	对标志位的影响
通用数据传送指令	MOV　DST, SRC PUSH　SRC POP　DST XCHG　DST, SRC XLAT	一般传送指令 入栈指令 出栈指令 交换指令 换码指令	不影响
输入/输出指令	IN　DST, SRC OUT　DST, SRC	输入指令 输出指令	不影响

续表

指令类型	指令格式	指令功能	对标志位的影响
地址传送指令	LEA DST，SRC LDS DST，SRC LES DST，SRC	装入有效地址指令 装入 DS 和有效地址指令 装入 ES 和有效地址指令	不影响
标志寄存器传送指令	LAHF SAHF PUSHF POPF	取标志指令 置标志指令 标志压入堆栈指令 标志弹出堆栈指令	不影响 影响 ZF、AF、PF、CF 不影响 影响标志位

注：表中 DST 表示目的操作数，SRC 表示源操作数。

1. 通用数据传送指令

通用数据传送指令包括一般传送指令、堆栈操作指令、交换指令、换码指令四类，均不影响标志位。

1) 一般传送指令(MOV)

指令格式：MOV　DST，SRC　　　；(DST)←(SRC)

指令功能：将源操作数传送到目的操作数中，源操作数不变。

MOV 的源操作数可以是存储器、寄存器、段寄存器和立即数，目的操作数可以是存储器、寄存器(不能为 IP)和段寄存器(不能为 CS)。MOV 指令数据传送方向如图 3-10 所示。

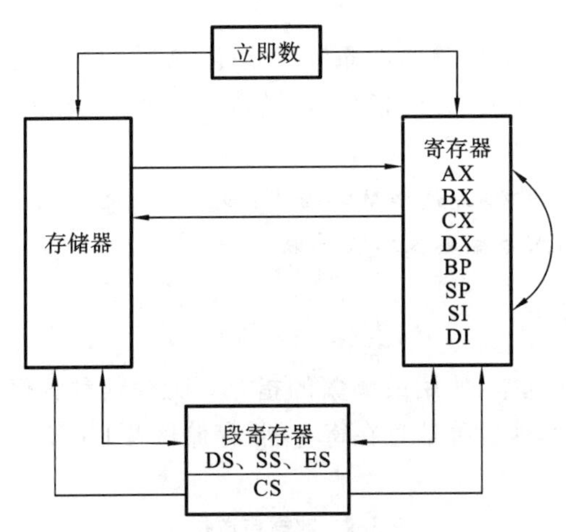

图 3-10　MOV 指令数据传送方向

MOV 指令要点如下：

(1) 两操作数字长必须相同。不影响标志位。

(2) 两操作数不能同时为存储器操作数，不允许同时为段寄存器。

(3) 立即数不能直接传送给段寄存器，CS 和立即数不能作为目的操作数。

(4) 当目的操作数为存储器操作数、源操作数为立即数时，必须使用属性运算符 PTR BYTE 或 PTR WORD 指明其中一个操作数的类型。

【例 3-15】 说明下列指令功能。

MOV　AX，BX　　　　　；将 BX 中的字数据传送给 AX

```
MOV   AL,DL                  ；将 DL 中的字节数据传送给 AL
MOV   AX,02                  ；将立即数 02 传送给 AX
MOV   DI,ES:[BX+2]           ；将附加段 BX+2 单元的字数据送给 DI
```

【例 3-16】 用 MOV 指令，将立即数 20H 送给内存单元 1000H。

分析　因[1000H]既可表示字数据，也可表示字节数据，立即数 20H 即可表示字节数据 20H，也可以表示字数据 0020H，需要用关键字 BYTE PTR 或者 WORD PTR 指明内存单元的字长。

```
MOV   BYTE PTR [1000H] ,20H
```

或者

```
MOV   WORD PTR [1000H] ,20H
```

【例 3-17】 判断下列指令正确与否，指明错误原因。

```
MOV   AL ,BX                 ；错误，两操作数字长不同
MOV   AL ,[SI]               ；正确
MOV   DS ,2000H              ；错误，立即数不能直接送给段寄存器
MOV   [DI] ,[2000H]          ；错误，两操作数不能同时为存储器操作数
```

【例 3-18】 实现内存单元 30H 单元和 40H 单元字节数据的互换。

分析　内存单元数据不能直接互换，需借助寄存器，可以采用不同的寻址方式实现。

```
MOV   AL, [30H]
MOV   BL, [40H]
MOV   [30H],BL
MOV   [40H],AL
```

思考：如何用寄存器间接寻址方式实现？

2）堆栈操作指令

堆栈是内存中的一块特殊区域，是由若干个连续存储单元组成的“后进先出”或“先进后出”存储区域，堆栈示意图如图 3-11 所示。8086/8088 堆栈有两个要素：栈底和栈顶。栈底固定不变，位于高地址处；栈顶是变化的，SP 指针指向栈顶，当有数据压入堆栈时，栈顶朝着地址减少的方向变化。

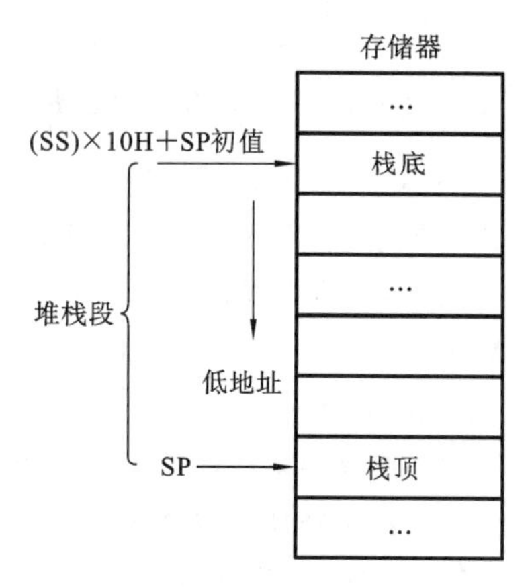

图 3-11　堆栈示意图

堆栈用来实现数据暂存、子程序调用、嵌套，中断操作等。堆栈操作只有压栈和出栈两种，分别对应压栈指令 PUSH 和出栈指令 POP。

(1) 压栈指令 PUSH。

指令格式：PUSH　SRC　　　；(SP)←(SP)－2，先修改 SP 指针
　　　　　　　　　　　　　；SRC 高字节送(SP+1)，低字节送(SP)

指令功能：将 SRC 内容压入堆栈。SRC 可以是寄存器或存储单元字数据。

(2) 出栈指令 POP。

指令格式：POP　DST　　　；(DST)←((SP+1),(SP))
　　　　　　　　　　　　　；(SP)←(SP)+2，修改 SP 指针

指令功能:将堆栈中的数据弹出 DST 中。DST 可以是寄存器或存储单元字数据。

堆栈指令要点如下:

(1) 堆栈操作的原则是先进后出,进栈或出栈的数据必须是字数据。压栈操作是朝存储单元地址减小的方向,出栈操作相反。SP 自动+2 或者-2。

(2) 操作数可以是寄存器或存储器单元,不能是立即数。

(3) PUSH 和 POP 指令在程序中通常成对出现。不影响标志位。

【例 3-19】 设(SS)=2000H,(SP)=0100H,(AX)=1020H,[2000H]=3040H,执行下面两条指令,观察堆栈区域变化情况。

```
PUSH   AX              ;将 AX 寄存器的内容压入堆栈
PUSH   [2000H]         ;将内存单元 2000H 的字数据压入堆栈
```

分析　上两条指令的执行示意图如图 3-12 所示。执行前,(SP)=0100H,AX 入栈后,(SP)=0FEH,执行[2000H]数据入栈后,(SP)=0FCH。

【例 3-20】 设(SS)=2000H,(SP)=0100H,观察执行下面指令后堆栈变化情况。

```
POP   BX               ;将堆栈指针 SP 指向的内容弹栈给 BX
```

分析　指令执行示意图如图 3-13 所示,执行后(BX)=6050H,(SP)=0102H。

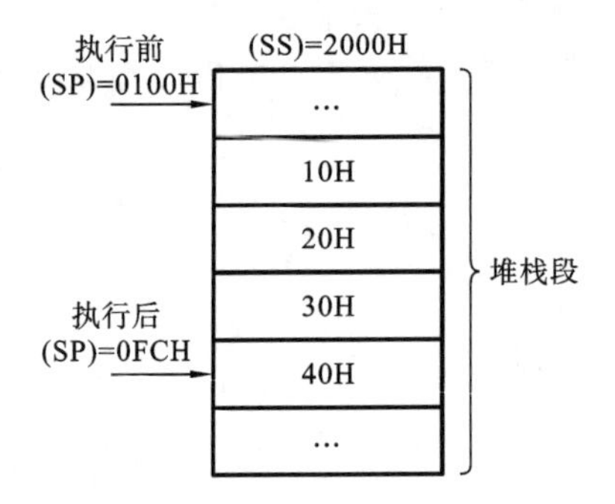

图 3-12　例 3-19 执行示意图

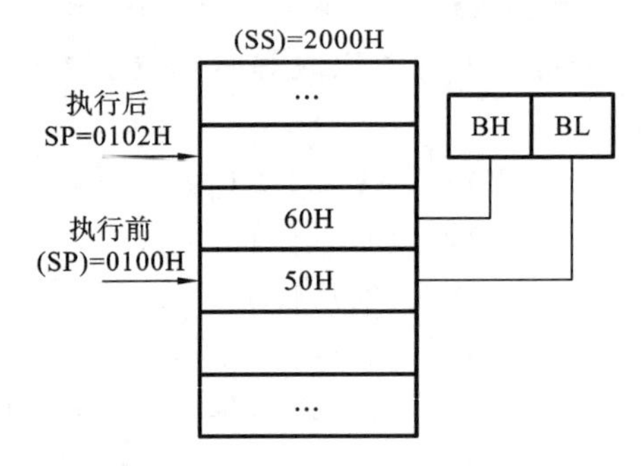

图 3-13　例 3-20 执行示意图

3) 交换指令(XCHG)

指令格式:XCHG DST,SRC　;DST ⇆ SRC

指令功能:将源操作数、目的操作数内容互换。操作数可以是寄存器或存储器操作数。

XCHG 指令要点如下:

(1) 两操作数至少有一个是寄存器操作数。

(2) 不允许使用段寄存器。不影响标志位。

【例 3-21】 交换 AL 和内存单元[1000H]内容。设(AL)=12H,(1000H)=34H。

```
XCHG   AL,[1000H]      ;(AL)=34H,(1000H)=12H
```

【例 3-22】 实现两内存单元 30H 和 40H 中字数据的交换。

分析　例 3-18 采用 MOV 指令实现内存单元内容的互换,这里用交换指令实现。由于交换的是字数据,还可以用堆栈指令实现。

方法一:用 XCHG 指令实现。

```
MOV    BX,[30H]
XCHG BX,[40H]
```

```
MOV  [30H],BX
```

方法二:用堆栈指令实现。

```
PUSH  [30H]
PUSH  [40H]
POP   [30H]
POP   [40H]
```

注意:此处要深刻理解寄存器间接寻址的含义,XCHG BX,[40H]指令不是将40H和BX寄存器内容交换,而是以40H为地址,将该地址指向的存储单元内容与BX互换。

4) 换码指令(XLAT)

指令格式:XLAT;(AL)←((BX)+(AL))

指令功能:完成一个字节的查表转换。

XLAT指令操作数为BX和AL,是隐含寻址。BX存放表格首地址,AL存放表内位移量,(BX)+(AL)得到要查找数据的偏移地址,将该偏移地址存储单元的字节内容送AL。

XLAT指令常用于代码转换,即用存储单元的内容替换AL的内容。例如,在内存中建立一个ASCII码表,将表格首地址存入BX,把要获取的表中某项的偏移量(到表格首地址的距离)存入AL中,执行XLAT,就可实现换码功能。

【例3-23】 设内存数据段有一张0～9的平方表,表名为TABLE,如图3-14所示,用换码指令查找数字4的平方。

分析　此处,OFFSET的含义是取平方表TABLE在数据段的偏移地址,即表首地址。AL中存放数字4平方值所在存储单元相对于表首的偏移量,这个偏移量正好也是4,执行完XLAT后,AL的值就成了4的平方值16。

注意:由于AL是8位寄存器,所以偏移量最大值为FFH,即表格最多只能存放256个代码。

	数据段
	…
	19H
DS:(BX)+(AL)	10H
	09H
数字平方表	04H
	01H
TABLE	00H
	…

图3-14　换码指令操作示意图

2. 输入/输出指令

输入/输出指令是CPU与外设接口进行数据交换的专用指令,包括输入指令IN和输出指令OUT。IN指令用于从外设端口读入数据到AL/AX,OUT指令是将AL/AX中的数据发送给I/O端口。

输入/输出指令的寻址方式有两类:直接寻址和间接寻址。直接寻址是指令中直接给出I/O端口地址,端口地址范围是0～255。间接寻址是把DX作为间址寄存器,存放端口地址,地址范围为0～65535。

1) 输入指令(IN)

(1) 直接寻址。

指令格式:IN　AL,PORT　　; AL←(PORT)

　　　　　IN　AX,PORT　　; AX←(PORT+1,PORT)

指令功能:从I/O端口PORT读入一个字节或字数据送给AL或AX。PORT为

I/O 端口号,范围为 0～255(00～FFH)。

(2) 间接寻址。

指令格式:IN　AL,DX　　　;AL←(DX)

　　　　　IN　AX,DX　　　;AX←(DX+1,DX)

指令功能:从 DX 指定的 I/O 端口中读入一个字节或字送给 AL 或 AX。指令执行前,必须先把端口地址送给 DX。DX 存放的是端口地址,范围是 0000H～FFFFH。

【例 3-24】 分析下列输入指令。

```
IN  AL,20H          ;将端口 20H 的字节数据读到 AL 中
IN  AX,20H          ;将端口 20H 的字数据读到 AX 中
```

分析 第一条指令是字节操作,将端口 20H 的字节数据读到 AL 中。第二条指令是字操作,将端口 20H 的字数据读到 AL 中。

可以看出,要确定 IN 指令是字节操作还是字操作,取决于寄存器 AL 或 AX。另外,端口地址 20H 既可以是字节地址,也可以是字地址,同样取决于 IN 指令的 AL 或 AX。

【例 3-25】 读入 I/O 端口 0250H 的字节内容。

分析 由于 I/O 端口 0250H 地址大于 FFH,只能采用间接寻址。

```
MOV  DX,0250H       ;将端口号 0250H 送给 DX
IN   AL,DX          ;将端口 0250H 中的字节数据给 AL
```

2) 输出指令(OUT)

(1) 直接寻址。

指令格式:OUT　PORT,AL　;(PORT)←AL

　　　　　OUT　PORT,AX　;(PORT+1,PORT)←AX

指令功能:将 AL 或 AX 中的数据输出到指定的 I/O 端口,端口地址不大于 FFH。

(2) 间接寻址。

指令格式:OUT　DX,AL　　;(DX)←AL

　　　　　OUT　DX,AX　　;(DX +1,DX)←AX

指令功能:将 AL 或 AX 中的数据输出到 DX 指定的 I/O 端口中。指令执行前,必须先把端口地址送给 DX。DX 存放的是端口地址,范围是 0000H～FFFFH。

【例 3-26】 分析下列输出指令。

```
OUT  21H,AL         ;将 AL 中的字节数据输出到端口 21H
OUT  21H,AX         ;将 AX 中的字数据输出到端口 21H
```

分析 第一条指令是字节操作,将 AL 中的字节数据输出到端口 21H。第二条指令是字操作,将 AX 中的字数据输出到端口 21H。

【例 3-27】 将 AX 内容输出到端口 0250H 中。

分析 由于端口 0250H 地址大于 FFH,必须采用间接寻址。

```
MOV  DX,0250H       ;将端口号 0250H 送给 DX
OUT  DX,AX          ;将 AX 字数据输出到 0250H 端口中
```

输入输出指令要点如下:

(1) **只能用 AL 或 AX 作为输入/输出寄存器。不影响标志位。**

(2) **DX 是间址寄存器,用来存放端口地址。DX 只能在输入/输出指令中做间址寄存器,且不能使用中括号。**

(3) **端口地址在 00～FFH 范围时，既可以用直接寻址又可以用间接寻址。在端口地址大于 FFH 时，只能用间接寻址。**

3. 地址传送指令

地址传送指令是将地址送到指定的寄存器中，源操作数均为存储器操作数。地址传送指令均不影响标志位。地址传送指令的源操作数均为存储器操作数。

1) 取有效地址(Load Effective Address，LEA)指令

指令格式：LEA　REG16，SRC ；(REG16)←SRC 的有效地址

指令功能：把源操作数 SRC 的有效地址 EA 送到目的寄存器 REG16 中。

【例 3-28】 分析下列指令执行后目的操作数的值。设(2000H)＝90H，(BUFFER)＝1000H，((BUFFER))＝80H，(BP)＝3000H，(DI)＝10H。

```
LEA   AX,[2000H]       ; (AX)=2000H
LEA   BX,BUFFER        ; (BX)=1000H
LEA   AX,[BP][DI]      ; (AX)=3010H
```

分析　LEA 指令是取源操作数的偏移地址。第一条指令源操作数的偏移地址就是 2000H；第二条指令源操作数采用直接寻址，BUFFER 的偏移地址是 1000H；第三条指令源操作数采用基变址寻址，偏移地址是 3000H＋10H＝3010H。

【例 3-29】 设 BUFFER 为数据段定义的字节变量，它在数据段中的偏移地址为 100H，值为 AAH，分析下列两条指令，指令执行后(BX)为多少？

```
LEA   BX,BUFFER
MOV   BX,BUFFER
```

分析　LEA 指令是取源操作数的偏移地址，该指令执行后(BX)＝ 100H；MOV 指令是取操作数的值，该指令执行后(BX)＝ AAH。如果将第二条指令改为

```
MOV   BX,OFFSET BUFFER
```

那么执行后(BX)＝ 100H，因为 OFFSET 是取操作数的偏移地址，即这条指令与 LEA 指令等价。

2) 装入 DS(Load Point Using DS，LDS)和有效地址指令

指令格式：LDS REG16，SRC　；(REG16)←(SRC)，(DX)←(SRC＋2)

指令功能：将 4 个字节的地址指针(包括 16 位偏移地址和 16 位段地址)从源操作数 SRC 指定的 4 个连续存储单元中取出，低地址两字节送目的操作数 REG16，高地址 2 字节送 DS。

【例 3-30】 分析指令 LDS DI，[2100H]执行后的结果。设(DS)＝2000H，(22102H)＝1234H，(22100H)＝5678H。

分析　指令执行后，(DS)＝1234H，(DI)＝5678H。

3) 装入 ES(Load Point Using ES，LES)和有效地址指令

指令格式：LES　REG16，SRC

指令功能：将 4 个字节的地址指针(包括 16 位偏移地址和 16 位段地址)从源操作数 SRC 指定的 4 个连续存储单元中取出，低地址 2 字节送目的操作数 REG16，高地址 2 字节送 ES。

LES 指令与 LDS 指令类似，不同之处是将源操作数 4 个字节中高地址 2 字节送给 ES 而不是 DS。

地址传送指令要点如下：

(1) 目的操作数必须是16位通用寄存器，不能是段寄存器。

(2) 源操作数必须是存储器操作数。

(3) 均不影响标志位。

4. 标志寄存器传送指令

标志寄存器传送指令可读/写 8086/8088 标志寄存器中各状态位的内容。该类指令共有 4 条。这些指令都是单字节指令，指令的操作数均为隐含形式。

1) 取标志(Load AH from Flags，LAHF)指令

指令格式：LAHF

指令功能：将标志寄存器 FLAGS 中的 5 个标志位 CF、SF、ZF、AF、PF 分别取出，送到 AH 的对应位，如图 3-15 所示。LAHF 指令对标志位没有影响。

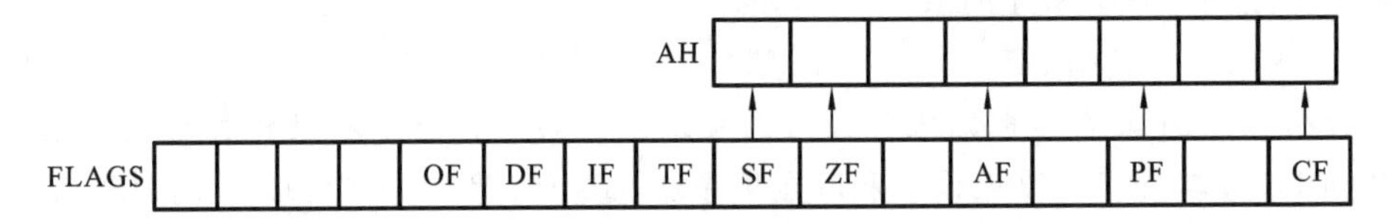

图 3-15 LAHF 指令操作示意图

2) 置标志(Store AH into Flags，SAHF)指令

指令格式：SAHF

指令功能：SAHF 指令传送方向与 LAHF 相反，将 AH 中的第 7、6、4、2、0 位分别传送到标志寄存器的对应位，如图 3-16 所示。SAHF 指令影响标志位。

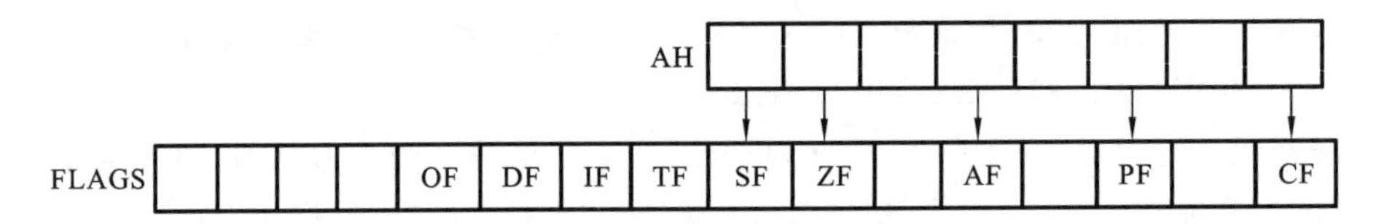

图 3-16 SAHF 指令操作示意图

3) 标志压入堆栈(PUSH Flags onto Stack，PUSHF)指令

指令格式：PUSHF；　　　(SP)←(SP)－2，(SP＋1，SP)←(FLAGS)

指令功能：PUSHF 指令先将(SP)减 2，然后将标志寄存器 FLAGS 的内容(16 位)压入堆栈。指令不影响标志位。

4) 标志弹出堆栈(POP Flags off Stack，POPF)指令

指令格式：POPF；　　　(FLAGS)←(SP＋1，SP)，(SP)←(SP)＋2

指令功能：POPF 指令的操作与 PUSHF 相反，它将堆栈内容弹出到标志寄存器，然后(SP)加 2。POPF 指令对标志位有影响，使标志位恢复为压入堆栈以前的状态。

3.3.2 算术运算指令

算术运算指令包括加、减、乘、除、符号扩展和十进制调整指令，共 20 条。除了符号扩展指令(CBW，CWD)外，其余指令都影响标志位。要强调的是，所有算术运算指令均不能使用段寄存器。算术运算指令如表 3-5 所示。

算术运算指令能实现有符号/无符号二进制字或字节运算、非压缩 BCD 码和压缩 BCD

码的十进制运算。算术运算指令的数据类型、取值范围和算术运算类型如表 3-6 所示。

表 3-5　算术运算指令

指令类型	指令格式	指令功能	对标志位的影响					
			OF	SF	ZF	AF	PF	CF
加法指令	ADD　DST，SRC	加法指令	√	√	√	√	√	√
	ADDC DST，SRC	带进位加法指令	√	√	√	√	√	√
	INC　DST	加 1 指令	√	√	√	√	√	—
减法指令	SUB　DST，SRC	减法指令	√	√	√	√	√	√
	SBB　DST，SRC	带借位减法指令	√	√	√	√	√	√
	DEC　DST	减 1 指令	√	√	√	√	√	—
	NEG　DST	求补指令	√	√	√	√	√	√
	CMP　DST，SRC	比较指令	√	√	√	√	√	√
乘法指令	MUL　SRC	无符号数乘法	√					√
	IMUL　SRC	有符号数乘法	√					√
除法指令	DIV　SRC	无符号数除法						
	IDIV　SRC	有符号数除法						
符号扩展指令	CBW	字节扩展	—	—	—	—	—	—
	CWD	字扩展	—	—	—	—	—	—
十进制调整指令	DAA	压缩 BCD 加法调整		√	√	√	√	√
	DAS	压缩 BCD 减法调整		√	√	√	√	√
	AAA	非压缩 BCD 加法调整				√		√
	AAS	非压缩 BCD 减法调整				√		√
	AAM	非压缩 BCD 乘法调整		√	√		√	
	AAD	非压缩 BCD 除法调整		√	√		√	

注:"√"表示运算结果影响标志位;"—"表示运算结果不影响标志位;空白处表示为任意值。

表 3-6　算术运算指令的数据类型、取值范围和算术运算类型表

数据类型		取值范围	算术运算类型
无符号二进制数	字节	0～255(00～FFH)	加、减、乘、除运算
	字	0～65535(0000～FFFFH)	
有符号二进制数	字节	－128～＋127(80H～FFH，00H～7FH)	加、减、乘、除运算
	字	－32768～＋32767(8000H～FFFFH，0000H～7FFFH)	
非压缩 BCD 码		00～99	加、减、乘、除运算
压缩 BCD 码		00～09	加、减运算

1. 加法指令

加法指令有 3 条，均影响标志位。

1) 不带进位加法(Addition without Carry,ADD)指令

指令格式:ADD DST,SRC ;(DST)←(DST)+(SRC)

指令功能:将目的操作数与源操作数相加,结果送给目的操作数,根据结果设置标志位。源操作数保持不变。

2) 带进位加法(Addition with Carry,ADC)指令

指令格式:ADC DST,SRC ;(DST)←(DST)+(SRC)+CF

指令功能:将目的操作数、源操作数与 CF 相加,结果送给目的操作数,根据结果设置标志位。源操作数保持不变。

3) 加 1(Increment by 1,INC)指令

指令格式:INC DST ;(DST)←(DST)+1

指令功能:将目的操作数加 1,并将结果送回目的操作数。指令影响标志位 SF、ZF、AF、PF 和 OF,但对进位标志 CF 没有影响。

加法指令要点如下。

(1) DST **可以是寄存器或存储器**,SRC **可以是寄存器、存储器或立即数。**

(2) **三条指令都可进行有/无符号数的字或字节运算。**

(3) **除** INC **指令不影响** CF **外,其他标志位都受指令操作结果的影响。**

【例 3-31】 加法指令举例。

```
ADD  CL,10                ;(CL)←(CL)+10,字节相加
ADC  DX,SI                ;(DX)←(DX)+(SI)+CF,字相加
INC  AX                   ;将 AX 内容加 1
ADD  BYTE PTR[BX],200     ;((BX))←((BX))+200,字节相加
```

注意:第四条语句是存储器操作数和立即数相加,需要指明存储器操作数的字长,该句用的是 BYTE PTR 关键字,表明是字节操作数。((BX))的双括号表示存储器操作数的值,即把 BX 的内容作为偏移地址,取该地址中的数据。例如,设(DS)=3000H,(BX)=2000H,(320000H)=10H,则((BX))=10H。

【例 3-32】 实现两个 2 字节无符号数相加。设被加数、加数分别存放在 BUFFER1 和 BUFFER2 开始的两个存储区内,结果放回 BUFFER1 存储区,如图 3-17 所示。

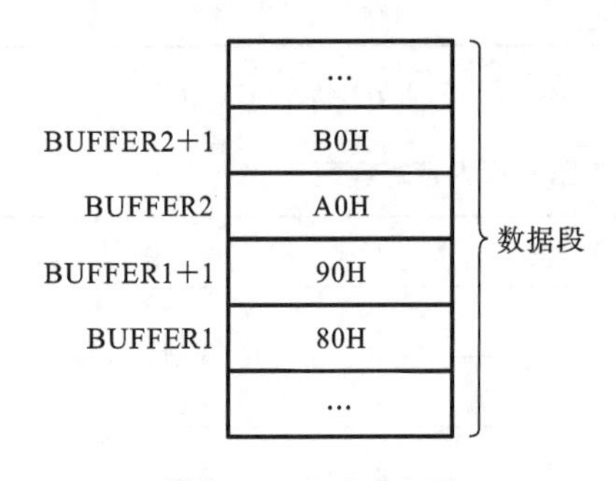

图 3-17 多字节加法

分析 本题为多字节相加,先加低字节,后加高字节。低字节相加可能产生进位,所以低字节相加用 ADD 指令,高字节相加用 ADC 指令。由于两个加数都是存储器操作数,可以采用存储器寻址方式,要点是明确每个加数的偏移地址才能写出正确的指令。两个加数的低字节地址分别为 BUFFER1、BUFFER2,两个加数的高字节地址分别为 BUFFER1+1、BUFFER2+1。

```
MOV  AL,BUFFER2
ADD  BUFFER1,AL
MOV  AL,BUFFER2+1
ADC  BUFFER1+1,AL
```

思考：本例中高字节相加是否产生了进位？进位存放在哪个标志位？本例是否可以用字运算？如何实现？

对加法指令，如果操作数是无符号数，则需要判断结果有无进位，CF=1 表示运算结果有进位。如果操作数是有符号数，则需要判断结果是否溢出，OF=1 表示运算结果产生溢出错误。

2. 减法指令

减法指令有 5 条，均影响标志位。

1）不带借位减法(Subtraction without Borrow，SUB)指令

指令格式：SUB DST，SRC ;(DST)←(DST)－(SRC)

指令功能：目的操作数减去源操作数，结果送给目的操作数，根据结果设置标志位。源操作数保持不变。

2）带借位减法(Subtraction with Borrow，SBB)指令

指令格式：SBB DST，SRC ;(DST)←(DST)－(SRC)－CF

指令功能：目的操作数减去源操作数，再减去 CF 的值，结果送给目的操作数，根据结果设置标志位。源操作数保持不变。

3）减 1(DEC)指令

指令格式：DEC DST ;(DST)←(DST)－1

指令功能：将目的操作数减 1，结果送回目的操作数。与 INC 指令一样，DEC 指令影响除 CF 外的其他 5 个标志位。

4）求补(Negate，NEG)指令

指令格式：NEG DST ;(DST)← 0－(DST)

指令功能：用“0”减去目的操作数，结果送回目的操作数。NEG 用来对有符号数进行求补运算，即得到有符号数相反数的补码。

5）比较(Compare，CMP)指令

指令格式：CMP DST，SRC ;(DST)－(SRC)

指令功能：将目的操作数减去源操作数，不保存结果，仅影响标志位。

CMP 用来判断两个无符号数或有符号数的大小。无符号数的大小用 CF 来判断；有符号数的大小用 OF 和 SF 共同判断，如表 3-7 所示。

表 3-7 比较指令对状态位的影响

数据类型	关系	CF	ZF	SF	OF
有符号数	DST=SRC	0	1	0	0
	DST<SRC	—	0	1	0
		—	0	0	1
	DST>SRC	—	0	0	0
		—	0	1	1
无符号数	DST=SRC	0	1	0	0
	DST<SRC	1	0	—	—
	DST>SRC	0	0	—	—

(1) 两个无符号数比较,CF=0 无借位,DST≥SRC;CF=1 有借位,DST<SRC。

(2) 两个有符号数比较,OF 和 SF 状态相同,DST≥SRC;状态不同,DST<SRC。

(3) 比较两个数相等还可由 ZF 标志判断,ZF=1,两数相等;ZF=0,两数不等。

(4) 比较指令常与条件转移指令结合使用,完成各种条件判断和相应的程序转移。

减法指令要点如下。

(1) DST 可以是寄存器或存储器,SRC 可以是寄存器、存储器或立即数。

(2) 五条指令都可进行有/无符号数的字或字节运算。

(3) 除 DEC 指令不影响 CF 外,其他标志位都受运算结果的影响。

(4) 注意 CMP 指令和 SUB 指令的区别。CMP 指令仅做减法运算,不保存结果,但影响标志位。

【例 3-33】 减法指令举例。

```
SUB  AL,37H                   ;(AL)←(AL)-37H,字节相减
SUB  DX,SI                    ;(DX)←(DX)-(SI),字相减
SBB  BX,1000                  ;(BX)←(BX)-1000-CF,带进位字相减
SUB  ARRAY[DI],AX             ;((ARRAY+DI))←((ARRAY+DI))-(AX)
SBB  BYTE PTR [SI+6],97       ;((SI+6))←((SI+6))-97-CF
DEC  BYTE PTR[BX]             ;((BX))←((BX))-1,字节操作
```

思考:设(DS)=3000H,(BX)=2000H,(320000H)=10H,则 DEC BYTE PTR [BX]执行后,((BX))为多少?

【例 3-34】 求补指令举例。设(BL)=80H,(BH)=0FFH,(CL)=01H,(CH)=7FH,(DL)=0,求执行下列补指令后寄存器的值。

```
NEG  BL                       ;(BL)=80H,CF=1,OF=1
NEG  BH                       ;(BH)=01H,CF=1,OF=0
NEG  CL                       ;(CL)=FFH,CF=1,OF=0
NEG  CH                       ;(CH)=81H,CF=1,OF=0
NEG  DL                       ;(DL)=00H,CF=0,OF=0
```

分析 只有当操作数为 0 时,求补运算后 CF=0,其他情况 CF=1。只有当操作数为-128(80H)或 -32768(8000H)时,求补运算后 OF=1,其他情况 OF=0。求补指令对其他标志位的影响(按照一般理解)。

【例 3-35】 比较指令举例。设(BL)=80H,下列指令独立执行后,标志位 CF、OF、SF、ZF 为多少?

```
CMP  BL,20H                   ;CF=0、OF=1、SF=0、ZF=0
CMP  BL,90H                   ;CF=1、OF=0、SF=1、ZF=0
```

分析 第一条指令是 80H-20H,没有借位,不为 0,符号位为 0,所以 CF、SF、ZF 均为 0;难点是 OF 值的判断,由于 OF 是用来判断有符号数的溢出情况,可以把两个操作数当成是有符号数,则 80H 为负数,20H 为正数,相减的结果是正数 60H,溢出,OF =1。请对照第一条指令,自行分析第二条指令的标志位结果。

【例 3-36】 在数据段从 BLOCK 开始的存储单元中存放了两个 8 位无符号数,如图 3-18 所示。试比较两数的大小,将较大者传送到 MAX 单元。

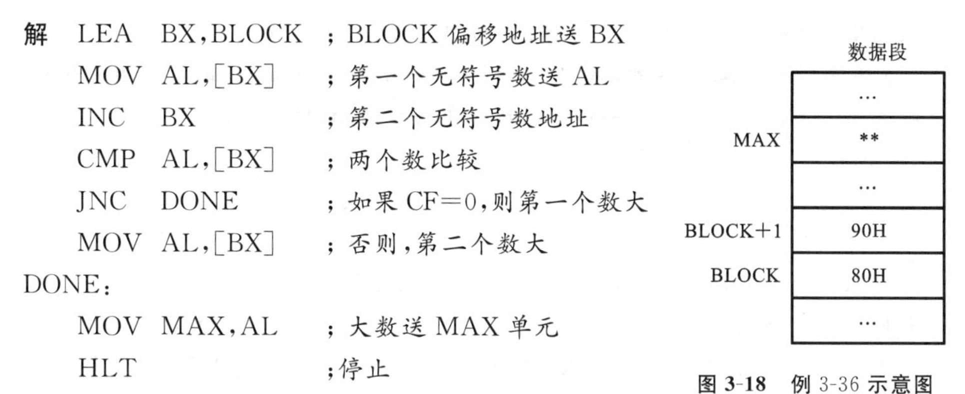


```
解 LEA  BX,BLOCK   ; BLOCK 偏移地址送 BX
   MOV  AL,[BX]    ; 第一个无符号数送 AL
   INC  BX         ; 第二个无符号数地址
   CMP  AL,[BX]    ; 两个数比较
   JNC  DONE       ; 如果 CF=0,则第一个数大
   MOV  AL,[BX]    ; 否则,第二个数大
DONE:
   MOV  MAX,AL     ; 大数送 MAX 单元
   HLT             ;停止
```

图 3-18 例 3-36 示意图

3. 乘法指令

乘法指令有 2 条,均影响标志位。

1) 无符号数乘法(MULtiplication unsigned,MUL)指令

指令格式:MUL SRC ; 字节乘法(AX)←(AL)×(SRC)

; 字乘法(DX,AX)←(AX)×(SRC)

指令功能:实现 8 位或 16 位无符号数的二进制乘法运算。

字节相乘,乘积是字,结果存放在 AX 中。字相乘,乘积是双字,结果存放在(DX,AX)中,DX 存放高位字,AX 存放低位字。

2) 有符号数乘法(Integer MULtiplication,IMUL)指令

指令格式:IMUL SRC ; 字节乘法(AX)←(AL)×(SRC)

; 字乘法(DX,AX)←(AX)×(SRC)

指令功能:实现 8 位或 16 位有符号数的二进制乘法运算。

MUL、IMUL 指令格式和功能相同,不同之处在于 MUL 操作数为无符号数,IMUL 操作数为有符号数。乘法运算示意图如图 3-19 所示。

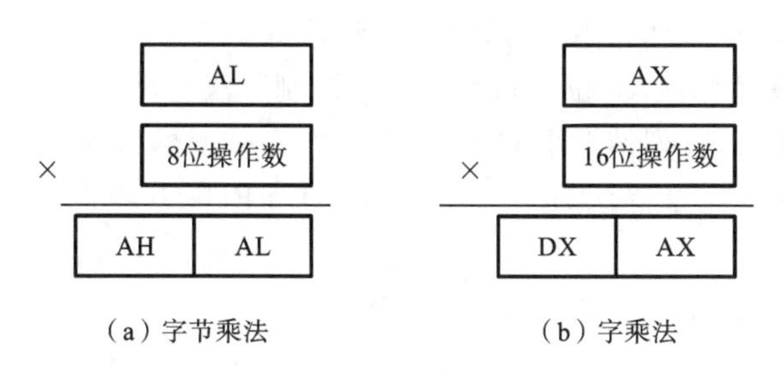

图 3-19 乘法运算示意图

MUL、IMUL 指令对标志位 CF 和 OF 有影响,对 SF、ZF、AF 和 PF 无定义(即这些标志位状态是不定的)。MUL 指令,如果乘积的高半部分为 0,则 CF=OF=0,否则 CF=OF=1。对 IMUL 指令,如果乘积的高半部分是低半部分的符号扩展,则 CF 和 OF 均为 0,否则均为 1。通过测试 CF 和 OF,可以判断乘积的高半部分是否为有效数据。

符号扩展:当乘积为正值时,符号位为零,则 AH 或 DX 的值为零;当乘积是负值时,符号位为 1,则 AH 或 DX 的值为全 1,即为 FFH 或 FFFFH。

乘法指令要点如下。

(1) **乘法指令的目的操作数是隐含操作数,只能为寄存器** AX、DX。

(2) 源操作数 SRC 可以是寄存器、存储器，不能是立即数。

(3) 源操作数决定是字节乘法还是字乘法。字节乘法结果存 AX；字乘法结果存 DX(高 8 位)、AX(低 8 位)，乘法指令执行结果为乘数的双倍字长。

【例 3-37】 乘法指令举例。

```
MUL   BL                    ；(AX)←(AL)×(BL)
IMUL  CX                    ；(DX,AX)←(AX)×(CX)
MUL   WORD PTR[BX+SI]       ；(DX,AX)←(AX)×(BX+SI)
```

分析 第 3 条指令源操作数是存储器操作数，需要确定字长，关键字 WORD PTR 表明是字数据，即将偏移地址为(BX+SI)的内存单元字数据与 AX 相乘，乘积存放在 DX(高位)、AX(低位)中。

【例 3-38】 设(AL)= 0FFH，(BL)= 1，分别执行下列指令，给出运算结果。

```
MUL   BL                    ；(AX)=00FFH
IMUL  BL                    ；(AX)= FFFFH
```

分析 两条指令都是字节乘法，第一条指令的操作数被看成是无符号数，乘积结果(AX)=00FFH，对应真值为 255。第二条指令的操作数被看成是有符号数，乘积结果(AX)=FFFFH，高 8 位数据为符号扩展，对应真值为－1。

4. 除法指令

除法指令有 2 条，均使标志位的值不确定。

1) 无符号数除法(DIVision unsigned，DIV)指令

指令格式：DIV　SRC

字节除法：(AL)←(AX)/(SRC)商

　　　　　(AH)←(AX)　MOD　(SRC)余数

字除法：　(AX)←(DX,AX)/(SRC)商

　　　　　(DX)←(DX,AX)　MOD　(SRC)余数

指令功能：实现 8 位或 16 位无符号数的二进制除法运算。

执行 DIV 指令时，下列情况下 CPU 会自动产生类型号为 0 的内部中断，表示除法错误：① 除数为 0；② 字节除法时，AL 中的商大于 FFH；③ 字除法时，AX 中的商大于 FFFFH。

2) 有符号数除法(Integer DIVision，IDIV)指令

指令格式：IDIV　SRC

指令功能：实现 8 位或 16 位有符号数的二进制乘法运算。IDIV 具有与 DIV 相同的指令格式和功能，除法运算示意图如图 3-20 所示。

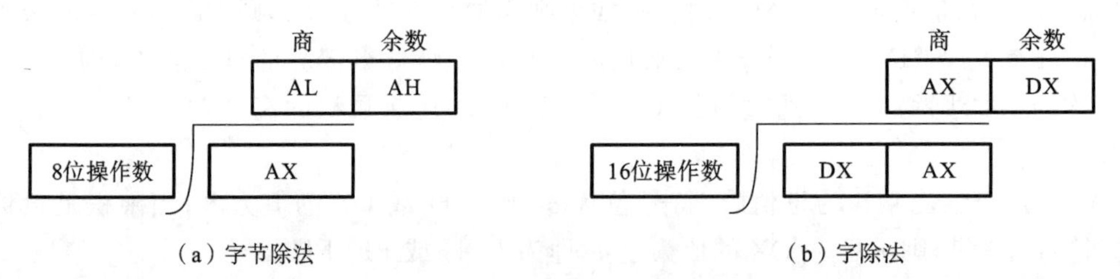

图 3-20　除法运算示意图

除法指令要点如下。

(1) 除法指令的目的操作数是隐含操作数，只能为 AX、DX。

(2) 源操作数 SRC 可以是寄存器、存储器，不能是立即数。

(3) 源操作数决定是字节除法还是字除法。被除数应是除数的双倍字长。

(4) 如果被除数和除数字长相等，则必须先用符号扩展指令 CBW 或 CWD 将被除数的符号位扩展，使之成为 16 位数或 32 位数。

【例 3-39】 除法指令举例。

```
DIV  BL                  ;(AX)÷(BL),商→AL,余数→AH
DIV  WORD PTR [DI]       ;(DX,AX)÷((DI+1),(DI))商→AX,余数→DX
```

分析　第 1 条指令是字节除法，被除数为 AX，除数为 BL。第 2 条指令是字除法，被除数为 DX(高 16 位)、AX(低 16 位)，除数为(DI+1)、(DI)单元存储的字数据。

5. 符号扩展指令

符号扩展指令用来扩展有符号数字长，常与除法指令结合使用，不影响标志位。

1) 字节扩展(Convert Byte to Word，CBW)指令

指令格式：CBW　　　　;若 AL 最高位为 0，表正数，(AH)=00H

　　　　　　　　　　;若 AL 最高位为 1，表负数，(AH)=FFH

指令功能：将 AL 中的数据符号位扩展到 AH 寄存器。

2) 字扩展(Convert Word to Double word，CWD)指令

指令格式：CWD　　　　;若 AX 的最高位为 0，表正数，(DX)=0000H

　　　　　　　　　　;若 AX 的最高位为 1，表负数，(DX)=FFFFH

指令功能：将 AX 中的数据符号位扩展到 DX 寄存器。

符号扩展指令要点如下。

(1) 符号扩展指令为隐含寻址，隐含的操作数为 AL、AX、DX。

(2) CBW 和 CWD 通常放在 IDIV 指令前，保证被除数为除数字长的两倍。

【例 3-40】 设被除数为 60H，除数为 2，下列指令实现了无符号除法运算。

```
MOV  AL,60H
MOV  BL,2
CBW
DIV  BL
```

分析　除法指令的源操作数不能是立即数，需送给寄存器或者存储单元，本例除数存放在 BL 中，被除数存放在 AL 中，由于被除数必须是除数的两倍字长，所以先要符号扩展，得到(AX)=0060H，之后才能用除法指令。本例等效于下面三条语句：

```
MOV  AX,60H
MOV  BL,2
DIV  BL
```

【例 3-41】 设被除数和除数存放在 BUFFER 和 BUFFER+2 字单元中，如图 3-21 所示。有符号除法将相除的结果放在 BUFFER+4 开始的四个连续单元中。

分析　本例除数、被除数均为字数据，因此被除数使用前需用 CWD 指令扩展为双字，除数在使用时需用 WORD PTR 进行限定。

```
LEA  BX,BUFFER           ;取被除数偏移地址
```

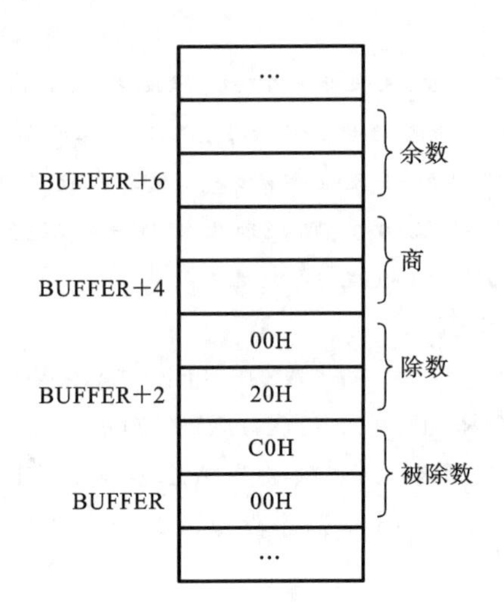

图 3-21 例 3-41 图

```
MOV  AX,[BX]                 ; (AX)=C000H
CWD                          ;被除数符号扩展
IDIV  WORD PTR [BX+2]        ; ((BX+2))=0020H
MOV  4[BX],AX                ; 存商,商等于 FE00H
MOV  6[BX],DX                ; 存余数,余数为 0
HLT                          ;暂停
```

6. 十进制调整指令

上面介绍的算术运算指令只能进行二进制数运算,要实现十进制运算,8086/8088指令系统采用的方法是先用算术运算指令进行二进制数运算,再对二进制运算结果进行调整,得到十进制结果。

压缩 BCD 码调整指令有 2 条,非压缩 BCD 码调整指令有 4 条。十进制调整指令影响标志位。

1) 压缩 BCD 码调整指令

(1) 压缩 BCD 码加法调整(Decimal Adjust for Addition,DAA)指令。

指令格式:DAA

指令功能:将 AL 中的和调整为压缩 BCD 码格式。

指令调整过程:

① 若 AF=1 或者 AL 的低 4 位大于 9,则(AL)+06H,且置 AF=1;

② 若 CF=1 或者 AL 的高 4 位大于 9,则(AL)+60H,且置 CF=1。

(2) 压缩 BCD 码减法调整(Decimal Adjust for Subtraction,DAS)指令。

指令格式:DAS

指令功能:将 AL 中的差调整为压缩 BCD 码格式。

指令调整过程:

① 若 AF=1 或者 AL 的低 4 位大于 9,则(AL)-06H,且置 AF=1;

② 若 CF=1 或者 AL 的高 4 位大于 9,则(AL)-60H,且置 CF=1。

DAA、DAS 指令影响标志位 SF、ZF、AF、PF 和 CF,但不影响 OF。

【例3-42】 用压缩BCD码计算两个十进制数之和:28+68,和存放在AL中。

分析　两个十进制数的压缩BCD码表示为28H、68H,先用ADD求和,再调整,如图3-22所示。

```
MOV   AL,28H
ADD   AL,68H          ;(AL)=90H,AF=1
DAA                   ;(AL)=96H
```

【例3-43】 编程实现两个2字节长的压缩BCD码减法运算。被减数放在DATA1单元,减数放在DATA2单元,差放在DATA3单元,如图3-23所示。

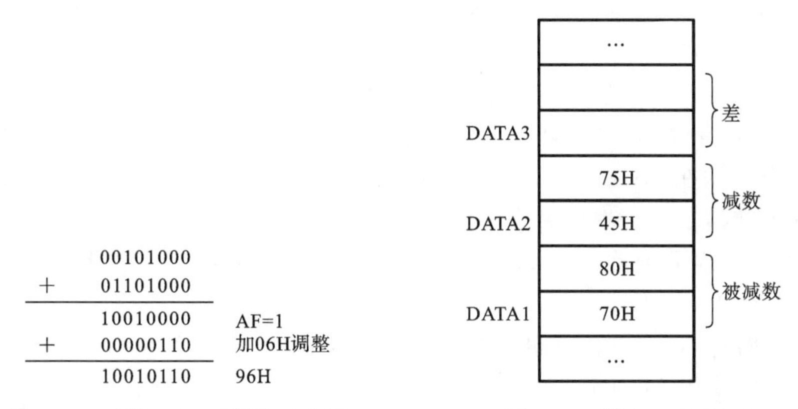

图3-22　压缩BCD码调整示意图　　图3-23　例3-43示意图

分析　由于压缩BCD码调整指令只能对AL进行操作,所以本例只能做字节运算。被减数和减数的低字节地址为DATA1、DATA2,高字节地址为DATA1+1、DATA2+1。

```
LEA   SI,DATA1          ;被减数低字节偏移地址送SI
MOV   AL,[SI]           ;被减数的低字节送AL
SUB   AL,[DATA2]        ;求低字节差
DAS                     ;十进制调整
MOV   [DATA3],AL        ;存差的低位
MOV   AL,[SI+1]         ;取被减数的高字节
SBB   AL,[DATA2+1]      ;带借位求高字节差
DAS                     ;十进制调整
MOV   [DATA3+1],AL      ;存差的高位
```

2) 非压缩BCD码调整指令

(1) 非压缩BCD码加法调整(ASCII Adjust for Addition,AAA)指令。

指令格式:AAA

指令功能:将AL中的和调整为非压缩BCD码。

指令调整过程:

① 若AF=1或者AL的低4位大于9,则(AL)←(AL)+06H,清除AL的高4位,(AH)←(AH)+1,置AF=1,CF←AF;

② 若AF=0且AL的低4位小于等于9,则清除AL的高4位。

(2) 非压缩BCD码减法调整(ASCII Adjust for Subtraction,AAS)指令。

指令格式:AAS

指令功能:将 AL 中的差调整为非压缩 BCD 码。

指令调整过程:

① 若 AF=1 或者 AL 的低 4 位大于 9,则(AL)←(AL)-06H,清除 AL 的高 4 位,(AH)←(AH)-1,置 AF=1,CF←AF;

② 若 AF=0 且 AL 的低 4 位小于等于 9,则清除 AL 的高 4 位。

AAA、AAS 指令影响标志位 AF 和 CF,其他标志位不确定。AAA、AAS 指令均为隐含寻址,隐含操作数为 AL 和 AH。

(3) 非压缩 BCD 码乘法调整(ASCII Adjust for Multiply,AAM)指令。

指令格式:AAM

指令功能:将 AL 中的乘积调整为非压缩型 BCD 码。

指令调整过程:(AL)÷0AH,(AH)←商,(AL)←余数。

AAM 指令用在 MUL 指令后,根据 AL 中的结果影响 SF、ZF 和 PF 位,AF、CF 和 OF 的值不确定。

(4) 非压缩 BCD 码除法调整(ASCII Adjust for Division,AAD)指令。

指令格式:AAD

指令功能:将 AX 中的两位非压缩 BCD 码(每个字节的高 4 位为 0)调整为二进制数,调整结果存放在 AL 中。

指令调整过程:(AL)←(AH)×10+(AL),(AH)← 0。

AAD 指令必须用在 DIV 指令前,AL 中的结果影响标志位 SF、ZF 和 PF,AF、CF 和 OF 的值不确定。

【例 3-44】 用非压缩 BCD 码计算两个十进制数的差:15-6。

分析 两个十进制数用非压缩 BCD 码表示为 0105H、06H。

```
MOV   AX,0105H        ;(AX)=0105H
MOV   BL,06H          ;(BL)=06H
SUB   AL,BL           ;(AL)=(AL)-(BL)=FFH,(AH)=01
AAS                   ;(AL)=09H,(AH)=00H
```

【例 3-45】 计算两个十进制数的乘法:7×8。

分析 乘法的十进制运算只能用非压缩 BCD 码。

```
MOV   AL,7H
MOV   BL,8H
MUL   BL              ;(AL)=38H
AAM                   ;(AX)=0506H
```

【例 3-46】 计算两个十进制数的除法:13÷5。

分析 十进制除法的调整要放在除法指令之前。

```
MOV   AX,0103H
MOV   BL,5H
AAD                   ;(AX)=000DH
DIV   BL              ;商 AL=01H,余数 AH=08H
```

十进制调整指令要点如下。

(1) 十进制调整指令均为隐含寻址，隐含的操作数为 AL 或 AH。执行结果为 BCD 码表示的十进制数。

(2) 除 AAD 指令外，其他调整指令均紧跟在相应的算术运算指令之后。

(3) 数字 0～9 的 ASCII 码是一种非压缩 BCD 码，在做 BCD 运算时，需要把高四位清为 0。

3.3.3 逻辑运算指令

逻辑运算指令包括与(AND)、或(OR)、非(NOT)、异或(XOR)、测试(TEST)指令，可进行字节或字的逻辑运算，均按位操作。除 NOT 指令外，其余逻辑指令都会影响除 AF 外的 5 个标志位。逻辑运算指令如表 3-8 所示。

表 3-8 逻辑运算指令

指令格式	指令功能	对标志位的影响					
		OF	SF	ZF	AF	PF	CF
AND DST, SRC	与运算指令	0	√	√		√	0
OR DST, SRC	或运算指令	0	√	√		√	0
NOT DST	非运算指令	—	—	—	—	—	—
XOR DST, SRC	异或指令	0	√	√		√	0
TEST DST, SRC	测试指令	0	√	√		√	0

注："√"表示运算结果影响标志位；"—"表示运算结果不影响标志位；空白处表示为任意值。

1. 逻辑与(AND)指令

指令格式：AND DST,SRC

指令功能：将两个操作数按位进行逻辑"与"运算，结果送回目的操作数。

AND 指令可以屏蔽目的操作数中某些位，即对某些位清零，保留其他位。AND 指令也可对操作数自身进行与运算，仅改变标志位，不影响操作数本身。

【例 3-47】 屏蔽 AL 中的高 4 位，低 4 位保留。设(AL)=39H。

分析 将要屏蔽的位与"0"进行逻辑"与"，将要保留的位与"1"进行逻辑"与"。

```
AND  AL,0FH        ;(AL)=09H
```

【例 3-48】 分析指令执行结果：AND AL,AL。

分析 此指令执行前后，AL 的值不变，但标志位发生了变化，即 CF=0，OF=0，并影响 ZF、SF、PF 标志位。

2. 逻辑或(OR)指令

指令格式：OR DST,SRC

指令功能：将两个操作数按位进行逻辑"或"运算，结果送回目的操作数。

OR 指令可以使目的操作数某些位置"1"，其余位保持不变。OR 指令也可对操作数自身进行或运算，仅改变标志位，不影响操作数本身。

【例 3-49】 将 AL 中的非压缩 BCD 码转换为 ASCII 码。设(AL)=04H。

```
OR  AL,30H         ;(AL)=34H
```

分析 非压缩 BCD 码的高 4 位通常为 0，数据 0～9 的 ASCII 码的高 4 位为 3，将非压缩 BCD 码与 30H 进行或运算，就可以得到对应的 ASCII 码。

【例 3-50】 判断 DATA 存储单元的数据是否为 0。

```
      MOV   AX,DATA       ;(AX)←(DATA)，直接寻址
      OR    AX,AX         ;影响标志位(也可用 AND  AX,AX)
      JZ    ZERO          ;如为零，转移到 ZERO
      …                   ;否则，…
ZERO:…
```

3. 逻辑异或(XOR)指令

指令格式：XOR DST,SRC

指令功能：将两个操作数按位进行逻辑“异或”运算，结果送回目的操作数。

XOR 指令可以对目的操作数中某些位取反，也可以对寄存器清 0，或判断两个操作数是否相等。

【例 3-51】 将 AX 中的低 4 位取反。

```
      XOR   AX,000FH      ;AX 的低 4 位取反，高 12 位不变
```

【例 3-52】 将 BX 内容清 0。

```
      XOR   BX,BX         ;(BX)=0
```

【例 3-53】 判断 AL 的内容是否等于 39H。

```
      XOR   AL,39H        ;执行后，影响标志位
      JZ    MATCH         ;若相等，则 ZF=1，跳转到 MATCH 处执行
```

4. 逻辑非(NOT)指令

指令格式：NOT DST

指令功能：将目的操作数按位取反后回送结果，不影响标志位。

【例 3-54】 非指令举例。设(CX)=0H。

```
      NOT   CX            ;将 CX 寄存器内容取反，(CX)=FFFFH
```

5. 测试(TEST)指令

指令格式：TEST DST,SRC

指令功能：将两个操作数按位进行逻辑“与”运算，不保存结果，仅影响标志位。

TEST 指令可用来测试目的操作数中某些位为 0 或 1，常用于 I/O 状态寄存器的条件判断。

【例 3-55】 检测 AL 的最高位是否为 1，若为 1，则转移，否则顺序执行。

分析 TEST 的源操作数通常为立即数，立即数的值取决于要测试目的操作数的那些位，测哪位，立即数的对应位就为 1。本例中测 AL 的最高位，则立即数的最高位设为 1，其余位为 0，立即数为 80H。

```
    TEST  AL,80H
    JNZ   AA              ;为 1 则转移到 AA，否则顺序执行
    …
AA:…
```

思考：检测 AL 的最高位是否为 0，为 0 则转移，应如何修改程序？

逻辑指令要点如下。

(1) 逻辑指令除 NOT 指令外，其他指令均为双操作数，目的操作数可以是寄存器、存储器操作数；源操作数可以是寄存器、存储器、立即数操作数。

(2) NOT 指令不影响标志位。其他指令均使 OF=CF=0，影响 SF、ZF、PF。

(3) TEST 指令与 AND 指令类似，但不保存运算结果，只影响标志位。

3.3.4　移位指令

移位指令是将目的操作数左移或右移，源操作数决定移位次数，包括非循环移位和循环移位两类。移位指令如表 3-9 所示。

表 3-9　移位指令

指令类型	指令格式	指令功能	对标志位的影响					
			OF	SF	ZF	AF	PF	CF
非循环移位指令	SHL　DST，SRC	逻辑左移指令	√	√	√		√	√
	SAL　DST，SRC	算术左移指令	√	√	√		√	√
	SHR　DST，SRC	逻辑右移指令	√	√	√		√	√
	SAR　DST，SRC	算术右移指令	√	√	√		√	√
循环移位指令	ROL　DST，SRC	循环左移指令	√	—	—		—	√
	ROR　DST，SRC	循环右移指令	√	—	—		—	√
	RCL　DST，SRC	带进位循环左移指令	√	—	—		—	√
	RCR　DST，SRC	带进位循环右移指令	√	—	—		—	√

注："√"表示运算结果影响标志位；"—"表示运算结果不影响标志位；空白处表示为任意值。

1. 非循环移位指令

非循环移位指令有 4 条，均影响标志位。

1) 逻辑左移/算术左移(Shift logical Left/Shift Arithmetic Left，SHL/SAL)指令

指令格式：SHL/SAL　DST，1

　　　　　SHL/SAL　DST，CL　；(CL)≥1

指令功能：SHL、SAL 指令功能完全相同，是将 DST 左移 1 位或 CL 位。每左移 1 位，最高位移入 CF，最低位补 0(见图 3-24(a)和(b))。左移指令可实现乘法运算。将一个二进制数左移 1 位，相当于将该数乘 2。由于移位指令的运算速度远快于乘法指令，常用移位指令代替乘/除指令。

2) 逻辑右移(SHift logical Right，SHR)指令

指令格式：SHR　DST，1

　　　　　SHR　DST，CL　；(CL)≥1

指令功能：将 DST 右移 1 位或 CL 位。每右移 1 位，最低位移进 CF，最高位补 0(见图 3-24(c))。右移指令可实现除法运算。逻辑右移 1 位，相当于将 DST 中的无符号数除以 2。

3) 算术右移(SAR)指令

指令格式：SAR　DST，1

　　　　　SAR　DST，CL　；(CL)≥1

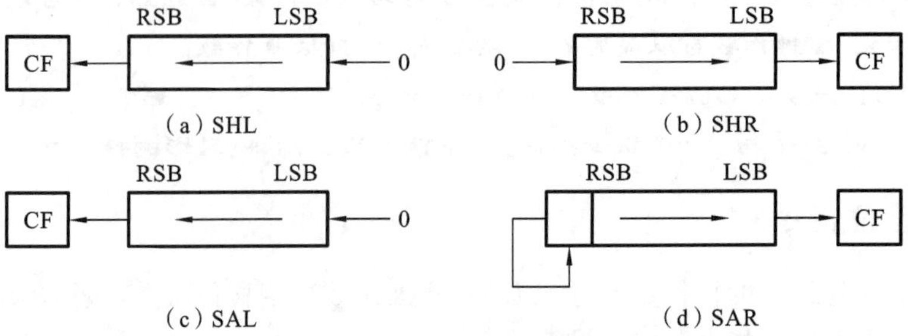

图 3-24 非循环移位指令操作示意图

指令功能:将 DST 右移 1 位或 CL 位。每右移 1 位,最低位移进 CF,最高位保持不变(见图 3-24(d))。算术右移 1 位,相当于将 DST 中的有符号数除以 2。

【例 3-56】 将 AL 中的有符号数除以 2。

```
SAR   AL,1                 ;(AL)=(AL)÷2
```

【例 3-57】 将一个无符号字数据乘以 10。设数据存放在以 DATA1 为首地址的两个连续的存储单元中(低位在低地址,高位在高地址)。

分析 (DATA1)×10=(DATA1)×8+(DATA1)×2,可用左移指令实现。

```
MOV   AX,DATA1             ;(AX)←(DATA1),直接寻址
SHL   AX,1                 ;(AX)=(DATA1)×2
MOV   BX,AX                ;暂存,(BX)=2×(DATA1)
MOV   CL,2
SHL   AX,CL                ;(AX)= 2(DATA1)×4
ADD   AX,BX                ;(AX)= 10(DATA1)
HLT
```

2. 循环移位指令

循环移位指令有 4 条,均影响标志位。

1) 循环左移(Rotate Left,ROL)指令

指令格式:ROL DST,1

ROL DST,CL ;(CL)≥1

指令功能:将 DST 左移 1 位或 CL 位,最高位分别移进 CF 和 DST 的最低位,形成循环。CF 不在循环回路之内(见图 3-25(a))。

2) 循环右移(Rotate Right,ROR)指令

指令格式:ROR DST,1

ROR DST,CL ;(CL)≥1

指令功能:将 DST 右移 1 位或 CL 位,最低位分别移进 CF 和 DST 的最高位,形成循环(见图 3-25(b))。

3) 带进位循环左移(Rotate Left through Carry,RCL)指令

指令格式:RCL DST,1

RCL DST,CL ;(CL)≥1

指令功能:将 DST 左移 1 位或 CL 位,最高位移入 CF,CF 移入 DST 的最低位(见图 3-25(c))。

4）带进位循环右移(Rotate Right through Carry,RCR)指令

指令格式：RCR DST,1

RCR DST,CL ；(CL)≥1

指令功能：将 DST 右移 1 位或 CL 位，最低位移入 CF，CF 移入 DST 的最高位(见图 3-25(d))。

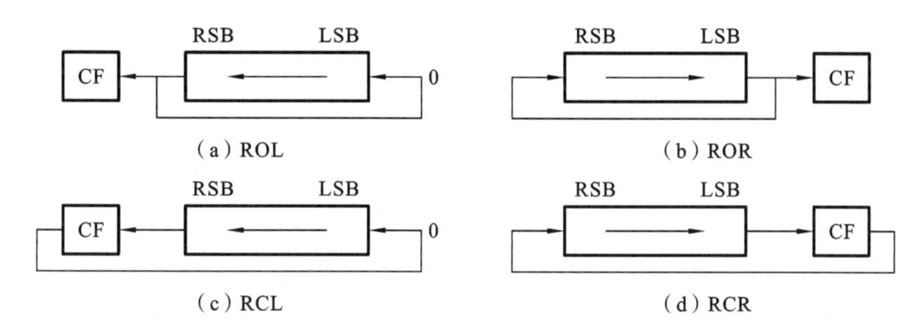

图 3-25 循环移位指令操作示意图

循环移位指令只影响 CF 和 OF 标志位。CF 是最后一次移入的值。OF 在移位次数为 1 时，如果 DST 的最高位发生变化，则 OF=1，否则 OF=0。当移位次数>1 时，OF 值不确定。

【例 3-58】 将 AX 中的高 8 位与低 8 位互换。

分析 本例是将 AH 和 AL 的数据互换，将 AX 循环左移 8 位或者循环右移 8 位都能实现。由于移位次数大于 1，需要先送给 CL。

```
    MOV   CL,8
    ROL   AX,CL
```

【例 3-59】 计算 AL 中 1 的个数，要求不改变 AL 值，计算结果放在 BL 中。

分析 要计算 AL 中 1 的个数，可以把 AL 逐位循环移位到 CF，判断 CF 标志位为 0 还是为 1，如果为 1，则 BL 加 1，本例将用到 3.3.5 节的条件转移指令。

```
    MOV   BL, 0          ; BL 初始化为 0
    MOV   DL, 8          ; 移位次数送 DL
AGAIN:
    ROL   AL, 1          ; AL 循环左移 1 次，最高位进 CF
    JNC   NEXT           ; 判 CF，不为 1 则转移到 NEXT，为 1 则顺序执行
    INC   BL             ; CF=1，则(BL)+1
NEXT:
    DEC   DL             ; 循环次数减 1
    JNZ   AGAIN          ; DL 不为 0 则循环
    HLT                  ;暂停
```

【例 3-60】 将 UNPACKED 开始的 4 个非压缩 BCD 码转换成压缩 BCD 码，结果存入 PACKED 开始的单元里。数据存放如图 3-26 所示。

分析 1 个非压缩 BCD 码占 1 个字节，低 4 位为有效数据，2 个非压缩 BCD 码可合并为 1 个压缩 BCD 码，采用移位指令实现。

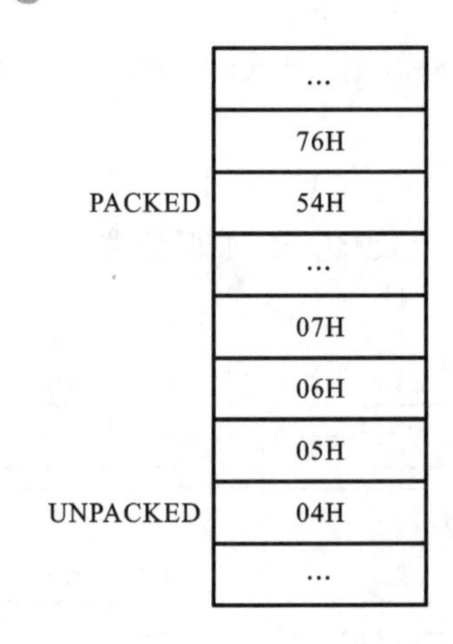

图 3-26 例 3-60 示意图

```
    MOV   CL,4                          ;移位次数为 4
NEXT:
    MOV   AX,WORD PTR[UNPACKED]         ;(AX)=0504H
    SHL   AL,CL                         ;(AL)=40H
    SHR   AX,CL                         ;(AX)=0054H
    MOV   [PACKED],AL                   ;存储结果
    MOV   AX,WORD PTR[UNPACKED+2]       ;(AX)=0706H
    SHL   AL,CL                         ;(AL)=60H
    SHR   AX,CL                         ;(AX)=0076H
    MOV   [PACKED+1],AL                 ;存储结果
    HLT
```

移位指令要点如下。

(1) 源操作数只能是 1 或者 CL。

(2) 目的操作数可以是寄存器、存储器操作数。

(3) 无符号数移位运算用逻辑移位指令,有符号数移位用算术移位指令。

(4) 循环移位指令只影响标志位 CF 和 OF。

3.3.5 控制转移指令

控制转移指令用来改变程序的执行顺序。程序的执行顺序是由 CS、IP 值决定的,控制转移指令能以某种方式修改 CS、IP 值,控制程序走向。控制转移指令包括四类:无条件转移和条件转移指令、子程序调用和返回指令、循环控制指令、中断指令。

1. 无条件转移指令

无条件转移(JMP)指令是将程序无条件转移到指定的目标地址执行。要使程序转移到一个新地址,可同时改变 CS 和 IP 值,也可只改变 IP 值,前者称为段间转移,后者称为段内转移。

无论是段间转移还是段内转移,都有直接转移和间接转移之分。直接转移是指在指令中直接包含转移的目标地址;间接转移是指转移的目标地址存放在寄存器或内存单元中。因此,JMP 指令有四种基本格式。

1）段内直接转移

指令格式：　JMP　SHORT　LAB　　；段内直接短转移

　　　　　　JMP　NEAR　　LAB　　；段内直接近转移

指令功能：无条件转移到LAB处执行。地址标号LAB是符号地址，表示转移的目标地址，从该地址开始执行新的程序段。

执行的操作：(IP)←(当前IP)＋8位或16位偏移量，偏移量是JMP指令到LAB符号地址间的位移量，由汇编程序计算得到。

SHORT短转移是指偏移量为8位有符号数，转移范围是－128～127字节。NEAR近转移是指偏移量为16位有符号数，转移范围是－32768～32767字节。

短转移与近转移都属于相对转移。JMP段内直接转移默认的是近转移，NEAR关键字可以省略。

【例3-61】 JMP段内直接转移举例。设(CS)＝2000H，第一条MOV指令的偏移地址＝0000H。

```
    MOV   AL,99H                 ；本指令偏移地址＝0000H
    JMP   NEXT                   ；本指令偏移地址＝0002H
    AND   AL,0FH                 ；本指令偏移地址＝0005H
    ADD   AL,30H                 ；本指令偏移地址＝0007H
NEXT:
    XOR   AL,0FH                 ；本指令偏移地址＝0009H
    HLT
```

分析　指令注释中给出了每条指令的偏移地址，NEXT为转移的目标地址，距离JMP指令的偏移量为7个字节(0009H～0002H)，即JMP、AND、ADD三条指令字节数之和。执行JMP指令时，转移的偏移地址＝0002(当前IP)＋7(偏移量)＝0009，CS不变，程序执行XOR指令。

2）段内间接转移

指令格式：　JMP　REG　　　　　　　；REG为16位寄存器

　　　　　　JMP　WORD PTR OPR　；OPR为存储器字操作数

指令功能：无条件转移到目标地址，目标地址存放在16位寄存器或存储器字单元中。

执行的操作：IP值用寄存器或存储单元的内容取代，CS寄存器内容不变。

JMP段内间接转移的目标地址直接就是段内偏移地址，不是相对于JMP的位移量。

【例3-62】 JMP段内间接转移举例。设(CS)＝2000H。

```
    MOV   BX,1000H
    JMP   BX
```

分析　JMP指令执行后，(IP)＝1000H，CS值不变。

【例3-63】 如果TABLE是数据段中定义的一个变量名，偏移地址为0010H，(DS)＝2000H，(20040H)＝40H，(20041H)＝56H，分析下列指令执行后的IP值。

```
    MOV   BX,30H
    JMP   WORD  PTR  TABLE[BX]
```

分析 本例JMP采用的是段内间接转移,转移的目标地址在数据段中。

目标地址的偏移地址=(BX)+ TABLE =30H+10H=40H

物理地址=(DS)×10H+偏移地址=2000×10H+40H=20040H

20040H单元的字数据就是转移地址,执行后,(IP)= 5640H,即程序转移到本代码段的5640H单元处。

3) 段间直接转移

指令格式: JMP FAR PTR LAB ;LAB为远地址标号

JMP 段地址:偏移地址 ;直接给出另一个代码段的地址

指令功能:无条件转移到目标地址,目标地址32位,包括段地址和偏移地址。段间转移的目标地址LAB在另一代码段内,与JMP不在同一代码段,所以称为段间转移。

执行的操作:(IP)←LAB的偏移地址

(CS)←LAB所在段的段地址

4) 段间间接转移

指令格式:JMP DWORD PTR OPR ;(IP)←(OPR),低字送IP

;(CS)←(OPR +2),高字送CS

指令功能:无条件转移到目标地址,32位目标地址存放在OPR内存单元开始的连续4个单元中。

无条件转移指令要点如下。

(1) **段内转移:仅通过改变IP值来改变指令执行顺序,CS值不变。**

(2) **段间转移:同时改变CS与IP值来改变指令执行顺序。**

(3) **段内转移关键字是NEAR或SHORT,段间转移关键字是FAR。**

(4) **间接转移,无论段内还是段间,转移地址都在内存单元中,区别是段间间接转移需要提供CS值。**

(5) **无条件转移指令不影响标志位。**

【例3-64】 如果TABLE是数据段中定义的一个变量名,偏移地址为0010H,(DS)=2000H,(BX)=0030H,(20040H)=34H,(20041H)=56H,(20042H)=00H,(20043H)=80H,分析指令执行结果。

JMP DWORD PTR TABLE[BX]

分析 指令执行后(IP)=5634H,(CS)=8000H,程序转移到8000:5634H处。

2. 条件转移指令

条件转移指令是以标志寄存器中的状态标志为测试条件,满足条件则转移,不满足条件则顺序执行。条件转移指令的判断条件有些是单个标志位,有些是标志位的组合,只有当组合条件全部满足时才发生转移。可分为简单条件转移、无符号数条件转移、有符号数条件转移、CX测试指令四类(见表3-10)。条件转移指令都不影响标志位。

条件转移指令的一般格式为

JCC LAB ;JCC是指令助记符,LAB是转移的目标地址

指令功能:若满足测试条件,则转移到指定标号LAB处执行,否则顺序执行。

条件转移指令是根据标志位的状态来决定是否转移,因此其前一条指令是能影响标志位的指令,如比较指令、算术逻辑指令等。条件转移指令都为段内短转移,即转移范围在-128~127字节。

表 3-10 条件转移指令

指令类型	指令格式	测试条件	指令功能
简单条件转移	JZ/JE LAB	ZF=1	相等/结果为 0 则转移
	JNZ/JNE LAB	ZF=0	不相等/结果不为 0 则转移
	JC LAB	CF=1	有进/借位则转移
	JNC LAB	CF=0	无进/借位则转移
	JS LAB	SF=1	为负则转移
	JNS LAB	SF=0	不为负则转移
	JO LAB	OF=1	溢出则转移
	JNO LAB	OF=0	无溢出则转移
	JP/JPE LAB	PF=1	奇偶位为 1 则转移
	JNP/JPO LAB	PF=0	奇偶位为 0 则转移
无符号数条件转移	JA/JNBE LAB	CF=0 且 ZF=0	高于/不低于等于则转移
	JAE/JNB LAB	CF=0 且 ZF=1	高于等于/不低于则转移
	JB/JNAE LAB	CF=1 且 ZF=0	低于/不高于等于则转移
	JBE/JNA LAB	CF=1 且 ZF=1	低于等于/不高于则转移
有符号数条件转移	JG/JNLE LAB	OF⊕SF=0 且 ZF=0	大于/不小于等于则转移
	JGE/JNL LAB	OF⊕SF=0 且 ZF=1	大于等于/不小于则转移
	JL/JNGE LAB	OF⊕SF=1 且 ZF=0	小于/不大于等于则转移
	JLE/JNG LAB	OF⊕SF=1 且 ZF=1	小于等于/不大于则转移
CX 测试指令	JCXZ LAB	CX=0	CX 等于 0 则转移

注:"⊕"表示异或运算。

【例 3-65】 比较 AX、BX、CX 中无符号数的大小,将最大值存放在 AX 中。

```
        CMP     AX,BX       ;比较
        JAE     LAB1        ;(AX)≥(BX),转移到 LAB1
        XCHG    AX,BX       ;否则,大数给 AX
LAB1:   CMP     AX,CX       ;比较
        JAE     LAB2        ;(AX)≥(CX),转移到 LAB2
        XCHG    AX,CX       ;否则,大数给 AX
LAB2:   …
```

【例 3-66】 设内存中首地址为 ARRAY 的数据区存放了 200 个 8 位有符号数,统计其中正数、负数及零的个数,分别将统计结果存入 PLUS、MINUS 和 ZERO 单元中。

分析 数的正负可通过判断符号位实现。SF=1 为负数,SF=0 为正数。本题的关键是既得到符号位状态,又不影响数据本身。

程序流程图如图 3-27 所示。

```
        XOR     AL,AL       ;(AL)←0
        MOV     PLUS,AL     ;清 PLUS 单元
        MOV     MINUS,AL    ;清 MINUS 单元
        MOV     ZERO,AL     ;清 ZERO 单元
        LEA     SI,ARRAY    ;(SI)←数据区首地址
```

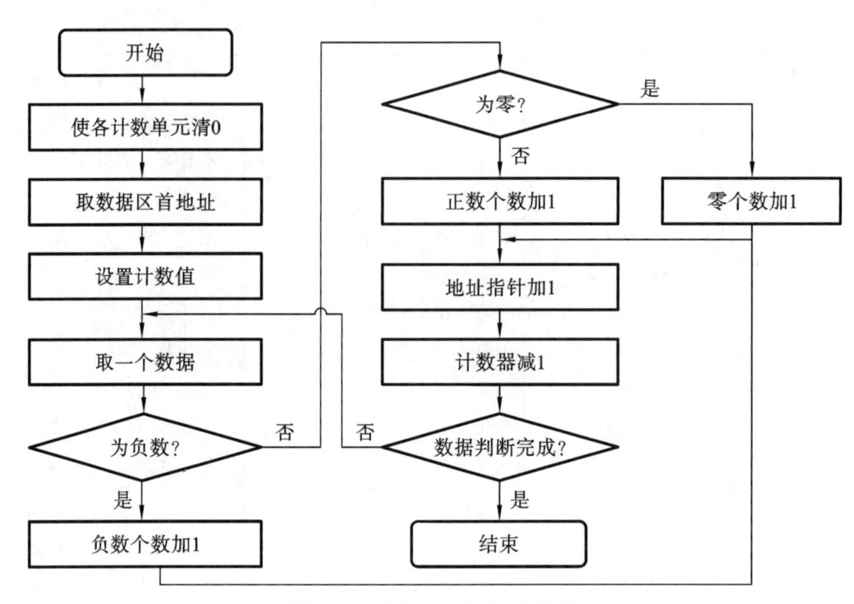

图 3-27　例 3-66 程序流程图

```
        MOV   CX,200        ;(CX)←数据区长度
LLAB:   MOV   AL,[SI]       ;取一个数据到 AL
        OR    AL,AL         ;影响标志位
        JS    MLAB          ;如为负,转 MLAB
        JZ    ZLAB          ;如为零,转 ZLAB
        INC   PLUS          ;否则为正,PLUS 单元加 1
        JMP   NEXT
MLAB:   INC   MINUS         ;MINUS 单元加 1
        JMP   NEXT
ZLAB:   INC   ZERO          ;ZERO 单元加 1
NEXT:   INC   SI            ;地址指针加 1,指向下一个数据
        DEC   CX            ;CX 减 1
        JNZ   LLAB          ;如不为零,则转 LLAB;否则结束
        HLT                 ;停止
```

3. 循环控制指令

循环控制指令用来控制循环程序的执行,如表 3-11 所示,不影响标志位。

表 3-11　循环控制指令

指令格式	测试条件	指令功能
LOOP　LAB	CX←CX−1,CX≠0	CX≠0 则循环
LOOPZ /LOOPE　LAB	CX←CX−1,CX≠0 且 ZF=1	CX≠0 且 ZF=1 则循环
LOOPNZ /LOOPNE　LAB	CX←CX−1,CX≠0 且 ZF=0	CX≠0 且 ZF=0 则循环

1) LOOP 循环指令

指令格式:LOOP　LAB　　　;(CX)≠0 转 LAB 处执行,(CX)=0 退出循环

循环条件：(CX)←(CX)－1，(CX)≠0

LOOP 指令在循环程序开始前，需将循环次数送 CX，CX 减 1 操作是自动完成的。操作数 LAB 只能是一个短标号，跳转距离不超过－128～127 的范围。LOOP 指令等价于下面两条指令：

```
DEC   CX
JNZ   LAB
```

2) LOOPZ/LOOPE 循环指令

本指令与 LOOP 指令的区别是循环条件不同，操作为：先将 CX 减 1，若 CX≠0 且 ZF＝1，则继续循环；如果 CX＝0，或者 ZF＝0，则退出循环。

需要注意的是：循环条件的 ZF 状态不是由 LOOPZ/LOOPE 指令产生的，而是由 LOOPZ/LOOPE 前一条指令决定的，如前一条指令为 CMP 或 TEST 等。

3) LOOPNZ/LOOPNE 循环指令

本指令与 LOOPZ/LOOPE 指令的区别仅在于循环条件中的 ZF 不同，其他使用条件与 LOOPZ 完全相同。LOOPNZ 指令操作为：先将 CX 减 1，若 CX≠0 且 ZF＝0，则继续循环，否则退出循环。

循环指令要点如下。

(1) CX **为隐含操作数，存放循环次数，执行循环指令前需先给** CX **赋值。**

(2) **执行循环指令时** CX **自动减** 1。

(3) **循环指令转移的目标地址应在距离本指令**－128～127 **的范围内。**

【例 3-67】 设数据段 DATA1 单元开始连续存放 50 个字节数据，从中找出数据‘$’字符，如找到则将其地址存入 BX 中，否则 BX 等于 00H。

```
       MOV      CX,50       ；设置计数值
       LEA      SI,DATA1    ；(SI)←数据区首地址
LOP1:  CMP      [SI],'$'    ；数据比较
       INC      SI          ；地址指针加 1，指向下个数据
       LOOPNE   LOP1        ；数据不是'$'且(CX)≠0 则循环
       JNZ      EXIT        ；数据'$'不存在，且(CX)＝0 则转移
       DEC      SI          ；'$'所在的地址
       MOV      BX,SI       ；存地址
       HLT
EXIT:  MOV      BX,0
       HLT
```

思考：指令 JNZ　EXIT 的作用，是否可以去掉？如果去掉会有什么结果？计算‘$’所在的地址时为什么要进行减 1 操作？

4. 子程序调用和返回指令

子程序是指具有独立功能的程序段。编写子程序的目的是使程序模块化、节省内存空间。执行子程序，需要主程序调用子程序，子程序执行结束后返回主程序。子程序调用和返回指令如表 3-12 所示。

表 3-12 子程序调用和返回指令

指令格式	指令功能
CALL LAB	子程序调用
RET	子程序返回

图 3-28 给出了子程序调用示意图。图中，断点是指 CALL SUB 下一条指令 MOV 的地址，执行 CALL 指令时，断点地址需要压入堆栈暂存，当子程序结束时，用 RET 指令从堆栈中得到断点地址，返回主程序继续执行。

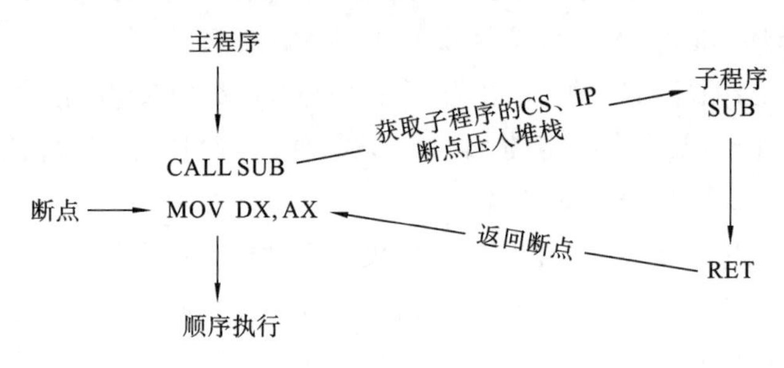

图 3-28 子程序调用示意图

1）子程序调用(CALL procedure，CALL)指令

指令格式：CALL LAB

指令中 LAB 的寻址方式类似 JMP 指令，分为段内直接、间接寻址，段间直接、间接寻址，所以可以将 CALL 指令分为段内调用和段间调用两类，段内调用的主程序和子程序在同一代码段，段间调用的主程序和子程序在不同代码段。

(1) 段内直接调用。

指令格式:CALL 子程序名

执行的操作:(SP)←(SP)－2,((SP)＋1:(SP))←(IP)

(IP)←(IP)＋16 位位移量

段内直接调用时 CS 不变，仅把断点偏移地址压入堆栈，将子程序第一条指令的偏移地址送 IP，转到子程序执行。

(2) 段内间接调用。

指令格式：CALL 16 位寄存器名

CALL mem16 ；mem16 为 16 位存储器操作数

执行的操作：(SP)←(SP)－2,((SP)＋1:(SP))←(IP)

(IP)←16 位寄存器的内容或者存储单元的字内容

段内间接调用时 CS 不变，仅把断点偏移地址压入堆栈，子程序第一条指令的偏移地址由寄存器或存储器操作数提供，送给 IP，转到子程序执行。

(3) 段间直接调用。

指令格式：CALL FAR PTR 子程序名

执行的操作：(SP)←(SP)－2,((SP)＋1:(SP))←(CS)

(CS)←子程序名的段地址

(SP)←(SP)－2,((SP)＋1:(SP))←(IP)

(IP)←子程序名的偏移地址

段间直接调用时 CS、IP 都改变，需要把断点的段地址、偏移地址压入堆栈，将子程序第一条指令的段地址和偏移地址送 CS 和 IP，转到子程序执行。

(4) 段间间接调用。

指令格式：CALL　DWORD PTR mem32　　　；mem32 为 32 位存储器操作数

执行的操作：(SP)←(SP)－2，((SP)＋1：(SP))←(CS)

(CS)←(mem32＋2)，子程序名的段地址送 CS

(SP)←(SP)－2，((SP)＋1：(SP))←(IP)

(IP)←(mem32)，子程序名的偏移地址送 IP

段间间接调用时 CS、IP 都改变，需要把断点的段地址、偏移地址压入堆栈，子程序第一条指令的段地址由存储器操作数的高 16 位提供，偏移地址由存储器操作数的低 16 位提供，送 CS 和 IP，转到子程序执行。

2) 返回指令 RET

指令格式：RET

执行的操作：段内返回：IP←((SP)＋1，(SP))　；断点偏移地址弹出到 IP

SP←(SP)＋2

段间返回：IP←((SP)＋1，(SP))　；断点偏移地址弹出到 IP

SP←(SP)＋2

CS←((SP)＋1，(SP))　；断点段地址弹出到 CS

SP←(SP)＋2

RET 指令是隐含寻址，它自动与子程序定义时的类型匹配。如果为段内子程序调用，则返回时将栈顶的字弹出到 IP 寄存器；如果为段间子程序调用，则返回时依次从栈顶弹出字数据到 IP 和 CS。另外，RET 指令还允许带参数返回，格式为

RET　n

参数 n 的范围为 0～64 K 的立即数，通常是偶数。参数表示返回时从堆栈中舍弃的字节数。例如，RET 4，返回时再舍弃栈顶的 4 个字节，这些字节一般是调用前通过堆栈向子程序传送的参数。

子程序调用和返回指令要点如下。

(1) CALL **指令和** RET **指令均不影响标志位。**

(2) CALL **指令的直接调用是指令中直接给出子程序的入口地址，间接调用是由寄存器或者内存单元给出子程序的入口地址。**

(3) **子程序中最后一条指令必须是** RET **指令。**

【例 3-68】 CALL 指令举例。

```
CALL  SUB1              ；段内直接调用，程序转到 SUB1 处执行
CALL  BX                ；段内间接调用，调用的偏移地址由 BX 提供
CALL  FAR PTR SUB2      ；段间直接调用，程序转到 SUB2 处执行，SUB2 在另一代码段
```

CALL　DWORD PTR[BX]　　；段间间接调用，调用的段地址和偏移地址由 BX 指向的 4 个存储单元提供

5. 中断指令

中断指令是能引起 CPU 产生一次中断的指令，这种由指令引起的中断，称为软中断。8086/8088 CPU 共有三条中断指令，如表 3-13 所示。

表 3-13　中断指令

指令类型	指令格式	指令功能	对标志位的影响								
			IF	TF	DF	ZF	AF	PF	CF	SF	OF
软中断	INT　*n*	产生一个内部中断	0	0	—	—	—	—	—	—	—
中断返回	IRET	中断返回	*	*	*	*	*	*	*	*	*
溢出中断	INTO	溢出时中断	0	0	—	—	—	—	—	—	—

注："0"表示标志位为 0；"*"表示标志位恢复到入栈前的值；"—"表示对标志位无影响。

1) 软中断(Interrupt,INT)指令

指令格式：INT　*n*　　；*n* 为中断类型号，取值范围为 0～255

指令功能：产生一个中断类型号为 *n* 的软中断，使程序转去执行一个中断服务程序。该指令复位 IF、TF 标志位，对其他标志位无影响。

执行的操作：

(SP)←(SP)－2,((SP)＋1,(SP))←(FLAGS)，标志寄存器压栈

IF←0,TF←0，标志位 IF、TF 清 0

(SP)←(SP)－2,((SP)＋1,(SP))←(CS)，当前段地址压栈

(SP)←(SP)－2,((SP)＋1,(SP))←(IP)，当前偏移地址压栈

(CS)←*n*×4＋2，中断服务程序入口地址的段地址送 CS

(IP)←*n*×4，中断服务程序入口地址的偏移地址送 IP

中断服务程序入口地址的段地址和偏移地址与中断类型号相关，详见第 6 章中断系统。

2) 中断返回(Interrupt Return,IRET)指令

指令格式：IRET

指令功能：从中断服务程序返回到被中断的程序继续执行。

执行的操作：IP←((SP)＋1,(SP))　　；断点的偏移地址弹出到 IP
SP←(SP)＋2
CS←((SP)＋1,(SP))　　；断点的段地址弹出到 CS
SP←(SP)＋2
FLAGS←((SP)＋1,(SP))　；标志寄存器值弹出到 FLAGS
SP←(SP)＋2

IRET 指令必须是中断服务程序的最后一条指令，用来返回到被中止的程序处继续执行，影响所有标志位。

3) 溢出中断(Interrupt if overflow,INTO)指令

指令格式：INTO

指令功能：检查 OF 标志位，若 OF＝1，则启动一个 INT 4 的中断过程；若 OF＝0，

则不进行任何操作。该指令复位标志位 IF、TF,对其他标志位无影响。

INTO 指令通常放在有符号数算术运算指令后面,当溢出发生时,启动 4 号软中断。

中断指令要点如下。

(1) **中断指令执行时,不仅保护断点地址,还保护 FLAGS 内容。**

(2) INT *n* **指令中的** *n* **是中断类型号,不是中断服务程序的入口地址,入口地址在中断类型号指向的内存单元中。**

(3) IRET **必须是中断服务程序的最后一条指令。**

3.3.6 串操作指令

内存中地址连续存储单元的内容称为数据串,串操作是对数据串的每个数据进行相同操作,可以是字操作也可以是字节操作。串操作指令可实现存储单元间的数据传输,数据块的字符比较、查找等功能。串操作指令如表 3-14 所示。

表 3-14 串操作指令

指令类型	指令格式	指令功能	对标志位的影响					
			OF	SF	ZF	AF	PF	CF
基本字符串指令	MOVS DST, SRC	串传送指令	—	—	—	—	—	—
	CMPS DST, SRC	串比较指令	√	√	√	√	√	√
	SCAS DST, SRC	串扫描指令	√	√	√	√	√	√
	LODS DST, SRC	串装入指令	—	—	—	—	—	—
	STOS DST, SRC	存字符串指令	—	—	—	—	—	—
重复前缀	REP	无条件重复	—	—	—	—	—	—
	REPE/REPZ	相等/为零则重复	—	—	—	—	—	—
	REPNE/REPNZ	不相等/为零则重复	—	—	—	—	—	—

注:"√"表示运算结果影响标志位;"—"表示运算结果不影响标志位。

1. 串操作指令的基本要求

串操作指令的操作对象是内存中连续单元的字节或字数据。串操作指令每完成一次操作,能自动修改地址,执行下一次操作。所有的串操作指令执行前,需要进行以下初始化操作。

(1) 确定源串(源操作数)所在的段及偏移地址。源串默认存放在数据段,段基址在 DS,允许段跨越前缀进行段重设;偏移地址由 SI 指定。源串逻辑地址为 DS:SI。

(2) 确定目的串(目的操作数)所在的段及偏移地址。目的串默认存放在附加段,段基址在 ES,允许段重设;偏移地址由 DI 指定。目的串逻辑地址为 ES:DI。

(3) 确定串的长度,由 CX 指定。CX 的值可以是字节数,也可以是字数。

(4) 确定串操作的方向,由 DF 决定。DF=0,增地址方向,SI 或 DI 增 1(字节操作)或增 2(字操作);DF=1,减地址方向,SI 或 DI 减 1(字节操作)或减 2(字操作)。串操作指令可根据 DF 状态自动修改地址指针 SI、DI 值。

(5) 确定是否使用重复前缀,若使用,则每次串操作后,CX 的值会自动减 1。

因此,在使用串操作指令前,需要设定源串指针 SI、目的串指针 DI、串长度 CX 和标志位 DF。

2. 重复前缀

重复前缀用来配合串操作指令,使串操作重复执行。重复前缀不能单独使用,不影响标志位。

1) 无条件重复前缀(REP)

指令格式:REP 串操作指令

指令功能:无条件重复执行串操作指令,重复次数由 CX 寄存器决定。

执行的操作:(CX)←(CX)－1　　　　;CX＝0 则退出

REP 常与串传送 MOVS 和串存储 STOS 指令配合使用。

2) 相等/结果为 0 重复前缀(REPE/REPZ)

指令格式:REPE/REPZ　串操作指令

指令功能:相等或结果为 0 时重复串操作指令。

执行的操作:(CX)←(CX)－1

若 CX≠0 且 ZF＝1,则表示操作未结束且结果为 0,重复串操作

若 CX＝0 或 ZF＝0,则表示操作结束或结果不为 0,退出串操作

REPE/REPZ 常与串比较 CMPS 和串扫描 SCAS 指令配合使用。只有当两个操作数相等且操作未结束(CX≠0)时,才能继续比较或扫描,否则结束串操作。

3) 不相等/结果不为 0 重复前缀 REPNE/REPNZ

指令格式:REPNE/REPNZ　串操作指令

指令功能:不相等或结果不为 0 时重复串操作指令。

执行的操作:(CX)←(CX)－1

若 CX≠0 且 ZF＝0,则表操作未结束且结果不为 0,重复串操作

若 CX＝0 或 ZF＝1,则表示操作结束或结果为 0,退出串操作

REPNE/REPNZ 常与串比较(CMPS)和串扫描(SCAS)指令配合使用。只有当两个操作数不相等且操作未结束(CX≠0)时,才能继续比较或扫描,否则结束串操作。

3. 串操作指令

串操作指令有 5 条,可以与重复前缀配合使用。

1) 串传送(Move String,MOVS)指令

指令格式:MOVS　DST,SRC　　　;本格式仅用于需要段跨越前缀的情况

MOVSB　　　;字节传送,隐含寻址

MOVSW　　　;字传送,隐含寻址

指令功能:将源串的一个字节或字传送到目的串中,自动修改地址指针。

执行的操作:(ES:DI)←(DS:SI)

若 DF＝0,(SI)←(SI)＋1 or 2,则(DI)←(DI)＋1 or 2

若 DF＝1,(SI)←(SI)－1 or 2,则(DI)←(DI)－1 or 2

MOVS 指令提供了三种格式,第一种格式用于段重设,后两种格式都是隐含操作数,在指令执行前,需要对 DI、SI、CX、DF 赋初值。MOVSB 是字节传送,地址指针 SI、DI 自动加减 1;MOVSW 是字传送,地址指针 SI、DI 自动加减 2。

MOVS 指令实现了存储单元间的数据传送。默认情况下源串在数据段,目的串在附

加段。如果需要同段传送数据，可以将 DS 和 ES 指向同一数据段。本指令不影响标志位。

可使用前缀 REP 实现字节块或字块传送，每传完一个数据 CX 减 1，直到 CX=0。

【例 3-69】 将内存单元 MEM1 开始的 200B 数据送到 MEM2 开始的区域。

```
LEA   SI,MEM1          ；源串首地址送 SI
LEA   DI,MEM2          ；目的串首地址送 DI
MOV   CX,200           ；数据串长度送 CX
CLD                    ；清 DF,增址方向
REP   MOVSB            ；重复串操作,直到 CX=0
```

思考：用 MOV 指令如何实现数据块的传送？

2）串比较(CoMPare String,CMPS)指令

```
指令格式：CMPS   DST,SRC     ；本格式仅用于需要段跨越前缀的情况
          CMPSB              ；字节比较
          CMPSW              ；字比较
```

指令功能：将两个字符串中的元素逐个进行比较，不回送结果，仅影响标志位。

执行的操作：(DS:SI)－(ES:DI)，源串减目的串

若 DF=0，则(SI)←(SI)＋1 or 2，(DI)←(DI)＋1 or 2

若 DF=1，则(SI)←(SI)－1 or 2，(DI)←(DI)－1 or 2

CMPS 指令与 CMP 指令类似，区别是 CMP 指令仅比较两个数据，CMPS 指令比较两个数据串。CMPS 指令常与重复前缀 REPZ/REPE、REPNZ/REPNE 结合使用，用来检查两个串是否相等。当有重复前缀时，结束串比较有两种情况。

(1) 不满足重复前缀要求的条件。如果是 REPZ/REPE 前缀，字节或字比较不相等(ZF=0)，则结束比较。如果是 REPNZ/REPNE 前缀，字节或字比较相等(ZF=1)，则结束比较。

(2) CX=0。此时全部比较结束。

因此，为判断两个串是否相等，串比较指令后面通常会跟一条对 ZF 的判断指令。CX 是否为 0 不影响对 ZF 的判断。

【例 3-70】 设内存块 MEM1 和 MEM2 分别存放了 200B 字符串，比较两个字符串是否相同，相同则退出，不相同则将第一个不相同字符保存到 AL，其地址保存到 BX。

分析 两个字符串的首地址分别为 MEM1、MEM2，字符串长度 200，按地址增方向初始化。当遇到不相等字符时停止比较。

```
      LEA   SI,MEM1          ；源串首地址送 SI
      LEA   DI,MEM2          ；目的串首地址送 DI
      MOV   CX,200           ；数据串长度送 CX
      CLD                    ；清 DF,增址方向
      REPE  CMPSB            ；如相等,重复进行比较
      JZ    EXIT             ；若 ZF=1,则字串相等,跳至 EXIT
      DEC   SI               ；字串不相等,(SI)－1
      MOV   AL,[SI]          ；将不相等的字符送 AL
      MOV   BX,SI            ；将不相等字符的地址送 BX
EXIT:
      HLT                    ；停止
```

当遇到第一个不相等字符时，地址已被修改，即(DS:SI)和(ES:DI)已经指向下一个地址，应将地址指针减1才能得到不相等单元的地址。

3）串扫描(Scan String,SCAS)指令

指令格式：SCAS　DST　　　　；DST为目的串地址
　　　　　SCASB　　　　　　；字节扫描
　　　　　SCASW　　　　　　；字扫描

指令功能：用AL或AX的值减去DST所指目的串中的数据，不回送结果，仅影响标志位。AL或AX是隐含操作数。

执行的操作：(AL)or(AX)－(ES:DI)，AL或AX减目的串数据
　　　　若DF＝0，则(SI)←(SI)＋1 or 2，(DI)←(DI)＋1 or 2
　　　　若DF＝1，则(SI)←(SI)－1 or 2，(DI)←(DI)－1 or 2

SCAS指令与CMPS指令类似，区别是SCAS是用AL或AX与目的串中的字节或字进行比较，不保存结果，仅影响标志位。

SCAS常用于在指定的字符串中查找关键字，字符串的地址指针只能是(ES:DI)，不允许段超越。要搜索的关键字放在AL或AX中。SCAS常与重复前缀REPZ/REPE、REPNZ/REPNE结合使用。

【例3-71】 在某字符串STRING中查找是否存在'$'字符。若存在，则将'$'字符所在地址送入BX中，否则将BX清"0"。

```
      CLD                     ；清方向标志DF
      MOV    CX,10            ；CX←字符串长度
      LEA    DI,STRING        ；DI←字符串STRING首地址
      MOV    AL,'$'           ；AL←关键字'$'
      REPNE  SCASB            ；不相等则扫描
      JNZ    ZER              ；没找到则跳转到ZER
      DEC    DI               ；找到，则得到其地址
      MOV    BX,DI            ；BX←'$'字符所在地址
      JMP    ST0
ZER:
      MOV    BX,0             ；BX←0
ST0:
      HLT
```

4）串装入(Load String,LODS)指令

指令格式：LODS　SRC　　　　；SRC为源串地址
　　　　　LODSB　　　　　　；字节装入
　　　　　LODSW　　　　　　；字装入

指令功能：将源串SRC指向的存储单元内容装入AL/AX中。AL/AX为隐含操作数。

指令执行的操作：(AL)or(AX)←(DS:SI)，源串数据送AL或AX
　　　　若DF＝0，则(SI)←(SI)＋1 or 2，(DI)←(DI)＋1 or 2
　　　　若DF＝1，则(SI)←(SI)－1 or 2，(DI)←(DI)－1 or 2

LODS 是将字符串中的字节或字逐个装入 AL 或 AX 中，常用于字符串显示或输出到接口。一般不带重复前缀。本指令不影响标志位。

【例 3-72】 分别写出 LODSB 和 LODSW 的等价指令。

(1) LODSB 指令等价于下面 2 条指令：

```
MOV   AL,[SI]
INC   SI
```

(2) LODSW 指令等价于下面 3 条指令：

```
MOV   AX,[SI]
INC   SI
INC   SI
```

5) 存字符串(STOS)指令

```
指令格式：STOS   DST          ；DST 为目的串
          STOSB               ；字节存储
          STOSW               ；字存储
```

指令功能：将 AL/AX 的值送给目的串 DI 指向的存储单元中。AL/AX 为隐含操作数。

指令执行的操作：(ES:DI)←(AL)or(AX)，AL 或 AX 送目的串

若 DF=0，则(SI)←(SI)+1 or 2，(DI)←(DI)+1 or 2

若 DF=1，则(SI)←(SI)−1 or 2，(DI)←(DI)−1 or 2

STOS 常用于存储单元的初始化，一般加上重复前缀 REP。本指令不影响标志位。

【例 3-73】 将内存附加段 2000H 中 0400H 开始的 256 个字单元清 0。

```
MOV   AX,2000H
MOV   ES,AX
CLD
LEA   DI,[0400H]          ；(DI)=0400H
MOV   CX,0080H            ；(CX)=256
XOR   AX,AX               ；(AX)=0
REP   STOSW               ；重复存字符串操作，直到 CX=0
HLT
```

【例 3-74】 设内存某数据区 BUFFER 中存放着 200 个 8 位非零有符号数，要求将正、负数分别送到同一段的两个数据区中，正数存到 PLUSBUF 开始的区域，负数存到 MINUSBUF 开始的区域。

```
        LEA    BX,BUFFER      ；数据区 BUFFER 首地址送 BX
        LEA    DI,PLUSBUF     ；正数区 PLUSBUF 首地址送 SI
        LEA    SI,MINUSBUF    ；负数区 MINUSBUF 首地址送 DI
        MOV    CX,200         ；字串长度送 CX
        CLD                   ；地址增方向
AGAIN:
        XCHG   BX,SI          ；首地址交换，SI 指向数据区
```

```
        LODSB                   ; 数据区 BUFFER 取一字节送 AL
        XCHG    BX,SI           ; SI 指向正数区
        TEST    AL,80H          ; 判 AL 最高位是否为 1
        JS      MINUS           ; 为 1 则是负数,转到 MINUS
        XCHG    SI,DI
        STOSB                   ; 将 AL 的数存储到正数区
        XCHG    SI,DI
        JMP     NEXT
MINUS:
        STOSB                   ; 将 AL 的数存储到负数区
NEXT:   INC     BX
        DEC     CX
        JNZ     AGAIN           ; (CX)≠ 0 则继续
        HLT
```

串操作指令小结如下。

(1) **串操作指令至少有一个操作数为存储器操作数,有多个隐含操作数,包括** AL **或** AX、CX、SI、DI、DF。

(2) **仅** CMPS **和** SCAS **影响标志位,其他串指令和重复前缀不影响标志位。**

(3) **串指令执行前必须初始化。**

3.3.7 处理器控制指令

处理器控制指令(见表 3-15)实现对 CPU 的控制,如对 CPU 中某些标志位进行设置、暂停 CPU、使 CPU 与外部设备同步等。该类指令均为零操作数指令。

表 3-15 处理器控制指令

指令类型	指令格式	指令功能	指令完成的操作
标志位处理指令	STC	进位标志 CF 置 1	CF=1
	CLC	进位标志 CF 清 0	CF=0
	CMC	进位标志 CF 取反	$CF=\overline{CF}$
	STD	方向标志 DF 置 1	DF=1
	CLD	方向标志 DF 清 0	DF=0
	STI	中断标志 IF 置 1	IF=1
	CLI	中断标志 IF 清 0	IF=0
其他控制指令	HLT	暂停指令,使 CPU 进入暂停状态	
	WAIT	等待指令	
	ESC	交权指令	
	LOCK	封锁总线	
	NOP	空操作	

1. 标志位处理指令

标志位处理指令格式、功能、完成的操作如表 3-15 所示,标志位处理指令仅对有关

标志位执行操作，对其他标志位没有影响。

2. 其他控制指令

1）处理器暂停(Halt,HLT)指令

指令格式：HLT

指令功能：使 CPU 进入暂停状态。不影响标志位。中断、复位或 DMA 操作可使 CPU 退出暂停状态。

HLT 在程序设计举例中，往往是程序的最后一条指令，表示程序到此结束。如果是在 DOS 环境下运行程序，不要用此指令作为结束，否则会使计算机出现死锁现象，程序的末尾一般应写上返回 DOS 的调用。但在 Debug 调试程序中可用 HLT，不会产生死锁。

2）等待(WAIT)指令

指令格式：WAIT

指令功能：用于 CPU 与外部硬件同步。该指令不断测试$\overline{\text{TEST}}$引脚，若$\overline{\text{TEST}}=1$，则使 CPU 处于暂停状态；若$\overline{\text{TEST}}=0$，则 CPU 脱离暂停状态，继续往下执行。不影响标志位。

3）空操作(No Operation,NOP)指令

指令格式：NOP

指令功能：不执行任何操作，占用 3 个时钟周期，常用作延时操作。不影响标志位。

4）总线封锁(Lock bus,LOCK)指令

指令格式：LOCK

指令功能：当 CPU 执行带 LOCK 前缀的指令时，不允许其他设备对总线进行访问。LOCK 指令可作为任何指令的前缀，不影响标志位。

5）交权(Escape,ESC)指令

指令格式：ESC　EXT_OP,SRC　；EXT_OP 其他协处理器的操作码
　　　　　　　　　　　　　　　；SRC 为存储器操作数

指令功能：为协处理器提供操作码和操作数。不影响标志位。

自测练习 3.3

1. 下列指令执行后，SP 值减少的有(　　)。
   A. PUSH　B. POP　C. CALL　D. IRET
2. 将字节变量 ARRAY 偏移地址送寄存器 BX，下列指令正确的有(　　)。
   A. LEA　BX,ARRAY　B. MOV　BX,ARRAY
   C. LES　BX,ARRAY　D. MOV　BX,OFFSET ARRAY
3. 下列指令错误的有(　　)。
   A. ADD　AL,100H　B. SUB　BX,[BP]
   C. MUL　200H　D. INC　DX
4. 设(SS)＝2000H，(SP)＝0010H，(AX)＝1234H，执行 PUSH AX 后，(SP)＝(　　)。
   A. 0009H　B. 0008H　C. 000FH　D. 000EH
5. 设(SS)＝2000H，(SP)＝0012H，(AX)＝1234H，执行 PUSH AX 后，(　　)存储单元的值＝34H。

A. 20012H　　B. 20011H　　C. 20010H　　D. 2000FH

6. 指令 IN AL,DX 对 I/O 端口的寻址范围是(　　)。

A. 0～255　　B. 0～65535　　C. 0～1023　　D. 0～32767

7. 将 DX 清零,并使标志位 CF 清零,下面错误的指令是(　　)。

A. MOV　DX,0　　B. AND　DX,0

C. XOR　DX,DX　　D. SUB　DX,DX

8. 有程序段:

```
MOV   AL,1234H
MOV   CL,4
ROL   AL,CL
```

执行后,(AL)=(　　)。

A. 2340H　　B. 2341H　　C. 4123H　　D. 0123H

9. 有程序段:

```
NEXT:MOV   AL,[SI]
     MOV   ES:[DI],AL
     INC   SI
     INC   DI
     LOOP  NEXT
```

可实现与上述程序段相同功能的指令是(　　)。

A. REP　LODSB　B. REP　STOSB　C. REPE　SCASB　D. REP MOVSB

10. 若要检测 BX 寄存器中的 D_{12} 位是否为 1,正确答案是(　　)。

A. OR　BX,1000H
　　JNZ　YES

B. TEST　BX,1000H
　　JNZ　YES

C. XOR　BX,1000H
　　JZ　YES

D. TEST　BX,1000H
　　JZ　YES

本章总结

操作码和操作数是指令的两要素。每个操作码都有固定的助记符,指明了指令实现的功能。操作数是操作码执行的对象,可以存放在不同的位置,因此,掌握寻址方式是写出正确操作数的前提。针对存储器操作数,提供了不同的寻址方式,具有一定的灵活性。通过本章学习,应掌握不同类型指令的功能、使用场合和典型应用。

习题与思考题

1. 设(BX)=2000H,(DI)=1000H,相对位移量 DISP=200H,(DS)=3000H,计算下列指令源操作数的有效地址 EA 和物理地址 PA。

(1) MOV　AL,[200H]　　(2) MOV　AL,[BX]

(3) MOV　AL,[BX+200H]　　(4) MOV　AL,[BX+DI]

(5) MOV　AL,[BX+DI+200H]

2. 判断下列指令是否正确，说明错误指令的错误原因。

(1) MOV　AL,BX　　(2) MOV　AL,CL

(3) INC　[DX]　　(4) MOV　50,AL

(5) MOV　AX,[BX+DI]　　(6) ADD　BYTE　PTR [BX],[DI]

(7) MOV　DS,2000H　　(8) POP　CS

(9) MOV　BL,F5　　(10) OUT　258H,AL

3. 写出下列指令中源操作数的寻址方式。

(1) MOV　AL,100　　(2) MOV　AL,[100]

(3) MOV　AX,BX　　(4) MOV　AX,[BX]

4. 设 VAR1 为字变量，VAR2 和 VAR3 为字节变量，判断下列指令是否正确，指出错误原因。

(1) MOV　AX, VAR1　　(2)MOV　AX, VAR2

(3) MOV　[VAR1],12H　　(4) MOV　VAR2, VAR3

5. 已知 DS＝2000H，设 (21000H)＝00H，(21001H)＝12H，(21400H)＝00H，(21401H)＝10H，(23400H)＝20H，(23401H)＝30H，(23800H)＝40H，(23801H)＝30H，(23A00H)＝60H，(23A01H)＝30H，符号 BUF 的偏移地址为 1400H。执行下列指令后，寄存器 AX、BX、SI 的值分别是多少?

```
MOV   BX,OFFSET BUF
MOV   SI,[BX]
MOV   AX,BUF[SI][BX]
```

6. 写出 4 种将 AL 寄存器清 0 的方法。

7. 已知堆栈段(SS)＝2000H，(SP)＝200H，问：

(1) 栈顶的物理地址是多少?

(2) 存入数据 2233H 和 4455H 后，(SP)为多少? 画出数据在堆栈中的存放示意图。

8. 用逻辑指令完成下列功能。

(1) 置 AX 的高 4 位为 0；

(2) 使 BL 的高、低 4 位互换；

(3) 置 DX:AX 中的 32 位数左移 1 位。

9. 设 AX、SI 存放的是有符号数，DX、DI 存放的是无符号数，用比较指令和条件转移指令实现下列各题功能。

(1) 若(AX)≥(SI)，转 LAB1 处执行；

(2) 若(DX)≥(DI)，转 LAB2 处执行；

(3) 若(AX)－(SI)产生溢出，转 LAB3 处执行。

10. 设数据段中有一块长 20 字的数据区，首地址为 DEST，需将该数据区初始化为 0，试将下列程序段补充完整。

```
XOR   AX,__________
__________ DI,DEST
MOV   CX,__________
CLD
REP   __________
```

11. 分析下列程序段,指明程序段功能。程序执行后,(AL)为多少?

```
MOV   AL,36H
MOV   DL,AL
AND   DL,0FH
AND   AL,0F0H
MOV   CL,4
SHR   AL,CL
MOV   BL,10
MUL   BL
ADD   AL,DL
HLT
```

12. 分析程序段。程序执行后,(CL)为多少?

```
MOV   AX,1234H
MOV   BX,5678H
ADD   AL,BL
DAA
MOV   CL,AL
```

13. 8086/8088 CPU 条件转移指令的转移范围是多少? 编程时,如果超出转移范围,则应如何处理?
14. 判断某有符号数的正、负而不影响原值,可使用哪些方法? 至少写出 4 种方法。
15. 编写程序段实现下列功能。
    (1) 将 AX 中间 8 位作高 8 位,BX 低 4 位和 DX 高 4 位作低 8 位拼成一个新字。
    (2) 将 BX 中的 4 位压缩 BCD 码用非压缩 BCD 码形式按高低顺序存放在 AL、BL、CL 和 DL 中。
    (3) 把 UNPACKED 开始的 16 个非压缩 BCD 码转换成压缩 BCD 码,结果存在从 PACKED 开始的单元中。

4

汇编语言程序设计

汇编语言是符号语言，与机器语言一一对应，能全面反映计算机硬件功能与特点，帮助理解计算机的工作过程。汇编语言程序的优点是程序代码短、存储空间占用少、运行速度快、可直接控制硬件等，可应用于实时控制系统、嵌入式系统开发等场合。本章主要介绍汇编语言程序的基本结构、语法及程序设计方法。

4.1 汇编语言基本知识

汇编语言相比机器语言具有良好的可读/写性，执行速度与机器语言相同。汇编语言源程序需要通过汇编程序翻译成目标代码(机器语言)，才能被计算机运行。不同类型的 CPU 具有不同的汇编语言，相互间不通用，但同一系列 CPU 的汇编语言是兼容的，如 Intel x86 系列 CPU 的汇编语言是向前兼容的。使用汇编语言编写程序需要了解计算机结构和工作原理，常用于对运行速度要求较高且内存容量受限，或需要直接访问硬件的场合。

本节目标：

(1) **掌握汇编语言源程序结构。**

(2) **掌握汇编语言语句类型及格式。**

(3) **掌握汇编语言的数据表示。**

4.1.1 汇编语言源程序结构

一个完整的汇编语言源程序通常由若干个逻辑段(Segment)组成，包括代码段、数据段、堆栈段和附加段。不同的段具有不同的功能。代码段存放用户编写的程序代码。数据段存放定义的变量、常数等，也可作为程序运行时的数据暂存区或 I/O 数据的工作区。堆栈段用来暂存数据或地址信息，使用堆栈指令、中断和子程序调用时会用到堆栈段，程序中可以定义堆栈段，也可以直接利用系统默认的堆栈段。附加段用于串操作指令。

任何一个汇编语言源程序至少应包含一个代码段，其他段视具体情况而定。那些由多个源程序模块组成的复杂程序可能会有多个代码段、数据段、堆栈段，但每个源程序模块中，4 类逻辑段分别不超过一个。将源程序以分段形式组织是为了在程序汇编后，能将指令码和数据分别装入存储器的相应物理段中。在结构上通常把数据段放在代码段之前，使变量在使用前先定义，保证生成正确的目标代码。

每个逻辑段以 SEGMENT 语句开始，以 ENDS 语句结束。整个源程序用 END 语句结尾。下面是一个完整的汇编语言程序实例，采用了分段结构。

【例 4-1】 实现内存单元中两个字节数相加的完整汇编语言程序。

分析 给出的源程序由代码段、数据段和堆栈段 3 个逻辑段组成。

```
STACK   SEGMENT   STACK          ；定义堆栈段
        DW   100 DUP(?)          ；定义 100 个字的连续堆栈区
        TOP   LABEL WORD         ；定义 TOP 为字属性
STACK   ENDS                     ；定义堆栈段结束
DATA    SEGMENT                  ；定义数据段开始
        BUF1   DB 34H            ；第 1 个加数
        BUF2   DB 2AH            ；第 2 个加数
        SUM    DB ?              ；存放和的单元
DATA    ENDS                     ；定义数据段结束
CODE    SEGMENT                  ；定义代码段开始
        ASSUME CS:CODE,DS:DATA,SS:STACK
START:                           ；START 为标号，表示第 1 条指令地址
        MOV   AX,STACK           ；给堆栈段寄存器 SS 赋值
        MOV   SS,AX
        MOV   SP,OFFSET TOP      ；给 SP 赋初值
        MOV   AX,DATA            ；给数据段寄存器 DS 赋值
        MOV   DS,AX
        MOV   AL,BUF1            ；取第 1 个加数
        ADD   AL,BUF2            ；与第 2 个加数相加
        MOV   SUM,AL             ；存放结果
        MOV   AX,4C00H           ；赋功能号
        INT   21H                ；返回 DOS
CODE    ENDS                     ；定义代码段结束
        END   START              ；整个源程序结束
```

4.1.2 汇编语言语句类型及格式

1. 语句的类型

8086/8088 汇编语言的语句类型分为 3 类：指令、伪指令和宏指令。

指令能够被汇编程序翻译成可执行的机器代码，与机器码一一对应，参见第 3 章。

伪指令也称指示性语句，用来告诉汇编程序如何对程序进行汇编，它不会被翻译成机器代码，所以称为伪指令。例如，伪指令可用来定义变量、分配存储区等。

宏指令是源程序中一段有独立功能的程序代码，只需定义一次，可以多次调用，类似于子程序。一条宏指令功能相当于若干条指令语句。关于宏指令的特点，详见 4.2.6 节。

2. 语句格式

汇编语言语句格式可分为指令格式和伪指令格式,两者稍有不同。

(1) 指令格式。

[标号:] 指令码 [操作数] [,操作数] [;注释]

(2) 伪指令格式。

[名字] 伪指令助记符 [操作数] [,操作数,…] [;注释]

其中,[ ]内容为可选项,需根据具体情况选择。

指令格式的标号是指令的符号地址,后面紧跟冒号":",常用在转移指令、循环指令、子程序调用指令中。

伪指令格式的名字后面没有冒号":",通常表示变量名、段名、过程名等,多数情况为变量名,表示存储区中数据的地址。

指令语句的操作数多为双操作数,也有单操作数或者隐含操作数。伪指令语句的操作数有1个或多个,多个操作数用逗号隔开。

注释的功能是增强程序的可读性,注释前面需加分号。注释通常放在语句的最后,如果注释太长,也可以是独立行,行首一定要加分号。注释不会生成机器代码。

3. 标号和名字的命名规则

标号和名字都是按一定规则定义的标识符。可由以下字符集组成。

(1) 大、小写英文字母:A～Z,a～z。

(2) 数字:0～9。

(3) 特殊符号:?、@、_、[]、{}、()、+、-、*、/、%、! 等。

标号和名字的命名规则如下。

(1) 一般用英文字母开头,不区分大小写;数字不能作为名字的第一个符号。

(2) 特殊符号不能单独作为名字。"."只能作为第一个字符。

(3) 标号和名字的有效长度最多为31个字符,超出部分计算机不再识别。

(4) 汇编语言中有特定含义的保留字不能用于标识符命名,如操作码、寄存器名等。

为便于记忆,标识符最好能见名知意,如用BUF表示缓冲区、SUM表示累加和等。

4.1.3 汇编语言的数据表示

汇编语言中使用的操作数可以是寄存器、存储单元和数据项,数据项有常数、变量、标号、表达式等不同类型。寄存器和存储器操作数在第3章中已详细介绍,本节主要介绍常数、变量、标号及表达式。

1. 常数

常数只有值属性,没有其他属性,可分为数值常数、字符串常数和符号常数三类。例如,立即数寻址时所用的立即数、直接寻址时所用的地址、ASCII字符等都是常数。

1) 数值常数

数值常数按基数不同,有二进制数(B)、八进制数(O)、十进制数(D)、十六进制数(H)等不同的表示形式,用不同的后缀加以区别。默认是十进制数。十六进制数若以A～F开头,前面必须加数字0,以避免与名字混淆,如十六进制数B8H应写为0B8H。

2）字符串常数

字符串常数是用单引号‘’括起来的一串字符，如‘ABCD’，‘79’等。字符串常数在内存中是以字符的ASCII码存放的。如字符串‘79’汇编时会翻译为37H、39H。允许字符串常数最长为255个字符。

3）符号常数

符号常数指用符号名代替常数，如用COUNT EQU 6或COUNT＝6定义后，COUNT就是一个符号常数，与数值常数6等价。

2. 标号

标号是指令的符号地址，表明一条指令所在存储单元的地址，后面紧跟冒号，常作为转移指令、循环指令、子程序调用指令的操作数。标号的命名不能与指令助记符、伪指令、寄存器重名，不能用数字开头，最长为31个字符。

标号有三个属性：段属性、偏移属性和类型属性。

(1) 段属性(SEG)：是标号所在段的段地址，标号的段属性值由CS提供，是16位无符号数。

(2) 偏移属性(OFFSET)：是标号对应指令所在地址与段首地址之间的偏移量，以字节为单位，是16位无符号数。

(3) 类型属性(TYPE)：有NEAR、FAR两种类型。NEAR为近标号，实现段内引用，地址指针2字节；FAR为远标号，实现段间引用，地址指针4字节。

3. 变量

变量由DB、DW、DD等伪指令定义，存放在存储单元中，变量值可在程序运行时修改。变量本质上是一个存储器操作数，变量名实质上是内存单元的符号地址。当变量被定义为一个数据区时，变量名表示该数据区的首地址，指向数据区的第一个数据。

变量与标号一样也有三种属性。其中，段属性和偏移属性与标号相同，变量的类型属性有字节(BYTE)、字(WORD)、双字(DWORD)、四字(QWORD)和十字节(TBYTE)，表示变量占有的字节数。变量名用字母开头，不超过31个字符。

【例4-2】 定义字节变量VAR1为12H和字变量VAR2为3456H

```
(1) VAR1   DB   12H        ；DB定义字节变量，VAR1类型属性为BYTE
(2) VAR2   DW   3456H      ；DW定义字变量，VAR2类型属性为WORD
```

【例4-3】 变量定义举例。设BUF1是数据段定义的第一个变量。

```
BUF1   DB   1,2,3              ；定义变量BUF1，长度为3字节
(1) MOV   BX,OFFSET BUF1       ；取变量BUF1的偏移地址，(BX)＝0000H
(2) MOV   BX,OFFSET BUF1＋1    ；取变量BUF1＋1的偏移地址，(BX)＝0001H
(3) MOV   BX,SEG BUF1          ；取变量BUF1的段地址，(BX)＝(DS)
(4) MOV   BL,BUF1              ；取变量BUF1的值，(BL)＝01H
(5) MOV   BH,BUF1＋1           ；取变量BUF1＋1的值，(BL)＝02H
```

4. 表达式

表达式由运算对象和运算符组成，分为数值表达式和地址表达式两种。数值表达式的运算结果是一个数值，地址表达式的运算结果是存储单元的地址。表达式运算是在汇编阶段完成的，程序执行时表达式已经有确定的值，该值可以是常数或者地址。

汇编语言中的运算符有五类，包括算术运算符、逻辑运算符、关系运算符、分析运算符、综合运算符。

1）算术运算符(Arithmetic Operators)

算术运算符有＋、－、*、/(取商)、MOD(取余)、SHL(左移)和 SHR(右移)，用于数值表达式或地址表达式中。其中，地址表达式只有加、减运算，乘、除运算无意义。

【例 4-4】 表达式举例。设变量 BUF 偏移地址为 0010H。

```
MOV   AL,7*6+8              ;数值表达式,(AL)=50
MOV   SI,OFFSET BUF+6       ;地址表达式,(SI)=0010H+6=0016H
```

算术运算符的 SHL/SHR 与移位运算指令 SHL/SHR 是有区别的，前者由汇编程序计算，没有对应的机器代码；后者是指令，有对应的机器代码，能被 CPU 执行。

2）逻辑运算符(Logical Operators)

逻辑运算符有 AND(与)、OR(或)、XOR(异或)和 NOT(非)四种，只能用于数值表达式中，不能用于地址表达式中。逻辑运算符和逻辑运算指令的区别：逻辑运算符的运算在汇编阶段完成，逻辑运算指令在程序执行阶段完成。

【例 4-5】 分析下列指令。设(DATA1)＝55H。

```
AND   AL,DATA1 AND 0FH   ;(AL)=05H
```

分析 指令中出现了两个 AND，第一个 AND 是指令操作码，第二个 AND 是逻辑运算符，在汇编阶段完成计算：DATA1 AND 0FH ＝ 05H。

3）关系运算符(Relational Operators)

关系运算符包括 EQ(相等)、NE(不等)、LT(小于)、LE(小于或等于)、GT(大于)、GE(大于或等于)六种。关系运算符的两个操作数必须同为数据，或者是同一段内的两个存储单元地址，运算结果为逻辑值。当关系成立(为真)时，结果为 0FFH 或 0FFFFH；当关系不成立(为假)时，结果为 0。

【例 4-6】 分析下列指令。

```
MOV   AX,10H GT 16H       ;(AX)=0
ADD   BL,6 EQ 0110B       ;(BL)=(BL)+0FFH
```

分析 第一条指令，10H GT 16H 的结果是假，值为 0。第二条指令，6 EQ 0110B 的结果为真，值为 0FFH。

4）分析运算符(Analytic Operators)

分析运算符用来分析存储器操作数的某个属性，主要有 OFFSET、SEG、LENGTH、TYPE 和 SIZE 五种分析运算符，这里仅介绍常用的 OFFSET、SEG、TYPE 运算符。

(1) OFFSET。

格式：OFFSET　标号或变量

功能：返回标号或变量的偏移地址。

(2) SEG。

格式：SEG　标号或变量

功能：返回标号或变量所在段的段地址。

(3) TYPE。

格式：TYPE　变量或标号

功能:返回变量或标号对应的存储单元的类型属性,变量与标号的类型属性值如表4-1所示。

表 4-1 变量与标号的类型属性值

变量与标号	定义的伪指令	类　型	属　性　值
变量	DB	BYTE(字节)	1
	DW	WORD(字)	2
	DD	DWORD(双字)	4
	DQ	QWORD(四字)	8
	DT	TBYTE(十字节)	10
标号		NEAR(近程)	−1
		FAR(远程)	−2

【例 4-7】 设 BUF 为内存变量,将其偏移地址送 SI,段地址送 DS。

① 获取偏移地址,可以用下列两条指令之一实现。

```
MOV   SI,OFFSET BUF
LEA   SI,BUF
```

② 获取段地址。

```
MOV   AX,SEG BUF        ;SEG 得到的段地址是立即数,不能直接给 DS
MOV   DS,AX
```

5) 综合运算符(Synthetic Operators)

综合运算符又称修改属性运算符。当需要修改变量或标号的属性(段属性、偏移地址属性、类型属性等)时,可用综合运算符实现。

(1) PTR 运算符。

格式:类型 PTR 表达式

功能:将类型属性赋给表达式。变量的类型可以是 BYTE、WORD、DWORD 等,标号的类型可以是 NEAR 和 FAR。

【例 4-8】 PTR 运算符应用举例。

```
MOV   BYTE PTR [BX],AL   ;AL 送给 BX 指向字节单元
CALL  FAR PTR SUB1       ;段间直接调用,SUB1 为子程序名
```

(2) THIS 运算符。

格式:变量或标号 EQU THIS 类型

功能:将类型属性赋给变量或标号,使该变量或标号的段基址和偏移地址与下一个存储单元地址相同。THIS 运算符是给同一地址单元取别名,便于引用。

【例 4-9】 定义变量 VAR1、VAR2,分析指令执行结果。

```
VAR1   EQU   THIS   BYTE
VAR2   DW    1234H
```

① MOV　AL,VAR1　　;AL=34H

② MOV　AX,VAR2　　;AX=1234H

分析 变量 VAR1 和 VAR2 有相同的段基址和偏移量，VAR1 相当于是变量 VAR2 的别名，但 VAR1 是字节变量，VAR2 是字变量。

(3) 分离运算符。

分离运算符有 HIGH 和 LOW 两种。

格式：HIGH/LOW 常量表达式

功能：HIGH 获取常量的高字节，LOW 获取常量的低字节。

【例 4-10】 分析指令运行结果。

```
COUNST  EQU  4455H
MOV  AH,HIGH COUNST    ; AH=44H
MOV  AL,LOW COUNST     ; AL=55H
```

6) 运算符的优先级

当一个表达式含有多个运算符时，按优先级高低进行计算，同级运算符遵循从左到右的计算原则。圆括号"()"可改变优先级次序。表 4-2 给出了运算符的优先级别。

表 4-2 运算符的优先级别

优先级		运算符
高	0	括号表达式
↓	1	LENGTH、SIZE、WIDTH、MASK
	2	段超越前缀
	3	PTR、OFFSET、SEG、TYPE、THIS
	4	HIGH、LOW
	5	*、/、MOD、SHL、SHR
	6	+、-
	7	EQ、NE、LE、LT、GT、GE
	8	NOT
	9	AND
	10	OR、XOR
低	11	SHORT

5. 偏移地址计数器 $

偏移地址计数器 $ 用来保存当前指令的偏移地址或伪指令语句中变量的偏移地址。$ 值就是当前指令或变量的偏移地址。

【例 4-11】 $ 在指令中的应用。

```
MOV  CX,100
LOOP  $                        ;执行该语句 100 次
```

分析 $ 表示本条指令第一个字节的偏移地址。在本例中，$ 代表 LOOP 指令的开始地址，即表示 LOOP 指令循环执行 100 次。

【例 4-12】 $ 在数据定义中的应用。

```
STRING  DB  'ABCDEFG'
```

```
STRSIZE  EQU   $-STRING
```

分析　$值为字符串 STRING 中最后一个字符“G”所在单元的下一个字节地址的偏移量，STRING 是字符串中字符“A”所在单元的偏移量，因此，$-STRING 的结果为 7，是字符串 STRING 的长度。

自测练习 4.1

1. 计算机能够直接执行的程序语言是________。
2. 一个 8086/8088 汇编语言源程序最多有________个当前段。
3. 在汇编过程中不产生指令代码，只用来指示汇编程序如何汇编的指令是________。
4. 把 SEG 运算符加在一个标号或变量前，是为了获取该标号或变量的________，把 OFFSET 运算符加在一个标号或变量前，是为了获取该标号或变量的________。
5. 8086 汇编语言有三种基本语句，不包括(　　)。

   A. 宏指令语句　　B. 多字节语句　　C. 指令语句　　D. 伪指语句
6. 设 VAR1、VAR2 为字变量，LAB 为标号，说明下列语句的错误原因。

   (1) JMP　LAB[SI]　　　　(2) JMP　FAR LAB

   (3) JNZ　VAR1　　　　　(4) SUB　VAR1,VAR2

4.2　伪指令与宏指令

伪指令在汇编阶段由汇编程序执行，如定义数据、分配存储区、定义段、定义子程序和指示程序结束等。伪指令与指令的最大区别是，指令经汇编后产生机器代码，在程序运行时由 CPU 执行，而伪指令在汇编时执行，不生成机器代码。宏汇编程序 MASM 提供了多种伪指令，限于篇幅，本书仅介绍常用伪指令。

本节目标：

(1) **掌握汇编语言中常数、变量、标号、符号、表达式的描述规范。**

(2) **掌握符号定义、数据定义、段定义、过程定义伪指令。**

4.2.1　符号定义伪指令

符号定义伪指令用来给常数或表达式赋一个符号名，或者给某变量或标号赋予新的类型属性。符号定义伪指令可提高程序的可读性，使程序更易于修改。

常用的符号定义伪指令有 EQU、=(等号)和 LABEL。

1. EQU

格式：符号名　EQU　表达式

功能：将表达式的值赋给符号名。符号名由用户自定义，表达式可以是常数、数值、地址表达式、变量、标号，甚至可以是一条指令。

EQU 定义的符号不占用存储单元，也不产生目标代码。不能用 EQU 重复定义符号。

【例 4-13】 EQU 举例。

```
CONSTANT    EQU   256          ；CONSTANT 表示常数 256
ALPHA       EQU   7            ；ALPHA=7
BETA        EQU   ALPHA-2      ；BETA=5,需先定义 ALPHA
COUNT       EQU   CX           ；COUNT 与 CX 为同义符号
ADDR        EQU   [BP+8]       ；ADDR 用来表示地址表达式 BP+8
```

2. =(等号)

格式:符号名 = 表达式

功能:与 EQU 功能相同,但“=”允许重复定义符号名。

【例 4-14】 “=”应用举例。设 BUF 是存储器操作数,设 BUF 的偏移地址为 0000H。

```
A1=BUF                         ；A1=0000H
…
A1=BUF+2                       ；A1=0002H
```

分析 本例中,A1 用“=”重复定义了。

3. LABEL

格式:符号名 LABEL 类型

功能:用来定义变量或标号的类型,与下一条语句共享存储器单元。

【例 4-15】 用 LABEL 伪指令,实现对内存 100 字单元既可字节访问,也可字访问。

```
BYTEARRAY   LABEL   BYTE
WORDARRAY   DW      100   DUP(?)
```

分析 第二条语句定义 100 个字存储单元,符号地址名为 WORDARRAY。第一条语句说明这 100 个字存储单元可以看成 200 个字节存储单元,符号地址名为 BYTE-ARRAY。所以,访问该存储区时,既可按字节访问,也可按字访问,如下所示。

```
MOV   AL,BYTEARRAY[0]        ；取一个字节给 AL
MOV   AX,WORDARRAY [0]       ；取一个字给 AX
```

如果没有 LABEL 语句,则第一条 MOV 指令汇编时会报操作数不匹配的错误。

4.2.2 数据定义伪指令

数据定义伪指令用来定义变量类型,给变量分配存储单元。常用的数据定义伪指令有 DB、DW、DD、DQ、DT 等。

1. 格式

格式:[变量名]　　伪指令　　操作数　　[,操作数,…]

功能:将操作数存入变量名指定的存储单元中,或者只分配存储空间不存入确定数据。

变量名为可选项,可以作为第一个操作数的符号地址。操作数可以有多个,它们之间用逗号分开。数据定义伪指令助记符主要有以下几种。

(1) DB:定义字节类型变量,每个操作数占用 1 B。DB 也用来定义字符串。

(2) DW:定义字类型变量,每个操作数占用 2B,高字节在高地址,低字节在低地址。

(3) DD:定义双字类型变量,每个操作数占用 4B,高字节在高地址,低字节在低地址。

(4) DQ:定义 4 个字类型变量,每个操作数占用 8B,高字节在高地址,低字节在低地址。

(5) DT:定义 10 个字节类型变量,每个操作数占用 10B。

2. 操作数

操作数可以是常数、字符串或表达式等,多个操作数之间必须用逗号分开。

1) 数值表达式

数值表达式包括常数、字符串等,数值数据可以为多个,它们之间用逗号分开,顺序存放在存储器中。

【例 4-16】 操作数是常数或表达式。数据在存储器中的分配如图 4-1 所示。

```
DATA1   DB   10H,-4              ;DATA1 是字节变量,每个操作数占 1B
DATA2   DW   5*20H,0FFEEH        ;DATA2 是字变量,每个操作数占 2B
```

【例 4-17】 操作数是字符串。数据在存储器中的分配如图 4-2 所示。

```
FIRST     DB   'HI','A'          ;定义字符串,存储字符的 ASCII 码
SECOND    DW   'EF'              ;定义字变量
```

说明:用 DB 定义字符串时,必须用单引号'',在存储单元存放的是字符 ASCII 码,顺序存放,长度不超过 256 个字符。对 2 个字符组成的字符串也可以用 DW 定义,但要注意此时存放顺序为低字节在低地址,高字节在高地址。

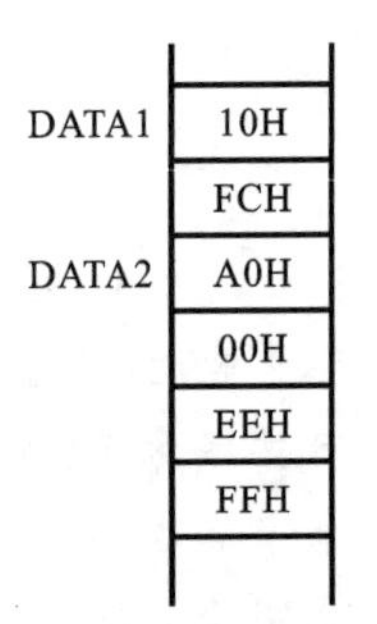

图 4-1 例 4-16 定义的数据区

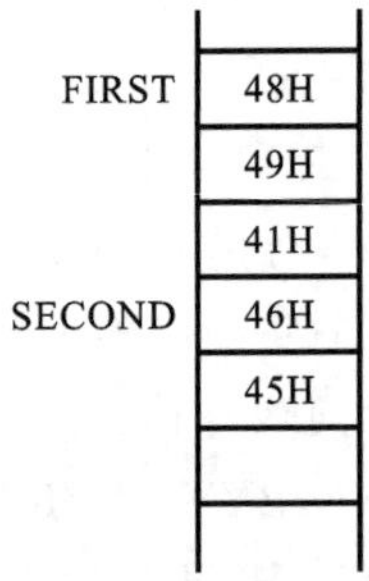

FIRST 48H
49H
41H
SECOND 46H
45H

图 4-2 例 4-17 定义的数据区

2) ?

用"?"定义的变量值是不确定的,仅保留存储单元。

【例 4-18】 "?"举例。

```
TMP1   DW   ?                    ;预留 1 个字(2 个字节),值不确定
TMP2   DB   ?                    ;预留 1 个字节,其值不定
```

3) DUP 操作符

格式:重复次数 n DUP(初值 1,初值 2,…)

功能:将括号中的值重复 n 次。

【例 4-19】 用 DUP 定义重复变量。数据在存储器中的分配如图 4-3 所示。

```
DAT1   DB   2   DUP(0)           ;分配 DAT1 变量 2 个字节,并预置为零
DAT2   DW   3   DUP(?)           ;分配 DAT2 变量 3 个字,其值不定
```

```
DAT3  DB  2  DUP('ABC',0AH)   ；将括号中的内容重复2次
DAT4  DB  2  DUP(2 DUP(0),1)  ；重复数据序列"0,0,1"2次
```

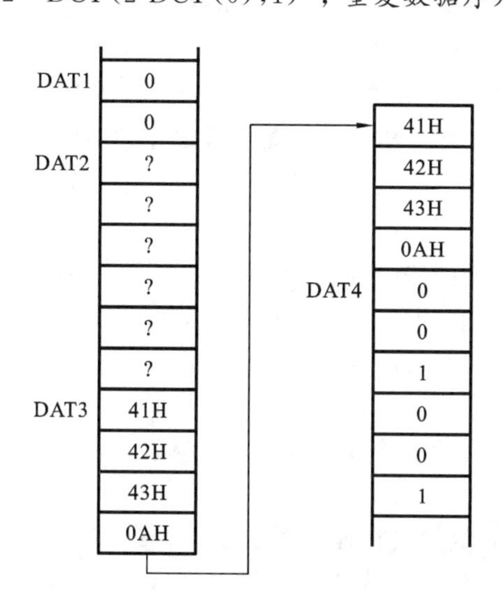

图 4-3 例 4-19 定义的数据区

4.2.3 段定义伪指令

源程序模块的分段结构由段定义伪指令实现。段定义语句指示汇编程序如何按段组织程序和使用存储器，主要有 SEGMENT、ENDS、ASSUME、ORG 等。

1. 段定义伪指令 SEGMENT 和 ENDS

SEGMENT 和 ENDS 是段定义伪指令，任何一个逻辑段必须以 SEGMENT 开始、ENDS 结束，成对出现。

格式：段名 SEGMENT[定位类型][组合类型][类别]

段体

段名 ENDS

段名是逻辑段的标识符，确定了逻辑段在存储器中的地址，不可省略。SEGMENT 和 ENDS 前的段名必须相同，段名可自定义，但不要与指令和伪指令助记符同名，不同段的段名不能相同。段体内容取决于段的类型，代码段的段体是程序代码，数据段、附加段和堆栈段的段体是变量定义等伪指令。方括号为可选项，规定了逻辑段的属性。

1）定位类型(Align Type)

定位类型是对段起始地址的约定，有 PAGE、PARA、WORD 和 BYTE 四种方式，默认值为 PARA，具体含义如表 4-3 所示。

表 4-3 定位类型

定位类型	含　　义	起始地址
PAGE	从页边界开始，256 个字节为一页，段起始地址能被 256 整除	XXX00H
PARA	从节边界开始，16 个字节为一个节，段起始地址能被 16 整除	XXXX0H
WORD	从字边界开始，段的起始地址能被 2 整除，是偶数	X…XXX0B
BYTE	从字节边界开始，段的起始地址可以是任意绝对地址	XXXXXH

2）组合类型(Combine Type)

组合类型用在多模块程序中。组合类型用来告诉连接程序如何将多个逻辑段组合起来。组合类型有以下6种。

(1) NONE：表示本段与其他段在逻辑上无关，即使有同名段，也作为独立段分别装入内存，即各段不进行组合。NONE是默认的组合类型。

(2) PUBLIC：不同模块中，属于PUBLIC的同名段连接成一个逻辑段，顺序连接成一个大的逻辑段。

(3) COMMON：采用覆盖方式确定各逻辑段在存储器中的定位。不同模块中，属于COMMON的同名段具有相同的段起始地址，相互覆盖，段的内容为最后一个连接段的内容，段长度是同名段中最长段的长度。

(4) STACK：表示本段是堆栈段，连接方式与PUBLIC相同。多个模块连接时，将STACK类型的同名段组合为一个堆栈段，为各模块共享。设置堆栈段，STACK参数一般不能缺省。

(5) MEMORY：本类型的段在连接时被定位在最高地址。若需连接多个MEMORY类型的段，则首个连接的段作为MEMORY类型，其余为COMMON类型。

(6) AT表达式：表示本段的段地址由表达式定义。通常情况下，逻辑段的段地址由系统分配，如果需要指定某个逻辑段的段地址，则可以用本参数。例如，AT 2000H表示该段的段基址为2000H，该段的起始物理地址为20000H。

3）类别(Class)

类别是单引号括起来的自定义字符串，长度不超过40个字符。如代码段CODE、数据段DATA、堆栈段STACK等。类别用于连接程序对各逻辑段的内存装载，即把不同模块中相同类别的逻辑段按出现的先后顺序依次装入连续内存中。

段定义语句中，定位类型、组合类型和类别均为可选项，可缺省，但顺序不能交换。各参数间用空格分隔。这三类属性主要用于多程序模块的连接，当只有一个程序模块时，定位类型可采用默认的PARA，除堆栈段用STACK说明外，其他逻辑段的组合类型和类别可省略。

2. 段分配伪指令 ASSUME

格式：ASSUME　段寄存器名：段名[，段寄存器名：段名…]

功能：ASSUME用来关联段寄存器和逻辑段段名，说明定义的逻辑段属于代码段、数据段、堆栈段或附加段之一。ASSUME放在代码段定义伪指令之后。

ASSUME只是指明各个逻辑段的段地址将要存放到哪个段寄存器中，并没有将段地址装入段寄存器。系统仅自动将代码段的段地址装入CS，其他段地址需要编程装入相应段寄存器，称为段寄存器的初始化。

【例4-20】 ASSUME伪指令应用。

分析　本例题定义了2个逻辑段，这2个逻辑段均需要用ASSUME伪指令与对应寄存器建立关联，其中代码段的段地址自动装入CS，数据段的段地址需要编程写入DS。

```
DATA   SEGMENT                    ；定义数据段
          ⋮
DATA   ENDS
```

```
CODE   SEGMENT                     ;定义代码段
  ASSUME  CS:CODE,DS:DATA          ;建立段与段寄存器的关系
       MOV AX,DATA
       MOV DS,AX                   ;将数据段首地址赋给DS
         ⋮
CODE   ENDS
```

3. 定位伪指令 ORG

格式:ORG 数值表达式

功能:用来指定指令或数据在内存中存放的偏移地址,数值表达式给出了偏移值。

【例 4-21】 ORG 伪指令应用。

```
DATA   SEGMENT                     ;定义数据段
       ORG     20H                 ;从DATA 段的20H处开始存放变量
       VECT1   DW 4455H
VECT1
DATA   ENDS
```

4.2.4 模块定义和结束伪指令

简单的汇编语言程序通常只需要一个源程序(也称模块),而大型程序常常由多个相对独立的模块共同构成,形成一个多模块程序。在每个模块的开始可用NAME或TITLE伪指令为该模块定义一个名字,在模块结尾处用END伪指令指示模块结束。每个模块需要单独汇编,生成各自的目标程序,最后将它们连接成可执行程序。

1. NAME **伪指令**

格式:NAME 模块名

功能:用来给汇编后的目标程序一个名字。模块名字以字母开头,不超过6个字符。模块汇编时,从NAME语句开始。NAME伪指令可缺省。

2. TITLE **伪指令**

格式:TITLE 标题名

功能:为程序清单的每一页打印标题名。标题名最多可有60个字符。

当程序中没有使用NAME伪指令时,汇编程序将用标题名中的前6个字符作为模块名。如果程序中既无NAME又无TITLE伪指令,则用源文件名作为模块名。

3. END **伪指令**

格式:END [标号]

功能:表示源程序模块结束,指示汇编程序停止汇编。标号是可选项,表示程序执行的起始地址。如果标号缺省,则从第一条指令开始执行。

当程序有多个程序模块时,只有主程序模块的END伪指令允许使用标号,其他模块只能使用不带标号的END伪指令。

4. PUBLIC **和** EXTERN **伪指令**

PUBLIC和EXTERN伪指令的格式如下。

格式:PUBLIC　符号名[,符号名,…]

　　EXTERN 符号名:类型[,符号名:类型,…]

其中,符号名可以是变量名、标号、过程名、常量名等。

PUBLIC 伪指令在某个模块中声明的符号可被其他模块引用。在一个模块中引用其他模块声明的符号必须在本模块用 EXTERN 伪指令进行说明,而且所引用的符号必须是在其他模块中用 PUBLIC 伪指令声明的。也就是说,如果要在“使用模块”中访问其他模块中定义的符号,除要求该符号在其“定义模块”中声明为 PUBLIC 类型外,还需在“使用模块”中用 EXTERN 伪指令说明该符号,以通知汇编器该符号是在其他模块中定义的。

【例 4-22】 某应用程序包括 A、B、C 三个程序模块,变量 VAR 是在模块 A 中定义的字节变量,用 PUBLIC VAR 声明为公共变量,问如何在模块 B、C 中使用该变量?

分析 由于变量 VAR 被声明为 PUBLIC,所以模块 B 或 C 也可以访问该变量,但必须在模块 B 和 C 中用 EXTERN 伪指令说明如下:

```
EXTERN  VAR: BYTE
```

4.2.5 过程定义伪指令

在汇编程序中,通常将具有某种特定功能的程序段称为过程或子程序。子程序(过程)可以被其他程序用 CALL 指令调用,通过 RET 指令返回到调用程序。子程序定义如下:

```
子程序名  PROC [NEAR/FAR]
          ⋮                     ;子程序体
          RET
子程序名 ENDP
```

PROC 与 ENDP 必须成对出现,对应的子程序名要相同。子程序的命名原则与变量、标号相同,不能缺省。PROC 和 ENDP 之间是子程序体,子程序体至少包含一条 RET 指令,保证子程序能正确返回到主程序。RET 指令中的 N 表示从子程序返回时,堆栈中有 N 个字节作废,可以缺省。

子程序的属性可以是 NEAR 或 FAR。NEAR 为段内调用,FAR 为段间调用,缺省时默认为 NEAR。子程序可以嵌套,即在子程序中调用另一个子程序;子程序也可以递归,即子程序可以调用子程序本身。

【例 4-23】 编程实现延时子程序。

分析 延时是程序经常用到的功能,通常设计成子程序形式供调用。

```
DELAY   PROC   NEAR
        PUSH   AX           ;将 AX、CX 值压入堆栈保护
        PUSH   CX
        MOV    AX,0005H     ;外层循环次数
X1:     MOV    CX,0FFFFH    ;内层循环次数
X2:     LOOP   X2           ;CX≠0 则循环,CX=0 退出内层循环
        DEC    AX           ;修改外层循环计数值
        JNZ    X1           ;AX≠0 则继续循环,AX=0 退出循环
```

```
        POP     CX              ;恢复 CX、AX 值
        POP     AX
        RET                     ;子程序返回
DELAY   ENDP                    ;子程序结束
```

4.2.6　宏指令

在汇编语言程序中，为了能多次使用同一程序段，除了采用子程序调用的方式，还可以将这段程序设计为宏，用宏指令调用实现。

1. 宏定义

宏在使用前必须先定义，定义格式如下：

```
宏名 MACRO[形式参数]
     宏定义体
ENDM
```

MACRO 和 ENDM 均为伪指令，表示宏的开始和结束，必须成对出现。MACRO 和 ENDM 之间为宏定义体，是功能独立的程序段。形式参数用来向宏定义体传递参数，在宏调用时代入实参，当有多个形式参数时，用逗号隔开。宏定义一般放在程序的开头，在所有段之前。

【例 4-24】　将回车和换行定义成一个宏指令。

分析　回车和换行命令在程序中会多次使用，可定义成一个宏指令，使程序简洁。回车、换行的 ASCII 码为 0DH、0AH，字符显示用 DOS 功能调用 INT 21H(参见 4.3 节)。

```
CRLF    MACRO
        MOV     DL,0DH          ; 回车字符的 ASCII 码送 DL
        MOV     AH,2            ; DOS 功能调用 2 号送 AH
        INT     21H             ; DOS 功能调用,显示字符
        MOV     DL,0AH          ; 换行字符的 ASCII 码送 DL
        MOV     AH,2            ; DOS 功能调用 2 号送 AH
        INT     21H             ; DOS 功能调用,显示字符
ENDM                            ; 宏定义结束
```

【例 4-25】　设计带参数宏指令，实现字符显示。

分析　字符显示用 DOS 功能调用 INT 21H 的 2 号功能，可以将要显示的字符设计成参数传递给宏。

```
DISP    MACRO   X               ; X 为要显示字符的 ASCII 码
        MOV     AH,2            ; DOS 功能调用 2 号送 AH
        MOV     DL,X            ; 将 X 送 DL
        INT     21H             ; DOS 功能调用,显示字符
ENDM
```

2. 宏调用

经宏定义后的宏指令可以在源程序中调用，宏调用的格式为

```
宏名 [实际参数列表]
```

多个实际参数间用逗号分隔。实际参数与形参一一对应，如果实际参数个数少于形参，则多余的形参为空；如果实际参数个数多于形参，则多余的实际参数被忽略。

【例 4-26】 分两行显示字符'A'、'B'。

分析 要求分两行显示字符，可以用例 4-24、例 4-25 的宏指令 DISP、CRLF 实现。

```
DISP 'A'        ；调用宏指令 DISP，显示字符'A'
CRLF            ；调用宏指令 CRLF，实现换行
DISP 'B'        ；调用宏指令 DISP，显示字符'B'
```

3. 宏展开

在汇编宏指令时，宏汇编程序将宏定义体中的指令插入宏指令所在的位置，用实际参数代替形式参数，插入的每条指令前有"＋"号。这个过程称为宏展开。例 4-26 的宏展开如下：

```
+MOV  AH,02H
+MOV  DL,41H
+INT  21H
+MOV  DL,0DH
+MOV  AH,02H
+INT  21H
+MOV  DL,0AH
+MOV  AH,02H
+INT  21H
+MOV  AH,02H
+MOV  DL,42H
+INT  21H
```

4. 宏与子程序的区别

宏与子程序（过程）都是用来表示特定功能的程序段，两者的区别如下。

(1) 处理的时机不同。宏调用是在程序汇编时由汇编程序将宏指令展开，而子程序调用是在程序执行期间由 CPU 执行。

(2) 处理的方式不同。宏指令在每次调用时都要把宏定义体展开，有 *N* 次宏调用就有 *N* 次宏展开，占用内存空间较大。而子程序是由 CALL 指令调用，无论调用多少次，子程序的目标代码在内存中只有一份，节省内存空间。

(3) 执行速度不同。宏指令在汇编时完成展开，在运行时不需要额外的时间开销；而子程序调用、返回时需要保护和恢复现场等操作，都需要额外占用 CPU 时间，因此相对而言宏指令执行速度较快。

总之，宏指令是以空间换时间，子程序是以时间换空间，宏与子程序都能达到模块化程序的目的。

自测练习 4.2

1. 伪指令语句 VAR DW 5 DUP(?)分配__________个字节给变量 VAR。

2. 定义子程序的伪指令是＿＿＿＿＿＿，子程序返回的伪指令是＿＿＿＿＿＿，子程序的类型属性可为＿＿＿＿＿＿或者＿＿＿＿＿＿。
3. 定义段起始用伪指令＿＿＿＿＿＿，定义段结束用伪指令＿＿＿＿＿＿，它们必须有相同的＿＿＿＿＿＿。
4. 用来表示指令存放地址的是(　　)。
   A. 符号名　　B. 变量名　　C. 标号　　D. 常量
5. 下列伪指令不能用来定义变量的是(　　)。
   A. BYTE　　B. DB　　C. DD　　D. DW

4.3 DOS和BIOS功能调用

功能调用是诸如操作系统的系统软件提供的一组系统服务程序，包括文件管理、设备驱动、控制台输入/输出等，这些系统服务程序可以被用户直接调用，为汇编程序设计提供了方便。系统功能调用有两种：磁盘操作系统(Disk Operation System，DOS)功能调用和基本输入/输出系统(Basic Input/Output System，BIOS)功能调用。

本节目标：

(1) **掌握**DOS**功能调用**(INT 21H)**的常用功能**。

(2) **掌握**BIOS**功能调用的常用功能**。

4.3.1 DOS功能调用

DOS最早是微软公司为IBM个人电脑开发的操作系统，称为MS-DOS，最新的Windows操作系统继续支持DOS功能。DOS负责管理系统资源，包含了大量可供用户调用的服务程序。

DOS功能调用由软中断指令INT n 实现，n 的取值范围为20H～3FH。其中，INT 21H是具有100多个子功能的中断服务程序，主要包括设备管理、文件管理、目录管理和其他管理，称为DOS系统功能调用。INT 21H的每个子功能对应一个编号，称为功能号，一览表见附录B。使用INT 21H系统功能调用的方法如下。

(1) 功能号送AH。

(2) 设置入口参数。

(3) 调用INT 21H。

有的功能调用程序没有入口参数，因此不需要执行第二步。表4-4列出了部分常用的INT 21H系统调用功能。

表4-4　部分常用的INT 21H系统调用功能

功能号	功　能	入口参数	出口参数
1	键盘输入并显示一个字符		字符的ASCII码存入AL中并显示
2	显示器显示一个字符	DL存放输出字符的ASCII码	
8	键盘输入一个字符		字符的ASCII码存入AL中，不显示

续表

功能号	功　能	入口参数	出口参数
9	显示器显示字符串符	DS:DX存放字符串首地址，字符串以'$'结束	
0AH	键入并显示字符串	DS:DX存放字符串首地址，第1单元置允许键入的字符数(含1个回车)	键入的实际字符数存入第2单元，键入的字符从第3单元开始存放
4CH	终止当前程序，返回DOS		

1. 单字符输入并显示——1号功能调用

```
格式:MOV   AH,01H
     INT   21H
```

功能：从键盘接收输入字符，将字符的ASCII码存入AL，并在显示器(CRT)上显示。如果输入Ctrl+Break或Ctrl+C，则退出调用。

与1号功能类似的还有7、8号功能调用，区别在于后者不显示输入的字符。

【例4-27】 编写程序段，判断输入的字符是否为大写字母。

分析　单个字符输入，用到1号功能调用。

```
        ⋮
    MOV   AH,1              ；1号功能调用，有回显
    INT   21H               ；AL=字符的ASCII码
    CMP   AL,'A'            ；与'A'比较
    JL    LAB1              ；小于'A'的ASCII跳转
    CMP   AL,'Z'            ；与'Z'比较
    JG    LAB1              ；大于'Z'的ASCII跳转
        ⋮
LAB1:…
```

2. 显示单字符——2号功能调用

```
格式:MOV   DL,待显示字符的ASCII码
     MOV   AH,02H
     INT   21H
```

功能：在显示器上显示单个字符。2号功能调用的入口参数是DL，没有出口参数。由于在显示器上显示的内容都是字符形式，所以需要把字符的ASCII码送给DL。

【例4-28】 将数据段中变量VAR的数据显示到屏幕上。设VAR的定义为

```
VAR  DB  1,2,3
```

分析　要想在屏幕上显示1,2,3，需要先把这些数字转换为ASCII码，用2号功能调用。

```
DATA  SEGMENT
        VAR  DB  1,2,3          ；定义待显示字符串
DATA  ENDS
```

```
CODE    SEGMENT
        ASSUME  CS: CODE,DS:DATA
START:
        MOV     AX,DATA             ;数据段装载
        MOV     DS,AX
        MOV     BX,OFFSET  BUF      ;将偏移地址赋给 BX
        MOV     CX,3                ;设循环次数为 3 次
        MOV     AH,02H              ;功能号送 AH
NEXT:   MOV     DL,[BX]             ;取数
        OR      DL,30H              ;转换为 ASCII 码
        INT     21H                 ;功能调用
        INC     BX                  ;修改指针
        LOOP    NEXT                ;下一次循环
        MOV     AX,4C00H            ;结束循环,返回 DOS
        INT     21H
CODE    ENDS
END     START
```

3. 显示字符串——9 号功能调用

格式:MOV DX,待显示字符串的偏移地址

MOV AH,09H

INT 21H

功能:在显示器上显示字符串。9 号功能调用的入口参数是 DS:DX,没有出口参数。

9 号功能调用要求待显示字符串存放在数据段中,且必须以'$'符号作为结束标志。调用前,要将待显示字符串的段基址和偏移地址存放到 DS 和 DX 中。

【例 4-29】 在屏幕上显示字符串"Hello!"。

分析 显示字符串用 9 号功能调用。如果要求显示字符串后光标移动到下一行行首,需在'$'符号前加上 0D(回车)和 0A(换行)字符,如本例所示。

```
DATA    SEGMENT
        BUF  DB  'Hello!',0DH,0AH,'$'  ;定义待显示字符串
DATA    ENDS
CODE    SEGMENT
        ASSUME  CS: CODE,DS:DATA
START:
        MOV   AX,DATA               ;数据段装载
        MOV   DS,AX
        MOV   DX,OFFSET  BUF        ;将字符串地址赋给 DX
        MOV   AH,09H
        INT   21H
        MOV   AX,4C00H              ;返回 DOS
        INT   21H
```

```
CODE    ENDS
        END   START
```

4. 字符串输入并显示——0A 号功能调用

格式:LEA DX,内存缓冲区首地址

```
     MOV  AH,0AH
     INT  21H
```

功能:接收从键盘输入的字符串,在显示器上显示该字符串,并将其送入内存缓冲区中。0A 号功能要求在数据段定义缓冲区,定义格式为

缓冲区名 DB 缓冲区长度, ? ,缓冲区长度 DUP(?)

(1) 第 1 个字节为"缓冲区长度",给出缓冲区最多可以存放的字节数,大小为 1~255,包括回车符 0DH。

(2) 第 2 个字节为"?",保留单元,用来存放实际输入的字节数(不包括回车符),自动填入。

(3) 从第 3 个字节开始存放输入字符的 ASCII 码,DUP 前的"缓冲区长度"应与前面一个缓冲区长度一致。

如果输入的字符个数少于定义的字符个数,那么缓冲区多余单元自动清 0;如果输入的字符个数多于定义的字符个数,那么超出字符自动丢弃,且响铃示警,直到输入回车键 0DH 为止。整个缓冲区的长度为最大字符个数加 2。

【例 4-30】 定义一个小于 50 个字符的缓冲区,用来存放键入的字符串。

分析 题目要求键入字符数小于 50 个,则最大为 49 个字符,考虑回车符,缓冲区大小为"49+1"个字节。

```
BUF  DB  50
     DB  ?
     DB  50 DUP(?)      ;缓冲区最多可键入 49 个字符,最后一个必为回车
                         符 0DH
      ⋮
     MOV  DX,OFFSET  BUF
     MOV  AH,0AH
     INT  21H           ;接收从键盘输入的字符串,放入 BUF 中
      ⋮
```

5. 返回 DOS——4CH 号功能调用

格式:

```
     MOV  AH,4CH
     INT  21H
```

功能:结束当前正在执行的程序,返回到 DOS 操作系统。

要强调的是,2 号、9 号和 10 号功能调用的入口参数虽然未使用 AL,但调用后 AL 的值改变,通常在调用前先保护 AL,调用后再恢复。

4.3.2 BIOS 功能调用

BIOS 是固化在微机主板 ROM 中的一组程序,提供最直接的底层硬件设置和控

制，主要包括系统加电自检程序、初始化引导程序以及基本输入输出驱动程序等，均以中断服务程序的形式存在。BIOS 封装了计算机的硬件细节，用户通过使用 BIOS 功能实现对硬件的控制，简化了程序设计。

BIOS 功能调用也由软中断指令 INT *n* 实现，*n* 取值范围为 10H～1FH，其调用方式与 DOS 系统功能类似。BIOS 功能一览表见附录 C。下面介绍几种常用的 BIOS 中断调用。

1. 键盘输入——16H 号功能调用

键盘是计算机基本输入设备，键盘字符分为三种类型：① 字符数字键，包括 26 个大小写英文字母、数字（0～9）、%、$、# 等；② 扩展功能键，包括功能键 F1～F12、Home、End、Backspace、Del、Ins、Enter 等；③ 控制键，包括 Alt、Shift、Ctrl 等，用来和其他键组合使用。

BIOS 键盘响应机制是能同时得到按键的扫描码和 ASCII 码。扫描码用 1 个字节表示，低 7 位为数值位，最高位 D7 为状态位，键按下时 D7＝0，键放开时 D7＝1，判断该位能知道键的开闭状态。每个按键都对应唯一的 8 位扫描码，但扩展功能键的 ASCII 码不唯一，如表 4-5 所示。

表 4-5 按键对应的 ASCII 码

按　　键	ASCII 码
Home、End、Del、Ins、PageUp、PageDown、4 个箭头键等	E0H
F1～F12	00H

BIOS 键盘中断的类型码是 16H，有 0、1、2 三个子功能号。

1）0 号功能

格式：MOV　AH，0
　　　INT　16H

功能：从键盘读入一个字符，执行结果为 AL＝字符 ASCII 码，AH＝字符扫描码。

2）1 号功能

格式：MOV　AH，1
　　　INT　16H

功能：判断有无键按下，执行结果为：若 ZF＝0，则有键按下，AL＝字符 ASCII 码，AH＝字符扫描码；若 ZF＝1，则无键按下，键盘缓冲区空。

3）2 号功能

格式：MOV　AH，2
　　　INT　16H

功能：读取特殊功能键的状态，执行结果为 AL＝各种特殊功能键的状态，当特殊功能键按下时，AL 中的对应位为 1，没有按下时为 0。AL 寄存器中对应的特殊功能键如图 4-4 所示。

Ins	Caps Lock	Num Lock	Scroll Lock	Alt	Ctrl	Left Shift	Right Shift

图 4-4 AL 寄存器中对应的特殊功能键

【例 4-31】 编程检测是否有功能键 F1 按下，有则在屏幕上显示 F1，没有则退出。

分析 F1 为功能键，ASCII 码为 00H，扫描码为 3BH，用 16H 号功能调用的 0 号功能实现。显示 F1，用到 DOS 功能调用 INT 21H。

```
        MOV   AH,00
        INT   16H          ; AL=ASCII 码,AH=扫描码
        CMP   AL,0
        JNZ   EXIT         ; 不是功能键,退出
        CMP   AH,3BH       ; 判断是否为功能键 F1 的扫描码
        JNZ   EXIT         ; 不是功能键 F1,退出
        MOV   DL,'F'       ; 显示 F
        MOV   AH,2
        INT   21H
        MOV   DL,'1'       ; 显示 1
        INT   21H
EXIT:
        MOV   AX,4C00H
        INT   21H
```

2. 显示输出——10H 号功能调用

BIOS 显示输出由 10H 号功能调用实现，包括多个子功能号，用来设置显示方式、光标位置、大小、调色板、显示字符和图形等。BIOS 的 10H 号功能调用与 INT 21H 的 02H、06H、09H 号功能调用相比具有更强的显示功能，能够在屏幕的任意位置显示不同颜色的字符或字符串，支持图形显示（像素读/写），实现屏幕动画等。

文本方式显示字符是以字符为最小单位，每个字符在内存中占 2 个连续字节单元，低地址单元为字符的 ASCII 码，高地址单元为字符的属性，这里的属性是指字符是否闪烁、前景和背景的颜色、是否亮度加强等。

文本方式显示字符通常还设置显示模式，如显示的分辨率、彩色还是单色等。设置光标位置，即光标所在行列，0 行 0 列表示屏幕的左上角。

1）设置显示器模式——0 号功能

INT 10H 的 0 号功能用来设置显示器模式，入口参数：AL＝显示模式的代码。例如，将显示器设置为 80×25，16 色文本方式，调用格式如下。

```
        MOV   AH,00H       ; 功能号为 00H,设置显示模式
        MOV   AL,03H       ; 显示模式代码 03H 表示 80×25,16 色文本方式
        INT   10H          ; 调用 BIOS 中断
```

2）设置光标位置——2 号功能

INT 10H 的 2 号功能用来设置光标位置，入口参数：DH＝行号，DL＝列号。例如，把光标设置到第 5 行、第 25 列的位置，调用格式如下：

```
        MOV   AH,02H       ; 功能号为 02H,设置光标位置
        MOV   BH,00H       ; 第 0 页
```

```
MOV   DH,05H          ;第 5 行
MOV   DL,19H          ;第 25 列
INT   10H             ;调用 BIOS 中断
```

3）显示字符——09、0A 号功能

INT 10H 的 09、0A 号功能用来显示字符。09 号功能的入口参数：AL＝字符的 ASCII 码，BH＝页号，BL＝字符的显示属性，CX＝重复次数，0A 号功能没有 BL 参数。

【例 4-32】 在屏幕的第 10 行第 11 列以红底黄字显示字符 H。

分析 本题需要设置光标位置、前景和背景颜色、显示字符，用到 INT 10H 的第 0、2、9 号功能。

```
MOV   AH,00H          ;设显示模式为 03H,80×25,16 色
MOV   AL,03H
INT   10H
MOV   AH,02H          ;设置光标位置
MOV   BH,00H          ;第 0 页
MOV   DH,10           ;第 10 行
MOV   DL,11           ;第 11 列
INT   10H             ;调用 BIOS 中断
MOV   AH,09H          ;显示字符
MOV   AL,'H'          ;字符的 ASCII 码送 AL
MOV   BL,4EH          ;设置字符的前背景色为红底黄字
MOV   CX,1            ;设置重复次数为 1
INT   10H             ;调用 BIOS 中断
```

DOS 和 BIOS 功能调用都提供了对系统硬件的访问，DOS 系统功能调用是在 BIOS 基础上实现对硬件的访问，特点是简单、易用。BIOS 更底层，提供了更丰富的控制手段，执行效率更高，但参数设置更复杂。通常情况下，尽可能优先使用 DOS 功能调用，当用 DOS 功能调用无法实现，或者需要更全面功能时，采用 BIOS 功能调用。

自测练习 4.3

1. 使用 DOS 系统功能调用时，软中断指令是（　　）。

   A. INT 21H　　B. INT 10H　　C. INT 16H　　D. INT 18H

2. 使用 DOS 系统功能调用时，功能号存放于（　　）寄存器中。

   A. AL　　B. BH　　C. AH　　D. BL

3. DOS 系统功能调用的屏幕显示字符是__________号功能调用。

4. 若用 DOS 系统功能调用显示字符串"hello!"，在数据段定义该字符串时，结尾处需加符号__________才能正确显示。

5. 使用 DOS 系统功能调用返回 DOS 的程序时，需用__________号功能调用。

6. 使用 BIOS 功能调用实现键盘输入，使用的中断类型号是__________，实现显示输出使用的中断类型号是__________。

4.4 汇编语言程序设计基础

汇编语言程序设计需要综合应用指令系统、伪指令、系统功能调用等知识，以解决具体的工程应用问题。本节通过介绍汇编语言程序设计开发过程，以及基本程序结构(顺序程序、分支程序、循环程序和子程序)来说明说明汇编语言程序设计的基本方法。

本节目标：

(1) **掌握汇编语言程序的上机步骤，掌握程序调试方法**。

(2) **掌握汇编语言程序设计的四种基本程序结构**。

(3) **能够编写基本的汇编语言程序**。

4.4.1 汇编语言程序设计开发过程

1. 汇编语言程序设计基本步骤

一个高质量的程序不仅应该满足设计要求、实现设计功能、保证正常运行，还应该具备结构良好、程序易读、执行效率高、占用存储空间小、便于维护等特性。这些要求有时是相互矛盾的，可根据具体应用进行取舍。汇编语言程序设计的一般步骤如下。

(1) 分析问题，明确任务和要求，抽象出数学模型，建立系统结构图。

(2) 确定算法，把问题转化为编程思想，尽量选择逻辑简单、速度快、精度高的算法。

(3) 设计程序流程图，流程图是对算法的一种描述。

(4) 编写程序，将流程图转换为汇编语言，编程中尤其应注意内存工作单元和寄存器的合理分配，这是汇编语言程序设计的一个重要特点。

(5) 静态检查，是在非运行状态下检查程序，排除语法错误。

(6) 调试执行，是程序设计的最后一步，目的在于发现程序的逻辑错误并更正，正确执行程序。

2. 汇编语言程序设计流程

汇编语言程序设计流程主要包括编辑源程序、汇编程序、连接程序、调试运行等步骤，如图 4-5 所示。

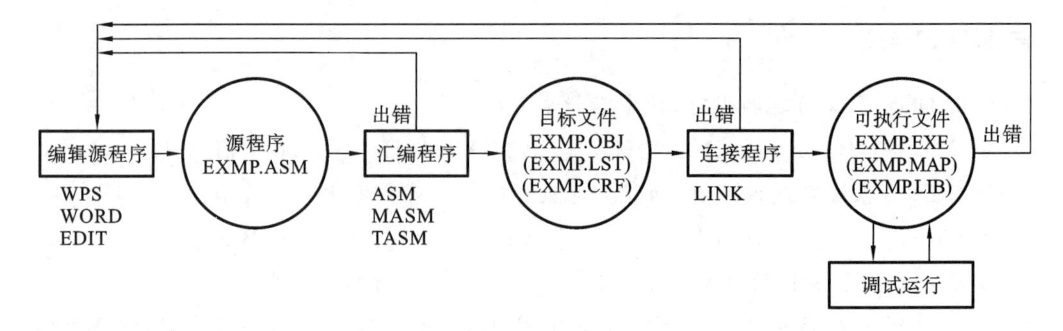

图 4-5 汇编语言程序设计流程

1) 编辑源程序

汇编语言源程序可以使用多种软件进行编辑，如 EDIT、WORD、WPS、写字板等，均采用无格式模式。源程序保存时的后缀名为.ASM。

2）汇编程序

将汇编语言源程序翻译成目标程序(.OBJ 文件)的程序称为汇编程序，常用的汇编程序是 Microsoft 公司的 MASM，主要功能是检查源程序语法是否正确，给出错误提示信息，展开宏指令，生成源程序的目标程序(.OBJ 文件)。

源程序汇编后得到三个文件：扩展名为.OBJ 的目标文件、扩展名为.LST 的列表文件和扩展名为.CRF 的交叉索引文件。.OBJ 目标文件是二进制文件。.LST 列表文件同时列出汇编语言和机器语言。.CRF 交叉索引文件给出源程序中符号定义和引用的情况。

汇编过程相当于高级语言对源程序的编译。如果源程序有语法错误，将不能生成目标文件，需要根据.LST 列表文件中指定的错误指令行号和原因进行修改，直到 0 个错误。

【例 4-33】 汇编过程操作说明。设对源程序 EXAM.ASM 进行汇编，在 DOS 提示符下，输入 MASM 并回车，输入操作和显示输出如图 4-6 所示。

```
C:\tools > MASM (↙)
Microsoft (R) Macro Assembler Version 5.00
Copyright (C) Microsoft Corp 1981-1985,1987. All rights reserved.
Source filename [.ASM]:EXAM (↙)
Object filename [EXAM.OBJ]: (↙)
Source Listing [NUL.LST]: (↙)
Cross-Reference [NUL.CRF]: (↙)
                    50972+416020 Bytes symbol space free
                              0 Warning Errors
                              0 Severe Errors
```

图 4-6 EXAM.ASM 源程序的汇编过程

分析 图 4-6 中，输入命令 MASM 后，除源程序文件名 EXAM.ASM 必须输入外，其余都可直接按回车键。其中目标文件 EXAM.OBJ 是必须生成的；NUL 表示默认情况下不产生相应文件，若需要则应输入文件名。若汇编过程中出错，将列出相应的错误行号和错误提示信息供修改。显示的最后部分给出"警告错误数"(Warning Errors)和"严重错误数"(Severe Errors)。

3）连接程序

把一个或多个目标文件和库文件合成一个可执行的.EXE 文件的程序称为连接程序，常用的连接程序是 LINK、TLINK 等。

汇编程序产生的.OBJ 目标文件不能执行，这是因为在.OBJ 文件中还存在需要定位的浮动地址，连接程序的主要功能是找到要连接的全部目标模块，对目标模块所在段分配段地址；给汇编阶段不能确定的偏移地址分配具体数值，包括需要再定位的地址和外部符号对应的地址；构成装入模块，将可执行文件装入内存。

【例 4-34】 连接过程操作说明。对例 4-33 的 EXAM.OBJ 文件进行连接操作，生成 EXAM.EXE 文件。在 DOS 提示符下，输入 LINK 并回车，输入操作和显示输出如图 4-7 所示。

```
C:\tools>LINK (↙)
Microsoft (R) Overlay Linker Version 3.60
Copyright (C) Microsoft Corp 1983-1987. All rights reserved.
Object Modules [.OBJ]: EXAM (↙)
Run File [EXAM.EXE]: (↙)
List File [NUL.MAP]: EXAM (↙)
Libraries [.LIB]: (↙)
```

图 4-7 EXAM.OBJ 程序的连接过程

分析 图 4-7 中，输入 LINK 后，给出的 4 个提示信息分别要求输入目标文件名、可执行文件名、内存映像文件名和库文件名。其中，.OBJ 目标文件和.LIB 库文件是输入文件，而.EXE 可执行文件和.MAP 内存映像文件是输出文件。

若连接过程中有错会显示错误信息，则此时需修改源程序，再重新汇编、连接，直到不显示错误信息。若用户程序中没有定义堆栈或虽然定义了堆栈但不符合要求，则在连接时会给出警告信息"LINK: Warning L4021: no stack segment"，但该警告信息不影响可执行程序的生成及正常运行，运行时会自动使用系统提供的默认堆栈。

4）调试运行

可执行文件.EXE 的运行有直接执行和调试执行两种方式。直接执行是在 DOS 提示符下直接输入可执行文件名，运行得到结果。调试执行是通过调试程序 DEBUG 来跟踪检测运行结果，大部分程序都需要经过调试阶段才能纠正程序执行中的逻辑错误，得到正确结果。有关 DEBUG 的命令介绍参看附录 D。

4.4.2 顺序程序设计

顺序程序结构的特点是程序按指令顺序执行，没有分支、跳转或循环。顺序程序结构只有一个入口和出口，如图 4-8 所示。顺序程序结构在程序中大量存在，是最简单的程序结构。

A → S1 → S2 → B

图 4-8 顺序程序结构

【例 4-35】 编程计算 $Z=((X-Y)\times 16+Y)\div 2$，设 X，Y，Z 为单字节整数。

分析 本题是典型的顺序结构程序，只需按照运算顺序编程。由于移位指令比乘除指令运算速度快，本例中用移位指令代替乘除指令。

```
DATA   SEGMENT
       X  DB  65
       Y  DB  25
       Z  DB  ?
DATA   ENDS
CODE   SEGMENTG
       ASSUME  CS: CODE,DS: DATA
START:
```

```
        MOV   AX,DATA
        MOV   DS,AX           ；装载数据段
        MOV   AL,X            ；取数 X
        SUB   AL,Y            ；X－Y
        MOV   CL,4            ；移位次数送 CL
        SAL   AL,CL           ；左移 4 位实现(X－Y)×16
        ADD   AL,Y            ；(X－ Y)×16＋Y
        SAR   AL,1            ；右移一位实现((X－Y)×16＋Y)÷2
        MOV   Z,AL
        MOV   AX,4C00H        ；返回 DOS
        INT   21H
CODE    ENDS
        END   START
```

【例 4-36】 编程将 1 字节的压缩 BCD 码转换为 2 个 ASCII 码，并存储到内存。

分析 1 字节压缩 BCD 码的高 4 位和低 4 位分别表示十进制数的十位和个位，要分开转换。将 BCD 码数字转换为 ASCII 码有不同方法，可以数字加 30H 实现，也可使用或指令转换等。可按照“分离高 4 位→转换高 4 位并存储→分离低 4 位→转换低 4 位并存储”的顺序编程。

程序数据段的设计：设置两个变量 BCDBUF 和 ASCBUF，BCDBUF 用来存放 1 字节压缩 BCD 码，ASCBUF 用来存放 2 个 ASCII 码。

```
DATA    SEGMENT
        BCDBUF   DB 96H         ；定义 1B 的压缩 BCD 码
        ASCBUF   DB 2 DUP(?)    ；定义 2B 的结果存储单元
DATA    ENDS
CODE    SEGMENT
        ASSUME CS:CODE,DS:DATA
START:MOV   AX,DATA           ；装载数据段
        MOV   DS,AX
        MOV   AL,BCDBUF       ；取出压缩 BCD 码
        MOV   CL,4
        SHR   AL,CL           ；高 4 位变成低 4 位，高 4 位补 0(96H→
                              09H)
        ADD   AL,30H          ；生成 ASCII 码(39H)
        MOV   ASCBUF,AL       ；存储第 1 个 ASCII 码
        AND   BCDBUF,0FH      ；屏蔽掉高 4 位，只保留低 4 位(96H→06H)
        OR    BL,30H          ；生成 ASCII 码(36H)
        MOV   ASCBUF＋1,BL    ；存储第 2 个 ASCII 码
        MOV   AX,4C00H        ；返回 DOS
        INT   21H
CODE    ENDS
        END   START
```

4.4.3 分支程序设计

在实际程序设计中，常会遇到各种条件比较和判断操作，此时就需要根据不同条件执行不同的程序段，称为分支程序。一个程序段称为一个分支，一次判断会产生两个分支，多次判断会产生多个分支。

分支程序结构可以有两种形式：简单分支和多分支，如图4-9所示。简单分支相当于高级语言中的IF-THEN-ELSE结构；多分支相当于高级语言中的CASE结构。无论哪种形式，它们的共同特点是在某一种特定条件下，只能执行一个分支。

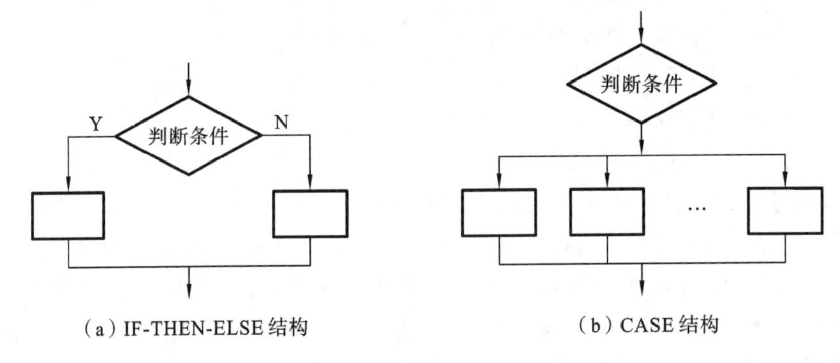

(a) IF-THEN-ELSE结构　　(b) CASE结构

图4-9　分支程序结构

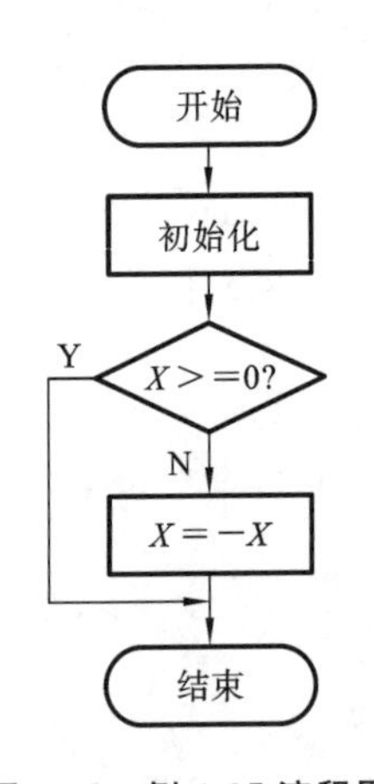

图4-10　例4-37流程图

分支程序一般用条件转移指令产生，通常先执行比较指令、测试指令或运算指令来改变标志寄存器的状态位，然后用条件转移指令实现转移。

【例4-37】 求有符号字节数 X 的绝对值。

分析 X 的绝对值为

$$|X|=\begin{cases}X, & X\geqslant 0\\ -X, & X<0\end{cases}$$

程序的关键是判断 X 的符号。X 为负数，符号位为1；X 为非负数，符号位为0。判断符号位的方法有多种，可以用TEST指令测试最高位，也可以用逻辑指令改变标志寄存器的状态来测试。程序结构是典型的IF-THEN结构，如图4-10所示。

```
DATA  SEGMENT
      X  DB  -50
DATA  ENDS
CODE  SEGMENT
      ASSUME CS:CODE,DS:DATA
START:
      MOV  AX,DATA
      MOV  DS,AX          ；装载数据段
      MOV  AL,X           ；取X到AL
```

```
        TEST  AL,80H         ；测试符号标志位
        JZ    DONE           ；符号位为0,表X≥0,转DONE
        NEG   AL             ；符号位为1,表X<0,求补得到-X
        MOV   X,AL           ；回送|X|
DONE:   MOV   AX,4C00H       ；返回DOS
        INT   21H
CODE    ENDS
        END   START
```

【例 4-38】 编程实现以下符号函数。其中,X、Y 是有符号字节数据。

$$Y=\begin{cases}1 & X>0\\ 0 & X=0\\ -1 & X<0\end{cases}$$

分析　本题是多分支程序,流程图如图 4-11 所示。

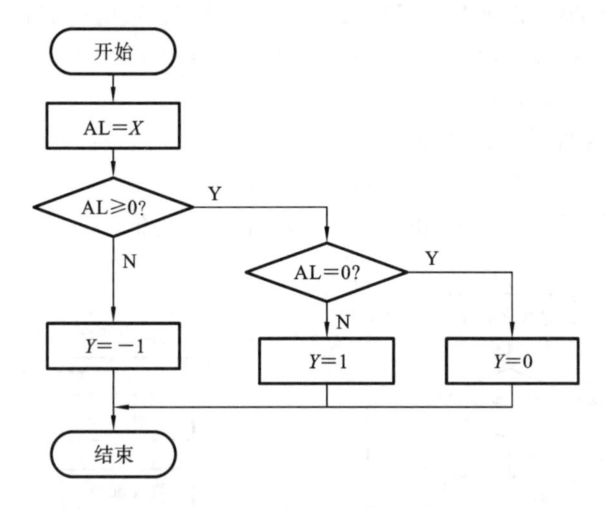

图 4-11　例 4-38 流程图

```
DATA    SEGMENT
            X   DB   -36
            Y   DB   ?
DATA    ENDS
CODE    SEGMENT
        ASSUME  CS:CODE,DS:DATA
START:
        MOV   AX,DATA        ；数据段装载
        MOV   DS,AX
        MOV   AL,X           ；AL←X
        CMP   AL,0
        JGE   BIG            ；X≥0时转BIG
        MOV   Y,0FFH         ；否则将-1送入Y单元
```

```
        JMP   QUIT
BIG:    JZ    EQUL          ; X=0 时转 EQUL
        MOV   Y,1           ; 否则将 1 送入 Y 单元
        JMP   QUIT
EQUL:   MOV   Y,0           ; 将 0 送入 Y 单元
QUIT:   MOV   AX,4C00H      ; 返回 DOS
        INT   21H
CODE    ENDS
        END   START
```

4.4.4 循环程序设计

循环程序也是一种常用结构,用来处理需重复执行的程序段。循环程序通常包含下列三部分。

(1) 初始化:为循环做准备,如设置地址指针、循环计数的初值和变量初值等。

(2) 循环体:是循环程序的主体,完成循环的基本操作,多次重复执行。

(3) 循环控制:由循环控制条件和修改部分组成。循环控制条件用来控制循环的继续或终止,控制条件可以是循环次数,也可以是某个测试条件。修改部分包括地址指针的修改、循环计数器的修改等,为下次循环做准备。

循环结构分为 WHILE-DO 和 DO-UNTIL 两种,如图 4-12 所示。

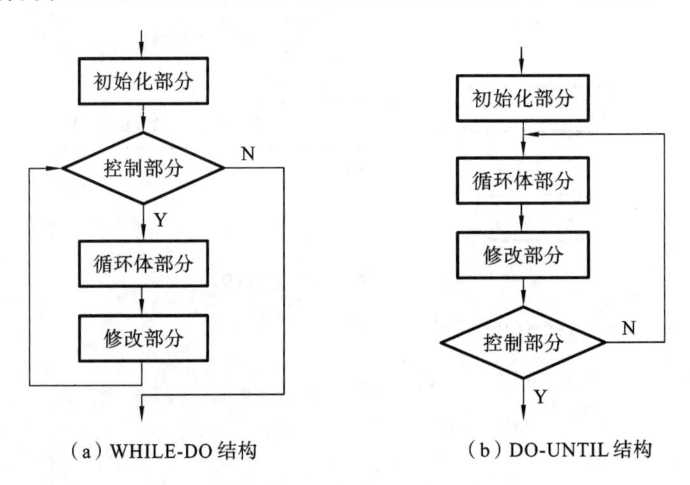

图 4-12 两种基本循环结构

WHILE-DO 结构是“先判断,后执行”,先判断条件,满足条件才执行循环体,否则就退出循环。如果在第一次判断时就满足循环结束条件,则一次也不执行循环体,直接退出循环。WHILE-DO 结构适合循环次数为 0 的情况。

DO-UNTIL 结构是“先执行,后判断”,先执行循环体,再判断控制条件,不满足条件则继续执行循环操作,一旦满足条件就退出循环。这种循环结构至少执行一次循环体。

1. 单循环程序设计

【例 4-39】 将 AL 寄存器中的内容用二进制形式显示到屏幕。

分析 AL是8位寄存器，要显示其二进制内容，需循环8次，可将循环次数作为循环控制条件。循环体显示每个二进制位，方法是将AX左移1位，AL的最高位移位到AH的最低位，将AH转换为ASCII码显示。例题中AL初始化为0AAH，程序运行后最终的显示结果为10101010。

```
CODE    SEGMENT
        ASSUME  CS: CODE
START:  MOV     AL,0AAH                 ; AL初始化
        MOV     CX,8                    ; 循环初始化部分
NEXT:   MOV     AH,0                    ; 循环体部分
        SHL     AX,1
        ADD     AH,30H                  ; 转换为ASCII码
        MOV     DL,AH                   ; 设置入口参数
        MOV     AH,2                    ; 2号显示功能调用
        INT     21H
        LOOP    NEXT                    ; 循环控制部分
        MOV     AX,4C00H                ; 循环结束部分
        INT     21H
CODE    ENDS
        END     START
```

2. 逻辑尺控制循环

有些循环程序要求按不同顺序处理两类不同的函数，可以采用逻辑尺的方法。所谓逻辑尺是由0和1组成的标志位，通过判断逻辑尺的标志位为0还是为1，执行不同的函数。逻辑尺方法可用在矩阵运算中，节省计算时间。

【例4-40】 设某个采样系统将第1、2、5、7、10次采样得到的值X，用公式FUN1=$X+5$进行处理；将第3、4、6、8、9次采样得到的值X，用公式FUN2=$X-3$进行处理。设数据为字节变量。

分析 本题可用循环程序结构完成，循环次数为10。由于涉及FUNl和FUN2两种操作，可设立标志位进行区别，设标志位为0执行FUN1，标志位为1执行FUN2，所有这些标志位构成一个逻辑尺。本题中逻辑尺由10个标志位组成，即0000000110101100，其中高6位无意义。这样，在循环体中只要判别标志位就可确定采用哪个公式。流程图如图4-13所示。

程序数据段的定义：题目包含自变量X和函数值FUN，设计2个长度为10的缓冲区BUF和RESULT，分别存放X和函数值。将逻辑尺定义为常量LOG_RU，循环次数定义为常量COUNT。

```
DATA   SEGMENT
       LOG_RU EQU   0000000110101100B       ; 定义逻辑尺
       COUNT  EQU   10                      ; 循环次数
       BUF        DW   10  DUP(?)           ; 采集数据
       RESULT DW   10  DUP(?)               ; 处理后数据
```

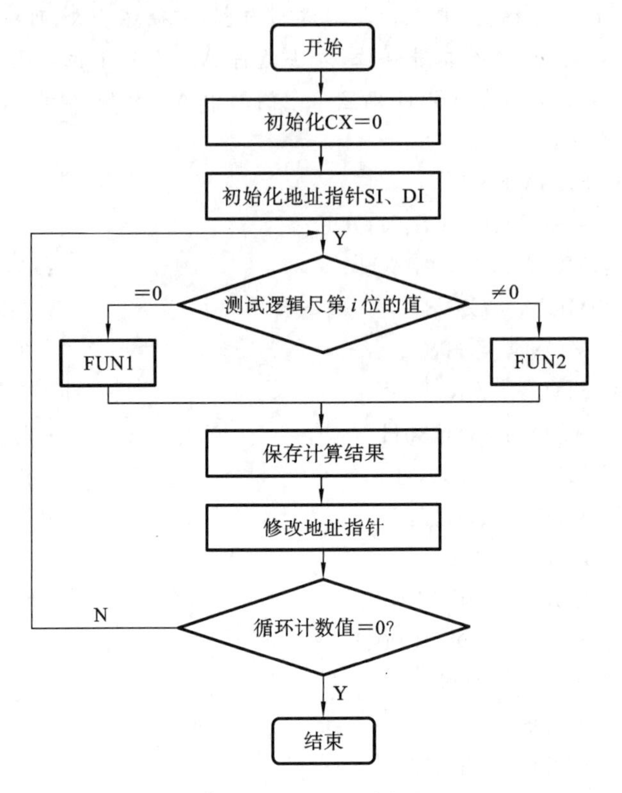

图 4-13 例 4-40 流程图

```
DATA   ENDS
CODE   SEGMENT
       ASSUME  DS:DATA,CS:CODE
START:
       MOV   AX,DATA                ;数据段装载
       MOV   DS,AX
       MOV   DX,LOG_RU              ;取逻辑尺
       MOV   CX,COUNT               ;设循环次数
       MOV   SI,OFFSET BUF          ;设地址指针
       MOV   DI,OFFSET RESULT
NEXT:  MOV   AX,[SI]
       ROR   DX,1                   ;逻辑尺右移 1 位
       JC    FUN2                   ;CF 为 1 转 FUN2
FUN1:  ADD   AX,5                   ;FUN1=X+5
       JMP   NEXT1
FUN2:  SUB   AX,3                   ;FUN2=X-3
NEXT1:
       MOV   [DI],AX                ;存结果
       INC   SI                     ;修改地址指针
```

```
            INC     SI
            INC     DI
            INC     DI
            LOOP    NEXT                    ; CX≠0 继续循环
            MOV     AX,4C00H                ; 返回 DOS
            INT     21H
CODE        ENDS
            END     START
```

3. 多循环程序设计

有些循环结构比较复杂,需要用多重循环完成。多重循环设计方法与单重循环设计方法相同,但应注意以下几点。

(1) 各重循环初始控制条件的设置。

(2) 内循环可以嵌套在外循环中,也可以几个内循环并列在外循环中,但各层循环之间不能交叉。可以从内循环跳到外循环,不可以从外循环中直接跳进内循环。

(3) 防止出现死循环。

【例 4-41】 冒泡排序程序。设数据段 ARRAY 单元开始存放着 5 字节有符号数,将它们从大到小排列,结果仍存入 ARRAY 开始的存储区中。

分析 采用冒泡排序算法,流程图如图 4-14所示。从第一个数开始,相邻数两两比较。每次比较中,若前一个数比后一个数小,交换两数,否则不交换,这样比较一遍称为一轮。第一轮比较($N-1$)次后,最小的数到了数组尾,即地址最高的单元。第二轮比较 $N-2$ 次后次小的数移动到地址次高的单元,依次类推,最多比较 $N-1$ 轮。在每轮排序中,如果没有发生交换,则说明数组已排好序,可退出排序操作。由于在每轮排序中,大数如气泡一样逐层上升,小数沉底,因此可形象地比喻为"冒泡",称为冒泡排序法。表 4-6 给出冒泡排序的实例。

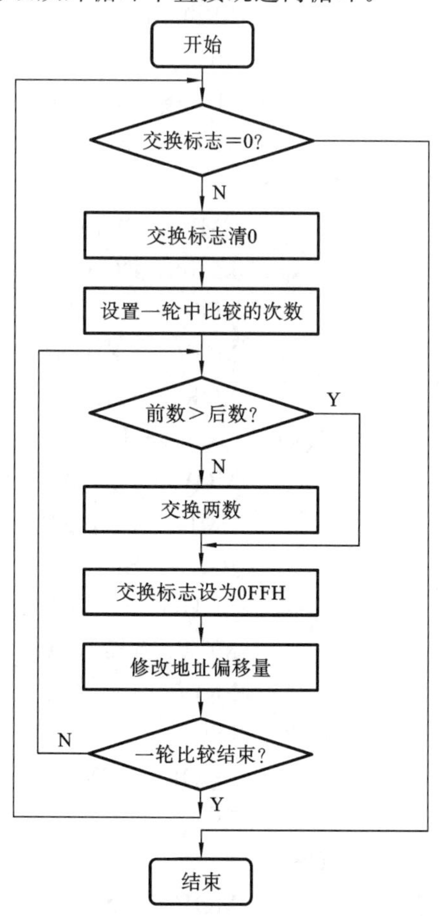

图 4-14 例 4-41 流程图

程序中设计一个交换标志,当有交换发生时,BL=0FFH,表示排序还未结束;当没有交换时,BL=00H,表示排序已经结束,可以退出循环。设置交换标志提高了程序的运行效率。

表 4-6 冒泡排序算法举例

数　组	比较的轮数		
	1	2	3
－1	4	8	8
4	8	4	6
8	－1	6	4
－9	6	－1	－1
6	－9	－9	－9

```
DATA   SEGMENT
       ARRAY  DB －1，4，8，－9，6
       CNT      EQU  $－ARRAY
DATA   ENDS
CODE   SEGMENT
       ASSUME  CS：CODE,DS:DATA
       MOV   AX,DATA
       MOV   DS,AX
       MOV   BL,0FFH                ;置交换标志位
AGAIN：
       CMP   BL,0
       JZ    DONE                   ;交换标志为 0 则退出
       XOR   BL,BL                  ;交换标志清 0
       MOV   CX,CNT－1              ;设循环次数
       XOR   SI,SI
NEXT：
       MOV   AL，ARRAY[SI]
       CMP   AL，ARRAY[SI＋1]       ;比较相邻的两数
       JGE   SKIP                   ;前数大于后数则跳转
       XCHG  AL，ARRAY[SI＋1]       ;前数小于后数则交换
       MOV   [SI]，AL               ;交换后的数据回存
       MOV   BL，0FFH               ;置交换标志为 FFH
SKIP： INC   SI                     ;地址指针加 1
       LOOP  NEXT
       JMP   AGAIN
DONE：
       MOV   AX，4C00H              ;返回 DOS
       INT   21H
CODE   ENDS
       END   START
```

4.4.5 子程序设计

有时程序需要多次执行某段代码,为避免重复编写代码,节省存储空间,可将它设计为子程序。一般把具有通用性、重复性或相对独立性的程序段设计成子程序,以提高程序设计的效率和质量,使程序清晰、易读、便于修改。

子程序的调用与返回分别由指令 CALL 和 RET 实现。当执行完子程序后,返回原来调用它的程序。调用子程序的程序称为主程序或调用程序。主程序可以多次调用同一个子程序,子程序也可以调用其他子程序,称为子程序嵌套。子程序调用示意图如图 4-15 所示。

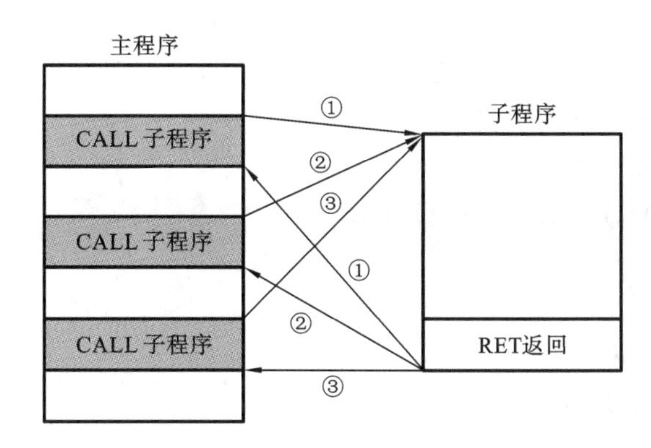

图 4-15 子程序调用示意图

1. 子程序调用

子程序的调用方式有段内调用和段间调用,由子程序的类型属性决定。类型属性相关规定总结如下。

(1) 调用程序和子程序在同一代码段中,类型属性为 NEAR 属性。

(2) 调用程序和子程序不在同一代码段中,类型属性为 FAR 属性。

(3) 使用标准方式返回 DOS 时,主程序应定义为 FAR 属性。因为程序的主过程被看作是 DOS 调用的一个子程序,而 DOS 对主过程的调用和返回都是 FAR 属性。

【例 4-42】 调用程序和子程序在同一代码段中。

分析 为保证程序执行完后能返回 DOS,这里采用标准方式返回 DOS,即主程序 MAIN 定义为 FAR 属性,这是由于把主程序看作 DOS 调用的一个子程序,因而 DOS 对 MAIN 的调用以及 MAIN 中的 RET 就是 FAR 属性的。同时,将段基址和零偏移地址压入堆栈,保证程序正常返回到 DOS。

```
CODE    SEGMENT
        ASSUME   CS:CODE
MAIN    PROC     FAR                    ;主程序
        PUSH     DS                     ;这 3 条指令用来保证返回 DOS
        SUB      AX,AX
        PUSH     AX
          ⋮
        CALL     SUBR1
```

```
        ⋮
        RET                             ；返回 DOS
MAIN    ENDP
SUBR1   PROC   NEAR                     ；子程序(NEAR 可省略)
        ⋮
        RET                             ；子程序返回
SUBR1   ENDP
CODE    ENDS
        END   MAIN
```

【例 4-43】 调用程序和子程序不在同一代码段中。

分析 子程序 SUBY 在代码段 CODEY 中定义，在 CODEX 中被调用。SUBY 被定义为 FAR 属性，用于段间调用。

```
CODEX   SEGMENT
        ASSUME   CS：CODEX
          ⋮
        CALL     FAR PTR SUBY
          ⋮
        RET
CODEX   ENDS
CODEY   SEGMENT
        ASSUME   CS:CODEY
MAIN    PROC   FAR                      ；主程序
        PUSH  DS                        ；这 3 条指令用来保证返回 DOS
        SUB   AX,AX
        PUSH  AX
        ⋮
        RET                             ；返回 DOS
SUBY    PROC  FAR                       ；子程序，类型属性为 FAR
        ⋮
        RET                             ；子程序返回
SUBY    ENDP
MAIN    ENDP
CODEY   ENDS
        END   MAIN
```

2. 现场保护和恢复

由于 CPU 的寄存器数量有限，相同寄存器可能会同时被主程序和子程序用到，为防止因子程序调用而破坏主程序的寄存器内容，要将这些寄存器内容压入堆栈加以保护，称为现场保护。保护可以在主程序中实现，也可以在子程序中实现。在退出子程序之前，将堆栈中保存的内容恢复到原寄存器，称为恢复现场。

当用堆栈保护和恢复现场时，PUSH 和 POP 指令应成对出现，并要注意保护与恢复的顺序,即先入栈的后恢复,后入栈的先恢复。

【例 4-44】 子程序的现场保护和恢复。

```
SUBX  PROC
      PUSH  AX               ;保护现场
      PUSH  BX
      PUSH  CX
      ⋮
      POP   CX               ;现场恢复
      POP   BX
      POP   AX
      RET
SUBX  ENDP
```

3. 子程序说明

由于子程序具有共享性,能被多个程序调用,所以子程序的开始部分应有子程序说明来介绍其功能和使用方法。子程序说明包括以下部分。

(1) 子程序名。

(2) 实现的功能。

(3) 入口参数:调用该子程序所需要的参数,如寄存器、内存变量等。

(4) 出口参数:子程序执行的结果。

(5) 调用其他子程序的名称。

4. 子程序的参数传递

主程序在调用子程序时,往往需要向子程序传递参数;同样,子程序运行后也经常把结果参数回传给主程序。主程序与子程序之间的这种信息传递称为参数传递。

参数传递方法一般有三种:寄存器传递、存储单元传递和堆栈传递。无论哪种方法,都要注意现场保护和恢复,特别要注意参数的先后次序。

1) 寄存器传递参数

这种方式适合于传递参数较少的子程序。

【例 4-45】 将内存单元 NUM 中的二进制数(小于 100)转换为十进制数并显示。

分析 将二进制数转化为十进制数用除法,由于该数小于 100,只要除以 10,即可得到数的十位和个位,再分别转换为 ASCII 码显示。

```
DATA  SEGMENT
      NUM  EQU  34
DATA  ENDS
CODE  SEGMENT
      ASSUME  CS:CODE,DS:DATA
START:
      MOV  AX,DATA
      MOV  DS,AX
      MOV  AL,NUM              ;(AL)=34
```

```
        XOR   AH,AH
        MOV   BL,10
        DIV   BL                 ；除以10得到十位和个位
        MOV   DL,AL              ；十位送DL
        MOV   BH,AH              ；个位送BH暂存
        CALL  DISP               ；显示十位
        MOV   DL,BH              ；显示个位
        CALL  DISP
        MOV   AX,4C00H
        INT   21H
;-----------------------------------------------------------------
；DISP:子程序名，显示BCD码程序
；入口参数:DL、AH
；出口参数:BCD码在显示器上显示
；调用子程序:2号功能调用
；所用寄存器:AH,DL
;-----------------------------------------------------------------
DISP    PROC  NEAR
        OR    DL,30H             ；转换为ASCII
        MOV   AH,2
        INT   21H
        RET
DISP    ENDP
CODE    ENDS
        END   START
```

2）存储单元传递参数

当参数较多时，可以用存储单元传递。需要在内存中建立一个参数表，用来存放子程序调用和返回所需的入口参数和出口参数。

【例4-46】 编程实现两个字数组ARY1、ARY2的内容并分别求和，数组长度均为10(不计溢出)。

分析 本例要求对两个长度相同的字数组ARY1、ARY2分别求和，可以将求和功能设计为子程序。采用存储单元传递参数，存放数组偏移地址以及求得的和。

本例中定义了堆栈段，必须说明其组合类型“STACK”，若不定义堆栈段，则使用系统堆栈。例题中使用了标准方式返回DOS，将主程序定义为FAR属性，将DS内容和0作为段地址和偏移地址入栈，用3条指令实现，这3条指令必须写在堆栈设置指令后面(如果程序定义了堆栈段)，否则堆栈段的设置会使一些指令不起作用。

```
DATA    SEGMENT
        ARY1  DW  10  DUP(1)      ；定义数组1
        SUM1  DW  ?
        ARY2  DW  10  DUP(2)      ；定义数组2
```

```
        SUM2   DW   ?
DATA    ENDS
STACK   SEGMENT  STACK
        SA      DW   50   DUP(?)
        TOP     EQU  LENGTH  SA          ; TOP 为栈底地址
STACK   ENDS
CODE    SEGMENT
        ASSUME  DS:DATA,CS:CODE,SS:STACK
MAIN    PROC   FAR
START:
        MOV    AX, STACK
        MOV    SS, AX
        MOV    SP,TOP                    ; 设置 SP 指针
        PUSH   DS                        ; 这 3 条指令用来保证返回 DOS
        SUB    AX, AX
        PUSH   AX
        MOV    AX,DATA                   ; 数据段装载
        MOV    DS,AX
        MOV    SI,OFFSET ARY1            ; 数组 1 首地址,入口参数
        MOV    CX,LENGTH ARY1            ; 数组 1 长度,入口参数
        CALL   SUMFUN                    ; 调用求和子程序
        LEA    SI, ARY2                  ; 数组 2 首地址,入口参数
        MOV    CX,LENGTH ARY2            ; 数组 2 长度,入口参数
        CALL   SUMFUN                    ; 调用求和子程序
        RET
MAIN    ENDP
;------------------------------------------------------------
; SUMFUN:子程序名,求和程序
; 入口参数:[SI]、CX
; 出口参数:SUM
; 所用寄存器:AX,SI、CX
;------------------------------------------------------------
SUMFUN   PROC   NEAR                     ; 子程序
        XOR    AX,AX                     ; AX 清 0
L1:     ADD    AX,[SI]                   ; 加数组元素
        INC    SI
        INC    SI
        LOOP   L1
        MOV    WORD PTR[SI],AX           ; 数组和送入 SUM
        RET                              ; 子程序返回
```

```
SUMFUN  ENDP
CODE  ENDS
      END  START
```

3）堆栈传递参数

用堆栈传递参数时，主程序将参数压入堆栈，子程序通过堆栈获取参数，并在返回时使用“RET *n*”指令调整SP指针，保证程序的正确返回。该方法适用于参数多并且子程序有多重嵌套或有多次递归调用的情况。

【例4-47】 通过堆栈传递参数实现例4-46。

分析 例4-46的子程序入口参数是偏移地址和数组长度，本例在调用子程序前将这两个参数压入堆栈，用堆栈传递参数。

```
DATA  SEGMENT
      ARY1  DW  10  DUP(1)       ；定义数组1
      SUM1  DW  ?
      ARY2  DW  10  DUP(2)       ；定义数组2
      SUM2  DW  ?
DATA  ENDS
STACK SEGMENT  STACK
      SA     DW  50  DUP(?)
      TOP    LABEL  WORD
STACK ENDS
CODE  SEGMENT
      ASSUME  DS:DATA, CS:CODE, SS:STACK
START:MOV  AX, STACK
      MOV  SS, AX
      MOV  SP, OFFSET TOP
      MOV  AX, DATA
      MOV  DS, AX
      MOV  AX, OFFSET ARY1        ；PADD入口参数入栈
      PUSH AX
      MOV  AX, SIZE ARY1
      PUSH AX
      CALL PADD
      MOV  AX, OFFSET ARY2
      PUSH AX
      MOV  AX, SIZE ARY2
      PUSH AX
      CALL PADD
      MOV  AX, 4C00H              ；返回DOS
      INT  21H
```

```
;-----------------------------------------------------------------
; PADD:数组求和子程序
; 入口参数:数组起始地址和数组长度在堆栈中
; 出口参数:数组和存入内存
; 所用寄存器:BX,CX,BP,PSW(标志寄存器)
;-----------------------------------------------------------------
PADD    PROC NEAR           ; 子过程
        PUSH BX             ; 寄存器保护
        PUSH CX
        PUSH BP
        MOV  BP,SP
        PUSHF
        MOV  CX,[BP+8]      ; 数组长度→CX
        MOV  BX,[BP+10]     ; 数组起始地址→BX
        MOV  AX,0
NEXT:   ADD  AX,[BX]        ; 数组数据相加
        INC  BX
        INC  BX
        LOOP NEXT
        MOV  [BX],AX        ; 存数组和
        POPF
        POP  BP
        POP  CX
        POP  BX
        RET  4              ; 带参数返回
PADD    ENDP
CODE    ENDS
        END  START
```

说明:子程序返回时要将堆栈中 CALL 指令之前压栈的 4 个字节数据作废,用返回指令 RET 4。程序运行中堆栈数据变化示意图如图 4-16 所示。

(1) 初始化后,SP 指向堆栈底,堆栈为空。

(2) 主程序调用子程序前,数组的偏移地址和数组长度入栈。

(3) 执行第一个 CALL 指令后,下一条指令的偏移地址自动入栈。

(4) 在子程序中由 PUSH 指令将 BX、CX、BP 及标志寄存器相继入栈,由图 4-16 可知,ARY1 在堆栈的地址为 BP+12, SIZE1 在堆栈的地址为 BP+10。

(5) 子程序返回前,用 POP 指令将 PSW、BP、CX 及 BX 相继弹出。

(6) 子程序返回时,堆栈中的 IP 值弹出送回 IP 中,此时堆栈中还有参数 SIZE1 和 ARY1,此 4 字节数据已不需要,所以用 RET 4 指令,将此 4 字节的参数作废。到此,子程序调用结束,返回主程序。第二个 CALL 指令重复上述过程。

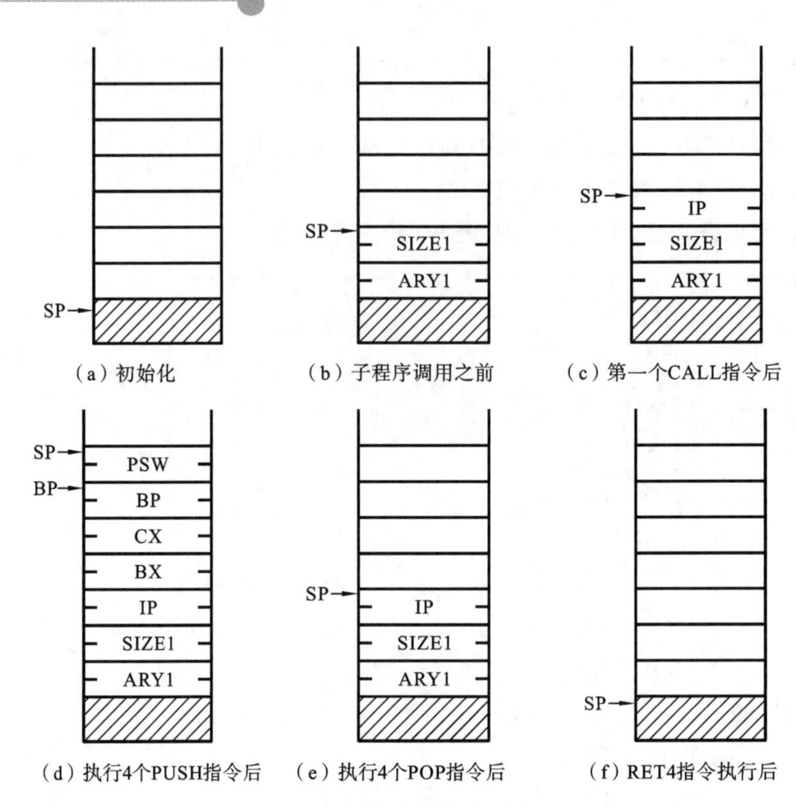

图 4-16 堆栈数据变化示意图

5. 子程序嵌套与递归

子程序中调用其他子程序称为子程序嵌套，如图 4-17 所示。设计嵌套子程序时要注意正确使用 CALL 和 RET 指令，并注意寄存器的保护和恢复。只要堆栈空间允许，嵌套层次不限。

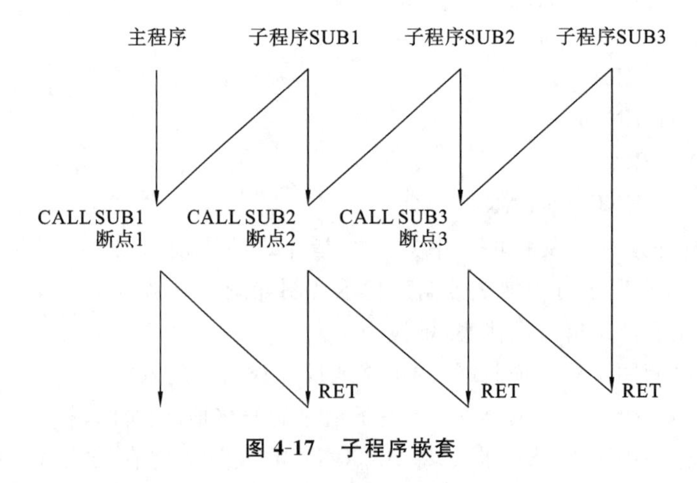

图 4-17 子程序嵌套

子程序递归调用是指子程序调用自身的过程。在递归调用中，通常用堆栈来保存相关的中间结果和返回地址。设计递归子程序的关键是防止出现死循环，注意递归的出口条件。递归调用程序结果简单、效率高，可完成复杂计算。

【例 4-48】 计算 N 的阶乘 $N!$，设 $N \geqslant 0$。

分析 阶乘定义为

$$N! = \begin{cases} 1 & N=0 \\ N(N-1)! & N>0 \end{cases}$$

由公式可知，求 $N!$ 即为计算 $N(N-1)!$，可用递归子程序实现。子程序 FACT 不断递归调用，每调用一次把 $N-1$ 入栈保存，直到为 0 时开始返回。返回过程中计算 $N\times(N-1)$，直到 N 为设置值为止。程序运行时子程序调用情况和堆栈变化情况如图 4-18 所示。

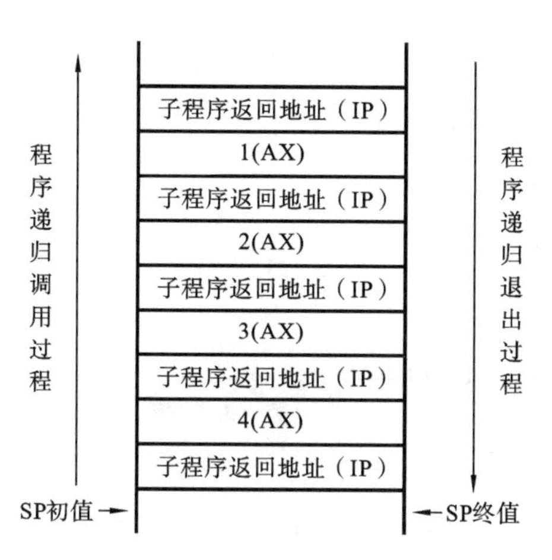

图 4-18 求 4！的堆栈变化

```
DATA   SEGMENT                    ; 数据段
       N        DW   4            ; 定义 n 值
       RESULT   DW   ?            ; 结果存于 RESULT 中
DATA   ENDS
CODE   SEGMENT                    ; 代码段
       ASSUME  CS:CODE,DS:DATA
START:
       MOV   AX,DATA
       MOV   DS,AX
       MOV   AX,N
       CALL  FACT                 ; 调用 N! 递归子程序
       MOV   RESULT,AX
       MOV   RESULT+1,DX
       MOV   AX,4C00H             ; 返回 DOS 系统
       INT   21H
;-----------------------------------------------------------
; FACT:求 N! 子程序
; 入口参数:AX
; 出口参数:CX
; 所用寄存器: DX,AX
;-----------------------------------------------------------
FACT    PROC   NEAR               ; 定义 N! 递归子程序
```

```
        CMP   AX,0
        JNZ   MULT
        MOV   CX,1              ; 0! =1
        RET
MULT:   PUSH  AX
        DEC   AX
        CALL  FACT
        POP   AX                ; DX :AX←AX×CX
        MUL   CX
        MOV   CX,AX
        RET
FACT    ENDP
CODE    ENDS
        END   START
```

自测练习 4.4

1. 在汇编语言程序开发过程中，经编辑、汇编、连接 3 个环节，分别产生扩展名为________、________和________的文件。
2. 调试程序 DEBUG 可对扩展名为________的文件进行调试。
3. 汇编语言程序的主要功能是对用户源程序进行语法检查并显示出错信息，对宏指令进行________，把源程序翻译成________。
4. 汇编语言程序设计的四种基本结构形式包括________、________、________和________。
5. 在汇编语言程序中，分支语句通常用________指令实现跳转。
6. 在汇编语言程序中，循环结构程序通常包括三个部分：________、________和________。
7. 在子程序中，通常将子程序用到的寄存器压入堆栈加以保护，该过程称为________。
8. 在子程序的过程体中，必不可少的用于恢复断点的指令是________。

4.5 汇编语言程序设计实例

4.5.1 算术逻辑运算程序

汇编语言的算术运算包括二进制的加减乘除、压缩 BCD 码的加减、非压缩 BCD 码的加减乘除等；逻辑运算包括与或非、移位、取反、位清零或置 1 等。

【例 4-49】 编程实现：将首地址为 DAT_BUF 的 9 个压缩 BCD 码求和并保存结果。

分析 本题的重点是 BCD 码计算，涉及十进制调整指令。数据段不仅要包括 9 个 BCD 数据，还要包括结果数据。

```
DATA  SEGMENT
    DAT_BUF  DB  11H,22H,33H,44H,55H,66H,77H,88H,99H
    COUNT    EQU $ -DAT_BUF
    SUM      DW  ?
DATA  ENDS
CODE  SEGMENT
    ASSUME  CS: CODE,DS: DATA
START:
        MOV     AX,DATA
        MOV     DS,AX
        LEA     BX,DAT_BUF              ; 取 DAT_BUF 的首地址
        MOV     CX,COUNT                ; 求和次数
        MOV     AX,0                    ; AX 作为和寄存器
NEXT:   ADD     AL,[BX]
        DAA                             ;十进制调整
        XCHG    AH,AL                   ; AH,AL 交换
        ADC     AL,0                    ; 加上进位,得到和的高位
        DAA                             ;调整
        XCHG    AH,AL
        INC     BX                      ; 地址指针加 1
        LOOP    NEXT                    ; 循环
        MOV     SUM,AX                  ; 存结果
        MOV     AX,4C00H
        INT     21H
CODE  ENDS
        END     START
```

思考:如果把数据段中各位数据的符号 H 去掉,变成 11,22,…,是否还是 BCD 数?

【例 4-50】 将 AX 寄存器的中间 8 位作为低 8 位,将 BX 高 4 位和 DX 低 4 位作为高 8 位拼成一个新字存入 BUF 单元中。

分析 本题涉及移位、逻辑指令的使用。

```
DATA  SEGMENT
    BUF  DW  ?
CODE  SEGMENT
    ASSUME  CS: CODE,DS: DATA
START:
    MOV  AX,DATA
    MOV  DS,AX
    MOV  CL,4
    MOV  AX,8899H
```

```
        MOV  BX,0AFFFH
        MOV  DX,0FFF7H
        SHR  AX,CL               ;将AX右移4位,中间8位存入AL
        AND  AH,00H
        MOV  AH,BH
        AND  AH,0F0H             ;AH的高4位=BX的高4位
        AND  DL,0FH              ;保留DL的低4位
        OR   AH,DL               ;AH的低4位=DX的低4位
        MOV  BUF,AX              ;存入BUF,(BUF)=A789H
        MOV  AX,4C00H
        INT  21H
    CODE  ENDS
          END  START
```

4.5.2 数据分类统计程序

数据分类统计程序也是一类常用程序,实现统计计数、分类处理等功能。

【例 4-51】 设数据段中有自变量 Y,试编写程序把 Y 中 1 的个数存入 CNT 单元中。

分析 Y 中 1 的个数需逐位测试,本题采用的方法是左移,数据 Y 的最高位会发生变化,若 Y 为负数,则 SF=1,CNT 值加 1。流程图如图 4-19 所示。

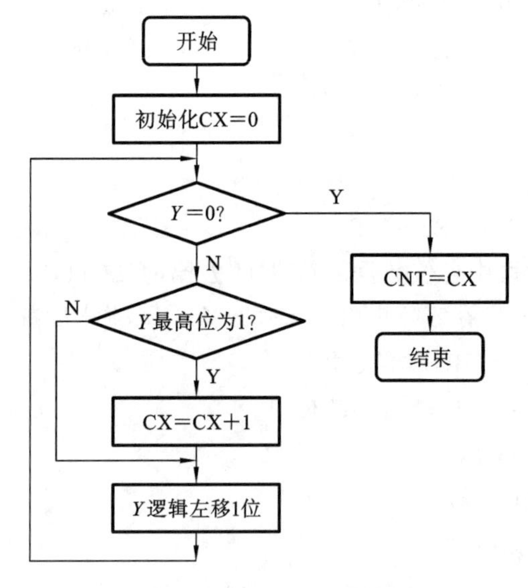

图 4-19 例 4-51 流程图

可以用计数次数来控制循环。更好的办法是:测试数据是否为 0 作为结束条件,这样可以提高程序执行效率。考虑到 Y 本身可能为 0 的情况,应该采用 WHILE-DO 循环结构。

```
    DATA  SEGMENT
          Y       DW   1122H
```

```
        CNT    DW   ?
DATA    ENDS
CODE    SEGMENT
        ASSUME  CS:CODE,DS:DATA
START:MOV   AX,DATA         ;数据段装载
        MOV   DS,AX
        MOV   CX,0            ;CX 初始化,存放 Y 中 1 的个数
        MOV   AX,Y            ;(AX)=(Y)
NEXT:   CMP   AX,0
        JZ    EXIT            ;若 AX 为 0,则退出循环
        JNS   SHIFT           ;若符号位为 0,则转到 SHIFT
        INC   CX              ;若符号位为 1,则 CX 加 1
SHIFT:  SHL   AX,1            ;AX 左移 1 位
        JMP   NEXT
EXIT:   MOV   CNT,CX          ;结果存入 CNT
        MOV   AX,4C00H
        INT   21H
CODE    ENDS
        END   START
```

【例 4-52】 设数据段有一字符串 BUF,长度小于 256。要求计算字符串中的数字、大写字母和其他字符的个数并存储到内存单元。

分析 本例题是典型的分类统计程序,采用多分支程序结构。需要设计 3 个内存变量分别存放统计个数。用 DH 存放数字个数,DL 存放大写字母个数,用 N－(DH)－(DL)计算其他字符。

```
DATA    SEGMENT
        BUF    DB  'WELCOME TO NO. 818!'
        N      EQU  $-BUF
        NUM    DB  3 DUP(?)     ;分别存放数字、大写字母和其他字符
CODE    SEGMENT
        ASSUME  CS:CODE,DS:DATA
START:
        MOV   AX,DATA
        MOV   DS,AX
        MOV   CH,N            ;(CH)= N
        MOV   BX,0
        MOV   DX,0            ;DH 存数字个数,DL 存字母个数
LP:     MOV   AL,BUF[BX]
        CMP   AL,30H
        JL    NEXT            ;小于'0'则跳转
        CMP   AL,39H
```

```
        JG      ABC             ；大于‘9’则跳转
        INC     DH              ；数字个数加 1
        JMP     NEXT
ABC：   CMP     AL,41H          ；小于‘A’则跳转
        JL      NEXT
        CMP     AL,5AH          ；大于‘Z’则跳转
        JG      NEXT
        INC     DL              ；大写字母个数加 1
NEXT：  INC     BX              ；数组地址加 1
        DEC     CH              ；计数减 1
        JNZ     LP
        MOV     NUM,DH          ；数字个数送入内存单元
        MOV     NUM+1,DL        ；大写字母个数送入内存单元
        MOV     AH,N
        SUB     AH,DH
        SUB     AH,DL
        MOV     NUM+2,AH        ；其他字符个数送入内存单元
        MOV     AX,4C00H
        INT     21H
CODE    ENDS
        END     START
```

4.5.3 代码转换程序

代码转换程序通常包括十进制数和二进制数的转换、BCD 码转换、ASCII 码转换、LED 显码转换等，应用较多。

【例 4-53】 将 ASCII 码表示的十进制数转换为二进制数。

分析 十进制数展开公式为

$$X = \sum D_i \times 10^i$$
$$= (\cdots((D_n \times 10 + D_{n-1}) \times 10 + D_{n-2}) \times 10 + \cdots + D_1) \times 10 + D_0$$

按公式编程，对十进制数按位做乘加运算，可以得到二进制结果。

```
DATA    SEGMENT
        BUF     DB  ‘12345’     ；十进制数为 12345
        RESULT  DW  ?
DATA    ENDS
CODE    SEGMENT
        ASSUME  CS：CODE,DS：DATA
START：
        MOV     AX,DATA         ；装载数据段
        MOV     DS,AX
        LEA     SI,BUF          ；取数据区首地址
```

```
        LEA   DI,RESULT            ；取结果地址
        MOV   BL,0AH               ；乘 10 送 BL
        MOV   CX,0004H             ；循环加次数为 4 次
        MOV   AH,00H               ；AX 存放乘积，高位清 0
        MOV   AL,[SI]              ；取 ASCII 数
        SUB   AL,30H               ；转换为数值
NEXT：  MUL   BL                   ；为无符号数乘法
        ADD   AL,[SI+01]           ；与数据的低位相加
        SUB   AL,30H               ；转换为数值
        INC   SI
        LOOP  NEXT
        MOV   [DI],AX              ；结果送内存。结果为 3039H
        MOV   AX,4C00H             ；返回 DOS
        INT   21H
CODE    ENDS
        END   START
```

思考：本程序是将一个五位十进制数转换为二进制数，本程序能转换的十进制数最小值是多少？最大值又是多少？为什么？

【例 4-54】 从键盘输入一位十进制数(0～9)，将其转换成平方值，存放在 SQUBUF 单元中。用查表法完成。

分析 0～9 的平方值分别为 0,1,4,9,16,25,36,49,64,81，在内存中用平方值构成一个平方值表，可按照“等待输入—查表—得到结果”的顺序编程。

程序数据段的设计：设计两个变量 SQUTAB 和 SQUBUF，SQUTAB 用来存放平方值表，SQUBUF 用来存放查表结果。

```
DATA    SEGMENT
        SQUTAB  DB  0,1,4,9,16,25,36,49,64,81
        SQUBUF  DB  ?
DATA    ENDS
CODE    SEGMENT
        ASSUME  CS：CODE, DS：DATA
START：
        MOV   AX,DATA              ；装载数据段
        MOV   DS,AX
        MOV   BX,OFFSET SQUTAB     ；平方表首地址
        MOV   AH,1
        INT   21H                  ；键盘输入，得到 ASCII 码
        SUB   AL,30H               ；由 ASCII 码得到相应的数值
        XLAT                       ；查表
        MOV   SQUBUF,AL            ；存储结果
        MOV   AX,4C00H             ；返回 DOS
```

```
        INT    21H
CODE    ENDS
        END    START
```

思考：① 如何使程序只接收数字键，键入其他键显示错误信息？

② 如何将程序改为能多次接收键盘输入，按Q键退出？

③ 如何显示平方值？

4.5.4 排序程序

排序程序通常为寻找最大、最小值，顺序排列数组。

【例4-55】 求有符号字节数组中的最大值和最小值。用子程序调用方式实现。

分析 可将求解最大、最小值分别用子程序实现，采用寄存器间址方式传递参数。

```
DATA    SEGMENT
        BUF     DB  12,-8,96,-33,127
        MAX     DB  ?
        MIN     DB  ?
        COUNT EQU MAX-BUF
DATA    ENDS
CODE    SEGMENT
        ASSUME  CS:CODE,DS:DATA
START:
        MOV   AX,DATA               ;装载数据段
        MOV   DS,AX
        LEA   SI,BUF                ;取数组偏移地址
        MOV   CX,COUNT              ;取数据区个数
        CALL  SUBMAX                ;求最大值
        LEA   SI,BUF                ;取数组偏移地址
        MOV   CX,COUNT              ;取数据区个数
        CALL  SUBMIN                ;求最小值
        MOV   AX,4C00H              ;返回DOS
        INT   21H
SUBMAX  PROC NEAR                   ;入口参数[SI],CX
        MOV   BH,[SI]               ;最大值存入BH
A1:     LODSB                       ;将数据装入AL
        CMP   AL,BH                 ;比较
        JLE   A2                    ;小于则跳转
        MOV   BH,AL                 ;大值交换给BH
A2:     LOOP  A1
        MOV   MAX,BH
        RET
SUBMIN  PROC NEAR                   ;入口参数[SI],CX
```

```
        MOV   BL,[SI]            ;最小值存入 BL
A3:     LODSB                    ;将数据装入 AL
        CMP   AL,BL              ;比较
        JGE   A4                 ;大于则跳转
        MOV   BL,AL              ;小值交换给 BL
A4:     LOOP  A3
        MOV   MIN,BL
        RET
CODE    ENDS
        END   START
```

4.5.5 输入/输出程序

输入/输出程序涉及 DOS 和 BIOS 功能调用，通常为键盘输入程序、显示结果输出程序等。

【例 4-56】 编写程序，接收键盘输入的字符串，将其中大写字母转化为小写字母，并显示转化后的字符串。键盘输入的字符串存于 STRBUF 缓冲区中，最多输入 30 个字符。

分析 小写字符'a'～'z'的 ASCII 是 61H～7AH，大写字符'A'～'Z'的 ASCII 码是 41H～5AH，因此将大写字母转化为小写字母的方法是：大写字母的 ASCII 码加上 20H。流程图如图 4-20 所示。

```
DATA    SEGMENT
        STRBUF  DB 30,?,31 DUP (?)  ;定义键盘接收缓冲区
DATA    ENDS
CODE    SEGMENT
        ASSUME  CS:CODE,DS:DATA
START:
        MOV   AX,DATA
        MOV   DS,AX
        LEA   DX,STRBUF
        MOV   AH,0AH
        INT   21H                  ;0A 号调用等待用户输入字符串
        MOV   CL,STRBUF+1          ;实际接收的字符个数送 CL
        CMP   CL,00
        JZ    EXITP
        MOV   CH,00H
        MOV   SI,2
XX1:
        MOV   AL,STRBUF[SI]        ;读取一个字符
        CMP   AL,'A'               ;判断是否是大写字符
        JB    NEXT
```

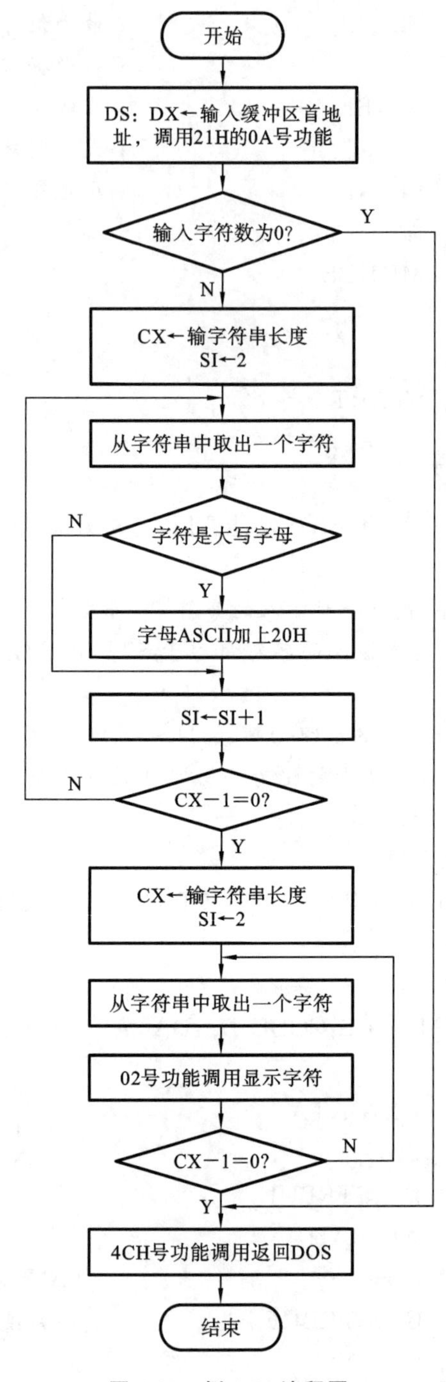

图 4-20　例 4-56 流程图

```
        CMP   AL,'Z'
        JA    NEXT
        ADD   STRBUF[SI],'a'-'A'     ；大写字母 ASCII 值加 20H
NEXT：
        INC   SI
        LOOP  XX1
```

```
        MOV   DL,0AH                  ;输出换行符
        MOV   AH,02H
        INT   21H
        MOV   CH,00                   ;显示转换后的大写字符串
        MOV   CL,STRBUF+1
        MOV   SI,2
XX2:
        MOV   DL,STRBUF[SI]
        MOV   AH,02H
        INT   21H
        INC   SI
        LOOP  XX2
EXITP:
        MOV   AX,4C00H
        INT   21H
CODE    ENDS
        END   START
```

【例 4-57】 从键盘接收单键命令 A～G，根据命令进行相应的处理，如果是其他键值则不进行处理。

分析 本例可采用跳转表法。所谓跳转表法是指在数据区中开辟一片连续存储单元作为跳转表，表中顺序存放各分支程序的跳转地址。要进入某分支程序只需找到跳转表中的跳转地址即可。

本例中，跳转表由跳转地址 LAB0～LAB6 组成，每个跳转地址用 DW 定义，占 2 字节。程序需将键入的 A～G 字母转化为跳转表中的偏移地址，方法是用键入字母的 ASCII 码减去字母 A 的 ASCII 码，再乘以 2，得到子程序起始地址在跳转表中的偏移量，即子程序起始地址＝表首地址＋偏移量，偏移量＝(键入字母的 ASCII－'A'的 ASCII)×2。流程图如图 4-21 所示。

```
DATA    SEGMENT
        TAB  DW LAB0                  ;建立跳转表
             DW LAB1
             DW LAB2
             DW LAB3
             DW LAB4
             DW LAB5
             DW LAB6
DATA    ENDS
CODE    SEGMENT
        ASSUME  CS: CODE,DS: DATA
START:
        MOV  AX,DATA                  ;数据段装载
```

```
        MOV   DS,AX
        MOV   AH,1                    ;从键盘输入键值
        INT   21H
        CMP   AL,'A'                  ;保证输入字符在 A~G 之间
        JB    DONE
        CMP   AL,'G'
        JA    DONE
        SUB   AL,'A'                  ;获得数值 0~6
        AND   AX,000FH                ;将字符转换为序号
        SHL   AX,1                    ;序号×2=偏移地址
        MOV   BX,AX
        JMP   TAB[BX]
LAB0:     ⋮
        JMP   DONE
LAB1:     ⋮
        JMP   DONE
          ⋮
LAB6:     ⋮
        JMP   DONE
DONE:   MOV   AX,4C00H
        INT   21H
CODE    ENDS
        END   START
```

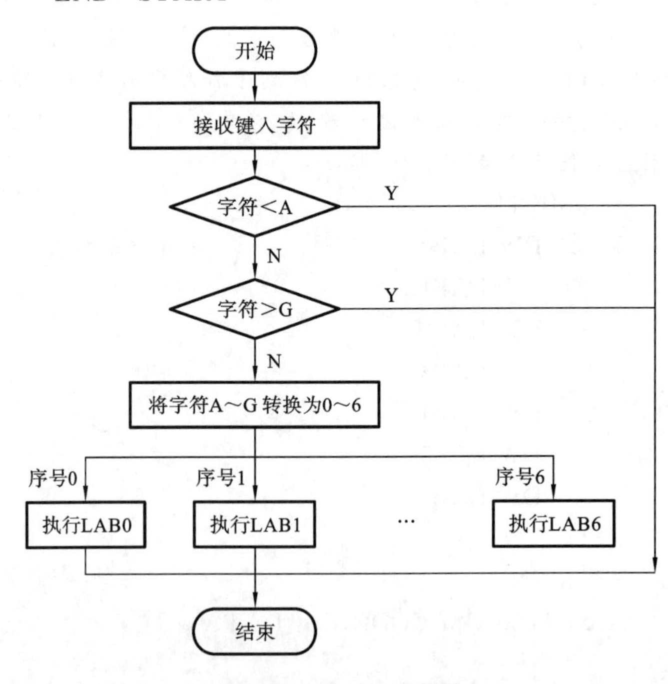

图 4-21　例 4-57 流程图

本章总结

要编写完整、正确的汇编语言程序，需要掌握汇编语言程序的段结构、指令系统、伪指令、DOS 和 BIOS 的功能调用、程序设计基本结构。汇编语言程序基本结构主要有顺序程序、分支程序、循环程序和子程序，对这些基本程序结构进行组合能实现不同的程序功能。常见的汇编语言程序有算术逻辑运算程序、数据分类统计程序、代码转换程序、排序程序、输入/输出程序等，应熟练掌握。

习题与思考题

1. 汇编语言程序生成可执行文件的步骤是什么？
2. 变量与标号的区别是什么？各有哪些属性？
3. 伪指令语句的作用是什么？它与指令语句的主要区别是什么？
4. 写出定义下列变量的伪指令语句。
   (1) 为缓冲区 BUFF1 预留 200B 的空间。
   (2) 将缓冲区 BUFF2 的 200B 初始化为 00H。
   (3) 将变量 BUFF3 初始化为字符串“ABC”与“123”。
5. 设数据段定义了两个变量

```
ORG    2000H
VAR1  DB   24H,'E',32H
VAR2  DW   1234H,5678H
```

   则执行完下列指令后，各目的操作数分别是多少？

```
(1) MOV   AL,VAR1              ;AL=
(2) MOV   BX,VAR2              ;BX=
(3) MOV   CX,[BX+2]            ;CX=
(4) MOV   DI,VAR2+2            ;DI=
(5) MOV   DX,WORD PTR VAR1     ;DX=
```

6. 某数据段定义为

```
DATA   SEGMENT
    S1   DB   0,1,2,3,4,5
    S2   DB   '12345'
    COUNT    EQU  $-S1
    S3   DB   COUNT   DUP(2)
DATA   ENDS
```

   画出该数据段在存储器中的存储形式。
7. 设数据段定义如下：

```
PNUM    DW    ?
PNAME   DB    20 DUP(?)
COUNT   DD    ?
```

```
PLEN    EQU  $－PNUM
```

问:PLEN的值为多少?它表示的含义是什么?

8. 已知变量和符号定义如下:

```
A1   DB    ?
A2   DB    8
K1   EQU  100
```

判断下列指令的正误,并说明错误指令的错误原因。

(1) MOV K1,AX

(2) MOV A2,AH

(3) MOV BX,K1

MOV [BX],DX

(4) CMP A1,A2

(5) K1 EQU 200

9. 说明下列程序实现的功能。

```
DATA   SEGMENT
            A     DB  '123456'
DATA   ENDS
CODE   SEGMENT
    ASSUME  CS: CODE,DS: DATA
START:
        MOV   AX,DATA
        MOV   DS,AX
        LEA   BX,A
        MOV   CX,6
        MOV   AH,2
L1:     MOV   AL,[BX]
        XCHG  AL,DL
        INC   BX
        INT   21H
        LOOP  L1
        MOV   AX,4C00H
        INT   21H
CODE ENDS
        END   START
```

10. 分析下列程序,指出运行结果。

```
DATA   SEGMENT
       SUM  DB  ?
DATA   ENDS
CODE   SEGMENT
       ASSUME  CS: CODE,DS: DATA
```

```
START:MOV  AX,DATA
      MOV  DS,AX
      XOR  AX,AX
      MOV  CX,20
      MOV  BX,2
L1:   ADD  AX,BX
      INC  BX
      INC  BX
      LOOP L1
      MOV  SUM,AX
      MOV  AX,4C00H
      INT  21H
CODE  ENDS
      END  START
```

11. 编写程序,实现显示字符串“Please input number:”,输入并显示 0～9 数字,按 Q 或 q 键退出程序。
12. 编写程序,比较两个字符串 STRING1 和 STRING2 所含字符是否相同,若相同,则显示 MATCH;若不相同,则显示 NO MATCH。
13. 设数据段有一长度为 20 的字数组 M,编程统计负数和非负数个数,将负数存入数组 N,正数存入数组 P。
14. 从键盘接收一个 4 位的十六进制数,编程转化为十进制数,显示转换后的结果,程序以‘#’结束。
15. 接收键盘输入字符,将其中的大写字母转成小写字母后显示,以〈CTRL+C〉结束程序返回 DOS。
16. 将 DATA 区内 10 个数据按升序排列,结果存入 RESULT 区,显示排序后的数据。
17. 设内存单元 BUF 开始的缓冲区中有 7 个无符号数,依次为 13H、0D8H、92H、2AH、66H、0E0H、3FH,编程找出中间值存入 MID 单元,且将结果以“(MID) = ”的格式显示在屏幕上。
18. 从键盘输入月份数(01～12),显示该月份对应的英文缩写名。

5

存储器系统

存储系统是计算机的重要组成部分之一，用来存储程序和数据。现代计算机系统常采用由寄存器、高速缓冲存储器（又称高速缓存）(Cache)、主存储器（又称主存或内存）、辅助存储器（又称外存或辅存）组成的多级存储体系结构。本章在介绍存储器系统基本概念的基础上，主要介绍随机存取存储器（RAM）和只读存储器（ROM）的工作原理、典型芯片以及如何利用这两类半导体存储芯片构成所需的主存空间，分析主存的扩展方法。此外，本章还介绍了高速缓存存储器的基本概念和关键技术。

5.1 存储器概述

存储器是计算机系统的记忆设备，用来存储程序、数据、运算结果和各类信息，是计算机的重要组成部分。微机的存储系统通常由高速缓存、主存储器、辅助存储器（磁盘、光盘、移动硬盘等）构成，它们的存储容量、工作速度、制造材料、单位容量、价格等各不相同，计算机的存储器系统由这些容量、速度、价格不同的存储器构成。

本节目标：

(1) **了解存储器系统分层结构。**

(2) **熟悉不同类型半导体存储器的特点。**

(3) **掌握半导体存储器的主要技术指标。**

5.1.1 存储器系统层次结构

现代计算机的存储器系统层次主要由 CPU、高速缓存（Cache）、主存储器（主存）和辅助存储器（辅存）组成，如图 5-1 所示。寄存器位于 CPU 内部，容量小、访问速度快。高速缓存位于 CPU 和主存之间，由静态随机存储器（SRAM）制成，存储容量在几十 KB 到几十 MB 之间，速度快（纳秒级）、价格高，Cache 存储的是主存内容的副本，用来解决 CPU 与主存速度不匹配的问题。

主存储器（又称内存）由随机存取存储器和只读存储器构成，存储正在运行的程序和数据，容量单位常为 GB，价格比 Cache 低。辅助存储器（又称外存）容量最大，访问速度相对最慢，用来解决主存容量不足与高成本间的矛盾。最常见的外存是硬盘，用磁盘存储信息，近年兴起的固态硬盘（SSD）由控制单元和存储单元（Flash 或 DRAM 芯片）

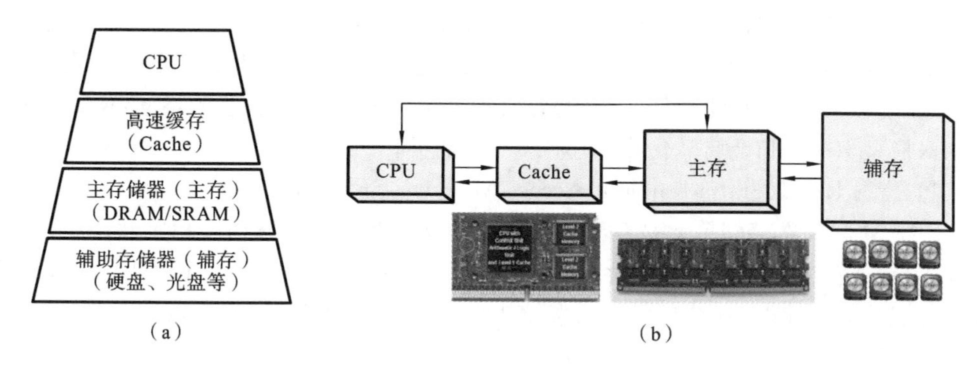

图 5-1　存储器系统层次结构

组成，访问速度比硬盘快，容量小于硬盘。CPU 可以直接访问高速缓存和内存，不能直接访问外存，需要经过专门的接口电路才能读/写外存信息。

图 5-1(b)的存储器系统也可看成 2 个二级系统：① Cache-主存；② 主存-辅存。从 CPU 的角度看，Cache-主存层次的速度与 Cache 相近，容量和价格却接近主存；主存-辅存层次的速度接近主存，容量和价格接近辅存，较好地解决了速度、容量和成本间的矛盾。因此，现代微机系统的存储器系统大都采用此架构。

此外，现代微型计算机已具有"虚拟存储器"(Virtual Memory，简称"虚存")的管理能力。虚拟存储器是将主存和辅存作为一个整体，用软、硬件结合的方法进行管理，对主存和辅存统一编址，此时的辅存空间用来作为主存空间的延续或扩展，使得用户能在比实际主存大得多的虚拟存储空间中编写程序。虚拟存储空间不同于主存和辅存地址空间，它是一个逻辑地址空间，由虚拟存储技术实现。

存储器系统按存储介质可分为半导体、磁性介质和光电存储器等不同类型，主存主要由半导体材料制成，也称为半导体存储器；辅存可由磁性材料构成的硬盘、软盘、可移动硬盘、光盘等制成。本章主要介绍由半导体存储器构成的主存和高速缓存，有关辅存的相关知识，读者可查阅其他相关书籍。

5.1.2　半导体存储器的分类

半导体存储器有多种分类方法。按制造工艺可分为双极型和 MOS 型存储器；按存储方式可分为只读存储器(ROM)和随机存取存储器(RAM)。还有一种闪速存储器(Flash Memory)，它结合了 RAM 和 ROM 的优点。半导体存储器的分类如图 5-2 所示。

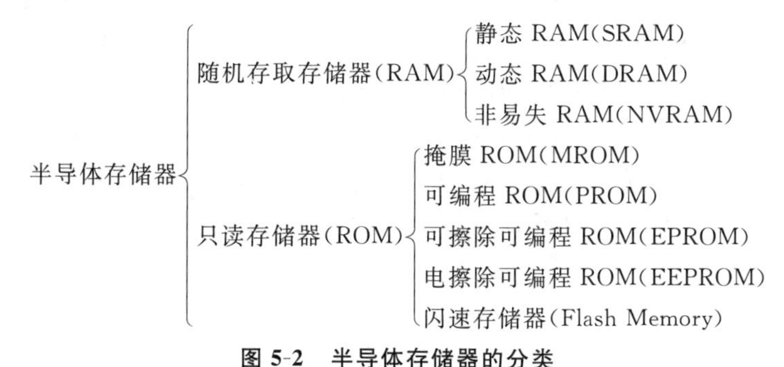

图 5-2　半导体存储器的分类

1. 随机存取存储器(RAM)

随机存取是指访问存储器内容时,访问速度与信息所在存储单元的位置无关。RAM 的主要特点是访问速度快、掉电后信息丢失。根据制造工艺的不同,RAM 可以分为双极型 RAM 和金属氧化物(MOS)RAM 两类。

1) 静态 RAM(Static Random Access Memory,SRAM)

SRAM 的基本存储单元是双稳态触发器。双稳态触发器有两个稳定状态,可用来存储 1 位二进制信息,不掉电时存储的信息可稳定存在,故称为静态 RAM。SRAM 的主要优点是访问速度快(纳秒级)、无需外部刷新电路、使用简单,缺点是集成度低、功耗大、工艺复杂。高速缓存 Cache 通常由 SRAM 构成。

2) 动态 RAM(Dynamic Random Access Memory,DRAM)

DRAM 的基本存储单元是单管动态存储电路,采用电容存储电荷的原理保存信息。由于电容存在漏电流,需要定时刷新以防止信息丢失,所以称为动态 RAM。所谓刷新是每隔一定时间(一般为 2ms)对 DRAM 的内容读出和再写入。DRAM 集成度高、功耗低,速度慢于 SRAM,但价格便宜,是内存的主要类型。

3) 非易失 RAM(Non Volatile Random Access Memory,NVRAM)

非易失 RAM 也称掉电自保护 RAM,是由 SRAM 和 EEPROM 共同构成的存储器。正常运行时用 SRAM 存储信息,在系统掉电或电源故障发生瞬间,SRAM 的信息可被写到 EEPROM 中,保证信息不丢失。NVRAM 多用于存储重要信息和掉电保护。

2. 只读存储器(ROM)

只读存储器的特点是在程序运行过程中,只能读取存储单元的信息,不能写入,断电后 ROM 中的信息不丢失,常用于存放常数数据和程序库,如 BIOS 等。

1) 掩膜 ROM(Masked ROM,MROM)

MROM 是芯片生产厂家采用掩膜工艺(一种光刻图形技术)将要存储的信息一次性写入芯片,特点是一旦制造完成,信息就只能读出不能改变。MROM 批量生产成本低,适用于存储成熟的固定程序和数据。

2) 可编程 ROM(Programable ROM,PROM)

PROM 在出厂时存储单元中的信息为全 1(或全 0),允许用户利用编程器完成一次编程,即写入程序或数据。与 MROM 类似,信息一旦写入就无法更改,只能读出。

3) 可擦除可编程 ROM(Erasable Programmable ROM,EPROM)

EPROM 是紫外线可擦除可编程 ROM,擦除是指用紫外线照射芯片上的石英玻璃窗口 10~20min,擦去原有内容,使芯片成为全“1”的初始状态。编程是指用专门的 EPROM 编程器,重新写入新的内容,使用时应将 EPROM 的石英玻璃窗口密封遮光,避免因光线照射导致存储电路中的电荷缓慢泄漏。EPROM 可多次擦除和写入,多用于系统实验阶段或需要改写程序和数据的场合。

4) 电擦除可编程 ROM(Electrically Erasable Programmable ROM,EEPROM)

EEPROM 与 EPROM 类似,也可以多次擦除和写入信息,但 EEPROM 是电擦除方式,擦除和写入均可在用户系统完成,无需专门的编程器。相比于 EPROM,EEPROM 使用更加方便。

5) 闪存(Flash Memory)

闪存是一种高密度、非易失的读/写半导体存储器,它既有 RAM 易读写、体积小、集成度高、速度快等优点，又有 EEPROM 电擦除、断电后信息不丢失等优点。由于闪存具有擦写速度快、功耗低、容量大、成本低等特点，得到了广泛应用。

5.1.3 半导体存储器的主要技术指标

衡量半导体存储器的技术指标有多种，如可靠性、存储容量、存取速度、功耗、价格、电源种类等。下面介绍几种主要的技术指标。

1. 存储容量

存储容量是指存储器芯片所能存储的二进制信息的总位数：

存储容量＝存储单元个数×存储单元的位数

如果某个存储芯片有 N 个存储单元，每个存储单元可存放 M 位二进制位数，该芯片的存储容量可用 $N \times M$ 表示，能存储 $N \times M$ 个二进制位。

存储容量的单位通常用字节(B)表示，大容量存储器常用 KB、MB、GB、TB 为单位。由于不同存储器芯片的存储单元位数可能是 1、4、8 位等不同类型，在表示存储器芯片容量时需要写成 $N \times M$b 的形式，其中 b 是位单位 bit 的缩写。例如，容量为 1024 ×4 b 的芯片上有 1024 个存储单元，可以存储 1024×4 b＝4096 b 的二进制信息。

存储芯片的存储单元个数与芯片地址线数有关，单元位数与芯片的数据线位数有关。例如，Intel 2114 芯片有 10 根地址线($A_9 \sim A_0$)、4 根数据线($D_3 \sim D_0$)，其存储容量为 2^{10} 个存储单元，每个存储单元存储 4 位二进制数，故存储容量为 $2^{10} \times 4$ b＝1K×4b ＝4 Kb。

2. 存取时间与存储周期

存取时间是从启动一次存储器读/写操作到完成该操作所需的时间。一般芯片手册上给出的存取时间是最大存取时间。在芯片外壳上标注的型号往往也给出了该参数，例如，芯片 2732A-20 表示其存取时间为 20 ns。

存储周期是连续启动两次独立的存储器读/写操作所需的最小间隔时间。存储周期通常大于等于存取时间，这是因为存储器在完成一次读/写后需要一定的时间完成内部操作。

3. 可靠性

可靠性是指存储器对电磁场、环境温度变化等因素的抗干扰能力，通常以平均无故障工作时间(Mean Time Between Failures，MTBF)来衡量，MTBF 表示两次故障间的平均时间间隔，通常半导体存储器芯片的 MTBF 都在数千小时以上。

4. 功耗

存储器功耗是指每个存储单元所消耗的功率，单位为 μW/单元，也可用每块芯片的总功率来表示功耗，单位为 mW/芯片。

自测练习 5.1

1. 以下存储器类型中，可随机进行读/写操作的有(　　)。

A. SRAM　　B. DRAM　　C. PROM　　D. Flash Memory

2. 在PC机中,CPU访问各类存储器的速度由高到低为(　　)。

A. 高速缓存、主存、硬盘、U盘　　B. 主存、硬盘、U盘、高速缓存

C. 硬盘、主存、U盘、高速缓存　　D. 硬盘、高速缓存、主存、U盘

3. 高速缓存的作用是(　　)。

A. 硬盘与主存储器间的缓冲　　B. 软盘与主存储器间的缓冲

C. CPU与辅助存储器间的缓冲　　D. CPU与主存储器间的缓冲

4. 高速缓存的存取速度(　　)。

A. 比主存慢、比外存快　　B. 比主存慢、比内部寄存器快

C. 比主存快、比内部寄存器慢　　D. 比主存慢、比内部寄存器慢

5. 计算机系统中,下面对存储器描述错误的是(　　)。

A. 内存储器由半导体器件构成　　B. 当前正在执行的指令应放在内存中

C. 字节是内存的基本编址单位　　D. 一次读/写操作仅能访问一个存储器单元

6. 常用的虚拟存储器寻址系统由(　　)两级存储器组成。

A. 主存-外存　　B. Cache-外存　　C. Cache-主存　　D. Cache-Cache

7. 微机中,BIOS程序放在__________中,要执行的应用程序放在__________中(ROM/RAM)。

5.2 随机存取存储器

随机存取存储器(RAM)作为主存,是与CPU直接交换数据的内部存储器,用来存放当前运行的程序、数据、中间结果及堆栈数据等。RAM的特点是能够随时从任一指定的内存单元读出或写入信息,具有易失性,掉电后内容丢失。RAM可分为双极型和MOS型,双极型RAM集成度低、功耗较大,在微机系统中较少使用,多数使用MOS型RAM。MOS型RAM分为静态RAM和动态RAM两种。本节以几种常用的典型芯片为例,介绍静态RAM和动态RAM的工作原理和外部特性。

本节目标:

(1) **了解静态RAM和动态RAM的结构及工作原理。**

(2) **能够分析常用RAM芯片的结构原理和工作方式。**

5.2.1 静态RAM

1. 静态RAM(SRAM)工作原理

SRAM的基本存储单元通常由6个MOS场效应晶体管构成的双稳态电路组成,内部结构和MOS管的定义如图5-3所示,T_1～T_6组成双稳态触发器,两个稳定状态如下。

状态1:T_1截止、T_2导通时,$A=1$、$B=0$。

状态0:T_1导通、T_2截止时,$A=0$、$B=1$。

可以用这两种稳定状态分别表示二进制信息0或1。该基本存储电路的工作原理包括选通、写入、读出和保持操作。

当基本存储单元被选通时,X地址选择线(行选通)为高电平,控制管T_5、T_6导通,Y地址选择线(选列通)也为高电平,控制管T_7、T_8导通,触发器与I/O线(位线)接通,

A 点电位输出到 I/O 端，B 点电位输出到 $\overline{I/O}$ 端。无论是写入或读出操作，基本存储单元都需要被选中。

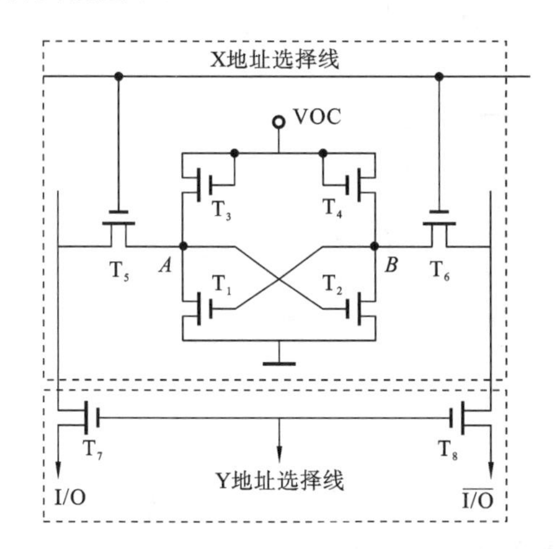

图 5-3　SRAM 的基本存储单元

写入时，数据信号从 I/O 线和 $\overline{I/O}$ 线进入，经 T_5、T_6、T_7、T_8 管与 A、B 相连。

◇ 写 1 时，I/O=1，$\overline{I/O}$=0，使 $A=1$、$B=0$，导致 T_1 截止、T_2 导通，1 状态。

◇ 写 0 时，I/O=0，$\overline{I/O}$=1，使 $A=0$、$B=1$，导致 T_1 导通、T_2 截止，0 状态。

读出数据时，基本存储单元同样要被选中，此时 X、Y 地址选择线均为高电平，T_5、T_6、T_7、T_8 导通，A、B 点的状态分别送到 I/O 线和 $\overline{I/O}$ 线，可读出该单元所存储的信息。数据读出后，原存储单元的信息保持不变。

保持操作，当写入信号和 X、Y 信号消失后，由负载管 T_3、T_4 分别为工作管 T_1、T_2 提供电流，保持其稳定互锁状态不变，所以无论是 1 状态还是 0 状态都能保持住，直到写入一个新的数据。

SRAM 基本存储单元包含的 MOS 管数量较多，集成度较低，同时，双态触发电路总有一个 MOS 管处于导通状态，会持续消耗电能，使 SRAM 功耗较大。SRAM 的优点是工作稳定、访问速度快、没有刷新电路、外部电路简单。SRAM 常用作 Cache 芯片和小规模的存储器系统。

2. SRAM 芯片举例

常用的 SRAM 芯片有 2114(1K×4b)、6116(2K×8b)、6232(4K×8b)、6264(8K×8b)、62256(32K×8b)、64C512(64K×8b)等。随着大规模集成电路的发展，SRAM 的集成度也在不断增大。下面以 Intel 6264 芯片为例说明 SRAM 的内部结构、功能引脚和工作过程。

1) 6264 芯片的内部结构

6264 芯片是容量为 8K×8b 的 CMOS SRAM 芯片，其内部结构由存储阵列、列译码与 I/O 控制电路和片选及读/写控制电路等组成，如图 5-4 所示。

6264 芯片存储阵列由 128 行、64 列存储单元构成，存储容量为 128×64B=8192B=8 KB。为寻址 8 KB 空间，需要 13 根地址线，7 根用于行译码地址输入，6 根用于列译码地址输入。列译码与 I/O 控制电路用来对信息进行缓冲和控制。片选及读/写控制电路实现对芯片的选择及读/写控制。

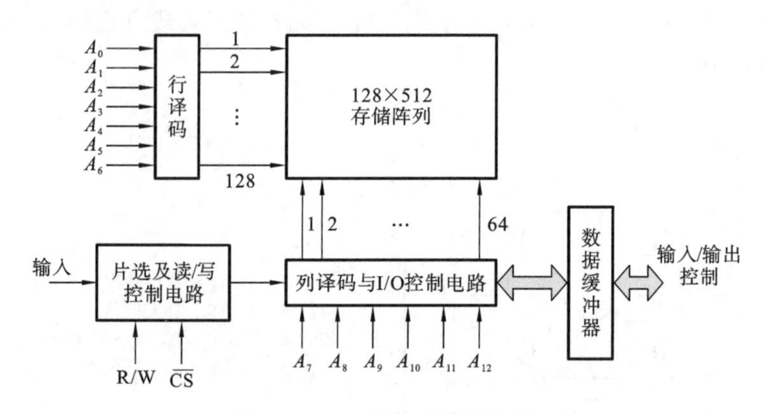

图 5-4　6264 芯片内部结构图

2）6264 芯片的引脚功能

6264 芯片有 28 个引脚，分为地址、数据和控制 3 种类型，如图 5-5 所示。

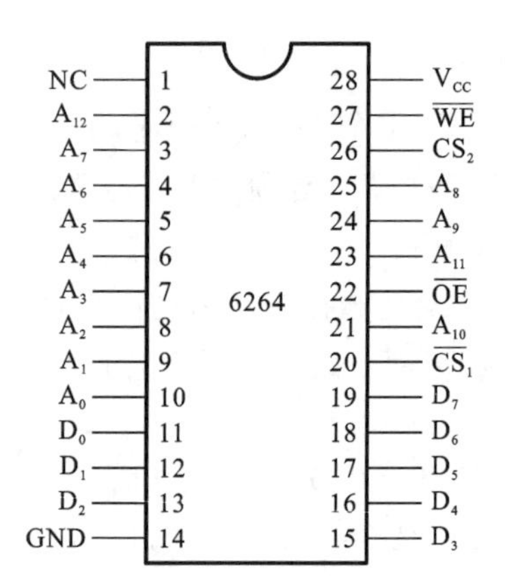

图 5-5　6264 芯片引脚

（1）$A_{12}\sim A_0$：13 根地址线。地址线数量决定了存储芯片容量，13 根地址线有 $2^{13}=8192$ 个地址编码，决定了 6264 芯片容量为 8 KB，芯片的每个存储单元都有唯一的地址。$A_{12}\sim A_0$ 通常与系统地址总线的低 13 位相连。

（2）$D_7\sim D_0$：8 根双向数据线。数据线的根数决定了存储芯片每个存储单元的二进制位数。数据线与系统数据总线的低 8 位相连。

（3）$\overline{OE}$：输出允许信号，低电平有效时，CPU 才能从 6264 芯片中读出数据。

（4）$\overline{WE}$：写允许信号，低电平有效时，允许向 6264 芯片写入数据。当$\overline{WE}$为高电平，$\overline{OE}$为低电平时，允许数据从芯片中读出。

（5）$\overline{CS_1}$、CS_2：片选控制端，仅当$\overline{CS_1}=0$，$CS_2=1$ 时，6264 芯片才被选中，能对芯片进行读/写操作。片选信号通常连接到地址译码器。

（6）V_{CC}：+5 V 电源。GND：地。NC：未用引脚。

3）6264 芯片的工作方式

6264 芯片的工作方式如表 5-1 所示，信号$\overline{OE}$、$\overline{WE}$、$\overline{CS_1}$、CS_2 共同决定了 6264 芯片的读/写操作。当$\overline{CS_1}=0$、$CS_2=1$ 时，可以对 6264 芯片进行读/写操作；$\overline{OE}=0$、$\overline{WE}=1$ 是读操作，$\overline{OE}=1$、$\overline{WE}=0$ 是写操作。当$\overline{CS_1}=1$、CS_2 任意时，芯片未被选中，数据线为高阻状态。

表 5-1　6264 芯片的工作方式

工作方式	$\overline{CS_1}$	CS_2	$\overline{WE}$	$\overline{OE}$	数据线 $D_7\sim D_0$
读操作	0	1	1	0	数据输出
写操作	0	1	0	1	数据输入
未被选中	1	×	×	×	高阻

5.2.2 动态 RAM

动态 RAM(DRAM)是利用 MOS 场效应晶体管栅极分布电容的充放电来保存信息的，具有集成度高、功耗小、价格低等特点。但由于电容存在漏电现象，所存储的信息不能长久保存，因此需要专门的动态刷新电路，定期给电容补充电荷，以避免数据丢失。

所谓刷新，就是每隔一定时间对 DRAM 的所有单元进行读出操作，经放大器放大后再重新写入原电路，使电容维持正确电荷，保证信息不变，因此称为动态 RAM。虽然正常的读/写操作也相当于刷新，但由于 CPU 对存储器的读/写操作是随机的，并不能保证在规定时间内对内存中所有单元都执行读/写操作，所以必须设置专门的外部控制电路和刷新周期对 DRAM 进行统一刷新。

DRAM 存储单元有四管、三管和单管三种。单管电路所需的元件数量少、集成度高，被广泛采用。

1. DRAM 的工作原理

DRAM 的单管基本存储单元如图 5-6 所示，它由 T 管和电容 *C* 构成，电容 *C* 用来存储信息。当电容 *C* 上充有电荷时，表示该存储单元保存信息“1”。反之，当电容 *C* 上没有电荷时，表示该单元保存信息“0”。

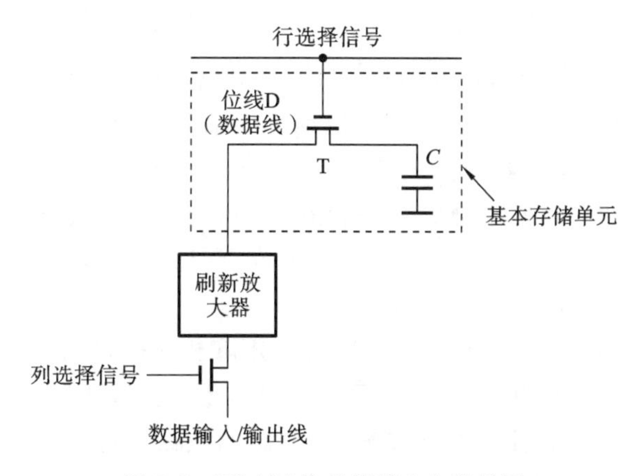

图 5-6 DRAM 的单管基本存储单元

写操作时，行、列选择信号为高电平，T 管导通，外部数据输入/输出线上的数据通过位线 D(数据线)送到电容 *C* 上保存。读操作时，行选择信号为高电平，存储在电容 *C* 中的电荷通过 T 管传送到位线 D 上，列选择信号为高电平时，位线 D 的数据输出给外部输入/输出线，根据位线 D 上有无电流可知存储信息为 1 或 0。

由于 DRAM 具有存储密度高、功耗低及价格低的特点，常作为微机系统的主存储器，现代 PC 机均采用各种类型的 DRAM 作为可读/写主存。

2. DRAM 芯片举例

下面以 Intel 2164A 芯片为例，说明 DRAM 芯片的具体组成及工作过程。

1) Intel 2164A 的内部结构

Intel 2164A 是 64 K×1 b 的 DRAM 芯片，基本存储单元采用单管动态存储电路，片内共有 65536 个基本存储单元，每个存储单元存放一位二进制信息。采用 8 片 Intel

2164A 才能构成 64 KB 的存储器。

Intel 2164A 的内部结构示意图如图 5-7 所示。图中,64 K×1 b 存储体由 4 个 128×128 存储矩阵构成,每个存储矩阵需要 7 根行地址线和 7 根列地址线进行地址译码,用来选中每个存储单元,再用 2 根地址线确定 4 个存储矩阵。所以,64 K×1 b 的 Intel 2164A 需要 16 根地址线。

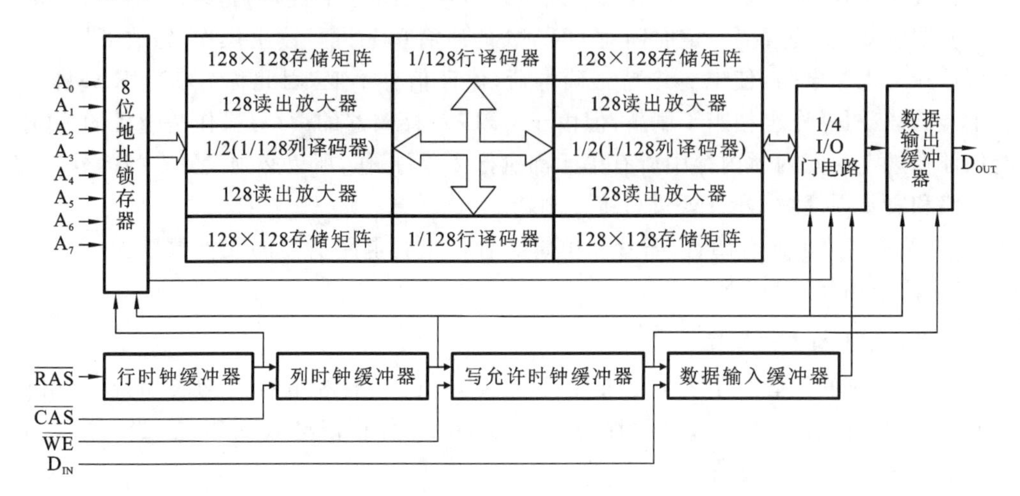

图 5-7 Intel 2164A 的内部结构示意图

为减少引脚数目和封装面积,Intel 2164A 只提供 8 根地址线,采用双译码方式,16 位的地址信息分 2 次送入芯片内部,由行地址选通信号$\overline{RAS}$和列地址选通信号$\overline{CAS}$控制,第一次作为行地址,第二次作为列地址,用 8 位地址锁存器锁存。

1/4 I/O 门电路由行、列地址的最高位控制,从 4 个存储矩阵中选择一个进行输入/输出操作。1/128 行、列译码器分别接收 7 位行、列地址,译码后从 128×128 个存储单元中选中一个单元进行读/写操作。

4 个 128 读出放大器与 4 个 128×128 存储矩阵相对应,接收由行地址选通的 4 个 128 个存储单元的信息,经放大后,再写回原存储单元,是实现刷新操作的重要部分。

数据输入、输出缓冲器用来暂存要输入、输出的数据。行、列时钟缓冲器用来协调行、列地址的选通信号。写允许时钟缓冲器用来控制芯片的数据传送方向。

2) Intel 2164A 的引脚功能

Intel 2164A 是具有 16 个引脚的双列直插式集成电路芯片,引脚如图 5-8 所示。

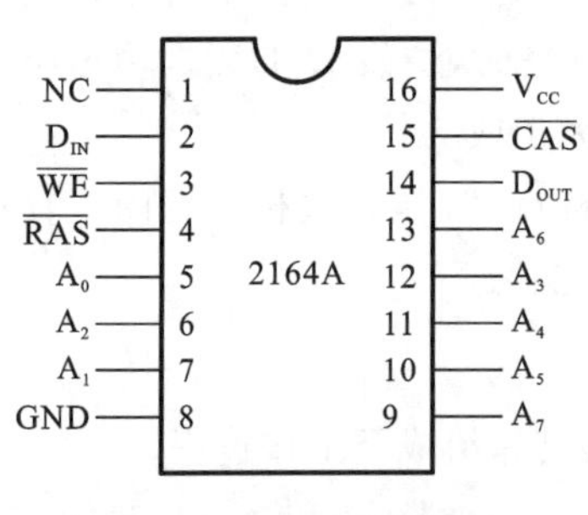

图 5-8 Intel 2164A 引脚

(1) $A_7 \sim A_0$:8 根地址线,用来分时接收 CPU 送来的 8 位行、列地址。

(2) $\overline{RAS}$:行地址选通信号,输入,低电平有效时,将行地址锁存到芯片内部的行地址锁存器中。

(3) $\overline{CAS}$:列地址选通信号,输入,低电平有效时,将列地址锁存到芯片内部的列地址锁存器中。

(4) $\overline{WE}$:读/写控制信号,输入,当其为低电平时,执行写操作,反之,执行读操作。

(5) D_{IN}:数据输入引脚,当 CPU 写入数据时,数据由该引脚写入芯片内部。

(6) D_{OUT}:数据输出引脚,当 CPU 读出数据时,数据由该引脚输出。

(7) V_{CC}:+5 V 电源。GND:地。NC:未用引脚。

3) Intel 2164A 的工作方式

Intel 2164A 的工作方式主要包括数据读出、写入与刷新三种操作。

读操作:首先行地址 $A_7 \sim A_0$ 有效,$\overline{RAS}$行地址锁存信号的下降沿将行地址锁存到芯片内部的地址锁存器;接着列地址 $A_7 \sim A_0$ 有效,$\overline{CAS}$列地址锁存信号的下降沿将列地址锁存;读写信号$\overline{WE}=1$,在$\overline{CAS}$低电平有效期间,数据由 D_{OUT} 端输出并保持。

写操作:写操作与读操作的过程基本类似,区别是送完列地址后,写入操作要将$\overline{WE}$端置为低电平,将要写入的数据从 D_{IN} 端输入。

刷新操作:Intel 2164A 内部的 4 个 128 读出放大器实现刷新操作。刷新时,只有行地址 $A_6 \sim A_0$ 有效(A_7 不起作用),每个行地址对应 4 个 128×128 存储矩阵中的一行,共 4×128 个单元。采用按行刷新的方式,从 7 个行地址中各选中一行,将该行上 4×128 个单元的信息输出到 4×128 读出放大器中,放大后再写回原单元,一次实现 512 单元的刷新,这样,经过 128 次刷新周期可完成整个存储体的刷新。

自测练习 5.2

1. 关于 SRAM 叙述不正确的是(　　)。

   A. 相对集成度低　　B. 速度较快

   C. 不需要外部刷新电路　　D. 地址线行、列复用

2. 一个 8 K×32 位的 SRAM 存储芯片,其数据线和地址线之和为(　　)。

   A. 40　　B. 42　　C. 45　　D. 46

3. 设某计算机字长 16 位,存储器容量为 32 KB,按字编址时,寻址范围是(　　)。

   A. 32 K　　B. 32 KB　　C. 16 K　　D. 16 KB

4. 下列不属于 DRAM 比 SRAM 慢的原因是(　　)。

   A. DRAM 需要刷新操作

   B. DRAM 读操作前先要进行预充操作

   C. DRAM 读/写过程中,其地址需按行/列分时传送

   D. DRAM 的容量比 SRAM 容量大

5. 高速缓存 Cache 芯片一般是用__________构成,主存储器是用__________构成。

5.3 只读存储器

只读存储器(ROM)的信息在系统运行时只能读出、不能写入,掉电后信息不丢失,具有非易失性,常用来存放一些固定程序及数据常数,如 BIOS 程序、系统监控程序、参数表、字库等。ROM 从功能和工艺上可分为掩模 ROM、PROM、EPROM、EEPROM 和 Flash ROM 等多种类型。本节主要介绍 EPROM、EEPROM 和 Flash ROM。

本节目标:

(1) 了解只读存储器的结构及工作原理。

(2) 能够分析常用只读存储器芯片的结构原理和工作方式。

5.3.1 EPROM

EPROM 芯片有多种型号，可采用 NMOS 或 CMOS 两种制造工艺，NMOS 工艺芯片功耗较低，典型的 EPROM 芯片如表 5-2 所示，若芯片名称中有字母 C，则表示采用 CMOS 制造工艺，如 27C010。本节以 2764A 芯片为例介绍 EPROM 的性能和工作方式。

表 5-2 典型的 EPROM 芯片

型号	2716	2732	2764A	27128	27256	27512	27C010	27C020	27C040
容量	2 KB	4 KB	8 KB	16 KB	32 KB	64 KB	128 KB	256 KB	512 KB

1. 2764A 的内部结构

2764A 芯片采用 NMOS 工艺，容量为 8 K×8 b，内部结构主要由存储阵列、地址译码器、数据输出缓冲器、输出允许片选和编程逻辑等构成，如图 5-9 所示。存储阵列是 8 K×8 个 MOS 管构成的 256×256 存储阵列，可保存 64 Kb 二进制信息。有 13 根地址线，采用两级译码方式，7 根用于 X(行地址)译码器，6 根用于 Y(列地址)译码器。输出允许片选和编程逻辑实现片选及控制信息的读/写。数据输出缓冲器输出 8 位数据。

2. 2764A 芯片的引脚功能

2764A 芯片有 28 根引脚，双列直插封装，如图 5-10 所示。

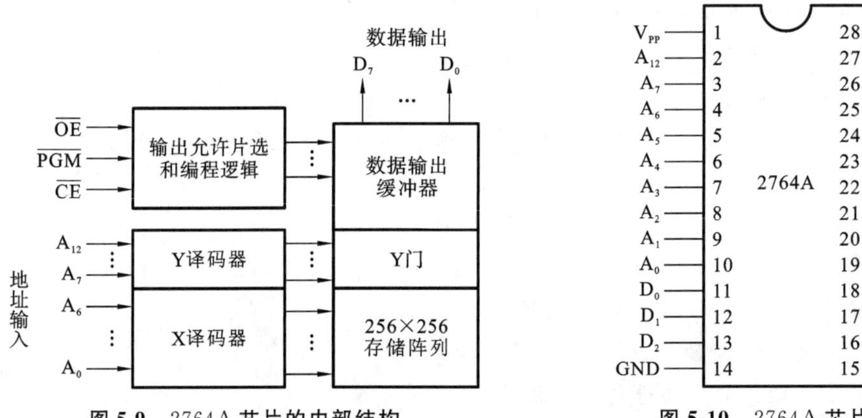

图 5-9 2764A 芯片的内部结构

图 5-10 2764A 芯片引脚

(1) A_{12}～A_0：13 根地址线，输入，可寻址片内 8K 个存储单元。

(2) D_7～D_0：8 根数据线，正常工作时为数据输出线，编程时为数据输入线。

(3) $\overline{CE}$：片选信号，输入，低电平有效。

(4) $\overline{OE}$：数据输出允许信号，输入，当$\overline{OE}$=0 时，芯片中的数据由 D_7～D_0 输出。

(5) $\overline{PGM}$：编程脉冲输入引脚。对 EPROM 编程时，在该引脚加上编程脉冲。读操作时$\overline{PGM}$=1。

(6) V_{PP}：编程电压输入引脚。编程时在该引脚上加高电压，不同厂商芯片的 V_{PP}值不一样，可以是+12.5 V、+15 V、+21 V、+25 V 等。

(7) V_{CC}：+5 V 电源。GND：地。

3. 2764A 芯片的工作方式

2764A 芯片有读数据、保持、编程写入、编程校验、编程禁止 5 种工作方式，如表 5-3 所示。

(1) 读数据方式，$\overline{CE}$、$\overline{OE}$为低电平，$\overline{PGM}$为高电平，V_{PP}为+5 V，数据线输出数据。

(2) 保持方式，$\overline{CE}$为高电平，$\overline{OE}$、$\overline{PGM}$状态任意，数据线为高阻态，禁止数据传输。

(3) 编程写入方式，编程时先擦除所有数据，使芯片内部所有位状态为“1”，再将低电平“0”编程到所选位单元，此时$\overline{CE}$为低电平，$\overline{PGM}$为低电平脉冲信号，$\overline{OE}$为高电平，编程数据经数据线写入存储单元。

(4) 编程校验方式，该方式用来确定编程的正确性，使$\overline{CE}$、$\overline{OE}$为低电平，$\overline{PGM}$为高电平，V_{PP}为+12.5 V，通过读出数据判断编程的内容是否正确。

(5) 编程禁止方式，如果$\overline{CE}$为高电平，就会禁止编程，数据线呈高阻态。

表 5-3 2764A **芯片的工作方式**

工作方式	$\overline{CE}$	$\overline{OE}$	V_{PP}	$\overline{PGM}$	$D_7 \sim D_0$
读数据	0	0	+5 V	1	输出
保持	1	×	+5 V	×	高阻
编程写入	0	1	+12.5 V	0	输入
编程校验	0	0	+12.5 V	1	输出
编程禁止	1	×	+12.5 V	×	高阻

5.3.2 EEPROM(E^2PROM)

常见的 EEPROM 芯片有 2817A(2 K×8 b)、28C64(8 K×8 b)、28C256(32 K×8 b)、28C010(128 K×8 b)、28C040(512 K×8 b)等。本节以 AT28C64 芯片为例介绍 EEPROM 的性能和工作方式。

1. AT28C64 芯片的引脚功能

AT28C64 芯片是 8K×8b 的 28 引脚双列直插 EEPROM 芯片，采用 CMOS 工艺制造，引脚如图 5-11 所示。

(1) $A_{12} \sim A_0$：13 根地址线，输入，可寻址片内的 8K 个存储单元。

(2) $I/O_7 \sim I/O_0$：8 位数据线。正常工作时为数据输出线，编程时为数据输入线。

(3) $\overline{CE}$：片选信号，输入，低电平有效。

(4) $\overline{OE}$：数据输出允许信号，输入，低电平有效。当$\overline{CE}$=0，$\overline{OE}$=0，$\overline{WE}$=1 时，允许数据输出。

(5) $\overline{WE}$：写允许信号，输入，低电平有效。当$\overline{CE}$=0，$\overline{OE}$=1，$\overline{WE}$=0 时，允许将数据写入指定的存储单元。

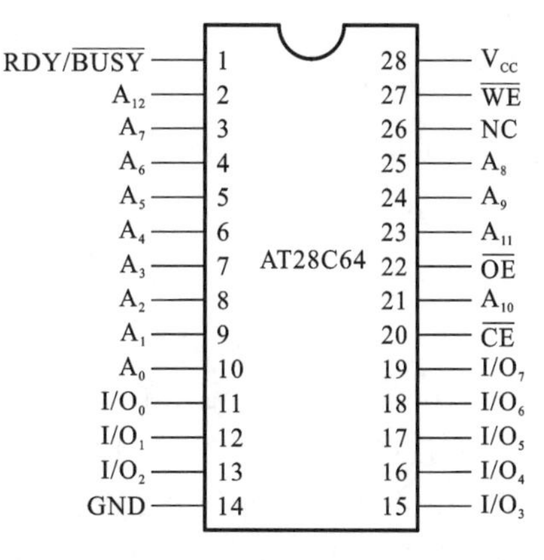

图 5-11 AT28C64 **芯片引脚**

(6) RDY/$\overline{BUSY}$：忙闲状态信号，输出。低电平时，表示正在写入数据；高电平时，表示空闲状态。

(7) V_{CC}：+5 V 电源。GND：地。

2. AT28C64 芯片的工作方式

AT28C64 芯片的主要工作方式如表 5-4 所示。当 $\overline{CE}$、$\overline{OE}$为低电平，$\overline{WE}$为高电平

时，选中的存储单元数据被读出。$\overline{CE}$和$\overline{OE}$两者之一为高电平时，数据线为高阻态，可避免总线争用。当$\overline{CE}$、$\overline{WE}$为低电平，$\overline{OE}$为高电平时，为写入操作，AT28C64 支持字节写入和页写入，页写入长度为 1～64 字节。擦除操作时，$\overline{CE}$为低电平，$\overline{OE}$接 12V，$\overline{WE}$为 10 ms 的低脉冲信号，AT28C64 的所有单元被设置为高电平状态。

表 5-4　AT28C64 芯片的主要工作方式

工 作 方 式	$\overline{CE}$	$\overline{OE}$	$\overline{WE}$	$I/O_7(D_7) \sim I/O_0(D_0)$
读数据	0	0	1	输出
备用	1	×	×	高阻
禁止输出	×	1	×	高阻
写入	0	1	0	输入
擦除	0	12 V	0	高阻

5.3.3　闪存(Flash Memory)

闪存与 EEPROM 类似，也是一种电擦除可编程只读存储器，具有编程速度快、固态性、能耗低、体积小、性能高等优点，得到广泛应用，如在 PC 系统中，闪存主要用在固态硬盘和主板 BIOS 中，绝大部分的 U 盘、SD Card 等移动存储设备也都使用闪存作为存储介质。

1. 闪存类型

NOR Flash 和 NAND Flash 是两种主要的非易失闪存技术，1988 年 Intel 公司首先推出 NOR Flash，彻底改变了原先由 EPROM 和 EEPROM 为主的局面。1989 年东芝公司推出了 NAND Flash，强调更低的成本和更高的性能。图 5-12 给出了 Flash Memory 的分类。

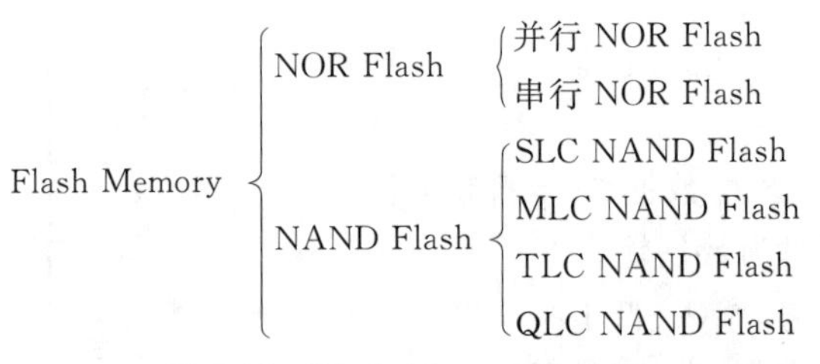

图 5-12　Flash Memory 的分类

NOR Flash 带有通用的 SRAM 接口，可以直接与 CPU 的地址、数据总线相连，对 CPU 的接口要求低。NOR Flash 可分为并行(Parallel)NOR Flash 和 串行(Serial) NOR Flash 两类。并行 NOR Flash 可以直接连到主机的 SRAM/DRAM Controller 上，应用程序可以直接在 NOR Flash 内运行，不必再把代码读到系统 RAM 中。串行 NOR Flash 支持片上运行，采用 SPI 通信协议，引脚少，成本低。

NOR Flash 的特点是接口简单、使用方便、稳定性好、传输效率高、支持片上运行、但写入和擦写速度慢、容量小、成本高，主要用于容量小、内容更新少的场景，例如 PC 主板的 BIOS、手机等嵌入式系统。

NAND Flash 根据每个存储单元内存储的二进制位数不同，可以分为单级单元(Single-Level Cell，SLC)、多级单元(Multi-Level Cell，MLC)、三级单元(Triple-Level

Cell，TLC)和四级单元(Quad-Level Cell，QLC)等。在一个存储单元内，SLC、MLC、TLC、QLC 可分别存储 1 b、2 b、3 b、4 b 二进制信息。单个存储单元存储的二进制位数越多，读写性能会越差，寿命也越短，但成本会更低。

相比于 NOR Flash，NAND Flash 写入和擦除速度快、寿命长、大容量下成本低。目前，绝大部分手机和平板等移动设备中内部的 Flash Memory 都使用 NAND Flash，PC 中的固态硬盘也使用 NAND Flash。

2. 闪存芯片

闪存芯片类型很多，如常见的 8 b NAND Flash 芯片有三星公司的 K9F1208(64MB)、K9F1G08(128MB)、K9F2G08(256MB)等，下面以 K9F1208 芯片为例介绍闪存的特点、结构和工作方式。

1) K9F1208 芯片内部结构

K9F1208 的容量为 64 MB，此外还有 2048 KB 的 Spare 存储区，用来保存 ECC 校验码等额外数据。48 引脚采用 TSSOP48 封装，工作电压 2.7～3.6 V。K9F1208 芯片内部结构如图 5-13 所示。

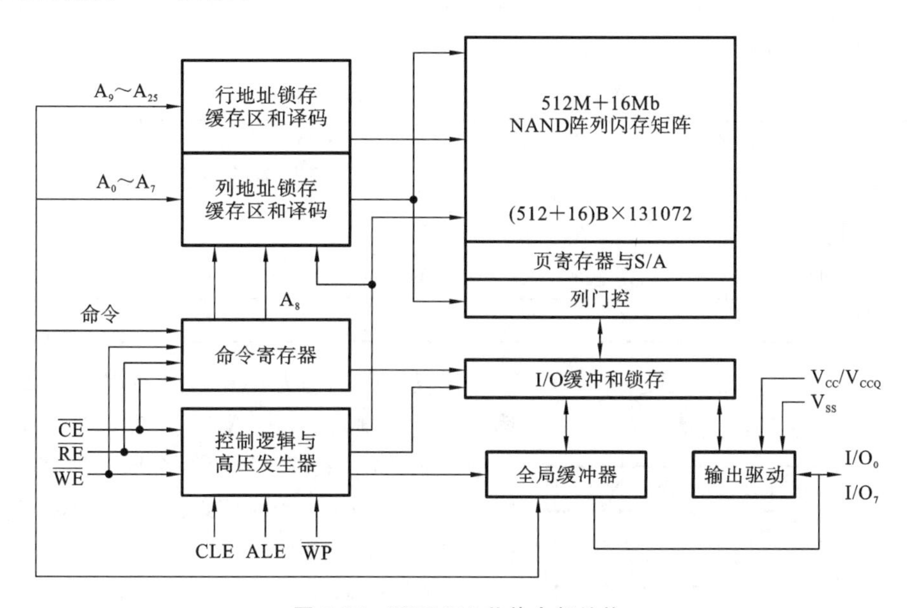

图 5-13 K9F1208 芯片内部结构

K9F1208 的存储空间按块(Block)组织，如图 5-14 所示，每块由 32 页(Page)构成，每页有 512 B(Main Area)+16 B(Spare Area)=528 B，共有 4096 个块。

K9F1208 总容量=4096 块×32 页×(512 B+16 B)=64 MB+2 MB

这种“块-页”结构正好能满足文件系统中划分簇和扇区的要求。K9F1208 对528 B一页的编程操作所需典型时间是 200 μs，而对 16 KB 一块的擦除操作仅需 2 ms。

2) K9F1208 的操作

NAND Flash 的操作主要包括读操作、擦除操作、写操作等。NAND Flash 以页为单位读/写数据，以块为单位擦除数据。

(1) 读操作。

闪存器件上电后的默认操作是读操作。K9F1208 读操作是通过在 4 个周期地址

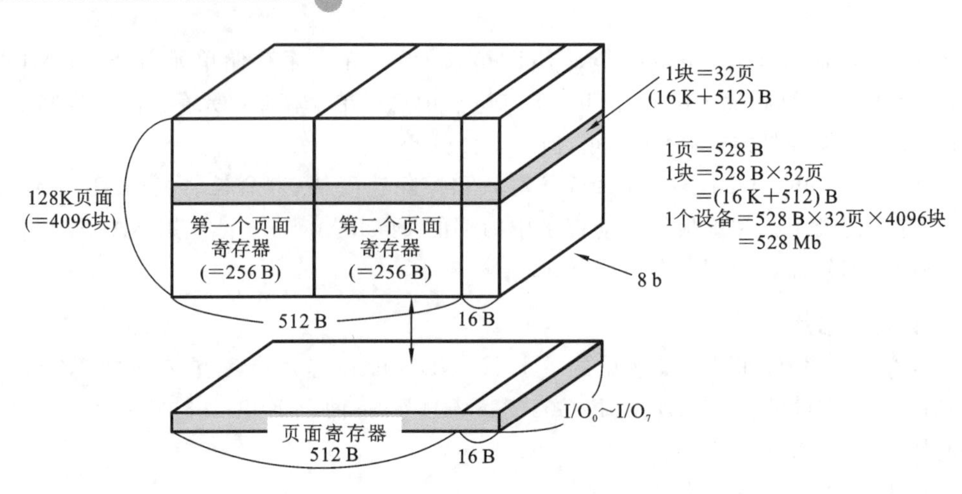

图 5-14　K9F1208 存储空间组织

内向命令寄存器写入 00H 来启动的，4 个周期地址分别是 $A_0 \sim A_7$、$A_9 \sim A_{16}$、$A_{17} \sim A_{24}$、A_{25}，如表 5-5 所示。读操作的对象为一个页面，通常从页边界开始读至页结束。K9F1208 提供了两个读指令："0x00"与"0x01"。区别在于"0x00"可以将 A_8 置为 0，选中上半页；而"0x01"可以将 A_8 置为 1，选中下半页。

表 5-5　K9F1208 的 4 个周期地址

周 期 地 址	I/O_0	I/O_1	I/O_2	I/O_3	I/O_4	I/O_5	I/O_6	I/O_7
第 1 个周期地址	A_0	A_1	A_2	A_3	A_4	A_5	A_6	A_7
第 2 个周期地址	A_9	A_{10}	A_{11}	A_{12}	A_{13}	A_{14}	A_{15}	A_{16}
第 3 个周期地址	A_{17}	A_{18}	A_{19}	A_{20}	A_{21}	A_{22}	A_{23}	A_{24}
第 4 个周期地址	A_{25}	*L	*L	*L	*L	*L	*L	*L

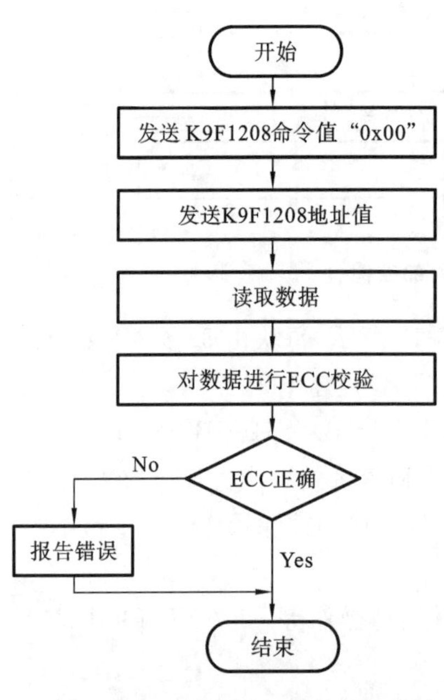

图 5-15　K9F1208 读操作流程

读操作的过程为：① 发送读取指令；② 发送第 1 个周期地址（$A_0 \sim A_7$）；③ 发送第 2 个周期地址（$A_9 \sim A_{16}$）；④ 发送第 3 个周期地址（$A_{17} \sim A_{24}$）；⑤ 发送第 4 个周期地址（A_{25}）；⑥ 读取数据至页末。流程图如图 5-15 所示。

（2）擦除操作。

擦除操作是以块为单位进行的。擦除的启动指令为 60H，块地址的输入通过两个时钟周期完成。块地址载入后执行擦除确认指令 D0H，用来初始化内部擦除操作，并防止外部干扰产生擦除操作的意外情况。擦除操作完成后，检测写状态位 I/O_0，判断擦除操作是否有错误发生。图 5-16 给出了擦除操作流程。

擦除操作过程为：① 发送擦除指令"0x60"；② 发送周期地址（$A_9 \sim A_{16}$）；③ 发送周期地址（$A_{17} \sim A_{24}$）；④ 发送周期地址（A_{25}）；⑤ 发送擦除指令"0xD0"；⑥ 发送查询状态命令字"0x70"；

⑦ 读取 K9F1208 的数据总线，判断I/O_6 或 $R/\overline{B}$线上的值，直到 $I/O_6=1$ 或 $R/\overline{B}=1$；
⑧ 判断 I/O_0 是否为 0，为 0 表示操作成功，为 1 表示失败。

(3) 写操作。

K9F1208 的写操作以页为单位，写操作必须在擦除后，否则出错。页写入周期包括 3 个步骤：写入串行数据输入指令(80h)；写入 4 个字节的地址信息；串行写入数据，串行写入的数据最多为 528 B。图 5-17 给出了写操作流程。

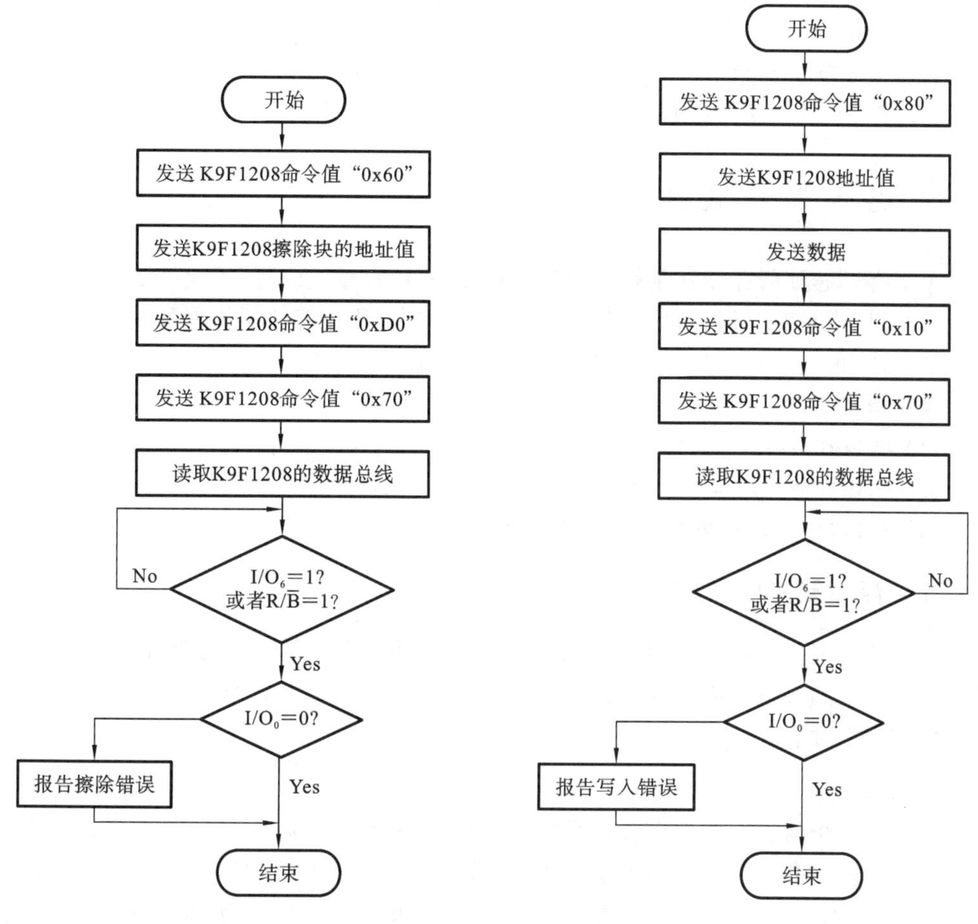

图 5-16 K9F1208 **擦除操作流程**　　**图 5-17** K9F1208 **写操作流程**

写入的操作过程为：① 发送写指令"0x80"；② 发送第 1 个周期地址($A_0 \sim A_7$)；③ 发送第 2 个周期地址($A_9 \sim A_{16}$)；④ 发送第 3 个周期地址($A_{17} \sim A_{24}$)；⑤ 发送第 4 个周期地址(A_{25})；⑥ 向 K9F1208 的数据总线发送一个扇区的数据；⑦ 发送编程指令"0x10"；⑧ 发送查询状态命令字"0x70"；⑨ 读取 K9F1208 的数据总线，判断 I/O_6 或 $R/\overline{B}$线上的值，直到 $I/O_6=1$ 或 $R/\overline{B}=1$；⑩ 判断 I/O_0 是否为 0，为 0 表示操作成功，为 1 表示失败。

自测练习 5.3

1. 以下是易失性存储器的是(　　)。

A. RAM　　B. PROM　　C. EPROM　　D. E^2PROM

2. 下列只读存储器中，可紫外线擦除数据的是（　　）。

A. PROM　　B. EPROM　　C. E^2PROM　　D. Flash Memory

3. 下列只读存储器中，仅能一次写入数据的是（　　）。

A. PROM　　B. EPROM　　C. E^2PROM　　D. Flash Memory

4. EPROM的特点包括（　　）。

A. 能在线编程　　B. 可实现部分修改

C. 需用紫外线擦除　　D. 可电气擦除

5. E^2PROM的特点不包括（　　）。

A. 可按字节擦除和改写　　B. 能够在线编程

C. 兼有ROM和RAM的特点　　D. 可代替RAM

5.4 存储器扩展技术

单个存储芯片的存储容量是有限的，要得到一定容量的内存，需要把多个存储芯片组织起来，以满足对存储容量和字长的要求，这种组合称为存储器扩展。本节包括存储器扩展方法、地址译码方法、存储器与CPU的连接方法等内容。

本节目标：

(1) **掌握存储器扩展方法。**

(2) **掌握存储器地址译码方法。**

(3) **能够分析、设计典型存储器接口电路。**

5.4.1 存储器扩展方法

存储器扩展要考虑两个因素：字长（数据位数）和字数（存储单元数量）。单个芯片的字长和字数如果不能满足存储器容量要求，就需要进行扩展。通常有位扩展、字扩展和字位扩展三种方式。

1. 位扩展

位扩展是指增加存储器字长。微型计算机的内存是按字节来组织的，而单个存储芯片的字长不一定是8 b，如前面学习的SRAM芯片2114(1 K×4 b)是4位芯片，DRAM芯片2164A(64 K×1 b)是1位芯片，用这些芯片构成内存，需要进行位扩展，使数据位和存储器字长相符。

例如，用SRAM Intel 2114(1 K×4 b)芯片构成1 KB内存。由于Intel 2114的字长为4，需要2片Intel 2114进行位扩展才能得到1 KB内存，使用时，这两片芯片被看成一个整体同时被选中，形成一个8 b的存储单元，高4位数据存储在一个芯片内，低4位数据存储在另一个芯片内。

可以看出，位扩展是使每个存储单元的数据位数增加，总的存储单元个数保持不变。经位扩展构成的存储器，字节单元内容被存储在不同的存储芯片中。

位扩展的电路连接方法：将每个存储芯片的数据线分别接到系统数据总线的不同位上，地址线和各类控制线（包括片选信号线、读/写信号线等）全部并联在一起。

【例 5-1】 用4 K×1 b的SRAM芯片组成4 K×8 b的存储器。

分析 用4 K×1 b芯片组成4 K×8 b存储器，存储单元数为4 K，满足要求，需要

12 根地址线，但字长不够，需用 8 片 4 K×1 b 的芯片进行位扩展。8 个 4 K×1 b 芯片的数据线分别连接到数据总线 $D_7 \sim D_0$，地址线和控制线等按信号名称并联，如图 5-18 所示。

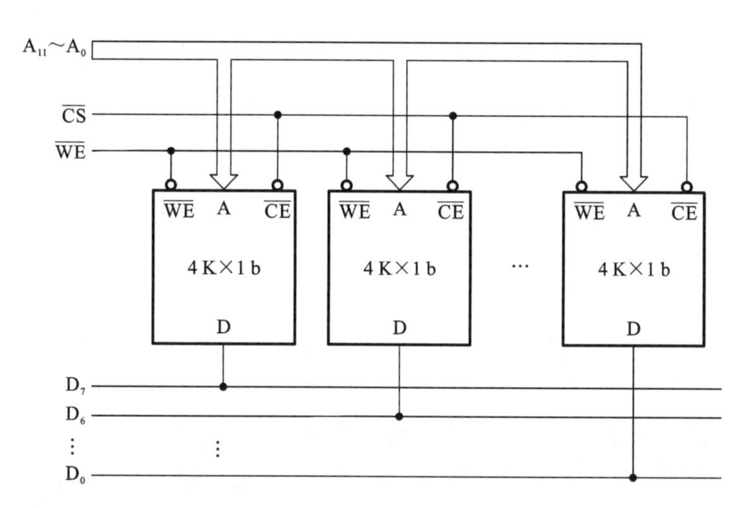

图 5-18 用 4 K×1 b 芯片构成 4 KB 存储器

2. 字扩展

字扩展是对存储器容量的扩展。当存储器芯片的字长符合要求，但容量不够，即存储单元的数量不够时，需采用字扩展方法增加存储单元的数量。

字扩展的方法：将每个存储芯片的数据线、地址线、读/写信号等控制线与系统总线的同名线相连，多出的地址总线经过地址译码得到片选信号，分别与存储芯片的片选信号相连。

【例 5-2】 用 EPROM 2716(16 K×8 b)芯片组成 64 KB 的存储器。

分析 用 16 K×8 b 芯片组成 64 KB 存储器，字长满足要求，但容量不够，需要 64 K÷16 K＝4 片 16 K×8 b 的芯片进行字扩展，这里，16 KB 存储芯片的地址线是 14 根，64 KB 存储系统的地址线是 16 根，多出的 2 根地址线用来片选译码得到 4 个片选信号，分别选中 4 个芯片。接口电路如图 5-19 所示，表 5-6 给出了芯片地址范围。

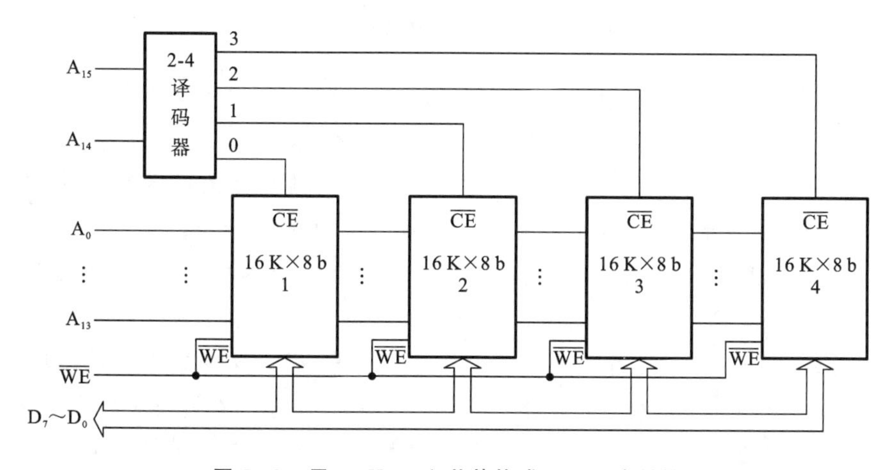

图 5-19 用 16 K×8 b 芯片构成 64 KB 存储器

表 5-6 图 5-19 中各芯片地址范围

芯　片	$A_{15}A_{14}$	$A_{13}\cdots\cdots A_0$	地址范围
1 号芯片	0　0	0……0 ～ 1……1	0000H ～ 3FFFH
2 号芯片	0　1	0……0 ～ 1……1	4000H ～ 7FFFH
3 号芯片	1　0	0……0 ～ 1……1	8000H ～ BFFFH
4 号芯片	1　1	0……0 ～ 1……1	C000H ～ FFFFH

3. 字位扩展

当存储器芯片的字长和容量均不符合要求时，就需要用多个芯片同时进行位扩展和字扩展，称为字位扩展。进行字位扩展时，通常是先进行位扩展，按存储器字长要求构成芯片组，再对芯片组进行字扩展，使总的存储容量满足要求。

微型计算机的内存构成就是字位扩展的典型实例。例如，设内存与 CPU 间的接口位宽是 64 b，CPU 在一个时钟周期内可以从内存读取或写入 64 b 数据，但单个内存芯片（内存颗粒）的位宽仅有 4 b、8 b、16 b 或 32 b，因此，必须把多个内存颗粒并联起来，组成一个位宽为 64 b 的颗粒集合才能与 CPU 连接，这些并联起来的内存颗粒就构成了一个 RANK，内存条通常由 1 个或 2 个 RANK 组成，图 5-20 左边的内存条有 8 个内存颗粒，右边的内存条有 4 个内存颗粒。

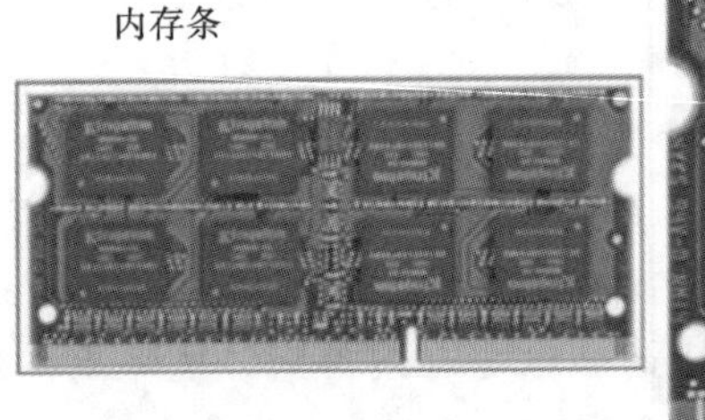

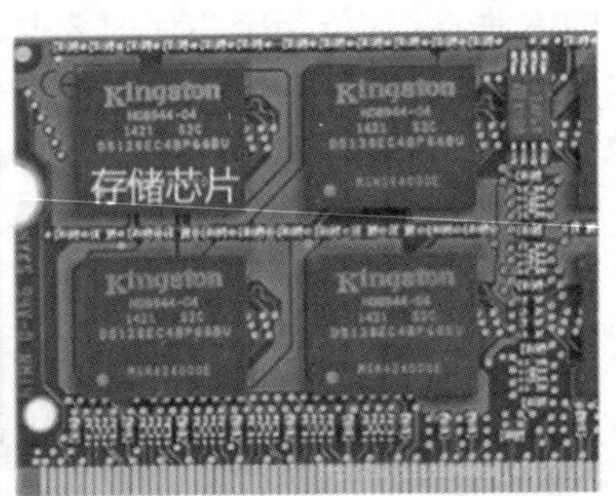

图 5-20 内存颗粒组成的内存条

【例 5-3】 用 Intel 2114(1 K×4 b)SRAM 芯片组成 4 K×8 b 的存储器。

分析 用 1 K×4 b 芯片组成 4 K×8 b 存储器，需要进行字位扩展。先用 2 片 2114 位扩展构成 1 K×8 b 的存储模块，再用 4 个这样的存储模块（RAM_1、RAM_2、RAM_3、RAM_4）扩展成 4 K×8 b 存储器，接口电路如图 5-21 所示。

图 5-21 中，上、下 2 片 2114 构成一个 8 b 存储模块，上排芯片的数据线接 $D_3 \sim D_0$，下排芯片的数据线接 $D_7 \sim D_4$。每片芯片地址线的同名端相连，分别接地址总线的 $A_9 \sim A_0$，地址总线的 $A_{11} \sim A_{10}$ 进行地址译码产生片选信号，用来选择某个存储模块。一个存储模块的多个芯片采用相同的片选信号，表 5-7 给出了每个存储模块的地址范围（未用到的地址总线的 $A_{15} \sim A_{12}$ 取 0 值）。每片芯片的 $\overline{WE}$ 端相连，$\overline{WE}=0$ 时写芯片，$\overline{WE}=1$ 时读芯片。

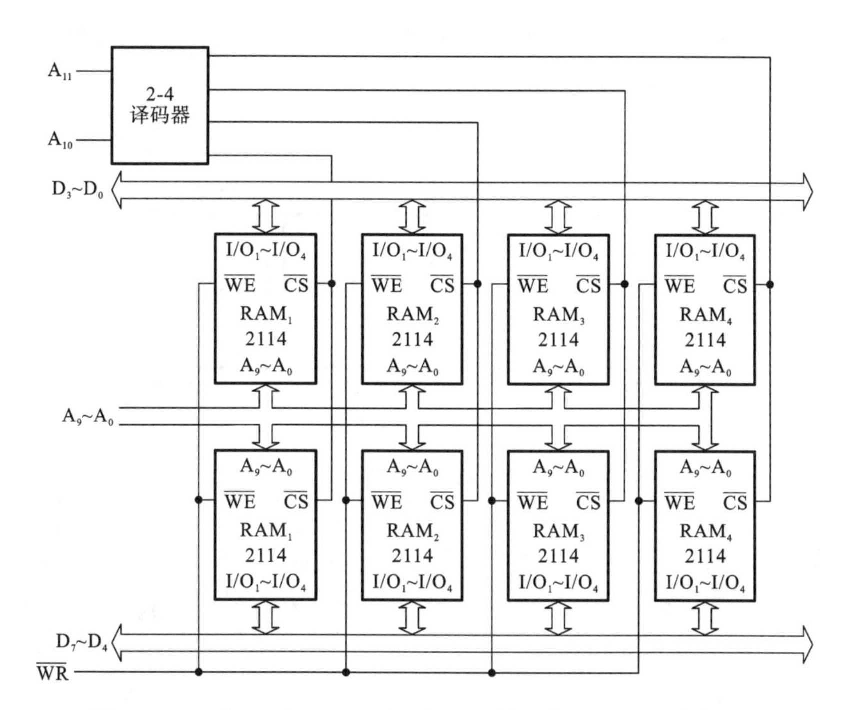

图 5-21 Intel 2114(1 K×4 b)SRAM 芯片组成 4 K×8 b 的存储器

表 5-7 图 5-21 中存储模块地址空间分配表

地　址	A_{11} A_{10}	$A_9 \sim A_0$	地址范围
RAM_1	0　0	0……0 ～ 1……1	0000H ～ 03FFH
RAM_2	0　1	0……0 ～ 1……1	0400H ～ 07FFH
RAM_3	1　0	0……0 ～ 1……1	0800H ～ 0BFFH
RAM_4	1　1	0……0 ～ 1……1	0C00H ～ 0FFFH

综上，存储器容量扩展通常可遵循以下步骤：① 根据存储器容量选择合适的芯片；② 若芯片的位数不满足要求，则需将多片芯片并联，构成满足字长要求的芯片组；③ 对芯片组进行字扩展以满足存储容量要求。

5.4.2 片选信号的产生方法

当存储器系统由多个存储模块组成时，需要用片选信号选中要访问的存储模块。产生片选信号的电路称为译码电路，它对输入的二进制信号进行变换，产生一个唯一有效的输出信号，用来选中某个存储模块或接口单元。译码电路的输入信号通常是地址总线的高位地址，输出信号称为片选信号。片选信号的产生方法通常有线选法、部分译码法和全译码法三种。

1. 线选法

线选法是将地址总线的高位地址直接作为存储模块的片选信号。片选信号每次只能一位有效，不允许多位同时有效，保证每次只选中一个存储模块或接口单元。

图 5-22 是线选法电路，设图中的存储芯片为 2 K×8 b，4 片构成 8 K×8 b 存储器。地址线 $A_{14} \sim A_{11}$ 作为片选信号，分配给 4 个芯片；2 K 个存储单元需要 11 根地址线，地

址线 $A_{10} \sim A_0$ 用来寻址芯片内部地址；地址线 A_{15} 在电路中没有用到，可以为 1 或 0，此处设为 1。表 5-8 给出了每个存储芯片的地址范围。

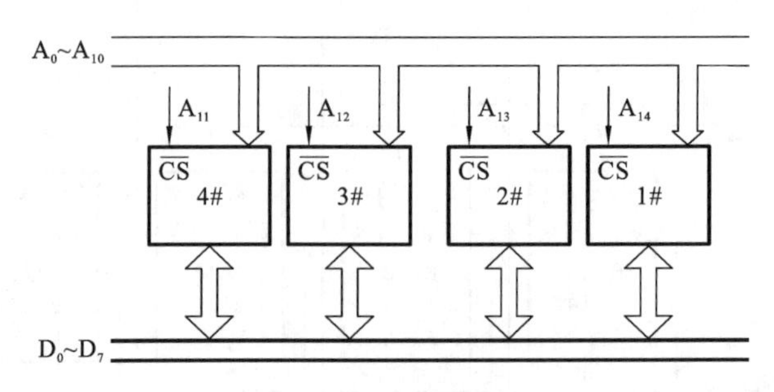

图 5-22　线选法电路

表 5-8　线选法的地址分配

芯片编号	A_{15}　$A_{14} \sim A_{11}$	$A_{10} \sim A_0$	地址范围
1#	1　0 1 1 1	00…0 ～ 11…1	B800H ～ BFFFH
2#	1　1 0 1 1	00…0 ～ 11…1	D800H ～ DFFFH
3#	1　1 1 0 1	00…0 ～ 11…1	E800H ～ EFFFH
4#	1　1 1 1 0	00…0 ～ 11…1	F000H ～ F7FFH

线选法的优点是电路简单，适用于连接的存储芯片较少的场合。缺点是地址空间浪费大。由于部分地址线未参与译码，必然会出现一个存储单元有多个地址的情况。此外，线选法把地址空间分成了相互隔离的区域，给编程带来了一定的困难。

2. 部分译码法

部分译码法是将高位地址总线的一部分作为译码电路的输入，由译码电路产生片选信号，地址总线的低位部分用来选中存储芯片内部单元。未参与译码的高位地址可以为 1，也可以为 0，因此，部分译码法虽然电路较简单，但每个存储单元有多个地址，出现地址重叠现象，会造成系统地址空间资源的浪费。

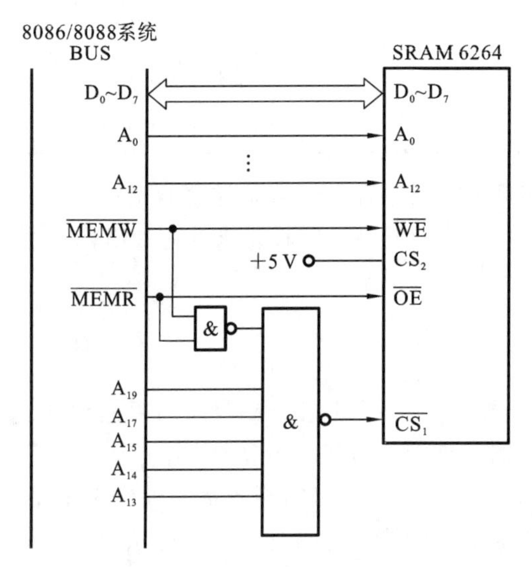

图 5-23　SRAM 部分地址译码连接图

图 5-23 给出了部分译码法的例子，5 根高位地址线 A_{19}、A_{17}、$A_{15} \sim A_{13}$ 参与了译码，A_{18}、A_{16} 没有参与译码，有 4 种组合，所以该 6264 芯片被映射到以下 4 个地址空间：AE000H～AFFFFH、BE000H～BFFFFH、EE000H～EFFFFH、FE000H～FFFFFH，每个存储单元都有 4 个物理地址。

3. 全译码法

全译码法是将系统地址总线的全部高位地址作为译码电路的输入，译码电路的输出作为存储模块的片选信号，低位地址总线信号用来连接存储模块的地址输入线，使得每个存储单元在整个内存空间中具有唯一的物理地址。

全译码法的优点是存储器中每一存储单元的地址是唯一确定的，没有地址重叠现象，并且地址连续，便于扩展，缺点是对译码电路要求较高，线路较复杂。

译码电路的构成不是唯一的，既可以用逻辑门电路组成，也可以用译码器组成。图5-24和图5-25分别给出了用逻辑门电路和3-8译码器实现的全译码电路。6264是8 K×8 b芯片，需要13根地址线确定8 K个内部存储单元，剩余的高7位地址线全部用来参与译码。图5-24中6264芯片的地址范围为3E000H～3FFFFH，图5-25中6264芯片的地址范围为0E000H～0FFFFH。

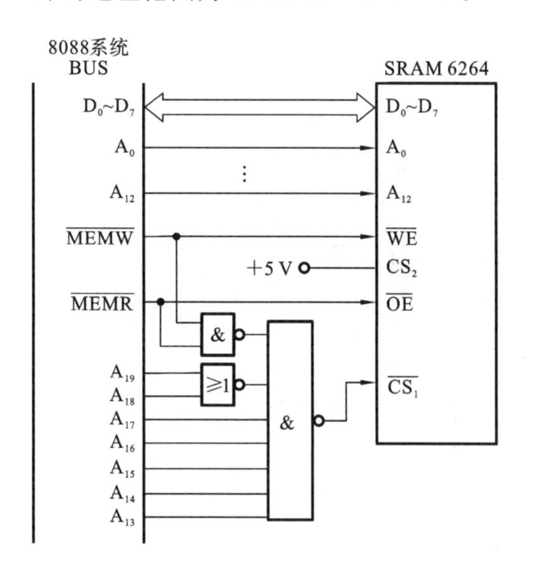

图 5-24 SRAM 6264的全地址译码

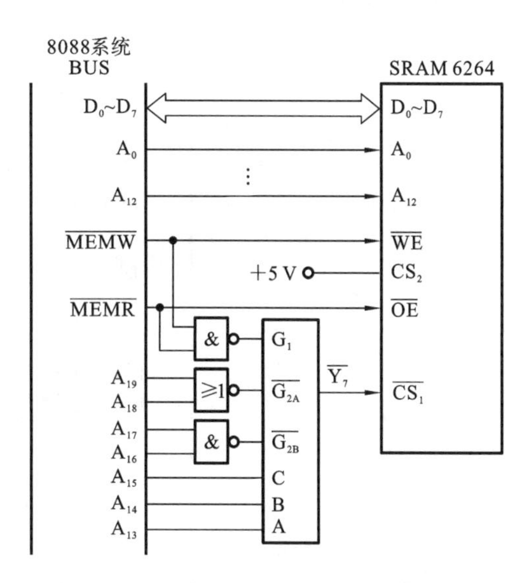

图 5-25 利用3-8译码器实现全地址译码

5.4.3 半导体存储器扩展设计举例

本节将以实例形式进一步说明如何利用已有的存储器芯片进行存储器系统的扩展。通常，存储器系统的扩展设计可以分为以下几步。

(1) 根据现有芯片的类型及需求，确定所需要芯片的数量。

(2) 根据具体应用要求，将芯片“多片并联”进行位扩展（如果需要的话），设计出满足字长要求的“存储模块”；再对“存储模块”进行字扩展，构成符合要求的存储器，并确定相应的电路连接方式。

(3) 利用基本逻辑门或专用译码器完成相应译码电路的设计。

【例 5-4】 用SRAM 6116芯片设计一个4 KB存储器，要求地址范围是78000H～78FFFH。SRAM 6116芯片引脚如图5-26所示。

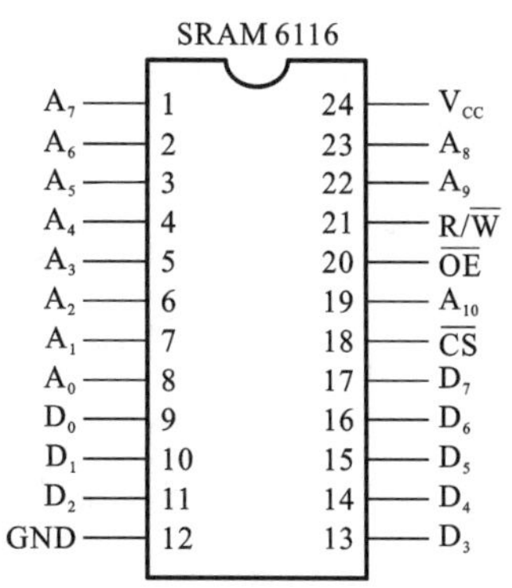

图 5-26 SRAM 6116芯片引脚

分析 SRAM 6116芯片是2 K×8 b的存储器芯片，有11根地址线（A_{10}～A_0）、8根数据线（D_7～D_0），读写控制信号R/$\overline{W}$，R/$\overline{W}$=0时写入、R/$\overline{W}$=1时读出，输出允许信号$\overline{OE}$及片选信号$\overline{CS}$。

由于 SRAM 6116 的容量为 2 KB，要构成一个 4 KB 的存储器，需要 2 片 6116 芯片。根据题目给出的地址范围可知，78000H～78FFFH 正好是 4 KB，表明 2 片存储器芯片地址连续且唯一，因此，采用全地址译码方式。

图 5-27 给出了存储器译码电路图。图 5-27 中，选用 74LS138 和门电路（与非门、或门）构成译码电路，对高 9 位地址线（A_{19}～A_{11}）进行译码。将$\overline{MEMR}$、$\overline{MEMW}$信号组合后接到 74LS138 译码器的使能端，保证了仅在对存储器进行读/写操作时译码器输出才有效。可以得出，1 号 SRAM 6116 的地址是 78000H～787FFH，2 号 SRAM 6116 的地址是 78800H～78FFFH。

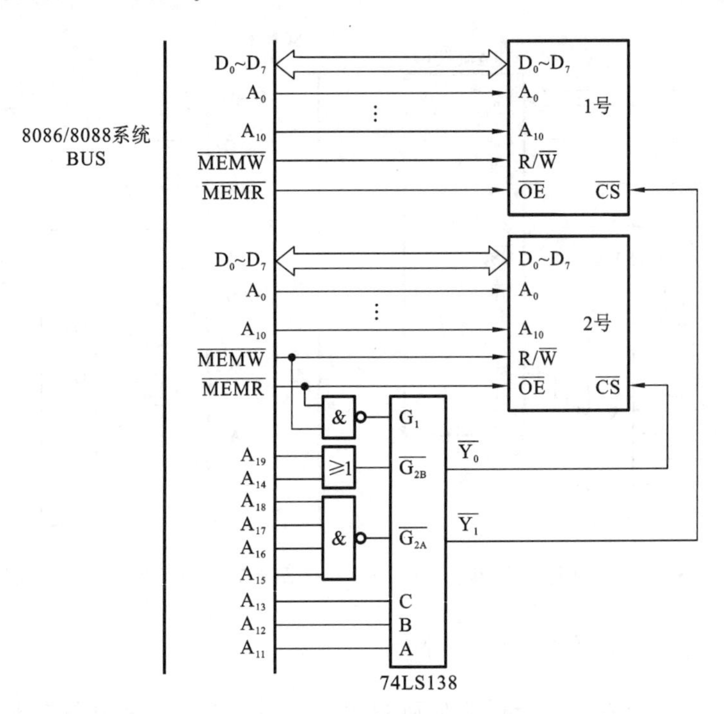

图 5-27 用 SRAM 6116 构成的存储器译码电路图

【例 5-5】 用 SRAM 8256（256 KB）芯片（见图 5-28）设计一个 1MB 存储器。

分析 用 256 KB 存储芯片构成 1 MB 存储器，需要 4 片芯片，其地址范围分别为 00000H～3FFFFH、40000H～7FFFFH、80000H～BFFFFH、C0000H～FFFFFH。

这里采用 74LS138 译码器构成译码电路。由于 SRAM 8256 芯片有 18 根地址线，只有 2 根高位地址信号 A_{18} 和 A_{19} 可以用于片选译码，将它们接到 74LS138 的 A 端和 B 端，将 C 端直接接低电平，图 5-29 给出了存储器与系统的连接图。除片选信号外，SRAM 8256 其他所有的信号线都并联连接在系统总线上。

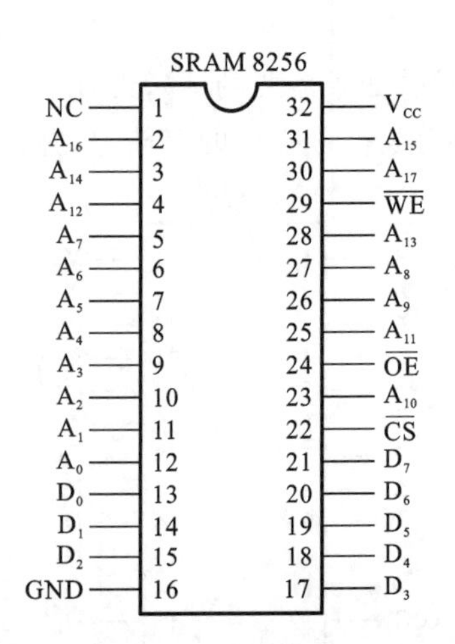

图 5-28 SRAM 8256 芯片

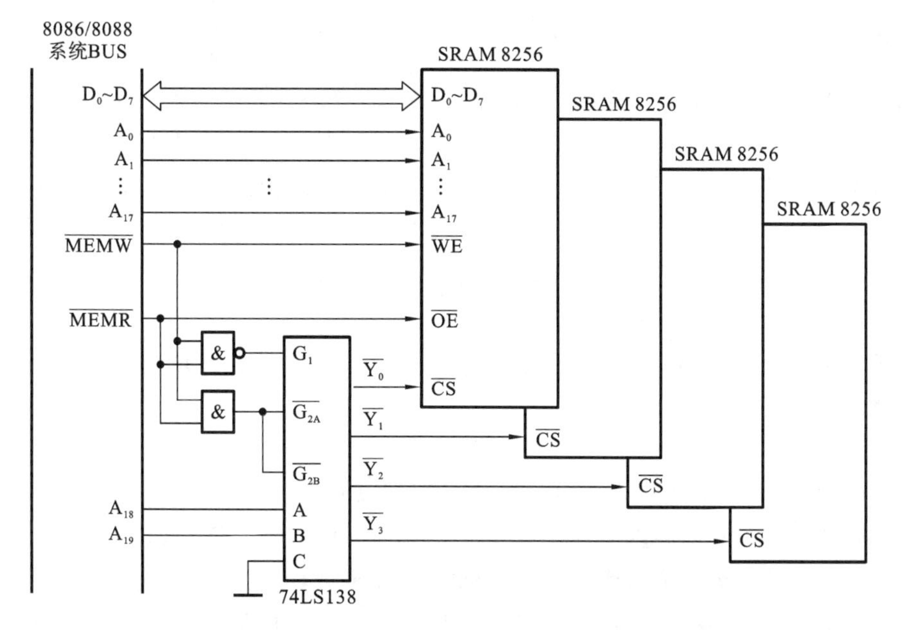

图 5-29 用 SRAM 8256 构成的存储器译码电路图

【例 5-6】 某 8086/8088 系统使用 EPROM 2764A 和 SRAM 6264 芯片组成 16 KB 内存。其中：EPROM 地址范围为 FE000H～FFFFF，SRAM 地址范围为 F0000H～F1FFFH。要求利用 74LS138 译码器设计译码电路，实现 16 KB 存储器与系统的连接。

分析 由 5.2.1 节和 5.3.1 节可知，SRAM 6264 和 EPROM 2764A 芯片的存储容量均为 8 KB，片内地址信号线 13 位，数据线 8 位。根据题目所给地址范围，得出芯片的高位地址为 EPROM：1111111，SRAM：1111000。由此可设计出存储器与系统的接口电路图，如图 5-30 所示。

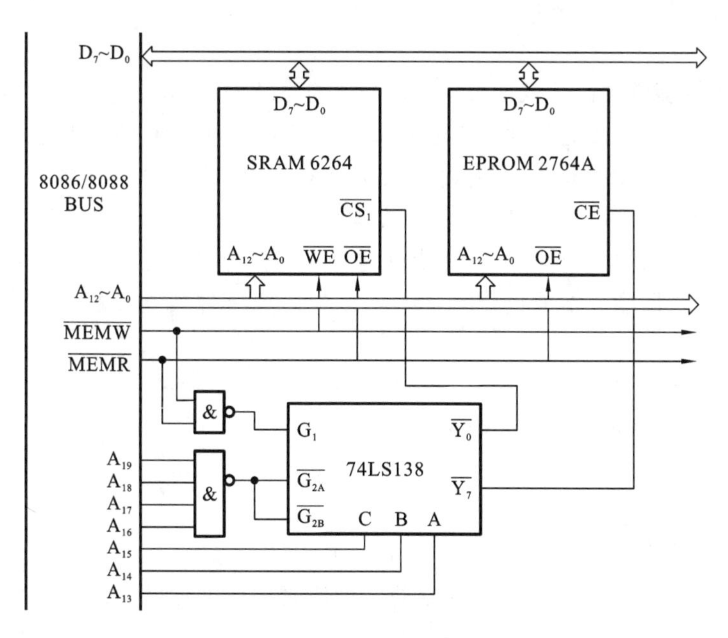

图 5-30 例 5-6 电路图

自测练习 5.4

1. 构成 128 MB 的存储空间需要 16 M×4 b 的 RAM 芯片(　　)片。
   A. 16　　B. 32　　C. 64　　D. 128
2. 用存储器芯片 6264(8 K×8 b)组成 64 KB 存储空间,需要(　　)片。
   A. 2　　B. 4　　C. 8　　D. 16
3. 某存储器芯片的存储单元数为 8 K,该存储器芯片的片内寻址地址应为(　　)。
   A. $A_0 \sim A_{10}$　　B. $A_0 \sim A_{11}$　　C. $A_0 \sim A_{12}$　　D. $A_0 \sim A_{13}$
4. 在部分译码电路中,若 CPU 的地址线 $A_{12} \sim A_{15}$ 未参加译码,问每个存储器单元的重复地址有(　　)个。
   A. 1　　B. 4　　C. 8　　D. 16
5. 起始地址为 1000H 的 16 KB SRAM,其末地址为(　　)。
   A. 1FFFH　　B. 2FFFH　　C. 3FFFH　　D. 4FFFH
6. 对存储器芯片的译码采用线选法,下面叙述正确的是(　　)。
   A. 有利于存储系统的扩展　　B. 线选线可同时低电平控制输出
   C. 存储单元有重叠地址　　D. 需要译码器进行译码
7. 对存储器芯片译码采用全译码法,下面叙述不正确的是(　　)。
   A. 常需要外围逻辑芯片　　B. 有利于存储系统的扩展
   C. 存储单元有重叠地址　　D. 译码电路通常较复杂
8. 用 1 片 3-8 译码器和多片 8 K×8 b SRAM 可最大构成容量为(　　)的存储系统。
   A. 8 KB　　B. 16 KB　　C. 32 KB　　D. 64 KB

5.5 高速缓冲存储器

微机系统性能的提高不仅取决于 CPU,还与系统架构、指令系统、存储器的存取速度、信息在各部件间的传送速度等因素相关,而 CPU 与主存间的存取速度是关键。如果主存存取速度与 CPU 相比差距太大,会降低 CPU 处理能力。因此,为减少 CPU 与主存间的速度差异,可以在快速 CPU 和慢速主存间插入一级或多级高速缓冲存储器(Cache),起到缓冲作用。Cache 的特点是速度较快、容量较小,这样既可保证成本适中,又可提高系统性能。本节将介绍 Cache 工作原理、基本结构及相关技术。

本节目标:

(1) **理解 Cache 工作原理、Cache 与主存内容一致性策略。**

(2) **掌握不同替换策略的执行原理。**

(3) **能够分析不同地址映射方式下的存储系统访问效率。**

5.5.1 Cache 的工作原理

Cache 的工作原理基于程序和数据局部性原理。所谓局部性原理是指在一段时间内,整个程序的执行仅限于程序中的某部分,相应地,访问的存储空间也局限于某个内存区域。局部性原理具有时间局部性和空间局部性两个特性。时间局部性是指如果程序的某些指令被执行，则不久后这些指令可能再次执行，如循环程序和子程序的执行。空间局部性是指程序执行时一旦访问了某些存储单元，则不久后邻近的存储单元也将被访问，如数组元素、顺序执行的程序代码等。

因此，如果把一段时间内、一定地址范围中被频繁访问的程序和数据批量存放在一个高速、小容量的 Cache 中，那么 CPU 的大多数存取操作可以仅在 Cache 中完成，而不必访问低速主存，这样，CPU 与主存间的信息传输就转变成 CPU-Cache-内存的传输，其中，Cache 与 CPU 间的信息传输以字为单位，Cache 与主存间的信息传输以块为单位，块是定长的，由若干字组成。

为进一步提升系统性能，可采用多级 Cache，图 5-31 给出了三级 Cache 缓存架构，L1 级 Cache 位于 CPU 内部，通常为分立缓存，分为指令 ICache 和数据 DCache 两类，保存最近被使用的数据或指令。L2、L3 级 Cache 一般不区分类型，同时包含数据和指令，是统一缓存。从 L1 到 L3 级缓存，等级越高，速度越慢，容量越大，价格也越低，但与主存相比，速度依然很快。

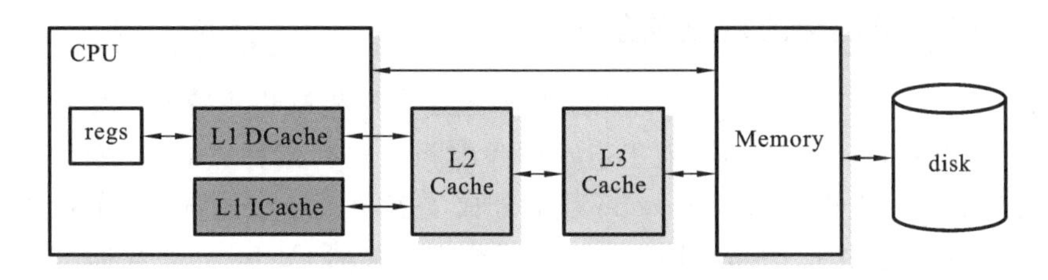

图 5-31 三级 Cache 缓存架构

多级 Cache 之间是如何配合工作的呢？首先引出两个概念：命中和缺失。

◇ 命中(hit)：CPU 访问的信息已在 Cache 中，其对应的主存块与缓存块建立了对应关系。

◇ 缺失(miss)：CPU 访问的信息不在 Cache 中，其对应的主存块与缓存块没有建立对应关系。

考虑两级 Cache 的情况。当 CPU 试图从某地址装载信息时，首先从 L1 Cache 中查询是否命中，如果命中，则把信息传送给 CPU，如果 L1 Cache 缺失，则继续从 L2 Cache 中查找。当 L2 Cache 命中时，信息会传送给 L1 Cache 以及 CPU，如果 L2 Cache 也缺失，就需要从主存中装载信息，将信息传送给 L2 Cache、L1 Cache 及 CPU。这种多级 Cache 的工作方式称为 Inclusive Cache，也就是主存某一地址的信息可能存在多级缓存中。与 Inclusive Cache 对应的是 Exclusive Cache 方式，它保证某一内存地址的信息只会存在于多级 Cache 中的一级，也就是说，任何地址信息不可能同时在 L1 Cache 和 L2 Cache 中。

根据局部性原理，CPU 请求的信息并不能保证全部都在 Cache 中，即不能保证 100%命中，存在一个命中率(Hit Rate)的问题。所谓命中率 H 是指 CPU 访问内存时 Cache 命中次数与存储器访问总次数之比。

$$H=\frac{\text{Cache 命中次数}}{\text{存储器访问总次数}}\times 100\%=\frac{\text{Cache 命中次数}}{\text{Cache 命中次数}+\text{主存访问次数}}\times 100\%$$

例如，若 Cache 的命中率为 93%，意味着 CPU 用 93%的时间与 Cache 交换数据，7%的时间与主存交换数据，极大减少了访问主存的时间。

与命中率对应的概念是缺失率(Miss Rate),缺失率 $M=1-H$。根据命中率和缺失率,可以得到主存系统的效率 e。

$$e=\frac{\text{Cache 的存取时间}}{\text{主存系统平均存取时间 } T}\times 100\%$$

设 Cache 的命中率为 H,Cache 存取时间为 T_c,主存的存取时间为 T_m,CPU 可同时访问 Cache 和主存,当 Cache 命中时,中断对主存的访问,主存系统平均存取时间为

$$T=H\times T_c+(1-H)\times T_m$$

【例 5-7】 设 Cache 的命中率为 95%,Cache 的存取速度是主存的 5 倍,采用 Cache 后,主存系统的效率为多少?存储器性能提高多少?

分析 设 Cache 的存取时间为 t,主存的存取时间为 $5t$。

平均存取时间:$T=H\times T_c+(1-H)\times T_m=0.95t+0.05\times 5t=1.2t$。

主存系统的效率:$e=t/1.2t=83.3\%$。

存储器性能提高:$5t/1.2t\approx 4.17$。

5.5.2 Cache 与主存的地址映射

要把主存信息存到 Cache 中,必须用某种地址变换机制将主存地址映射到 Cache 中,称为地址映射,有直接映射、全相连映射和组相连映射三种方式,如图 5-32 所示。为方便比较和快速查找,主存和 Cache 都被分成了若干大小相同的块,称为主存块和 Cache 行(Line)(也称块、槽),每块又包含若干个字。显然 Cache 分块数远小于主存的分块数。Cache 与主存以块为单位交换数据。通常,一个 Cache 块(Cache 行)与若干个主存块对应,即若干个主存地址映射成同一个 Cache 地址。

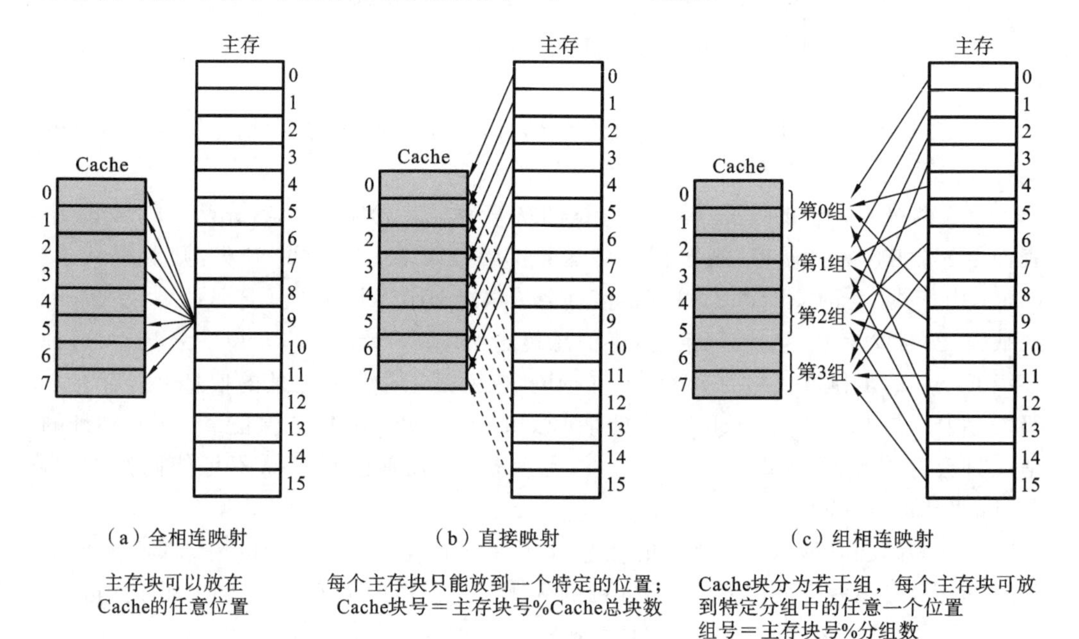

图 5-32 Cache-主存的三种映射方式

图 5-33 给出了组相连映射方式下 Cache 的组织结构。图 5-33 中,Cache 被组织成一个 $S=2^s$ 组的高速缓存组(Cache Set),每个高速缓存组包含 E 个 Cache 行,每个

Cache 行的组成包括四部分：1 个 2^b 字节的高速缓存块 B(Block)，是与主存交换的数据块；t 个标记位，表示 Cache 行是来自哪个主存块；1 位有效位 V(Valid Bit)，表示 Cache 中的数据是否有效，1 为有效，0 为无效；1 位脏位 D(Dirty Bit)，表示主存中的数据是否最新，1 为最新(仅用于写回法)。图 5-33 中，如果每组只有 1 个 Cache 行，就是直接映射方式，如果只有 1 组，就是全映射方式。

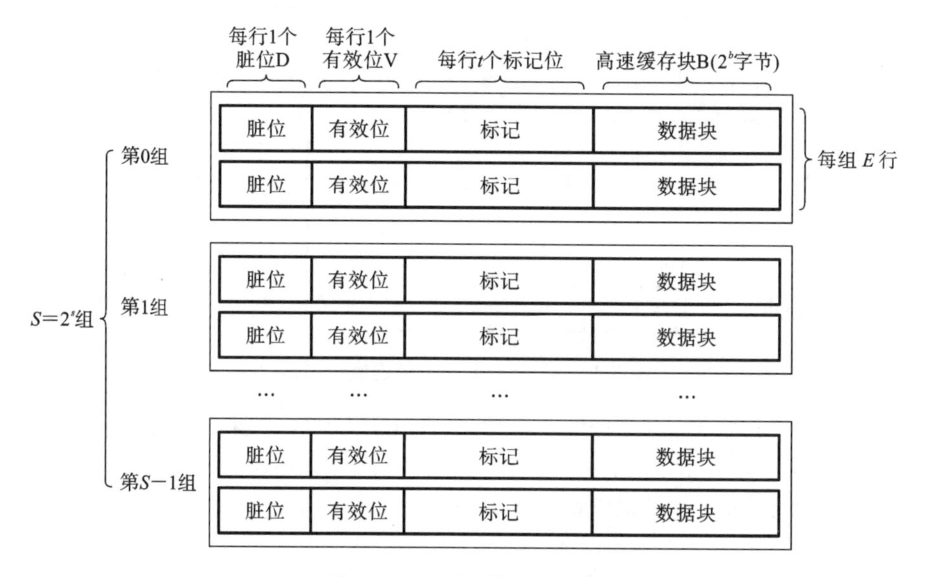

图 5-33 Cache 的组织结构

假设主存地址有 m 位，就会有 $M=2^m$ 个不同的地址，主存地址格式如图 5-34 所示。块内地址也称块内偏移地址，b 位二进制位表示 CPU 所要访问的单元在某块的偏移值，找到内存块后，根据块内偏移地址可以定位要访问的具体地址单元。行地址索引是 Cache 的地址指示器，s 位二进制位指出 CPU 访问 Cache 存储体的范围，如指定 Cache 的某一行或某几行。标记与 Cache 行中的标记一致，t 位二进制位($t=m-(b+s)$)用来将主存块和 Cache 块联系在一起，是判断主存内容是否在 Cache 中的依据。

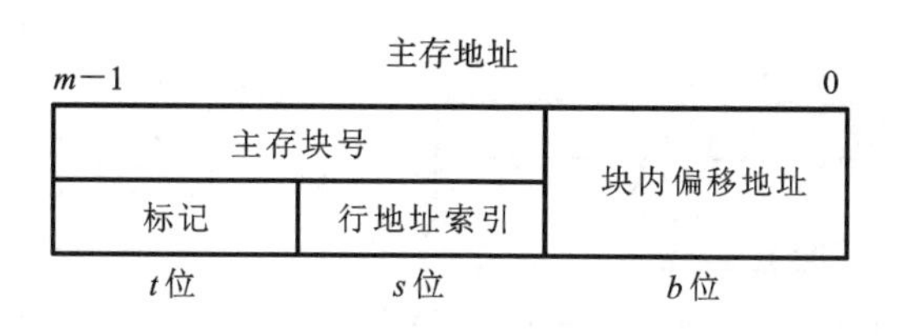

图 5-34 主存地址格式

1. 全相连映射

全相连映射方式下，主存块可以放在任一 Cache 行中，允许从已被占满的 Cache 中替换出任何一个旧字块。如图 5-32(a)中，主存块 9 可放置在 Cache 行 0～7 任一行中，主存块 0 也可以放在 Cache 行 0～7 任一行中，是一对多的映射关系。

图 5-35 是一个具体的 Cache-主存全相连映射方式。图 5-35 中，主存大小为 1 MB，主存块大小为 512 B，Cache 为 16 行，行长为 512 B，与主存块大小相同，Cache 的大小为 16×512 B=8 KB。由于全相连映射方式下所有的 Cache 行都在一个组内，所以主存地址不需要索引部分，仅由主存块号和块内偏移地址组成，分别为 11 位和 9 位，主存块号和 Cache

的标记一一对应。假设 CPU 要访问主存地址 00000101110011011110，那么先将主存地址的前 11 位 00000101110 对比 Cache 中所有行的标记，若标记匹配且有效位为 1，则 Cache 命中，访问块内地址单元 011011110；若未命中或有效位为 0，则正常访问主存。

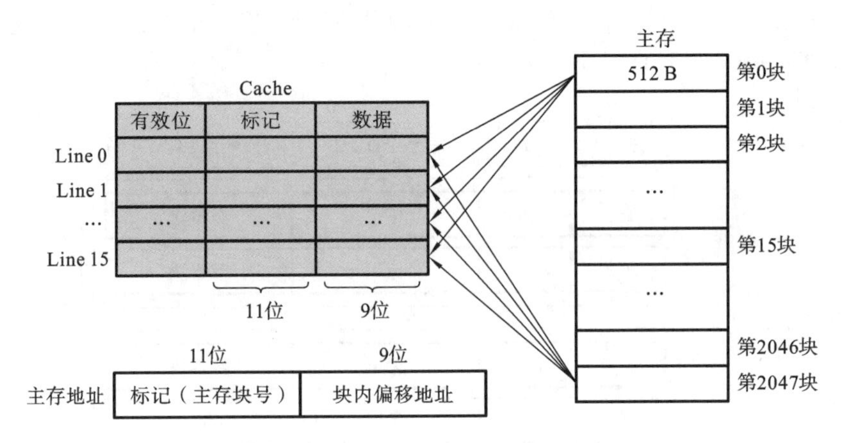

图 5-35　Cache-主存全相连映射方式

全相连映射方式的特点是块映射灵活，一个主存块可以映射到多个 Cache 块，仅当 Cache 全部装满后才会出现块冲突，Cache 利用率、命中率均较高，但查找标记的速度比较慢，实现成本较高，通常需采用按内容寻址的相连存储器进行地址映射。

2. 直接映射

在直接映射方式下，主存块在 Cache 中的位置是唯一的，是多对一的映射关系，即多个主存块映射到一个 Cache 块。如图 5-32(b)中，主存块 0 只能存放在 Cache 的 0 行，主存块 1 只能放在 1 行，以此类推。因此，直接映射方式下，需要将主存按 Cache 容量划分成区，各区内再按 Cache 行大小划分为块，主存地址由主存标记、行地址索引(Cache 行号)和块内偏移地址组成，如图 5-36 所示。主存块在 Cache 中的存放位置是主存块号对 Cache 行的行数取模。

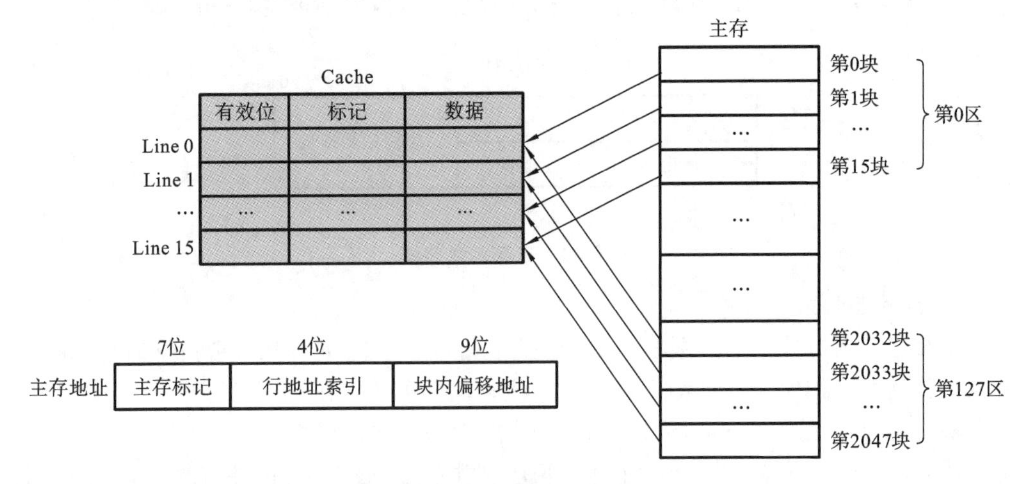

图 5-36　Cache-主存的直接映射方式

图 5-36 中 Cache-主存直接映射方式的配置与图 5-35 相同，假设 CPU 要访问主存地址0000 010 1 1100 1101 1110 单元，先用该主存地址的行索引号1 110定位到 Cache

的第 14 行，如果 7 位主存标记0000 010 与 Cache 中的标记匹配且有效位为 1，Cache 命中，直接从当前 Cache 中访问数据，否则需要载入当前地址在主存中的数据块，替换当前行。

直接映射方式的特点是块映射速度快，利用索引字段直接对比相应标记位，硬件简单，容易实现，但 Cache 存储空间利用不充分、命中率低，适合大容量 Cache。

3. 组相连映射

组相连映射是直接映射和全相连映射的折中，是使用较多的一种方式，除了把主存和 Cache 分为大小相同的块以外，还将主存和 Cache 分组。Cache 的分组是每组包括 K 行，通常采用 2、4、8 或 16 个 Cache Line 为一组，分别称为 2 路、4 路、8 路或 16 路组相连映射。主存分组依据 Cache 分组数，主存中一个组内的块数等于 Cache 分组数，主存的各块与 Cache 的组号间有固定的映射关系，可以映射到对应 Cache 组内的任意一块，相当于组间采用直接映射，组内采用全相连映射。例如，主存块 0 只能存放在 Cache 的第 0 组，但可以放在第 0 组的第 0 行、第 1 行或者组内的任一行。

组相连映射的主存块号不是对 Cache Line 的行数取模，而是对 Cache 的组数取模，获得对应的组索引号。

组相连映射的主存地址由主存标记、行地址索引和块内偏移地址组成，如图 5-37 所示。图 5-37 中 Cache 被分为 8 组，主存地址的组索引号是 3 位，主存标记为 8 位，假设 CPU 要访问主存地址0000 0101 1100 1101 1110 单元，先根据组号110 确定在 Cache 中的分组（第 6 组），如果 8 位主存标记0000 0101 与 Cache 中的标记匹配且有效位为 1，则 Cache 命中，访问块内地址 01101 1110 单元，若未命中，则访问主存。

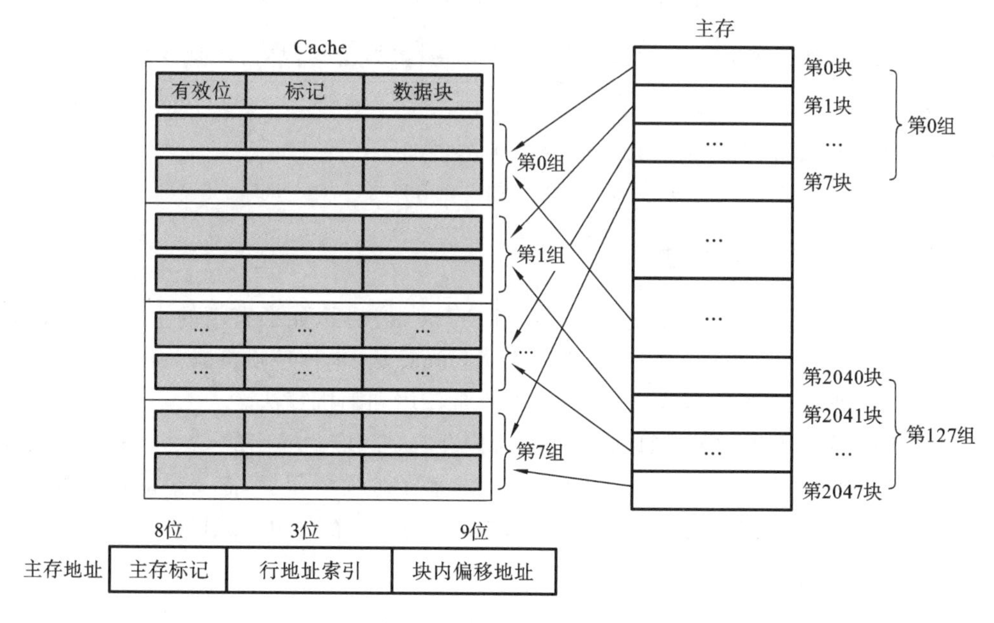

图 5-37 Cache-主存的组相连映射方式

组相连映射方式的综合性较好，全相连和直接映射是 Cache 组相连的两种极端情况，前者表示整个 Cache 只有一个组，后者是每个 Cache 组只有 1 行。通常，容量小的 Cache 可采用全相连和组相连映射，容量大的 Cache 可采用直接映射。

【例 5-8】 设主存容量为 512 K×16 b，Cache 容量为 4096×16 b，块长为 4 个 16 位的字（按字寻址）。2 路组相连映射。试画出三种映射方式的主存地址格式。

分析 由 512 K 可知主存地址 19 位，由 4096 可知 Cache 地址 12 位，由块长为 4 可知 Cache 的块数为 $2^{12}/4=2^{10}$ 个。由于是按字寻址，有

映射方式			
全连接映射主存地址：	主存标记 17 位	块内地址 2 位	
直接映射主存地址：	主存标记 7 位	行索引 10 位	块内地址 2 位
组相连映射主存地址：	主存标记 8 位	组索引 9 位	块内地址 2 位

【例 5-9】 设某微机系统字长 32 位，主存容量 4 MB，Cache 容量 4 KB，采用直接映射方式，字块长度为 8 个字。

(1) 画出直接映射方式下主存地址划分情况。

(2) 设 Cache 初始状态为空，若 CPU 顺序访问 0～99 号单元，从中读出 100 个字，一次读一个字，并重复此顺序 10 次，请计算 Cache 命中率。

(3) 如果 Cache 的存取时间是 2 ns，主存访问时间是 20 ns，求平均访问时间。

(4) 求 Cache -主存系统访问效率。

分析 字长 32 位＝4 B，主存容量 4 MB/4 B＝1 M 字，地址位数 20；Cache 容量 4 KB/4 B＝1 K 字，1 K/8＝128 块（行），行索引需要 7 位，字块为 8 个字，块内地址需要 3 位。

循环 1 次访问 100 个字，每块 8 个字，需要 13 个内存块，13 块数据调入内存后不会调出。Cache 初始状态为空，10 次循环中，每块数据除了第 1 次访问不命中外，其余访问均命中，所以 10 次循环共访问内存 100×10＝1000，只有 13 次不命中。

(1) 直接映射主存地址：

主存标记 10 位	行索引 7 位	块内地址 3 位

。

(2) Cache 命中率＝(1000－13)/1000＝98.7%。

(3) 平均访问时间 $T=(0.987\times2+0.013\times20)$ ns＝2.234 ns。

(4) Cache-主存系统访问效率＝2/2.234＝0.895。

5.5.3 Cache 的替换算法

通常情况下，Cache 容量远小于主存，当 Cache 装满后，如果有新的主存块调入，就需要替换掉原有的 Cache 行内容，这就产生了替换算法，也称替换策略。常用的替换算法有四种：先进先出、近期最少使用、近期最不常使用和随机算法。

直接映射不需要考虑替换算法，因为每个内存块是对应到固定的 Cache 行，如果对应位置非空就直接替换。全相连映射是 Cache 完全满了才需要替换，需要全局选中替换哪个 Cache 行，而组相连映射方式是分组满了才需要替换，是在分组内选择替换哪一行。

1. 先进先出(First In First Out，FIFO)

FIFO 算法遵循先进先出原则，若当前 Cache 被填满，将替换掉最先被调入的 Cache 行。FIFO 算法实现简单，例如，设 Cache 有 4 行（0 号、1 号、2 号、3 号），内存块按 0 号、1 号、2 号、3 号的顺序调入，替换时也按 0 号、1 号、2 号、3 号的顺序轮流替换，这种算法没有考虑局部性原理，因为最先被调入的块可能会被频繁访问，因此，FIFO 算法会出现抖动现象，即频繁地换入换出，刚被换出的块很快又被调入。

2. 近期最少使用(Least Recently Used,LRU)

LRU 算法考虑了局部性原理,依据近期被访问的 Cache 行不久将有可能被再次访问的规律,替换近期最少使用的 Cache 行。那么,如何判断近期最少使用呢? LRU 算法为每个 Cache 行设置一个计数器,记录每个 Cache 行多久没有被访问,Cache 每命中一次,命中行的计数器清零,其他各 Cache 行计数器加 1,当 Cache 满后,计数器值最大的 Cache 行被替换。

例如,设 Cache 有 4 行{0,1,2,3},初始为空,采用全相连映射,依次访问主存块{A,B,C,D,A,B,G,A,B,C}。当访问主存块G 未命中时,将从最近使用的 Cache 行往前找,分别为 1、0、3、2(对应 B、A、D、C),2 号 Cache 行是近期最少使用的,所以将 2 号 Cache 行替换。当访问主存块C 时,3 号 Cache 行是近期最少使用的,所以替换 3 号。

LRU 算法运行效果好,Cache 命中率高,缺点是当频繁访问的主存块数量大于 Cache 行数量时,会出现抖动现象。

3. 近期最不常使用(Least Frequently Used,LFU)

LFU 算法是将一段时间内访问次数最少的 Cache 行替换出去。与 LRU 类似,LFU 也是给每个 Cache 行设置一个计数器,从 0 开始计数,每访问一次 Cache 行,相应的计数器加 1,当需要替换时,将计数值最小的行换出。LFU 算法没有很好地遵循局部性原理,不能严格反映近期访问情况,例如 Cache 有 0 号、1 号两行,0 号前期被频繁访问而后期未被访问,1 号在前期未被访问而后期被频繁访问,则 1 号有可能因为计数值小于 0 号而被替换,所以 LFU 实际效果不如 LRU。

4. 随机算法

随机算法根据随机数确定被替换的 Cache 行,实现简单,速度快,但可能会降低 Cache 命中率。

5.5.4 Cache 的读/写操作

Cache 的读/写操作分为命中和不命中两种情况,Cache 的基本结构如图 5-38 所示。

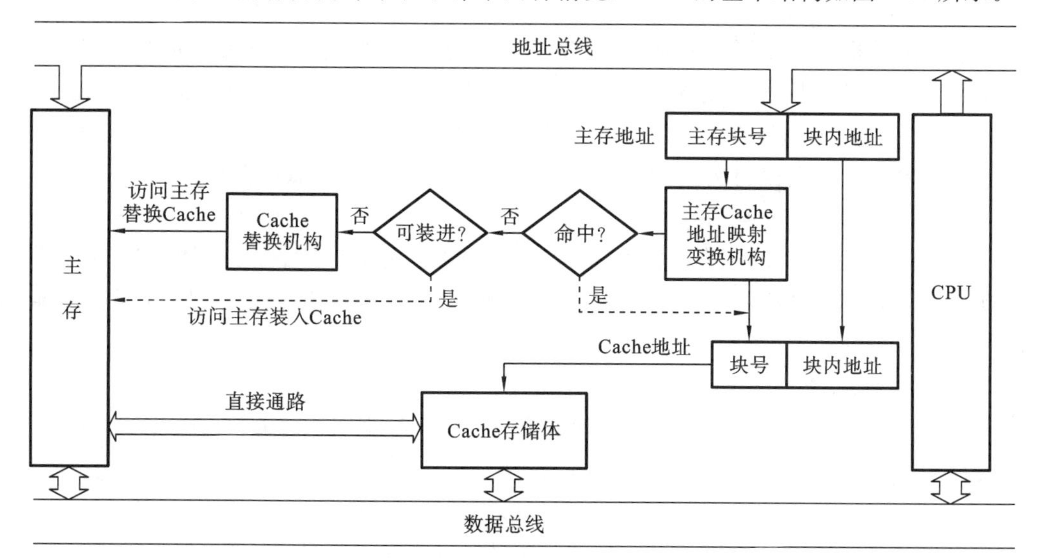

图 5-38 Cache 的基本结构

1. 读操作

Cache 的读操作流程如下。

(1) CPU 发出访问主存地址信息,该地址按逻辑划分包含主存块号和块内地址。

(2) 判断是否命中,如果命中则转向(3),否则转向(4)~(6)。

(3) 命中,访问 Cache 存储体,取出信息送 CPU。

(4) 不命中,说明 CPU 访问的单元不在 Cache 中,进入 Cache 替换机构。

(5) 若 Cache 已满,则执行替换算法,将新的主存块调入 Cache;若 Cache 未满,则将主存块调入 Cache,存放的位置与映射方法有关。

(6) 向 Cache 调入主存块后,该主存块直接送 CPU。

2. 写操作

Cache 内容是主存块的副本,相同的数据可能同时存于 Cache 和主存中,当对 Cache 内容进行更新时,为了保证 Cache 和主存内容的一致性,可采用不同的写策略。当 Cache 写命中时,写策略有写直通法和写回法;当 Cache 写未命中时,写策略有写分配法和非写分配法。

1) 写直通法

写直通法也称全写法,是指 Cache 写命中时,把数据同时写入 Cache 和主存,保证 Cache 与主存内容的一致性。由于 CPU 对主存的写操作很慢,通常需要一个写缓冲队列,如图 5-39 所示,写入 Cache 的数据同时写入 Write Buffer,由 Write Buffer 负责将数据写入主存,提高 CPU 的访存速度。

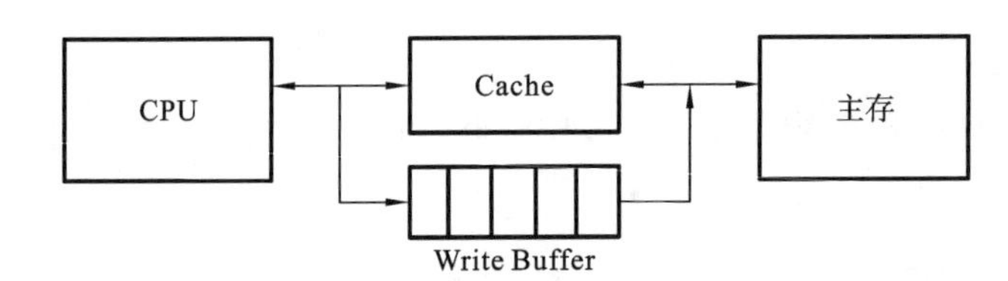

图 5-39 Cache 写直通法写缓冲结构图

2) 写回法

写回法是指 Cache 写命中时,只修改 Cache 内容,仅当被修改的 Cache 行被换出时才写回主存的对应块。采用这种策略时,每个 Cache 行必须设置一个标志位(脏位,Dirty Bit),表示是否被 CPU 修改过,若修改过则写回主存,若没修改过则不必写回。写回法减少了访问主存的次数,但存在 Cache 与主存数据不一致的隐患。

3) 写分配法

写分配法是指 Cache 写未命中时,先将数据从主存调入 Cache,再对 Cache 进行写操作,最后用写回法将 Cache 中的数据写回主存。写分配法通常与写回法一起使用。

4) 非写分配法

非写分配法是指 Cache 写未命中时,CPU 直接把数据写入主存,不调入 Cache。

自测练习 5.5

1. 高速缓存 Cache 芯片一般用________构成,主存储器用________构成。

2. 如果一个被访问的存储单元很快会再次被访问，则这种局部性是(　　)。
   A. 时间局部性　B. 空间局部性　C. 数据局部性　D. 程序局部性
3. 下列描述错误的是(　　)。
   A. Cache 的三种基本映射方式有全相连映射、直接映射和组相连映射
   B. 在全相连映射方式下，主存块和 Cache 行对应是不固定的，成本高
   C. 在直接映射方式下，主存块和 Cache 行对应是不固定的，命中率较低
   D. 组相连映射是全相连映射和直接映射的一种折中，有利于提高命中率
4. 在全相连映射、直接映射、组相连映射中，块冲突概率最小的是(　　)。
   A. 全相连映射　B. 直接映射　C. 组相连映射　D. 不一定
5. 设某 Cache 芯片有 64 行，每行大小为 128 B，采用组相连映射，4 行一组，主存有 4096 块，主存地址需要的地址线为(　　)。
   A. 20　B. 19　C. 18　D. 17
6. 设存储系统由 Cache-主存构成，CPU 执行一段程序时，Cache 的存取次数是 3800 次，主存的存取次数是 200 次，Cache 命中率为(　　)。
   A. 90%　B. 92%　C. 95%　D. 96%

本章总结

本章根据存储器的层次结构，介绍了存储器的分层结构、性能指标，主存的随机存取存储器 SRAM 和 DRAM、可编程只读存储器 EPROM 和 EEPROM 的工作原理与典型芯片；存储器接口技术，包括存储器接口中片选信号的产生、存储器的扩展方法以及存储器接口的综合设计；分析了 Cache 的工作原理、与主存的地址映射、替换算法和读/写操作。

习题与思考题

1. 简述存储系统的层次结构，各存储部件的特点。
2. DRAM 芯片为什么要设计行、列地址？DRAM 刷新的作用是什么？
3. 存储系统的扩展方法有哪些？分别用于哪些场合？
4. 地址译码的方法有哪些？各有什么特点？
5. Cache 的替换算法解决什么问题？各种替换算法的特点是什么？
6. 若某微机系统的 RAM 存储器由 4 个模块组成，每个模块的容量为 128 KB，且 4 个模块的地址是连续的，最低地址为 00000H，试指出每个模块的首末地址。
7. 下列关于存储系统层次结构的描述中正确的是(　　)。
   A. 存储系统层次结构由 Cache、主存、辅助存储器三级体系构成
   B. 存储系统层次结构缓解了主存容量不足和速度不快的问题
   C. 构建存储系统层次结构的原理是局部性原理
   D. 构建存储系统层次结构有利于降低存储系统成本
8. 若用以下芯片构成容量为 128 KB 的模块，指出分别需要多少芯片。
   (1) Intel 2114(1 K×4 b)

(2) Intel 2128(2 K×8 b)

(3) Intel 2164(64 K×1 b)

9. 8086/8088 微机系统中,利用 1024×1 b 的 RAM 芯片组成 4 K×8 b 的存储器系统,使用地址总线 A_{15}~A_{12} 线性法产生片选信号,画出存储器接口设计图,给出各芯片的地址范围。

10. 8086/8088 微机系统中,用 8 K×8 b 的 EPROM 2764 芯片、8 K×8 b 的 RAM 6164 芯片和译码器 74LS138 构成一个 16 K 字 ROM、16 K 字 RAM 的存储器系统,画出存储器接口设计图,写出各芯片的地址分配。

11. 8086/8088 微机系统中,用 4 片 32 K×8 b 的 SRAM 芯片,可设计出哪几种不同容量和字长的存储器? 画出相应设计图并完成与 CPU 的连线。

12. 已知 RAM 芯片和地址译码器的引脚如图 5-40 所示,回答下列问题。

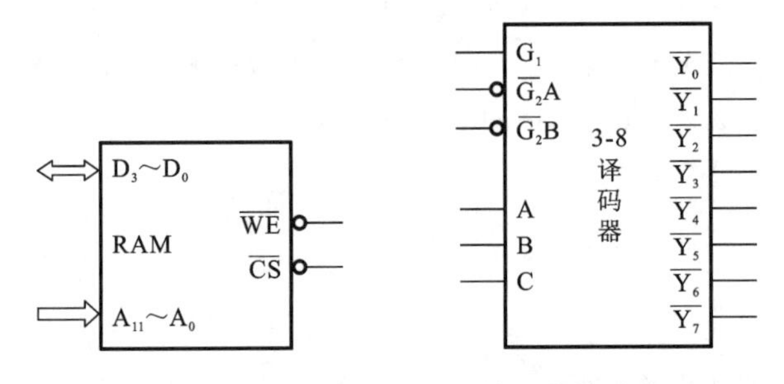

图 5-40　RAM 芯片和地址译码器的引脚

(1) 若要求构成一个 8 K×8 b 的 RAM 阵列,需几片这样的芯片? 设 RAM 阵列组起始地址为 A0000H 的连续地址空间,写出每块 RAM 芯片的地址空间。

(2) 若采用全地址译码方式译码,画出存储器系统电路连接图。

13. 分析下列程序 A、程序 B,哪个程序具有更好的局部性。

程序 A:

```
int sumarrayrows (int a[M][N])
{
    int i,j,sum=0;
    for (i=0;i<M;i++)
        for (j=0;j<N;j++)
            sum+=a[i][j];
    return sum;
}
```

程序 B:

```
int sumarraycols (int a[M][N])
{
    int i,j,sum=0;
    for (j=0;j<N;j++)
        for (i=0;i<M;i++)
            sum+=a[i][j];
    return sum;
}
```

14. 设主存容量为 512 KB，Cache 容量为 4 KB，每个字块 16 个字，每个字 32 位，按字节寻址，问：

(1) Cache 地址有多少位？有多少个字块？

(2) 主存地址有多少位？有多少个字块？

(3) 若采用直接映射方式，则主存中的第几块映射到 Cache 中的第 7 块？

(4) 画出主存地址格式。

15. 设某存储系统由 Cache-主存构成，主存包括 4 K 个块，每块由 128 字组成，Cache 由 64 个块组成，4 路组相连映射，按字寻址。问：

(1) 主存地址和 Cache 地址各有多少位？

(2) 按 4 路组相连映射，画出主存地址的划分情况，标出各部分位数。

6

输入/输出接口技术

输入/输出(I/O)接口是微处理器与外部设备信息交换的桥梁,微处理器通过 I/O 接口管理种类繁多的外部设备。I/O 接口技术包括硬件技术和软件编程技术,具有软、硬件结合的特点,接口电路的应用离不开软件的驱动与配合。本章主要讨论 I/O 接口的概念、I/O 端口编址方式、CPU 与外部设备数据传输方式等。

6.1 接口技术概述

计算机系统中,通常把 CPU 和主存之外的部件统称为输入/输出系统,计算机运行所需的程序和数据来自输入设备,运算结果保存到输出设备。如常见的输入设备有键盘、鼠标、扫描仪、麦克风、摄像头、数据采集器等;输出设备有 CRT 显示器、打印机、绘图仪等;输入/输出设备有调制/解调器、硬盘驱动器、光盘驱动器、网卡等。由于这些设备的工作原理、驱动能力、工作方式各不相同,并且信号电平、信息格式和处理速度差异大,必须经过输入/输出(I/O)接口才能与 CPU 进行信息交换。

本节目标:

(1) **了解 I/O 接口的功能和典型结构。**

(2) **了解 I/O 端口的概念、编址方式。**

(3) **掌握端口地址译码方法,能分析并设计译码电路。**

6.1.1 I/O 接口概念

I/O 接口是连接微处理器与外部设备(简称外设)的一组逻辑电路,是微处理器与外部设备信息交换的中转站。外设通过 I/O 接口把信息传送给 CPU 进行处理,CPU 将处理结果通过 I/O 接口传送给外设。没有 I/O 接口,计算机无法实现各种输入/输出功能,因此,I/O 接口是构成微机系统的重要组成部分,与微机系统的扩展性、兼容性和综合处理能力密切相关。

1. 需要接口电路的原因

不同于内存与 CPU 直接相连,外设与 CPU 连接需要接口电路,这是因为外设种类繁多,功能各异,有机械式、电子式、机电式、光电式和电磁式等;处理的信号类别各不相同,有数字信号、模拟信号、电流信号、电压信号等,信号类型有并行、串行等;信息传输速率差异很大，信息交换方式复杂，难以与 CPU 直接相连，必须经过 I/O 接口进行匹配和协调。

1）速度不匹配

CPU 速度要远远高于外设速度，不同外设的速度差异也很大，因此需要用接口电路对输入/输出过程起缓冲和联络作用，解决 CPU 与外设的速度差异问题。

2）信号电平和驱动能力不匹配

CPU 引脚是 TTL 电平（一般在 0～5 V 之间），驱动能力弱，而外设的电平标准形式多样，需要的驱动功率也较大，因此接口电路需要进行电平转换和驱动放大。

3）信号类型不匹配

CPU 只能处理并行数字信号，而外设信号类型可以是数字量、开关量、模拟量，因此外设信号需要用接口电路进行转换，得到 CPU 能处理的数字信号。

4）时序不匹配

CPU 各种操作都是在统一时钟信号下完成的，外设有自己的定时控制逻辑和数据传输速度，与 CPU 时序不一致。因此不同外设不能直接与 CPU 相连，必须通过接口电路。

2. 典型 I/O 接口结构

典型 I/O 接口结构如图 6-1 所示，可以看出，CPU 对外设的访问是通过对 I/O 接口的读/写操作来实现的。CPU 与 I/O 接口之间通过系统总线传输信息，包括地址信息、控制信息和数据信息。I/O 接口与外设之间通过串行或并行方式交换信息，包括数据信息、控制信息和状态信息。

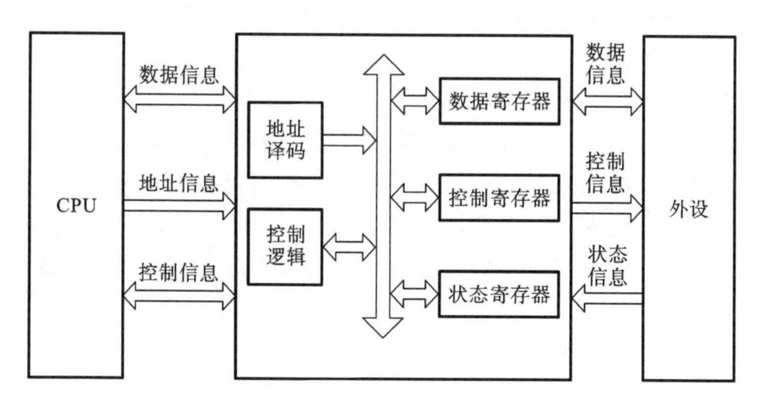

图 6-1 典型 I/O 接口结构

1）I/O 接口传输的信息类型

CPU 与外设之间传送的信息类型有三种：数据信息、状态信息和控制信息。

数据信息是 CPU 和 I/O 设备交换的主要信息，可以是数字量、模拟量、开关量等。输入过程中，CPU 发读信号给 I/O 接口，外设数据经 I/O 接口送到系统数据总线 DB，CPU 从 DB 读取数据。输出过程中，CPU 发写信号给 I/O 接口，由 I/O 接口将 DB 上的数据送给外设。

状态信息反映了外设当前工作状态，CPU 通过读取状态信息了解外设的工作状态并分析、判断，以适时、准确地与外设进行数据交换。

控制信息是 CPU 经 I/O 接口向外设发出的控制命令，主要用于外设的启动、停止、工作方式设置等。

2）接口的内部结构

接口内部有地址译码、逻辑控制、数据寄存器、状态寄存器和控制寄存器。地址译码和控制逻辑实现寄存器选择和读/写控制，数据寄存器用来传输 CPU 与外设间需要交换的信息，状态寄存器存放外设或 I/O 接口本身的状态信息，供 CPU 查询。控制寄存器存放 CPU 发送给外设或 I/O 接口的控制信息。因此，接口电路能够实现 CPU 与外设的信息传输，主要是依靠内部寄存器的缓存功能，这些内部寄存器也称为端口。

3）接口的外部特性

接口电路的外部特性主要体现在引脚上，可分为两类：一类是与 CPU 相连的引脚，如与系统总线 DB、AB、CB 相连的引脚，另一类是与外设相连的引脚。因不同外设在功能定义、有效电平、时序等方面各不相同，所以不同 I/O 接口与外设相连的引脚差异较大。

4）接口的可编程性

接口的可编程性是指 I/O 接口具有多种功能和工作方式，需要通过编程进行选择，通常包括初始化编程和操作编程。初始化编程是设定 I/O 接口的工作方式，使 I/O 接口进入工作状态。操作编程主要实现外设与系统间的信息交换。

3. I/O 接口功能

不同 I/O 接口的应用场合各不相同，但大多具备以下主要功能。

1）地址译码

微机系统通常有多个 I/O 设备，通过各自的 I/O 接口与系统总线连接，而 CPU 同一时刻只能对一台外设进行操作，为区分不同的 I/O 设备，I/O 接口具有地址译码功能，选中不同外设工作。

2）数据缓存与锁存

为实现高速 CPU 与低速外设的速度匹配，在信息传输过程中，I/O 接口通常需要具备输入缓冲、输出锁存功能。输入接口一般有三态门等缓冲隔离环节，当 CPU 发选通信号后，允许选定的输入设备将数据送到系统总线，其他输入设备通过输入接口的缓冲器与数据总线隔离；输出接口一般有锁存器，锁存输出数据，保证外设获得正确、稳定的数据。

3）提供控制与状态信息

在数据交换时，I/O 接口在 CPU 与外设间需提供沟通联络信息。在数据输出时，CPU 通过 I/O 接口向外设发出各种控制命令。在数据输入时，CPU 要了解外设的当前状态，如“忙”“准备好”“出错”等，这些外设状态通过 I/O 接口送给 CPU，供 CPU 查询。

4）可编程

可编程是指 I/O 接口具有多种功能和工作方式，通过软件编程可以对 I/O 接口的功能和工作方式进行选择，提高接口的使用灵活性。

以上是大多数 I/O 接口具备的通用功能，由于外设类型多，I/O 接口的功能也不尽相同。有的 I/O 接口具备信息格式转换功能，如串行数据和并行数据间的转换；有的具备信号类型转换功能，如模拟信号与数字信号间的转换；有的具备电平转换功能；有的具备中断管理功能等。

6.1.2 I/O 端口与编址方式

通常情况下，微机系统中有多个 I/O 接口，每个接口内部有多个寄存器，能够被 CPU 直接访问的寄存器就是 I/O 端口。

1. I/O 端口

I/O 端口是指接口内部分配了地址的寄存器，如图 6-2 所示。不同接口的端口种类、数量和字长可能存在差异，但在本质上都是用于存放数据信息、控制信息和状态信息，完成输入/输出操作。对 I/O 接口的访问实际是对 I/O 端口的访问，CPU 正是通过对 I/O 端口的访问实现对外设的控制。

I/O 端口与存储单元类似，具有地址和值两个属性。为了让 CPU 正确寻址 I/O 端口，每个 I/O 端口被分配了地址，称为 I/O 端口地址，I/O 端口内部存储的信息称为I/O 端口的值。一个端口地址可对应多个寄存器，而一个寄存器只能有一个端口地址。例如，状态端口和控制端口因输入/输出方向不同，可分配同一端口地址，读操作访问的是状态端口，写操作访问的是控制端口。

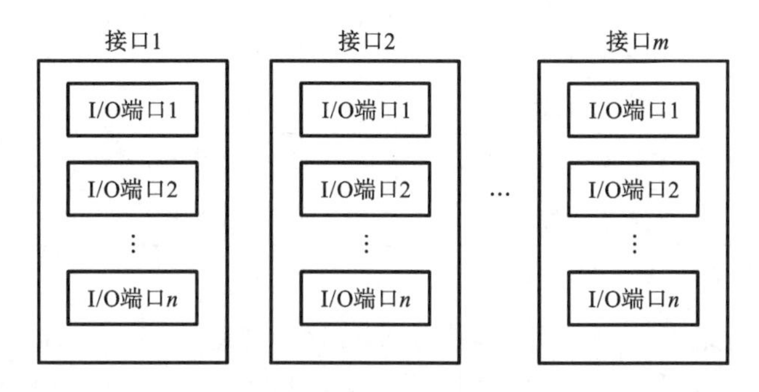

图 6-2 I/O 接口与 I/O 端口

2. I/O 端口编址方式

微机系统中，根据 I/O 端口与存储单元地址的相互关系，I/O 端口编址方式分为统一编址和独立编址两种方式，如图 6-3、图 6-4 所示。统一编址是将存储器地址空间的一部分作为 I/O 端口的地址空间，访问存储器和 I/O 端口使用相同指令。独立编址是将 I/O 端口地址与存储器地址分开，单独编址，采用不同指令分别访问这两个地址空间。

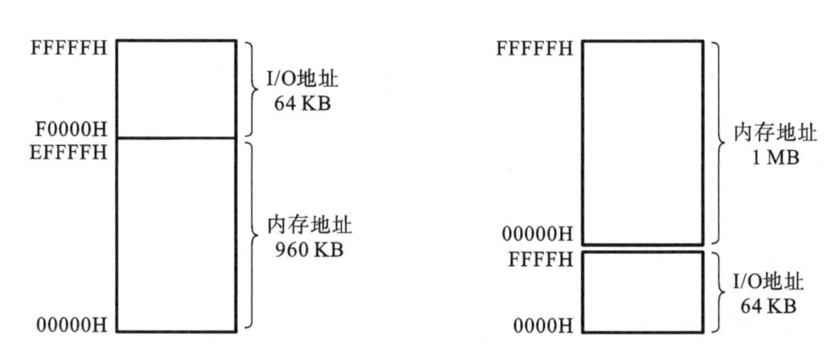

图 6-3 I/O 端口与内存统一编址　　图 6-4 I/O 端口与内存独立编址

独立编址方式的特点是内存地址空间没有被占用，有专门的输入/输出(IN/OUT)

指令访问端口，程序可读性好，但需要存储器和I/O两套控制逻辑，增加了控制逻辑的复杂性。统一编址方式的优点是采用同一套指令访问存储单元和I/O端口，缺点是减少了内存地址空间，由于采用相同指令，程序易读性差。

8086/8088系统采用独立编址方式，存储器地址空间为1 MB，地址范围为00000H～FFFFFH；I/O端口空间为64 KB，地址范围为0000H～FFFFH，访问I/O端口的地址总线为16根（A_{15}～A_0）。IBM PC微机系统只使用1024个I/O地址（0～3FFH）。

3. I/O端口的访问

8086/8088 CPU中采用专门的I/O指令来访问端口，包括IN和OUT指令，当访问I/O端口时，除使$\overline{RD}$或$\overline{WR}$为有效信号外，还应使M/$\overline{IO}$信号为低电平。I/O指令如表6-1所示。

表6-1 I/O指令

输入指令		输出指令	
指令	功能	指令	功能
IN AL,i8	字节输入，直接寻址	OUT AL,i8	字节输出，直接寻址
IN AX,i8	字输入，直接寻址	OUT AX,i8	字输出，直接寻址
IN AL,DX	字节输入，间接寻址	OUT AL,DX	字节输出，间接寻址
IN AX,DX	字输入，间接寻址	OUT AX,DX	字输出，间接寻址

注：i8是8位地址，地址范围是00H～FFH。

I/O指令的寻址方式有两种：直接寻址和间接寻址。当I/O端口地址为00H～FFH时，可采用直接寻址，指令中直接给出端口地址。当I/O端口地址为0000H～FFFFH时，或者端口地址大于FFH时，可采用间接寻址，即将端口地址给DX，指令中用DX访问端口。

【例6-1】 8086/8088微机系统，读取20H单元的内容。

分析 8086/8088微机系统采用的是独立编址方式，题中给出的20H地址既可以是存储单元地址，也可以是I/O端口地址，应分别考虑。同时，20H地址既可以是字节地址，也可以是字地址。

(1) 20H为存储单元地址。

```
MOV  AL,20H        ；读取字节内容
MOV  AX,20H        ；读取字内容
```

(2) 20H为I/O端口地址。

```
IN   AL,20H        ；读取字节内容
IN   AX,20H        ；读取字内容
```

思考：如果对I/O端口地址20H采用间接寻址，应如何写指令？

6.1.3 I/O端口地址译码

地址译码是指一组地址信号经译码电路产生一个唯一的输出信号，用于选中I/O端口。地址译码的方法：将地址总线分为高位地址线和低位地址线两部分，高位地址线

与 CPU 的控制信号组合，经译码电路产生 I/O 接口芯片的片选信号$\overline{CS}$；低位地址线与I/O 接口芯片的地址引脚相连，实现 I/O 接口芯片的片内端口寻址，即选中片内的端口。地址译码电路常采用门电路、专用译码器等方式实现。常用的译码器有 2-4 译码器 74LS139、3-8 译码器 74LS138、4-16 译码器 74LS154 等。

【例 6-2】 某 8086/8088 系统的 I/O 端口地址译码电路如图 6-5 所示，分析接口的端口地址是多少。

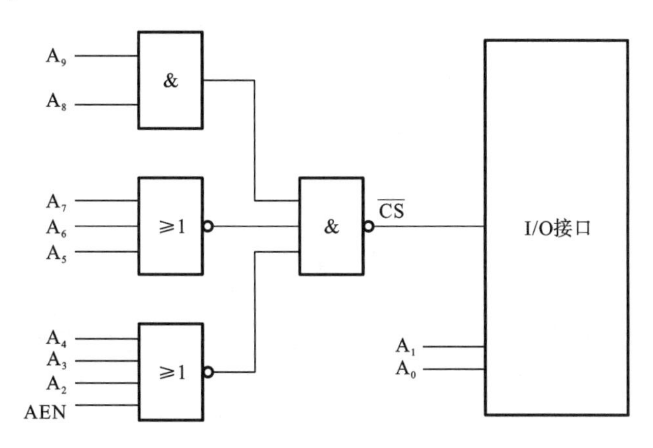

图 6-5 某 8086/8088 系统的 I/O 端口地址译码电路

分析 该系统用地址线 $A_9 \sim A_0$ 进行地址译码。其中，$A_9 \sim A_2$ 是高位地址，用来生成接口芯片的片选信号$\overline{CS}$。A_1、A_0 是低位地址，与接口芯片的地址线连接，用来寻址片内端口。当 $A_9 \sim A_2$ 经译码电路产生低电平信号时，选中接口芯片；A_1、A_0 两根地址线有四种组合，生成四个端口地址。各端口地址如下：

A_9	A_8	A_7	A_6	A_5	A_4	A_3	A_2	A_1	A_0		
1	1	0	0	0	0	0	0	0	0	=	300H
1	1	0	0	0	0	0	0	0	1	=	301H
1	1	0	0	0	0	0	0	1	0	=	302H
1	1	0	0	0	0	0	0	1	1	=	303H

【例 6-3】 IBM PC/XT(8088CPU)系统板上的 I/O 端口地址译码电路如图 6-6 所示，分析译码器输出的地址范围。

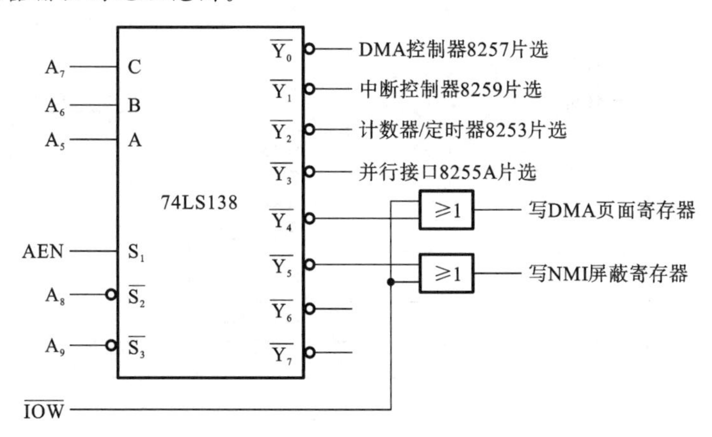

图 6-6 IBM PC/XT **系统板上的** I/O **端口地址译码电路**

分析 IBM PC/XT 系统只用了 10 根地址线 $A_9 \sim A_0$ 参与 I/O 端口地址译码，地址译码电路的核心是 3-8 译码器 74LS138。当 AEN=1、$A_9A_8=00$ 时，译码器输出有效电平。译码器各输出端对应的地址范围如表 6-2 所示。

表 6-2 译码器各输出端对应的地址范围

地址总线										译码输出	地址范围
A_9	A_8	A_7	A_6	A_5	A_4	A_3	A_2	A_1	A_0		
0	0	0	0	0	×	×	×	×	×	$\overline{Y_0}$	000H～01FH
0	0	0	0	1	×	×	×	×	×	$\overline{Y_1}$	020H～03FH
0	0	0	1	0	×	×	×	×	×	$\overline{Y_2}$	040H～05FH
0	0	0	1	1	×	×	×	×	×	$\overline{Y_3}$	060H～07FH
0	0	1	0	0	×	×	×	×	×	$\overline{Y_4}$	080H～09FH
0	0	1	0	1	×	×	×	×	×	$\overline{Y_5}$	0A0H～0BFH
0	0	1	1	0	×	×	×	×	×	$\overline{Y_6}$	0C0H～0DFH
0	0	1	1	1	×	×	×	×	×	$\overline{Y_7}$	0E0H～0FFH

注意：由于低 5 位地址线 $A_4 \sim A_0$ 没有参与译码，所以译码器的输出引脚 $\overline{Y_7} \sim \overline{Y_0}$ 对应 $2^5=32$ 个地址，相当于为每个接口芯片提供了 32 个端口地址。

【例 6-4】 设计地址译码电路，使例 6-3 的 8255A 并行接口芯片端口地址为 060H～063H。

分析 例 6-3 中，低 5 位地址线 $A_4 \sim A_0$ 没有参与译码，可以用来生成 8255A 芯片的端口地址。8255A 片内有 4 个端口，需 2 根低位地址线 A_1、A_0 寻址。为了满足 8255A 的 4 个端口地址为 060H～063H，应设定地址码高 8 位为 00011000，此代码的高 5 位是 74LS138 的输出信号 $\overline{Y_3}$，$A_4A_3A_2=000$，因此，需将地址信号 $A_4A_3A_2$ 与 $\overline{Y_3}$ 一起作为 8255A 的片选信号 $\overline{CS}$，如图 6-7 所示。

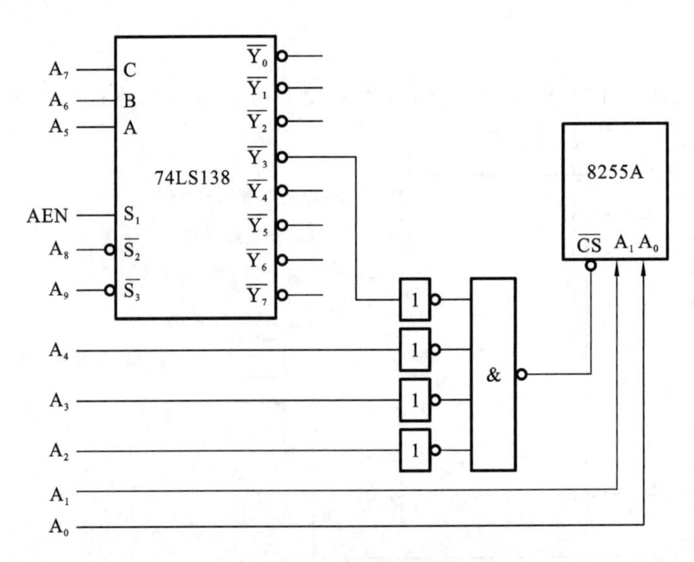

图 6-7 8255A 端口译码电路

自测练习 6.1

1. I/O 接口是连接__________与__________的一组逻辑电路。
2. I/O 接口中数据信息的传输方向是________，控制信息的传输方向是________，状态信息的传输方向是__________。
3. 微机系统中需要接口电路的原因是(　　)。
   A. 外设与 CPU 的速度不匹配　B. 外设与 CPU 的信号类型不匹配
   C. 外设与 CPU 的信号电平不匹配　D. 外设与 CPU 的时序不匹配
4. 关于 I/O 端口描述正确的是(　　)。
   A. I/O 端口位于接口内部　B. 每个接口只能有一个 I/O 端口
   C. I/O 端口有地址和值两个属性　D. 8086 CPU 对 I/O 端口和内存采用相同指令
5. I/O 端口传输的信息有(　　)。
   A. 数据　B. 地址　C. 控制　D. 状态
6. 下列描述错误的是(　　)。
   A. 独立编址方式是指 I/O 空间和存储器空间是两个不同空间
   B. 在独立编址方式下，访问存储器和 I/O 接口采用相同指令
   C. 在统一编址方式下，访问存储器和 I/O 接口采用相同指令
   D. 8086/8088 微机系统采用的是独立编址方式
7. 向 I/O 端口 80H 写字节数据，正确的指令是(　　)。
   A. IN 80H,AL　B. IN AL,80H　C. OUT 80H,AL　D. OUT AL,80H
8. 当 8086/8088 访问 100H 端口时，采用(　　)方式。
   A. 直接寻址　B. 间接寻址　C. 直接寻址或间接寻址
9. 若某 I/O 接口芯片内有 4 个端口，则该接口芯片的片内地址线是(　　)根。
   A. 1　B. 2　C. 3　D. 4
10. 8088/8086 CPU 可以用于 I/O 端口编址的地址引脚最多可以有(　　)根。
   A. 8　B. 10　C. 16　D. 20

6.2 CPU 与外部设备数据传输方式

CPU 与外部设备数据传输方式通常有程序控制方式、中断控制方式和直接存储器存取(DMA)方式三种。

本节目标：

(1) **深入理解不同输入/输出传输方式的概念和特点。**

(2) **能够正确分析接口电路的传输方式并应用。**

6.2.1 程序控制方式

程序控制方式是指通过编程的方式控制 CPU 与外设间的数据传输，分为无条件传输方式和条件(查询)传输方式两种。

1. 无条件传输方式

无条件传输方式是在数据传输过程中，CPU 不查询外设状态，直接读取数据。该方式默认外设始终处于准备好状态，CPU 可随时读取数据，优点是程序简单，缺点是只能用于简单外设，如开关状态输入、数码管显示输出等。

【例 6-5】 图 6-8 是 8 位开关和 8 个发光二极管的接口电路，用无条件传输方式将开关状态送发光二极管显示。

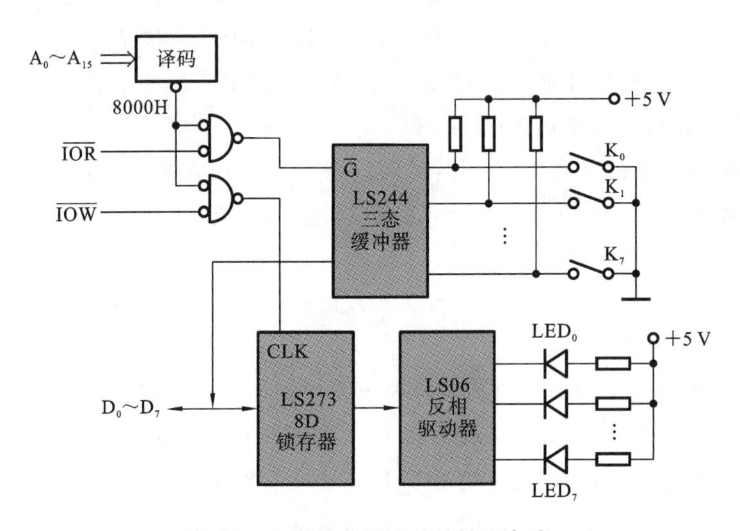

图 6-8 无条件传输方式的接口电路

分析 图 6-8 中，LS244 构成输入端口，LS273 和 LS06 构成输出端口，输入、输出端口共用一个 I/O 端口地址 8000H，当执行 IN 指令时，选中的是 LS244，执行 OUT 指令时，选中的是 LS273。实现的程序段如下。

```
       MOV   DX,8000H
NEXT:  IN    AL,DX        ；从输入端口读开关状态
       NOT   AL           ；反向
       OUT   DX,AL        ；送输出端口显示
       JMP   NEXT         ；重复
```

2. 查询传输方式

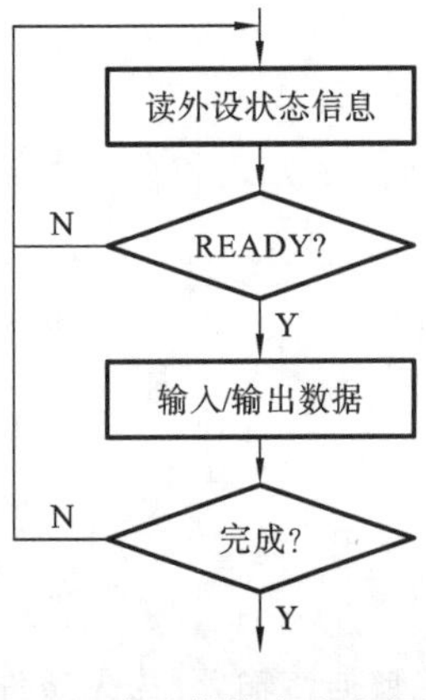

读外设状态信息
READY?
N
Y
输入/输出数据
完成?
N
Y

图 6-9 查询传输方式流程图

查询传输方式流程图如图 6-9 所示。查询传输方式是指数据传输前，CPU 先读外设的工作状态，在外设准备就绪的情况下才能实现数据的输入/输出，否则 CPU 要不断查询外设状态，直到外设准备好。因此，除了数据端口，I/O 接口还需有状态端口，供 CPU 查询。在查询传输方式下，数据传输过程一般由以下三个环节组成。

(1) CPU 从 I/O 接口中读取状态字。

(2) CPU 检测状态字，状态满足则转(3)，否则转(1)。

(3) 传输数据。

程序查询传输方式的特点是硬件电路简单、适用面较广，但需要 CPU 主动查询外设状态，当外设数量较多时，

CPU采用轮流查询方式，外设准备就绪时不一定得到及时响应，系统的实时性差，工作效率低。因此，查询传输方式适用于系统任务较轻的场合。

【例 6-6】 图 6-10 是某个输入接口电路，编程实现用查询方式读取输入设备数据。

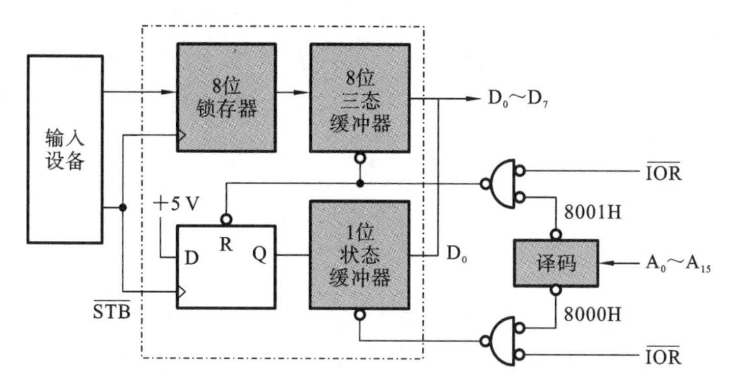

图 6-10 输入接口电路

分析 图 6-10 中，接口电路由 8 位锁存器和 8 位三态缓冲器、1 位状态缓冲器和 D 触发器构成，8 位数据端口地址为 8001H，1 位状态端口地址为 8000H。当输入设备准备好数据后，会给 D 触发器发一个$\overline{STB}$信号，此时 Q=1，相应的状态缓冲器输出高电平。设 CPU 测试状态位为 D_0，当 D_0 为高电平时读取数据，否则继续查询状态位。程序段如下。

```
NEXT:MOV   DX,8000H      ; DX指向状态端口
STA:  IN    AL,DX         ; 读状态端口
      TEST  AL,01H        ; 测试状态位D0
      JZ    STATUS        ; D0=0，未就绪，继续查询
      INC   DX            ; D0=1，就绪，DX指向数据端口
      IN    AL,DX         ; 从数据端口读数据
      JMP   NEXT
```

【例 6-7】 图 6-11 是某个输出接口电路，编程实现用查询方式向输出设备输出数据。

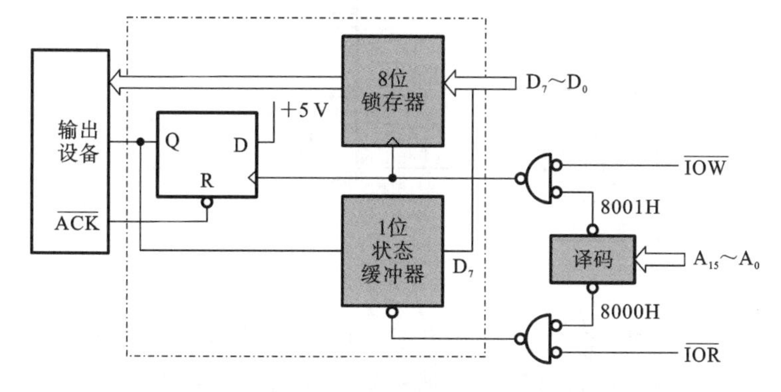

图 6-11 输出接口电路

分析 图 6-11 中，接口电路由 8 位锁存器、1 位状态缓冲器和 D 触发器构成，8 位数据端口地址为 8001H，1 位状态端口地址为 8000H。CPU 在输出数据前，要先查询

状态位 D_7，设 $D_7=1$ 时未就绪，继续查询，$D_7=0$ 时输出数据。程序段如下。

```
NEXT:MOV   DX,8000H      ; DX 指向状态端口
STA:  IN    AL,DX         ; 读状态端口
      TEST  AL,80H        ; 测试状态位 D7
      JNZ   STATUS        ; D7=1，未就绪，继续查询
      INC   DX            ; D7=0，就绪，DX 指向数据端口
      OUT   DX,AL         ; 输出数据
      JMP   NEXT
```

6.2.2 中断控制方式

查询传输方式的优点是硬件接口简单，仅用程序控制外设数据的输入/输出，但 CPU 需不断查询外设状态，如果外设未准备好，则 CPU 只能等待，系统效率低。

为解决查询方式实时性差、CPU 工作效率低下的问题，可采用中断控制方式，该方式下，CPU 和外设并行工作，当外设需要传输数据时，主动向 CPU 提出中断请求，通知 CPU 进行处理。在中断方式下，CPU 无需查询外设状态，避免了查询等待，外设可随时通过中断方式请求 CPU 服务，实时性好，系统工作效率高，但中断服务程序的编制相对较为复杂。

图 6-12 是某输入设备采用中断传输方式输入数据的接口电路，当输入设备准备好输入数据时，发出一个选通信号，该信号把数据存入输入锁存器，同时使 D 触发器置 1，当中断屏蔽触发器的值为 0 时，会产生中断请求信号 INTR，送给 CPU 引发中断。中断屏蔽触发器的状态决定了中断请求是否能够发出。

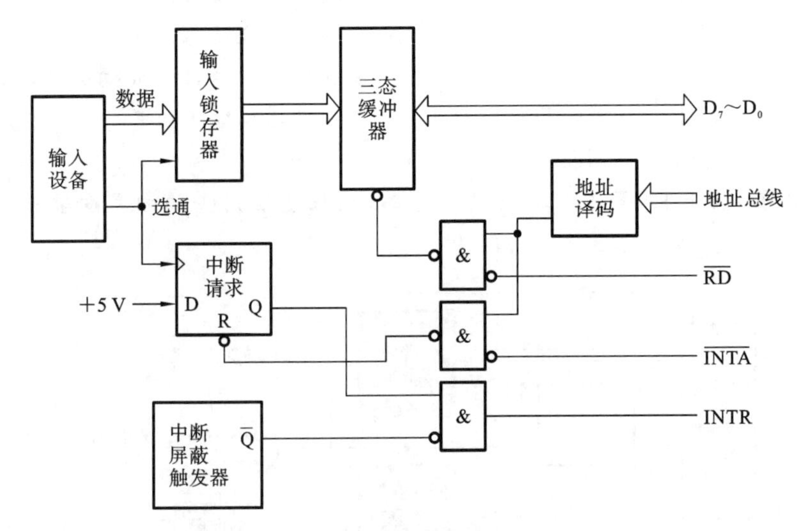

图 6-12 中断传输方式输入数据的接口电路

CPU 接收到中断请求信号后，若中断是开放的，就在现行指令执行完后，暂停正在执行的程序，发出中断响应信号 $\overline{INTA}$，通过数据端口读取数据，同时清除中断请求标志。当中断处理完毕后，CPU 返回被中断的程序继续执行。

在中断控制方式下，当输入设备将输入数据准备好或者输出设备可以接收数据时，便可以向 CPU 发出中断请求，使 CPU 暂时停止当前正在执行的程序，转去执行数据输

入或输出的中断服务子程序，与外设进行数据传输操作。中断子程序执行完后，CPU又转回继续执行原来的程序。中断控制方式的数据传输适应于中、慢速外部设备的数据传输。

有关中断的具体工作原理和实现技术参考第7章。

6.2.3 DMA方式

在程序控制方式和中断控制方式下，数据的输入/输出是通过I/O指令实现的，这对于需要频繁快速与存储器进行批量数据交换的I/O设备而言效率太低，需要在存储器和I/O设备间直接建立数据传输通道，在不占用CPU资源的情况下实现存储器和外设间的高速批量数据传输。

直接存储器存取(Direct Memory Access，DMA)方式用来实现存储器与I/O设备间的高速批量数据传输，I/O设备直接与存储器进行数据传输，CPU不再作为数据传输的中转站。

DMA方式中，用DMA控制器(DMA Control，DMAC)控制存储器与I/O设备间的数据传输。DMAC的作用类似于I/O接口，但又不是普通的I/O接口。DMAC是一个接口电路，具有I/O端口地址，CPU可以对它进行读/写操作。另一方面，DMAC能够控制系统总线，像CPU一样提供总线控制信号，控制存储器与I/O设备间的数据传输。

DMA方式的工作原理如图6-13所示。DMAC一端与CPU、系统总线相连，另一端与I/O设备相连，起到I/O接口的作用。工作过程：当I/O设备需要与存储器进行批量数据传输时，会向DMAC发出DMA请求信号DMAREQ，DMAC收到请求信号后向CPU发出总线请求信号HOLD，CPU在当前总线周期结束后发出总线响应信号HLDA，放弃对总线的控制，DMAC接管总线控制权，向I/O设备发送DMA响应信号DMAACK，该信号清除DMA请求信号，同时开始传输存储器和I/O设备间的批量数据。传输结束后，DMAC放弃总线控制权，CPU重新接管总线。可见，DMA方式的特点是，DMAC在存储器和I/O设备间建立了数据传输通道，无需CPU控制，数据传输效率高。

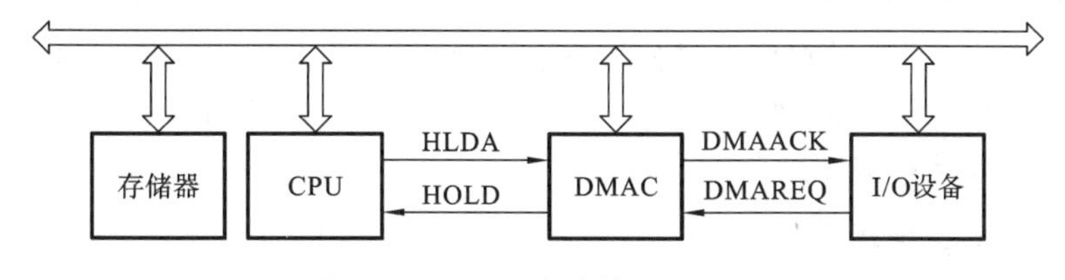

图6-13 DMA方式的工作原理

自测练习6.2

1. 微机系统与外设进行数据传输时，常用的方法有________、________和________三种。

2. 采用查询传输方式时，必须要有(　　)。

   A. 中断逻辑　　B. 请求信号　　C. 状态信号　　D. 类型号

3. 下列哪种 I/O 控制方式的数据传输不需要通过 CPU(　　)。

A. 无条件传输　B. 查询传输　　C. 中断方式　　D. DMA 方式

4. 下列哪种 I/O 控制方式具有实时性(　　)。

A. 无条件传输　B. 查询传输　　C. 中断方式　　D. DMA 方式

6.3　DMA 控制器 8237A

DMA 控制器是一种具备总线控制功能的 I/O 接口，用来实现存储器与存储器、存储器与 I/O 设备之间的高速、大批量数据传输。Intel 8237A 是高性能可编程 DMA 控制器，用于 8086/8088、80386、80486 等系统中。

本节目标：

(1) **掌握 8237A 的主要性能，了解其内部结构及工作原理。**

(2) **理解 8237A 的工作方式及特点。**

(3) **能够正确配置 8237A 各类寄存器并编程应用。**

6.3.1　8237A 内部结构及引脚

1. 8237A 主要性能

Intel 8237A 可实现 I/O 设备与存储器、存储器与存储器的数据传输，40 引脚，+5 V 电源，时钟频率 3～5 MHz，数据传输率最高可达 1.6 MB/s。8237A 主要性能如下。

(1) 具有 4 个独立的 DMA 通道，每个通道都有 16 位地址寄存器和 16 位字节计数器，可寻址 64 KB 存储器空间，一次传输的最大数据长度可达 64KB。

(2) 能自动增 1 和减 1 修改地址。

(3) 每个通道的 DMA 请求都可以分别被允许或禁止。

(4) 可编程设置 4 种工作方式，包括单字节传输、数据块传输、请求传输和级联传输。

(5) 可编程设定各通道优先级，有固定和循环两种优先级。

(6) 可采用多片级联方式扩充 DMA 通道。

8237A 控制器既可作为主控设备，也可作为 CPU 的从设备。当 8237A 为主控设备(主动态)时，从 CPU 处接管总线使用权，控制数据在 I/O 设备和存储器之间直接传输。当 8237A 作为从设备(被动态)时，是 CPU 的普通 I/O 接口，DMA 的控制功能是 CPU 对其初始化编程实现的。

2. 8237A 内部结构

8237A 内部包括定时和控制逻辑、优先级控制逻辑、命令控制逻辑、I/O 缓冲器组和内部寄存器组等部件，如图 6-14 所示。

1) 定时和控制逻辑

定时和控制逻辑用来产生 8237A 内部定时信号和外部控制信号，内部定时信号有 DMA 请求、DMA 传输及 DMA 结束信号等，外部控制信号有存储器读/写信号、I/O 设备读/写信号等。

2) 优先级控制逻辑

实现对 4 个通道 DMA 请求的优先级排序，有固定优先权和循环优先权两种方式。

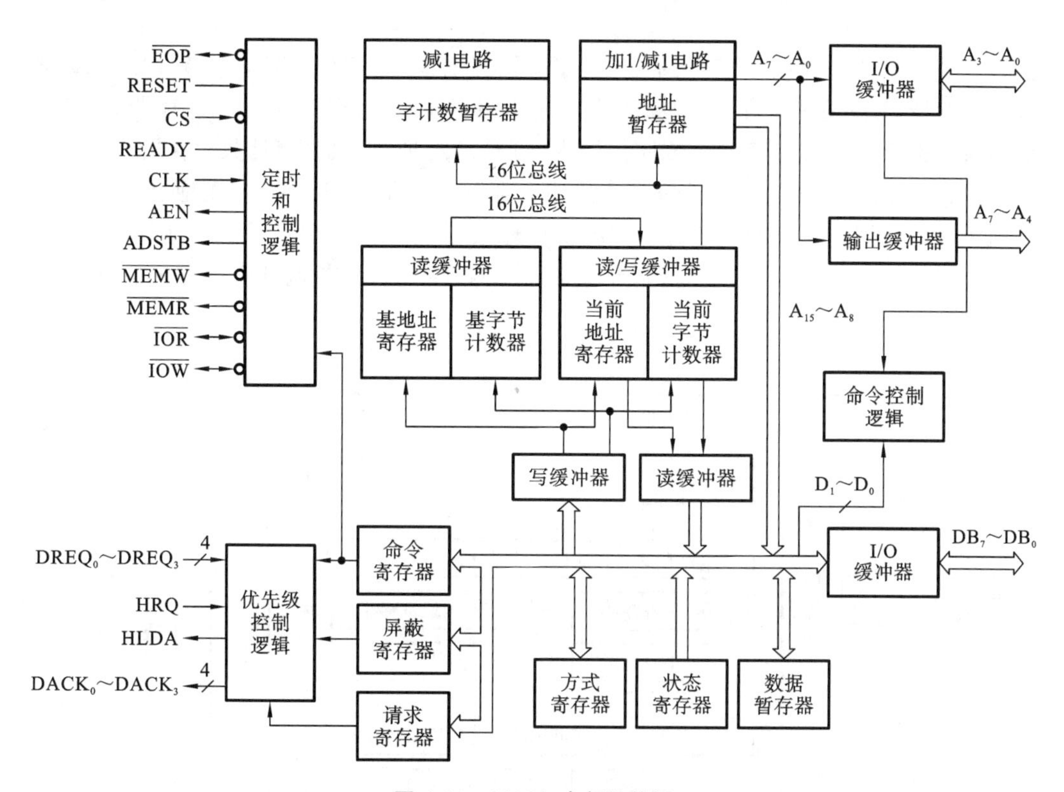

图 6-14 8237A 内部结构图

固定优先权方式规定通道 0 优先级最高,通道 3 优先级最低;循环优先权方式规定当前服务通道的优先级在结束服务之后变为最低,其他通道的优先级依次发生变化。

3)命令控制逻辑

对 CPU 送来的命令进行译码,产生内部控制信号,确定要读/写的内部寄存器。

4)I/O 缓冲器组

包括两个 I/O 缓冲器和一个输出缓冲器。4 位 I/O 缓冲器和输出缓冲器分别作为地址 $A_3 \sim A_0$ 的输入/输出缓冲和 $A_7 \sim A_4$ 的输出缓冲,8 位 I/O 缓冲器作为数据 $DB_7 \sim DB_0$ 的输入/输出缓冲、高 8 位地址 $A_{15} \sim A_8$ 输出缓冲。

5)内部寄存器组

内部寄存器组分为通道寄存器和公用寄存器两类,如表 6-3 所示。8237A 内部有 4 个结构相同且相互独立的 DMA 通道(通道 3~通道 0),每个通道具有单独的通道寄存

表 6-3 8237A 内部寄存器组

通道寄存器名	长 度	数 量	公用寄存器名	长 度	数 量
基地址寄存器	16 位	4	命令寄存器	8 位	1
基字节计数器	16 位	4	状态寄存器	8 位	1
当前地址寄存器	16 位	4	数据暂存器	8 位	1
当前字节计数器	16 位	4	地址暂存器	16 位	1
方式寄存器	6 位	4	字计数暂存器	16 位	1
请求寄存器	1 位	4			
屏蔽寄存器	1 位	4			

器，包括 16 位的基地址寄存器、基字节计数器、当前地址寄存器、当前字节计数器，6 位方式寄存器，1 位请求寄存器，1 位屏蔽寄存器，4 个通道共用一组公用寄存器，包括 8 位的命令寄存器、状态寄存器、数据暂存器，16 位的地址暂存器、字计数暂存器。

图 6-15 给出了 8237A 4 个通道内部寄存器的分配示意图。其中，基地址寄存器和当前地址寄存器的初值为本通道 DMA 要传输数据块所在存储单元的首地址，初始化编程时写入。DMA 数据传输时，基地址寄存器内容不变，当前地址寄存器内容在传输 1 个字节后自动加 1 或减 1。

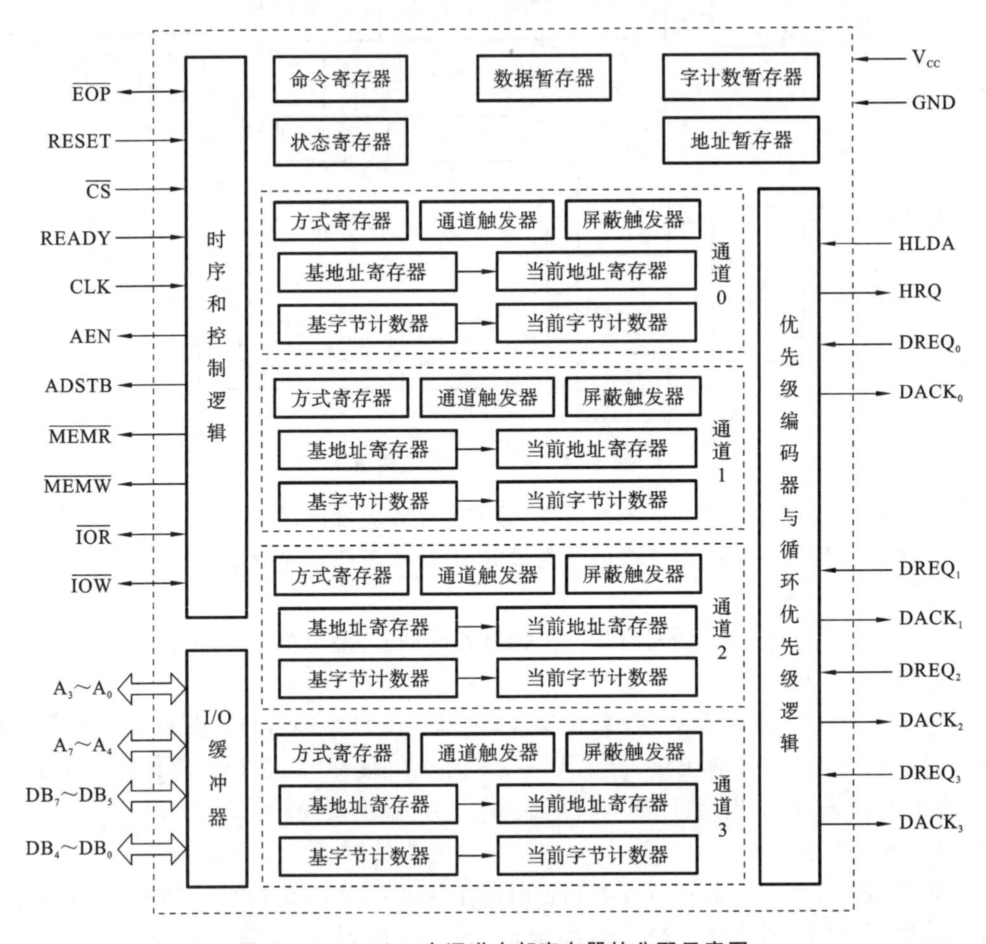

图 6-15 8237A 4 个通道内部寄存器的分配示意图

基字节计数器和当前字节计数器的初值为本通道 DMA 传输时数据块的长度，初始化编程时写入。数据传输过程中基字节计数器内容不变，当前字节计数器内容在传输 1 个字节后自动加 1 或减 1，减为 0 时产生 DMA 传输结束信号$\overline{EOP}$。

3. 8237A 的引脚

8237A 是 40 引脚的双列直插式芯片，引脚结构如图 6-16 所示。

1）数据和地址信号

◇ $DB_7 \sim DB_0$：8 位，双向、三态。8237A 作为从设备时，$DB_7 \sim DB_0$ 是数据线；作为主设备时，$DB_7 \sim DB_0$ 输出高 8 位地址 $A_{15} \sim A_8$，与 $A_7 \sim A_0$ 输出的低 8 位地址共同构成 16 位地址。

◇ $A_3 \sim A_0$：低 4 位地址线，双向、三态。8237A 作为从设备时，$A_3 \sim A_0$ 是输入信号，用来寻址内部寄存器；作为主设备时，$A_3 \sim A_0$ 输出低 4 位地址。

◇ $A_7 \sim A_4$：高 4 位地址线，输出、三态，在 DMA 传输周期，与 $A_3 \sim A_0$ 共同组成访问存储器的低 8 位地址。

2）控制信号

◇ $\overline{CS}$：片选信号，输入，低电平有效。从设备时，$\overline{CS}=0$，选中 8237A，是普通的 I/O 接口，允许 CPU 对 8237A 的内部寄存器进行读/写操作。主设备时，自动禁止$\overline{CS}$，防止 DMA 操作期间选中自己。

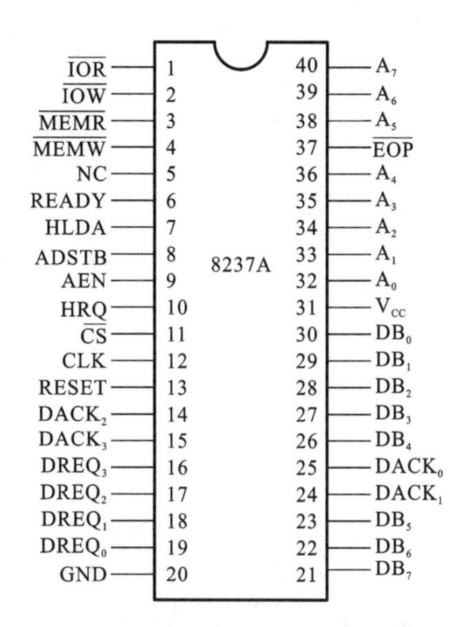

图 6-16　8237A 引脚结构

◇ ADSTB：地址选通信号，输出，高电平有效。8237A 作为主控、ADSTB＝1 时，将 $DB_7 \sim DB_0$ 输出的高 8 位地址锁存到地址锁存器中。

◇ AEN：地址输出允许信号，高电平有效。主设备时，AEN＝1，地址锁存器中的地址送到地址总线。从设备时，AEN＝0。

◇ $\overline{MEMR}/\overline{MEMW}$：存储器读/写信号，输出，低电平有效。

◇ $\overline{IOR}/\overline{IOW}$：I/O 读/写信号，双向，三态，低电平有效。主设备时，8237A 发出 I/O 读/写信号，控制 I/O 设备的读/写操作。从设备时，CPU 发出 I/O 读/写信号，用于读/写 8237A 内部寄存器。

◇ $\overline{EOP}$：DMA 传输结束信号，双向，三态，低电平有效。当 8237A 任一通道计数结束时，都会输出一个有效的$\overline{EOP}$信号。无论是从外部终止 DMA 传输过程，还是从内部计数结束而终止 DMA 传输过程，都会使 8237A 内部寄存器复位。$\overline{EOP}$也可作为中断请求信号。若$\overline{EOP}$不使用，则需外接上拉电阻，防止误输入。

◇ RESET：复位信号，输入，高电平有效时，屏蔽寄存器置位，其他寄存器清 0。复位后，8237A 必须初始化才能进行 DMA 操作，此时 8237A 处于空闲周期，所有控制信号处于高阻态，并禁止 4 个通道的 DMA 操作。

◇ CLK：时钟信号，输入，控制 8237A 内部操作定时和 DMA 传输时的数据传输速率，时钟频率为 3～5MHz。

◇ READY：准备就绪信号，输入，高电平有效。当存储器或 I/O 设备速度较慢时，READY 为低电平，存储器或 I/O 读/写周期会插入等待状态，延长传输周期；当 READY 变为高电平时表示存储器或 I/O 设备已准备好，可以传输数据。

3）请求和响应信号

◇ $DREQ_3 \sim DREQ_0$：DMA 请求信号，输入，高电平有效，由外设发送给 8237A。固定优先级时，$DREQ_0$ 优先级最高，DRE Q_3 优先级最低。循环优先级时，响应后的 DREQ 变为最低。

◇ $DACK_3 \sim DACK_0$：8237A 发送给外设的应答信号，可作为 I/O 接口的选通信号。DACK 有效后会撤消 DREQ 信号。

◇ HRQ:总线请求信号,输出,高电平有效。HRQ 是 8237A 发送给 CPU 的 DMA 请求信号,与 8086 CPU 的 HOLD 引脚相连。当 DREQ 信号有效,且对应的通道屏蔽标志为 0 时,8237A 会立即向 CPU 发出 HRQ 信号请求系统总线的控制权。

◇ HLDA:总线响应信号,输入,高电平有效。HLDA 是 CPU 对 HRQ 的应答信号,该信号有效时,表示 CPU 已经让出系统总线控制权,由 DMAC 控制总线。

在 DMA 的一次操作中,首先是 8237A 某个通道的 DREQ 信号有效,向 CPU 发出总线请求信号 HRQ,至少等待一个时钟周期后,CPU 给 8237A 发出总线响应信号 HLDA,让出总线,8237A 使 DACK 应答信号有效,开始 DMA 传输。系统允许多个 DREQ 信号同时有效,但同一时刻只能一个 DACK 信号有效。

6.3.2 8237A 工作方式

8237A 在 DMA 周期有四种传输方式:单字节传输方式、数据块传输方式、请求传输方式和级联方式。DMA 传输类型有三种:DMA 读、DMA 写和 DMA 校验。各通道可以通过方式寄存器分别选择不同的传输方式和传输类型。

1. DMA 工作方式

1) 单字节传输方式

该方式下,每次 DMA 操作只传输 1 个字节,之后释放总线,将控制权还给 CPU,CPU 至少占用 1 个总线周期。如果还有总线请求,则 DMAC 重新向 CPU 发出总线请求信号。每传输 1 个字节后,字节计数器的值减 1,地址寄存器加 1 或减 1,当字节计数器从 0 减到 FFFFH 时,结束 DMA 传输或重新初始化。

单字节传输方式的特点是:一次传输一个字节,效率较低;两次 DMA 传输间 CPU 可以得到总线控制权,以进行其他操作。

2) 数据块传送方式

该方式是 DMAC 获得总线控制权后,连续传输数据,直到数据块全部传输结束。当前字节计数器从 0 减到 FFFFH 或由外部输入终止信号 $\overline{\text{EOP}}$,DMA 传输结束,DMAC 释放总线,将控制权交还给 CPU。

数据块传送方式的特点:一次传输一个数据块,效率高,但整个 DMA 传输期间,CPU 无法控制总线,不能响应其他 DMA 请求、处理中断等。

3) 请求传输方式

该方式类似于数据块传输方式,不同之处是每传输一个字节后,8237A 采样 DREQ 信号,检测是否有效,DREQ 无效则停止传输,释放总线,此时 8237A 的地址及字节数会保存在当前地址寄存器及当前字节计数器中。当外设准备好数据块,DREQ 变为有效时,DMAC 再次发请求信号,CPU 让出总线,继续传输数据。当出现如下三种情况之一时终止传输:① 当前字节计数器减为 FFFFH,产生一个终止计数 TC 信号;② 由外部发出一个有效的结束信号 $\overline{\text{EOP}}$;③ 外设的 DMA 请求信号 DREQ 无效,一般是外设数据已传送完毕。

请求传输方式的特点是可利用 DREQ 信号控制 DMA 传送过程,使用较灵活。

4) 级联方式

当系统需要的 DMA 通道数超过 4 个时,需要将两片或多片 8237A 级联起来,如图 6-17 所示。级联方式是将第二级 DMAC 的总线请求信号 HRQ 与第一级 DMAC 请求信号 DREQ 相连，将第二级的总线响应信号 HLDA 与第一级的 DMA 应答信号 DACK 相连。第一级 DMAC 的 HRQ 和 HLDA 分别与 CPU 的 HOLD、HLDA 相连。

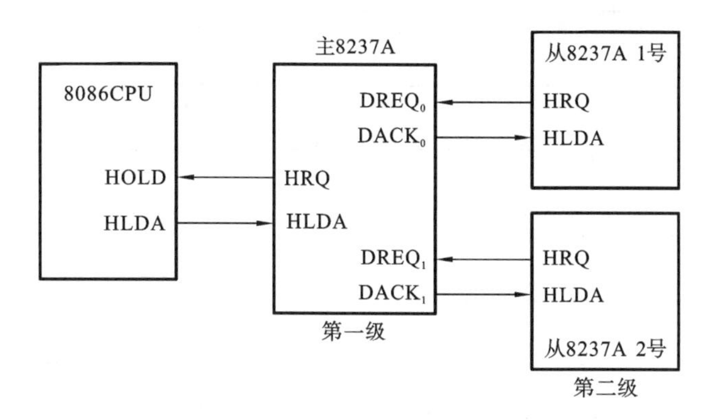

图 6-17 8237A 的级联

当第一级 DMAC 的某个通道工作在级联方式下时，它并不进行 DMA 传送，仅起优先权连接作用，第二级的 4 个 DMA 通道与所连通的第一级 DMA 通道的优先级对应，实际的操作由第二级芯片完成。还可由第二级扩展到第三级等。

2. DMA 传送类型

DMA 每种工作方式都对应三种不同的操作类型。

1）DMA 读

将数据从存储器传送到外设。在一个 DMA 周期中，8237A 先发$\overline{\text{MEMR}}$信号，读取存储器数据；再发$\overline{\text{IOW}}$信号，将数据写入外设。

2）DMA 写

将数据从外设传送到存储器。在一个 DMA 周期中，8237A 先发$\overline{\text{IOR}}$信号，读取外设数据；再发$\overline{\text{MEMW}}$信号，将数据写入存储器。

3）DMA 校验

该操作不进行数据传送，仅对数据块内部的每个字节进行校验。校验时，所有存储器控制信号和 I/O 控制信号都视为无效，这种方式仅用于校验 DMA 控制器内部的寻址逻辑和控制逻辑是否正确。

当 8237A 进行存储器到存储器的数据传送时，固定使用通道 0 和通道 1。通道 0 的地址寄存器存放源区地址，通道 1 的地址寄存器存放目的地址、当前字节计数器存放传送的字节数。该传送需要 2 个总线周期，第 1 个总线周期把源地址的数据送入 8237A 的暂存器，第 2 个总线周期把暂存器内容写入目的区。每传送一个字节，源和目的地址都自动减 1。当通道 1 的字节计数寄存器减为 0，或者由外部发出一个$\overline{\text{EOP}}$信号时，8237A 将停止 DMA 传送。

6.3.3 8237A 工作时序

8237A 有三种操作周期：空闲周期 S_I，请求应答周期 S_0，DMA 操作周期（S_1～S_4）。在空闲周期，8237A 处于被动状态，可当作系统的 I/O 设备；在请求应答周期和操作周期，8237A 处于主动状态，提供相关的内存地址和控制信号，控制 DMA 数据传输。

8237A 的每个时钟周期又称为一个状态，有 7 种状态：S_I，S_0，S_1，S_2，S_3，S_4 和等待

状态 S_w，不同状态完成不同的任务。8237A 的典型工作时序如图 6-18 所示。

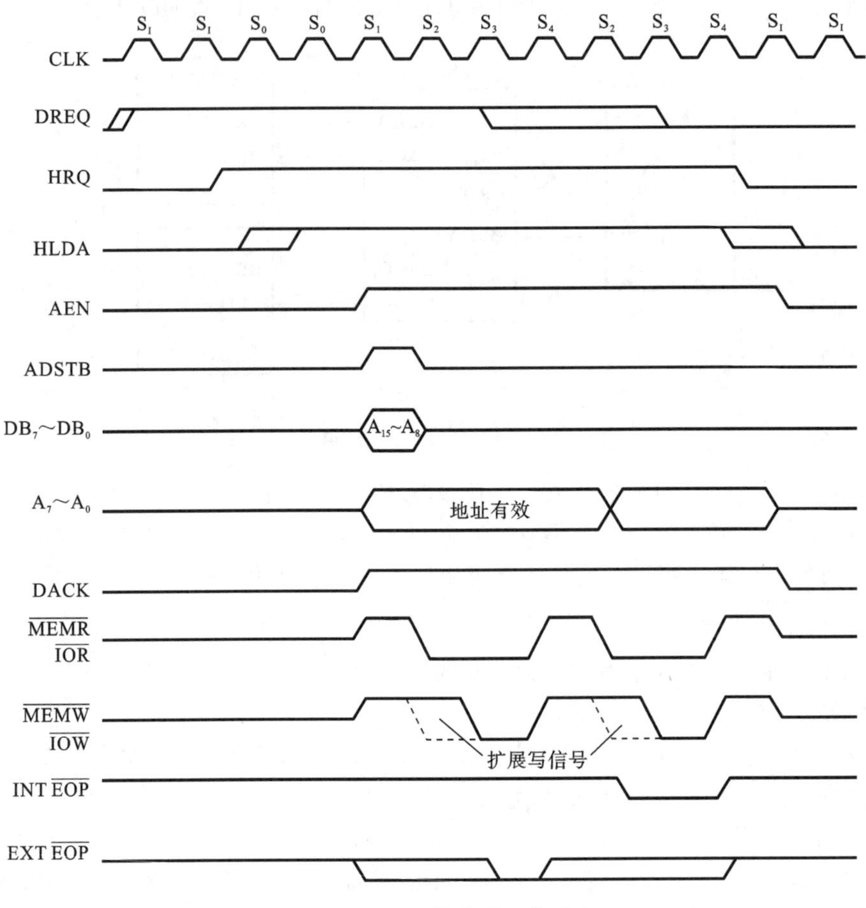

图 6-18　8237A 的典型工作时序

1. 空闲周期 S_I

当没有 DMA 请求时，8237A 处于空闲周期，执行空闲状态 S_I。此时，8237A 处于被动态，被当成一个接口芯片使用。在每个 S_I 的下降沿，8237A 采样 $DREQ_i$ 信号，确定是否有通道请求 DMA 服务。如果 $DREQ_i$ 信号有效，则在 $DREQ_i$ 的上升沿产生 HRQ 信号，向 CPU 发出总线请求，结束空闲周期 S_I，进入请求应答周期 S_0；否则维持 S_I 不变。

2. 请求应答周期 S_0

在 S_0 周期，8237A 等待 CPU 的应答信号 HLDA，当在 S_0 的上升沿检测到 HLDA 信号有效时，8237A 进入 DMA 操作周期的 S_1 状态。S_0 周期是指 8237A 发出总线请求信号 HRQ，到收到 HLDA 应答信号之间的周期，是 8237A 从被动态转为主动态的过渡期。

3. DMA 操作周期

一个典型的 DMA 操作周期包括 S_1、S_2、S_3 和 S_4 四个状态。当 8237A 收到有效的 HLDA 信号后，进入 DMA 数据传送周期。

S_1 状态，地址允许信号 AEN 有效，使 CPU 和其他总线控制器件的地址线与系统地址总线断开，标志着8237A获得了总线控制权，开始DMA周期，AEN信号会保持到DMA周期结束。S_1状态，地址选通信号ADSTB有效，其下降沿将$DB_7 \sim DB_0$传输的高8位地址$A_{15} \sim A_8$锁存到地址锁存器中，低8位地址由$A_7 \sim A_0$输出，地址信号$A_{15} \sim A_0$在整个DMA传输期间保持不变。

S_2状态，8237A向外设输出DMA响应信号DACK，表示数据传输即将开始。DACK信号可以用作请求DMA外设的片选信号，并维持到S_4状态。

S_3状态，$\overline{MEMR}$或$\overline{IOR}$读信号有效，数据$DB_7 \sim DB_0$稳定在数据线上，直到S_4状态写入目的地址单元。

S_4状态，$\overline{MEMW}$或$\overline{IOW}$信号有效，将$DB_7 \sim DB_0$数据写入目的单元。如果是块传输，则S_4结束后通常直接进入S_2状态，传输下一字节，这是由于块传输是连续传输，一般仅低8位地址变化，因此可以省略锁存高8位地址的S_1状态，当然，如果数据传输过程中修改了高8位地址，则仍保留S_1状态。传输结束后，$\overline{EOP}$信号有效，撤消总线请求信号HRQ并释放总线。

通常情况下，一次DMA传送需要4个时钟周期，对应状态分别为S_1、S_2、S_3、S_4，称为普通时序。如果DMA源或目的电路的传输速度能与CPU匹配，则可省略S_3直接进入S_4状态，读、写信号同时在S_4状态产生，称为压缩时序，压缩时序适用于高速传输。如果是慢速存储器或I/O设备，8237A在S_2或S_3下降沿采样的READY信号若为低电平，则会在S_4前插入等待周期S_W，此时所有的控制信号不变，直到READY信号有效后才进入S_4状态完成数据传输。

6.3.4　8237A内部寄存器

8237A内部寄存器分为两类：通道寄存器和公用寄存器。每个通道都有各自独立的通道寄存器，包括基地址寄存器、当前地址寄存器、基字节计数器、当前字节计数器和工作方式寄存器，共5种，这些寄存器在初始化编程时写入。公用寄存器也称为状态和控制寄存器，由四个通道共用，用来存放8237A的工作状态或命令字设置。

1. 8237A寄存器地址及操作

8237A的$A_3 \sim A_0$用来对内部寄存器进行地址译码，表6-4给出了8237A内部寄存器对应的端口地址及操作。端口的起始地址为0000H，前8个地址（00H～07H）被各通道单独占有，后8个地址（08H～0FH）为四个通道共用。

表6-4　8237A内部寄存器对应的端口地址及操作

内部端口地址	通道号	读操作（$\overline{IOR}$=0）	写操作（$\overline{IOW}$=0）
00H	0	读通道0当前地址寄存器	写通道0基（当前）地址寄存器
01H		读通道0当前字节计数器	写通道0基（当前）字节计数器
02H	1	读通道1当前地址寄存器	写通道1基（当前）地址寄存器
03H		读通道1当前字节计数器	写通道1基（当前）字节计数器
04H	2	读通道2当前地址寄存器	写通道2基（当前）地址寄存器
05H		读通道2当前字节计数器	写通道2基（当前）字节计数器

续表

内部端口地址	通道号	读操作($\overline{IOR}=0$)	写操作($\overline{IOW}=0$)
06H	3	读通道 3 当前地址寄存器	写通道 3 基(当前)地址寄存器
07H		读通道 3 当前字节计数器	写通道 3 基(当前)字节计数器
08H	公用	读状态寄存器	写命令寄存器
09H			写请求寄存器
0AH			写屏蔽寄存器的某一位
0BH			写方式寄存器
0CH			清除先/后触发器
0DH		读暂存寄存器	复位命令
0EH			清除屏蔽寄存器
0FH			写屏蔽寄存器的所有位

2. 公用寄存器

公用寄存器由 4 个通道共用,包括控制寄存器、状态寄存器、请求寄存器、屏蔽寄存器和暂存寄存器等。

1) 控制寄存器

8 位寄存器,存放控制命令字,只能写,不能读,格式如图 6-19 所示。控制寄存器用来设定 8237A 的操作类型、工作方式、传送方向等参数,在 8237A 初始化时设定,由复位信号和总清除命令清除。

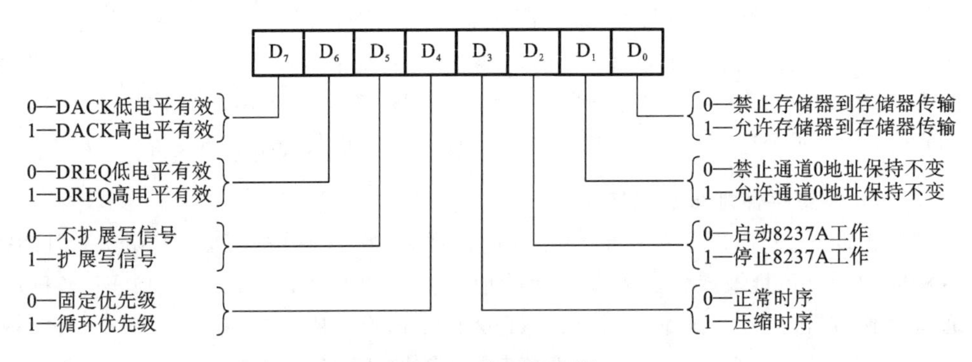

图 6-19 控制寄存器

2) 状态寄存器

8 位寄存器,存放 8237A 的状态信息,只能读,不能写,格式如图 6-20 所示。高 4 位表示当前是否有 DMA 请求,低 4 位表示 4 个通道的终止计数状态,当通道达到计数终点 TC 或外设送来有效的 $\overline{EOP}$ 信号时,低 4 位相应位置 1。状态信息在复位或读出后自动清除。

3) 请求寄存器

8 位寄存器,用来设置 DMA 的请求标志位,格式如图 6-21 所示,最低两位 D_1D_0 实现通道选择,D_2 位决定了置位或复位。8237A 的 DMA 请求信号既可由硬件产生,也可由软件产生。对存储器到存储器的传送,必须用软件请求启动通道 0,此时通道 0 读出数据，通道1写入数据，由软件实现DMA请求，通道0的请求字为04H，软件产生DREQ请求，使8237A产生总线请求信号HRQ，启动DMA传输。

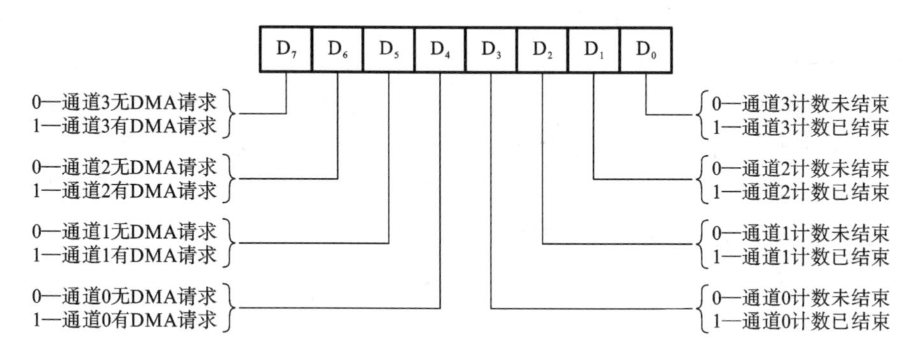

图6-20 状态寄存器

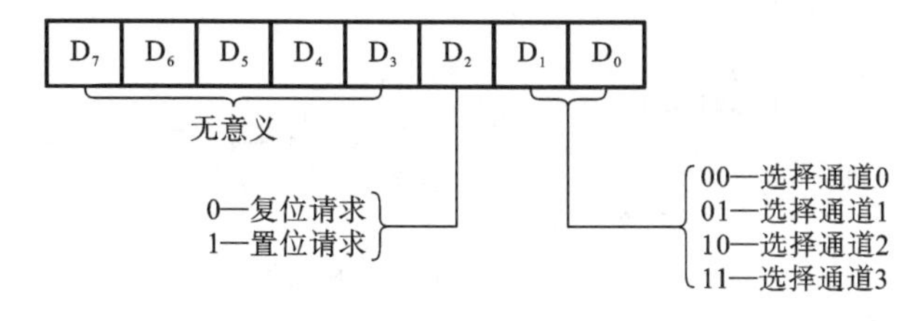

图6-21 请求寄存器

4）屏蔽寄存器

8位寄存器，允许和禁止各通道的DMA请求。8237A提供了单通道屏蔽字和四通道屏蔽字两种，前者一次只能屏蔽或允许一个通道，后者可以同时对4个通道进行设置，如图6-22、图6-23所示。

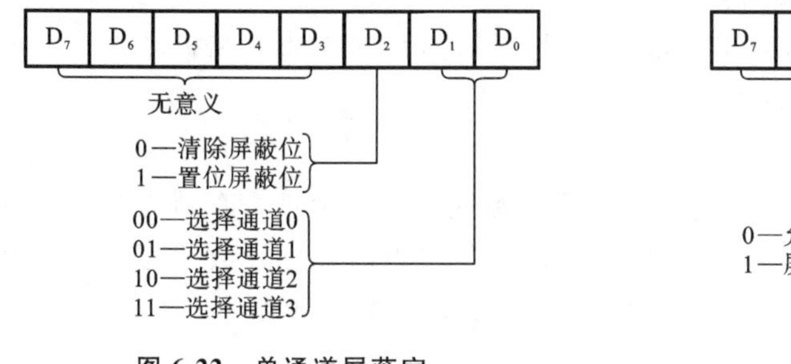

图6-22 单通道屏蔽字

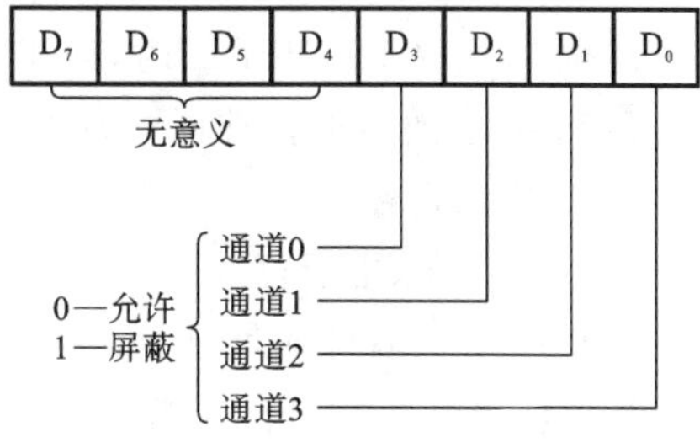

图6-23 四通道屏蔽字

8237A复位后，4个通道都处于屏蔽状态，需要对屏蔽位复位，才能允许相应通道的DMA请求。两种屏蔽字分别写入不同的端口地址，单通道屏蔽字的端口地址为0AH，四通道屏蔽字的端口地址为0FH。

要注意的是，如果某通道被编程设置为不允许自动预置，则当该通道DMA传送结束产生$\overline{EOP}$信号时，屏蔽位被置位，必须再次编程为允许，才能进行下一次DMA传送。

5）暂存寄存器

8位寄存器，当在存储器之间传送数据时，用来暂存从源地址读出的数据。暂存寄存器中始终保存着最后一次传送的数据，可通过编程被CPU读取。RESET信号和总清除命令可清除暂存寄存器中的内容。

3. 通道寄存器

通道寄存器是每个通道单独有的寄存器，包括基地址寄存器、当前地址寄存器、基字节计数器和当前字节计数器。

1）方式寄存器

8位寄存器，用于设置DMA的传输方式、传输类型、地址设置方式、自动预置以及通道选择等，初始化时写入，格式如图6-24所示。D_4位的自动预置是指DMA传输过程中计数结束时产生$\overline{EOP}$信号，当前字节计数器和当前地址寄存器能自动从基字节计数器和基地址寄存器获取初值，重复操作。

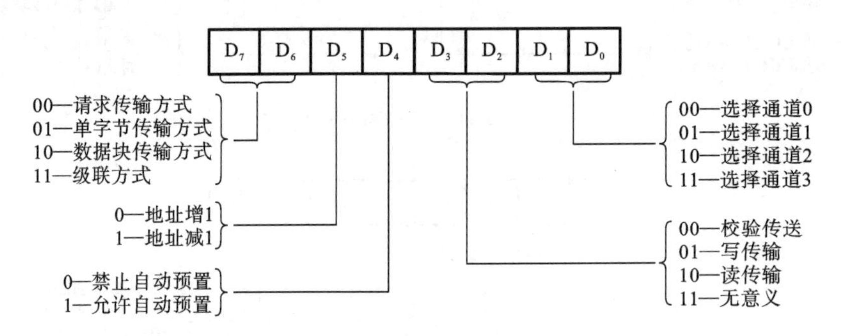

图6-24 方式寄存器

2）当前地址寄存器

16位寄存器，用于存放DMA传送时的存储器当前地址。每次传送一个数据后，地址值自动增1或减1，指向下一个存储单元。在自动预置方式下，$\overline{EOP}$信号有效后重新被预置为初始值。

3）当前字节计数器

16位计数器，用于存放DMA传送的当前字节数。每次传送完一个数据后，字节计数器减1，当减为FFFFH时，输出计数终止TC脉冲，传送结束。在自动预置方式下，$\overline{EOP}$信号有效后重新被预置为初值。

4）基地址寄存器

16位寄存器，用于存放DMA传送的存储器起始地址。基地址寄存器与当前地址寄存器合用一个端口地址，CPU同时向基地址计数器和当前地址计数器写入起始地址。基地址寄存器的内容不能被CPU读取，也不能修改，在自动预置方式下，使当前地址计数器恢复初值。

5）基字节计数器

16位计数器，用于存放传送的字节初值。基字节计数器与当前字节计数器合用一个端口地址，CPU同时向基字节计数器和当前字节计数器写入字节初值。基字节计数器不能被CPU读取，也不能修改，在自动预置方式下，使当前字节计数器恢复初值。

4. 8237A的软件命令

8237A的编程除了需要写入控制字、方式字、请求标志和屏蔽标志外，还可以通过执行一些软件命令完成某个指定功能。8237A设计了3条特殊的软件命令：主清除命令、清除先/后触发器命令和清除屏蔽寄存器命令。

1）主清除命令

主清除命令也称复位命令，与硬件复位信号 RESET 功能相同，通过向 0DH 端口执行一次写操作，能清除命令寄存器、状态寄存器、各通道的请求标志位、暂存寄存器和字节指示器，并把各通道的屏蔽标志位置 1，使 8237A 进入空闲周期。

2）清除先/后触发器命令

8237A 4 个通道的地址和字节计数都是 16 位，而 8237A 的内部数据总线为 8 位，所以要分两次读/写 16 位寄存器，用先/后触发器来识别。先/后触发器为 0，访问 16 位寄存器的低字节；为 1，访问高字节。

先/后触发器有自动反转功能。8237A 复位后，先/后触发器被清 0，此时读/写的是低 8 位数据，之后自动反转为 1，读/写的是高 8 位数据，之后再反转又为 0。因此，DMA 传送前需将先/后触发器清 0，保证低 8 位数据先读/写。向端口 0CH 写入任意值可使先/后触发器清 0。清除先/后触发器命令可改变读/写操作的顺序，如对低 8 位操作后，通过该命令可以将刚被置 1 的先/后触发器清 0，以便再对低 8 位操作。

3）清除屏蔽寄存器命令

8237A 复位后，所有屏蔽位被置 1，DMA 请求全部被禁止。清除屏蔽寄存器命令用来清除 4 个通道的屏蔽位，使各通道均能接受 DMA 请求。清除命令可以通过向 0EH 端口写 0 来实现。

6.3.5 8237A 编程

系统总线在任一时刻只能由一个设备单独控制。通常情况下，微机系统的总线由 CPU 控制，DMAC 要获取总线控制权，需要按照图 6-25 的工作流程。① I/O 设备向 DMAC 控制器发“DMAC 传送请求”信号 DREQ；② DMAC 收到请求后，向 CPU 发“总线请求”信号 HOLD；③ CPU 完成当前总线周期后发 HLDA 信号，对 HOLD 信号进行响应；④ DMAC 收到 HLDA 信号后，开始控制总线，并向外设发 DMA 响应信号 DACK。

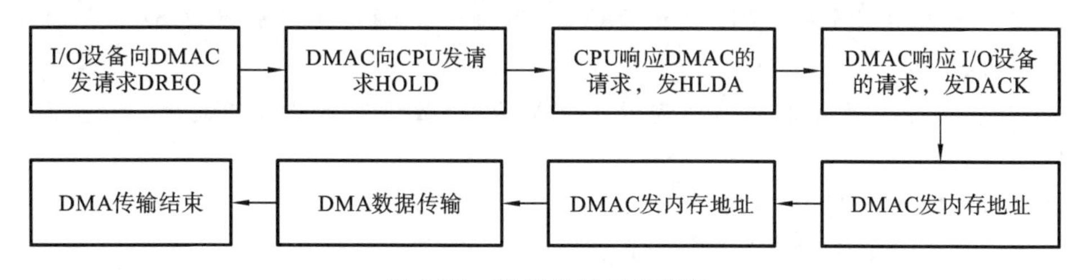

图 6-25 DMAC 的工作流程

在进行 DMA 传送之前，CPU 要对 8237A 进行初始化编程，基本步骤如下。

(1) 写主清除命令，复位内部寄存器。

(2) 写地址寄存器，将数据块的首或末地址按先低位、后高位的顺序写入基地址寄存器和当前地址寄存器。

(3) 写计数值，将数据块的字节数 n(写入值为 $n-1$)按照先低字节、后高字节的顺序写入基地字节和当前字节计数器。

(4) 写工作方式字，设置工作方式和操作类型。

(5) 写屏蔽字，允许或禁止 DMA 通道请求。

(6) 写命令字,启动 8237A 工作。

(7) 写请求寄存器,仅有软件 DMA 请求,如存储器之间的数据块传输时,才写入该寄存器。

【例 6-8】 编程实现外设到内存的 DMA 传输初始化程序。要求利用 8237A 通道 0,将外设磁盘的 32KB 数据块传送至内存 8000H 开始的区域,采用数据块增量传送方式,传送结束不自动初始化,外设的 DREQ 和 DACK 都为高电平有效。

分析 首先要确定端口地址。地址的低 4 位用以区分 8237A 的内部寄存器,高 4 位地址 $A_7 \sim A_4$ 经译码后,连至选片端 CS,假定选中时高 4 位为 0。初始化程序如下。

```
OUT   0DH,AL              ;输出复位命令
MOV   AL,00H
OUT   00H,AL              ;输出基地址和当前地址的低 8 位
MOV   AL,80H
OUT   00H,AL              ;输出基地址和当前地址的高 8 位
MOV   AX,8000H-1          ;给基地址和当前字节数赋值,是 n-1
OUT   01H,AL
MOV   AL,AH
OUT   01H,AL
MOV   AL,84H
OUT   0BH,AL              ;输出模式字
MOV   AL,00H
OUT   0AH,AL              ;输出屏蔽字
MOV   AL,0A0H
OUT   08H,AL              ;输出命令字
```

【例 6-9】 编程实现存储器到存储器的 DMA 传输。要求将内存 4000H 单元开始的 10 个数据传输到 3000H 单元开始处,用通道 0、通道 1 完成。设 8237A 的地址为 00~0FH。

分析 由于是存储器到存储器的 DMA 传送,必须用通道 0 指向源,通道 1 指向目的。

```
CODE  SEGMENT
      ASSUME  CS:CODE
SATRT:
      OUT   0DH,AL        ;输出复位命令
      MOV   AX,4000H      ;通道 0 存储器首地址
      OUT   00H,AL
      MOV   AL,AH
      OUT   00H,AL
      MOV   AL,0AH        ;通道 0 传输字节数 000AH
      OUT   01H,AL
      MOV   AL,00H
```

```
        OUT   01H,AL
        MOV   AX,3000H        ;通道1存储器首地址
        OUT   02H,AL
        MOV   AL,AH
        OUT   02H,AL
        MOV   AL,0AH          ;通道1传输字节数000AH
        OUT   03H,AL
        MOV   AL,00H
        OUT   03H,AL
        MOV   AL,88H          ;通道0方式字
        OUT   0BH,AL
        MOV   AL,85H          ;通道1方式字
        OUT   0BH,AL
        MOV   AL,81H          ;命令字
        OUT   08H,AL
        MOV   AL,04H          ;请求字
        OUT   09H,AL
        MOV   AL,00H          ;屏蔽字
        OUT   0FH,AL
        JMP   $
CODE  ENDS
END   START
```

自测练习 6.3

1. 8237A 有__________个独立通道，内部寄存器分为__________和__________两类。
2. 一个典型的 DMA 操作周期有__________状态。
3. 在进入 DMA 工作方式之前，DMA 控制器被当作 CPU 总线上的一个(　　)。
   A. I/O 设备　　B. I/O 接口　　C. 主处理器　　D. 协处理器
4. 微处理器只启动外设而不干预传送进程的传送方式是(　　)。
   A. 中断方式　　B. DMA 方式　　C. 查询方式　　D. 无条件方式
5. DMA 操作的基本方法有(　　)。
   A. 信号传送　　B. 单字节传送　　C. 数据块传送　　D. 数据传送

本章总结

本章介绍了输入/输出接口技术的概念、CPU 与外设数据传输方式和 DMA 控制器。通过本章学习，应掌握 I/O 端口的定义和编址方式，理解不同数据传输方式的特点和适用场合，能够分析设计简单接口电路，掌握 8237A 的 DMAC 工作原理。

习题与思考题

1. 设某微机系统有16个I/O接口芯片，每个接口芯片的端口均为4个，则至少需要多少根地址线用来生成I/O端口地址(　　)。

   A. 4　　B. 6　　C. 8　　D. 12

2. IBM PC/XT系统有10根地址线 $A_9 \sim A_0$ 参与I/O端口地址译码，则I/O端口有(　　)个。

   A. 10　　B. 10K　　C. 1K　　D. 64K

3. 外设为什么要通过接口电路与主机系统相连？存储器需要接口电路与总线相连吗？
4. 什么是I/O接口？它有哪些主要功能？
5. CPU与外设之间主要传送的接口信息有哪些？
6. 什么是I/O端口？有哪几种编址方式？在8086/8088系统中，采用哪种编址方式？
7. 采用独立编址方式时，8086 CPU采用什么指令来访问端口？
8. CPU与外设交换数据的方式有几种？各有什么特点？
9. 简述CPU与外设以查询方式传输数据的过程。
10. 设某接口的输入端口地址为100H，状态端口地址为106H，状态端口第4位为1表示输入缓冲区有一个字节准备好，可以输入。设计程序段以实现查询传输方式输入。
11. 简述DMA传送数据的工作过程、DMAC的主要功能以及DMA的应用场合。
12. 8237A的DMAC在微机系统中有哪两种工作状态？分析这两种工作状态的特点。
13. 简述8237A的DMAC内部寄存器分类及特点。分析当前地址寄存器、当前字节计数器、基地址寄存器和基字节计数器的使用特点。
14. 若使用8237A的DMAC通道0的单字节传送方式，由内存输出一个数据块到外设，数据块长度为8KB，内存区首地址为2000H，编写初始化程序。设8237A的端口地址为00H～0FH。

7

中断技术与中断控制器

中断是微处理器与外部设备信息传输的重要机制。微处理器采用中断技术实现信息的实时处理、与外设的并行工作，提高计算机的工作效率。本章主要学习中断的基本概念，8086/8088 CPU 的中断系统组成及中断响应过程，可编程中断控制器 8259A 的内外部结构、编程，以及中断服务程序的设计。

7.1 中断技术概述

中断是 CPU 和其他系统部件或外设进行信息交互的一种机制，使 CPU 暂停当前程序运转而执行中断请求的程序。中断能使 CPU 和外设并行工作，实时处理系统内、外部发生的随机事件，提高系统运行效率。中断系统是计算机系统必不可少的组成部分。

本节目标：

(1) 掌握中断源、中断类型、中断断点、中断优先级、中断嵌套等基本概念。

(2) 能够理解中断机制、分析中断响应过程。

7.1.1 中断的基本概念

1. 中断与中断系统

1) 中断

中断是一种信息处理方式，是指 CPU 在正常执行程序时发生了某种事件，要求 CPU 及时处理，CPU 暂停当前程序，转去执行该事件对应的程序（称为中断处理程序或中断服务程序），执行完毕返回源程序断点处继续执行，这一过程称为中断。

中断分为内部中断和外部中断两类。

(1) 内部中断。

内部中断也称软件中断，是 CPU 执行程序时内部产生的中断。内部中断主要包括 CPU 内部事件，如除法错、运算溢出、单步或断点中断等，软中断指令也属于内部中断，如 INT 21H 等。

(2) 外部中断。

外部中断也称硬件中断，是 CPU 以外的部件、设备产生的中断。外部中断可以是时钟信号、I/O 设备的中断请求信号、电源掉电、硬件故障等。

中断过程可以用图 7-1 来描述。CPU 执行主程序，在执行指令 K 时，收到中断源发来的中断请求，CPU 在指令 K 结束后，保护现场，转去执行中断服务程序（处理中断的程序），执行完毕后中断返回指令 $K+1$（断点）处，继续执行主程序。

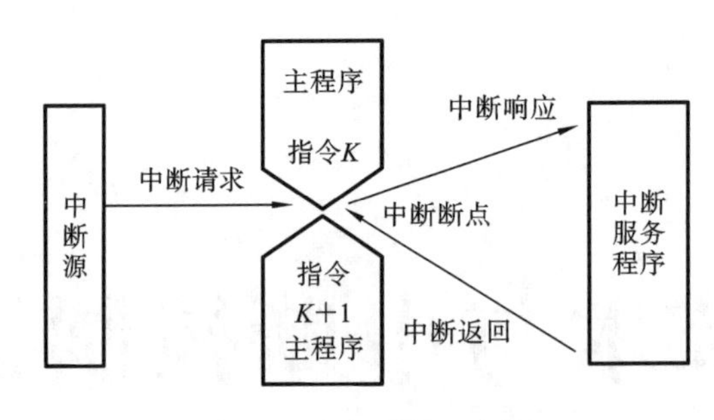

图 7-1 中断过程示意图

2）中断系统

中断系统是为实现中断功能配置的软件、硬件资源，软件资源包括中断服务程序、功能子程序等，硬件资源包括中断控制器、中断请求电路等。

2. 中断源

能够引发中断的事件称为中断源。

3. 断点

断点是中断的返回地址。当发生中断时，CPU 在转入中断服务程序执行之前，会将主程序中准备执行的下一条指令地址保存，该指令地址称为断点。断点是指令地址，不是指令本身，也称断点地址。

4. 中断服务程序

中断服务程序是用来处理中断事件的程序段。中断服务程序是独立于主程序外的程序段，每个中断源都有各自对应的中断服务程序。

要注意的是，中断服务程序不同于子程序，子程序必须在主程序中用 CALL 指令调用，执行时刻是确定的；中断服务程序的执行不需要 CALL 指令，它是由某个事件引发的，执行时刻是随机的、不确定的。

5. 中断优先级

微机系统的中断源不止一个，将多个中断源产生的中断请求按轻重缓急程度从高到低进行排序，这种排序称为中断优先级。由于同一时刻 CPU 只能响应一个中断请求，当多个中断源同时发出请求时，CPU 会根据中断优先级进行中断响应。通常情况下，内部中断优先级高于外部中断，不可屏蔽中断优先级高于可屏蔽中断。

6. 中断嵌套

CPU 响应中断时，一般先响应优先级高的中断请求，后响应优先级低的中断请求。当 CPU 执行某个中断服务程序，有优先级更高的中断源提出请求时，正在处理的中断将被暂停，转而为优先级更高的中断服务，服务完后再返回优先级较低的中断，这个过程称为中断嵌套。

图 7-2 为中断嵌套示意图，设中断请求 2 的优先级高于中断请求 1，当执行中断请求 1 的中断服务程序时，中断请求 2 发生，则暂停中断请求 1 的中断服务程序，在完成

中断请求 2 的中断服务程序后才继续执行中断请求 1。

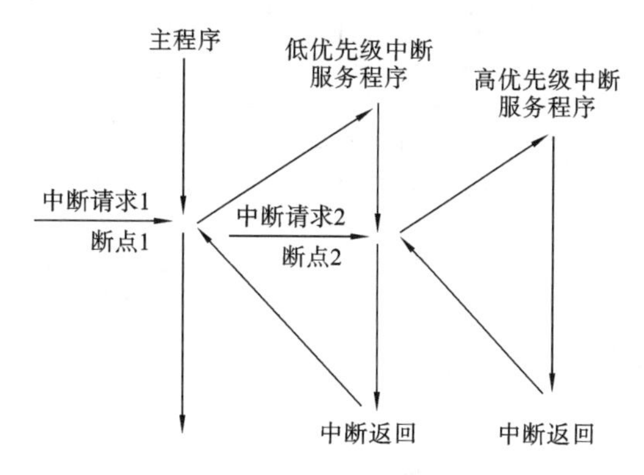

图 7-2 中断嵌套示意图

中断嵌套实现的条件是，在低优先级中断服务程序中必须执行开中断(STI)，这是因为 CPU 在响应中断时会自动关中断。当高优先级中断服程序结束时，必须用中断结束命令 EOI 结束该级中断，并用 IRET 指令返回，才能继续执行原来的低优先级中断服务程序。

7.1.2 中断处理过程

一个完整的中断处理过程包括中断请求、中断判优、中断响应、中断服务和中断返回等步骤。

1. 中断请求

中断请求是中断源向 CPU 发出的请求信号，有内部中断请求和外部中断请求两种。内部中断请求来自 CPU 内部，由中断指令或程序出错直接引发中断。外部中断请求是将外设发出的硬件信号发送给 CPU 的中断引脚，如 8086/8088 CPU 的 INTR 引脚和 NMI 引脚。

CPU 需要执行完当前指令才能检测中断请求，由于中断请求是随机发生的，该请求信号要维持到 CPU 检测后才能撤消，因此，会给每个中断源配置中断请求触发器，用来记录中断源的请求标志。当某个中断请求发生时，相应的请求标志置 1，当 CPU 响应后，请求标志清 0。

2. 中断判优

当有多个中断源同时发出中断请求时，CPU 根据从高到低的优先级别响应中断。如果在中断处理的过程中又有新的中断请求，则可以选择中断嵌套功能，使高优先级中断嵌套低优先级中断。中断判优的方法有软件判优和硬件判优两种。

1）软件判优

软件判优采用程序查询方式，方法是在中断服务程序的开始部分编写一段优先级查询程序，高优先级中断先查询，低优先级中断后查询。图 7-3 中，中断源 0 的优先级最高，中断源 1 次之，依次类推。软件判优中查询的是中断请求标志位，该位为 1 表示有中断请求，CPU 将响应该中断请求，为 0 表示无中断请求，继续查询低一级中断。

2）硬件判优

硬件判优常用的有菊花链式优先级排队电路和可编程中断控制器。菊花链式方法

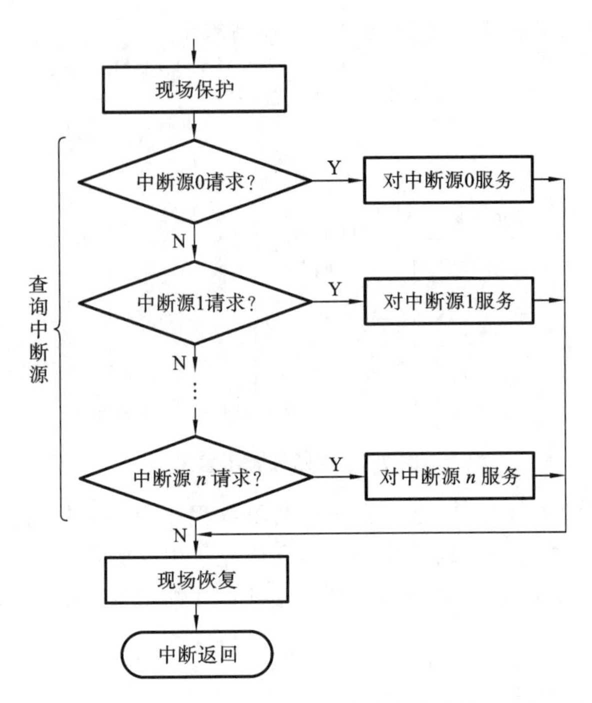

图 7-3　中断优先级的软件查询方式

是由硬件电路确定中断优先级，越靠近 CPU 的中断源，优先级越高，如图 7-4 所示，当某个中断源 A 发出请求信号，本级中断逻辑电路就会对后面实行阻塞，中断应答信号 $\overline{\text{INTA}}$在本级接收，不会传到后面的低优先级中断。菊花链式方法的优点是电路简单、中断响应快，缺点是电路设计好后，中断优先级不能改变。

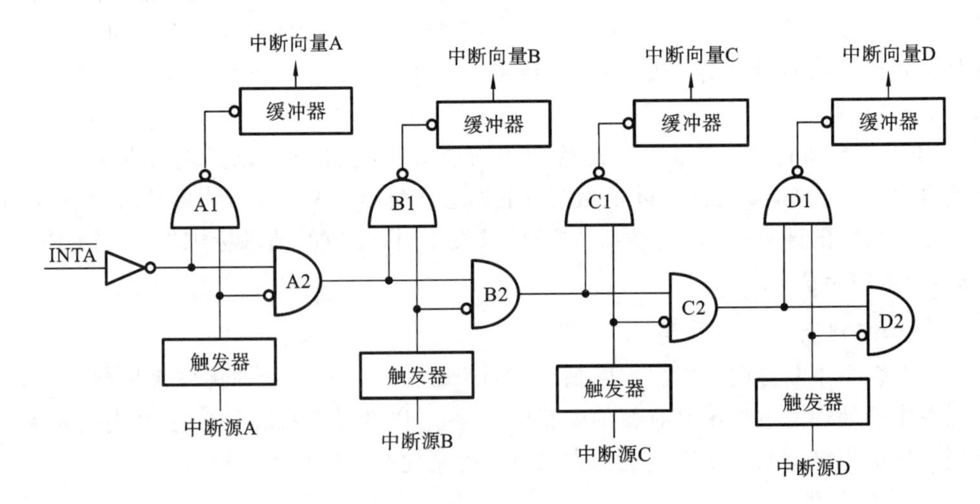

图 7-4　简单硬件电路——菊花链式

可编程中断控制器是微机系统管理中断优先级的最常用方法，将在 7.3 节介绍。

3. 中断响应

CPU 在每条指令的最后一个时钟周期检测是否有中断请求，当有中断请求时，在执行完当前指令后，立即响应内部中断和非屏蔽中断，仅当 IF=1 时响应非屏蔽中断。中断响应时，CPU 自动完成一系列动作，包括关中断、标志寄存器入栈、断点地址入栈、获取中断服务程序入口地址，跳转到中断服务程序执行等。

4. 中断服务和中断返回

中断服务是中断处理的核心，是用户编写的程序段。中断请求不同，中断服务程序内容也不同。中断服务程序的基本结构大致相同，如图 7-5 所示。

(1) 保护现场，为避免主程序的某些数据因执行中断服务程序发生改变，需要将这些数据压入堆栈保存，中断返回前恢复，称为保护现场。

(2) 开中断，是为了实现中断嵌套，如果禁止中断嵌套，则不执行该步骤。

(3) 中断服务，是中断处理的主体部分，实现相关功能。中断服务程序应尽可能简洁。

(4) 中断结束，需要用中断结束命令结束本级中断，避免中断优先级紊乱。

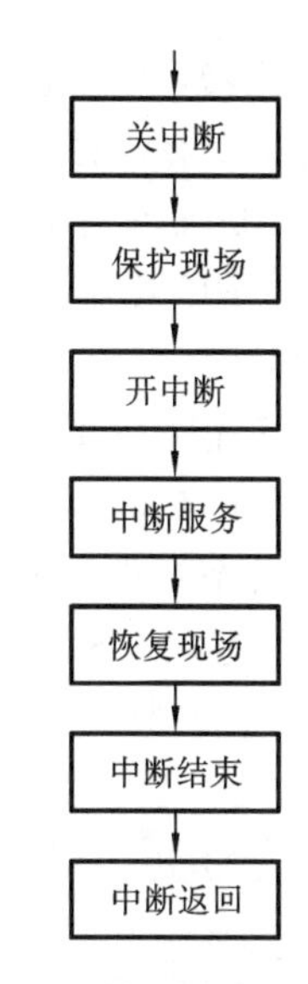

图 7-5　中断服务程序结构

(5) 恢复现场，把堆栈中保存的现场数据弹出。在恢复现场的过程中，为防止中断嵌套干扰恢复过程，应在恢复现场前关中断，恢复后再开中断。

(6) 中断返回 IRET，从堆栈中得到断点地址，返回主程序。

7.1.3　中断技术的应用

中断技术可实现 CPU 和外设的并行工作，避免快速 CPU 等待慢速外设导致的效率降低问题。例如，打印机是常见外设，打印机运行速度远低于 CPU，如果是程序控制方式，CPU 要不断查询打印机状态，工作效率低。有了中断技术，CPU 和打印机可以并行工作，仅当打印机缓冲区数据空时，才会向 CPU 发送中断请求信号，请求 CPU 执行打印机的中断服务程序(输出数据到打印机缓冲区)，中断处理结束后，CPU 恢复执行主程序，打印机继续工作，如此不断重复，直到所有数据打印完成。在此过程中，CPU 和打印机同时运行，并行工作。此外，CPU 可同时和多个外设并行工作，提高了输入/输出效率。中断技术常用于以下方面。

(1) 实时信息处理。在实时系统中有各种参数和信息均随时间和现场条件变化而变化，为防止数据丢失，可利用中断机制随时向 CPU 发出中断请求，实现实时处理。

(2) 故障检测及处理。系统运行过程中常会发生故障，如电源掉电、程序错误、内存溢出等，这些故障都是随机发生的，无法事先预测，利用中断技术，就能及时响应这些故障并进行处理。

(3) 并行工作。当外部设备和 CPU 用中断方式传输数据时，可以实现外设和 CPU 的并行工作，提高系统效率。

自测练习 7.1

1. 中断技术的优点是(　　)。

A. 提高 CPU 和外设的数据传输速度　　B. 缩短外设程序的执行时间

C. 提高 CPU 的工作效率　　D. 减少外设的等待时间

2. 断点是指(　　)。

A. CPU 要执行的下一条指令　　B. CPU 要执行的下一条指令地址

C. CPU 要执行的指令　　D. CPU 要执行的指令地址

3. 8086 CPU 的非屏蔽中断请求来自(　　)。

A. INTR　　B. $\overline{\text{INTA}}$　　C. IRQ　　D. NMI

4. 当有多个中断请求同时发生时,CPU 先响应(　　)。

A. 优先级高的中断　B. 优先级低的中断　C. 随机响应

5. 设有两个可屏蔽中断请求,要实现中断嵌套,应该(　　)。

A. 在高优先级中断服务程序中开中断　　B. 在低优先级中断服务程序中开中断

C. 在高优先级中断服务程序中关中断　　D. 在主程序中开中断

7.2　8086/8088 中断系统

8086/8088 中断系统用来管理内部中断和外部中断。内部中断也称软件中断,由 CPU 内部事件或者软中断指令产生;外部中断也称硬件中断,由外部硬件引起,分为非屏蔽中断 NMI 和可屏蔽中断 INTR。

本节目标:

(1) **掌握中断类型号、中断向量、中断向量表等概念,理解其相互关系。**

(2) **掌握可屏蔽中断响应过程。**

(3) **能够分析、比较各类型中断响应过程的异同。**

7.2.1　8086/ 8088 中断类型

8086/8088 CPU 中断系统结构如图 7-6 所示,CPU 内部有中断逻辑模块管理内部中断、非屏蔽中断和可屏蔽中断。非屏蔽中断引脚有 NMI,可屏蔽中断引脚有 INTR 和 $\overline{\text{INTA}}$,8259A 中断控制器管理 8086/8088 微机系统的可屏蔽中断。

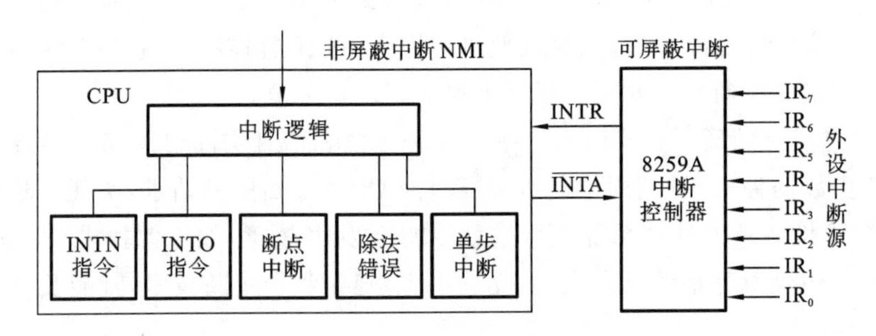

图 7-6　8086/8088 CPU 中断系统结构

1. 中断类型号

中断类型号是对中断源的编号,用来标识每一类中断源,通常为十进制或二进制编号。8086/8088 CPU 中断系统能处理 256 种不同类型的中断,中断类型号为 0～255 或者 00H～0FFH。

2. 内部中断

内部中断可分为除法错中断、单步中断、断点中断、溢出中断和软中断 5 种。前面

4类中断是专用中断，是CPU执行某些指令时出现错误或对标志寄存器的标志位进行设置而引发的中断，中断类型号固定；软中断的中断类型号由指令提供。

1）除法错中断

中断类型号为0。当CPU执行除法指令时，若除数为0或商超过规定范围（商溢出），则CPU会自动产生0号类型中断，转去执行除法错的中断服务程序。

2）单步中断

中断类型号为1。当设置标志寄存器中TF=1时，CPU进入单步执行状态，即每执行一条指令就会引发一次1号类型中断，实现单步跟踪，观察程序执行过程，调试排错。

3）断点中断

中断类型号为3。执行INT 3指令可产生断点中断，该中断在程序调试过程中为程序设置断点，当程序执行到断点处时，3号中断的中断服务程序会给出程序的当前执行环境，如寄存器值、标志位状态、变量值等信息。

4）溢出中断

中断类型号为4。溢出中断由指令INTO产生。INTO指令紧跟在算术运算指令后，用来测试溢出标志OF，若OF=1，则产生溢出中断。

5）软中断

中断指令INT *N* 产生的中断称为软中断，*N* 为中断类型号。软中断用来实现BIOS中断、DOS中断和用户自定义的中断。8086/8088 CPU常见软中断类型如表7-1所示。

表7-1　8086/8088 CPU常见软中断类型

中断类型号 *N*	中断类型
00～07H	专用中断
10H～1AH	BIOS中断
20H～2FH	DOS中断（系统功能调用）
60H～67H	用户自定义的中断

3. 外部中断

8086/8088 CPU的两个引脚NMI、INTR用于接收外部设备发来的中断请求信号。

1）非屏蔽中断（NMI）

NMI引脚输入的是非屏蔽中断信号，不受中断标志IF控制，中断类型号为2。当8086/8088 CPU检测到NMI引脚上有上升沿的中断请求信号时，将立即响应，此时，IF标志位被清除，禁止一切可屏蔽中断INTR；当处理NMI时又有NMI产生，则后一个NMI被锁存，直到前一个NMI处理完才响应。

NMI可用来处理微机系统的紧急状态，如用来处理存储器奇偶校验错、I/O通道奇偶校验错、电源掉电等事件。

2）可屏蔽中断（INTR）

INTR引脚上输入的是可屏蔽中断信号，受中断标志IF控制，只有当IF=1时，CPU才响应INTR；当IF=0时，即使有INTR请求，CPU也不会响应。微机系统中，大部分外部中断源都属于可屏蔽中断。

为了管理多个外部可屏蔽中断请求，8086/8088微机系统采用可编程中断控制器8259A，接收外设发来的中断请求信号，经INTR引脚送CPU处理。

注意：在系统复位、某一中断被响应或使用 CLI 指令后，IF 被清 0，因此，要使 CPU 能够响应 INTR 可屏蔽中断请求，必须用 STI 指令开放中断。

4. IBM-PC 机中断优先级

IBM-PC 机中断优先级由高到低依次为内部中断、非屏蔽中断、可屏蔽中断、单步中断，其中，外设的中断请求一般由中断控制器 8259A 管理。

7.2.2 中断向量和中断向量表

中断响应时，CPU 要暂停当前程序转而执行中断服务程序，此时，需要知道中断服务程序的入口地址，那么，CPU 如何得到这个入口地址呢？在 8086/8088 的中断系统中，中断服务程序入口地址（中断向量）存放在中断向量表中，CPU 通过中断类型号计算得到中断服务程序入口地址在中断向量表中的地址，从而找到中断服务程序入口地址，跳转程序，实现中断服务。

1. 中断向量

中断向量是指中断服务程序的入口地址，由段基址和偏移地址组成。1 个中断向量占 4 字节单元：两个高地址单元存放段基址，两个低地址单元存放偏移地址，中断响应时，段基址送 CS，偏移地址送 IP。

8086/8088 中断系统有 256 个中断类型号，每个中断类型号对应一个中断向量，共 256 个中断向量，占 256×4＝1024 字节单元，这些单元位于内存 0 地址开始的连续区域，该区域称为中断向量表。

2. 中断向量表

中断向量表是用来存放中断向量的特定内存区域，位于内存最低端的 1 KB 空间，地址为 00000～003FFH，中断向量按中断类型号（0～255）从小到大顺序排列在中断向量表中，如图 7-7 所示。

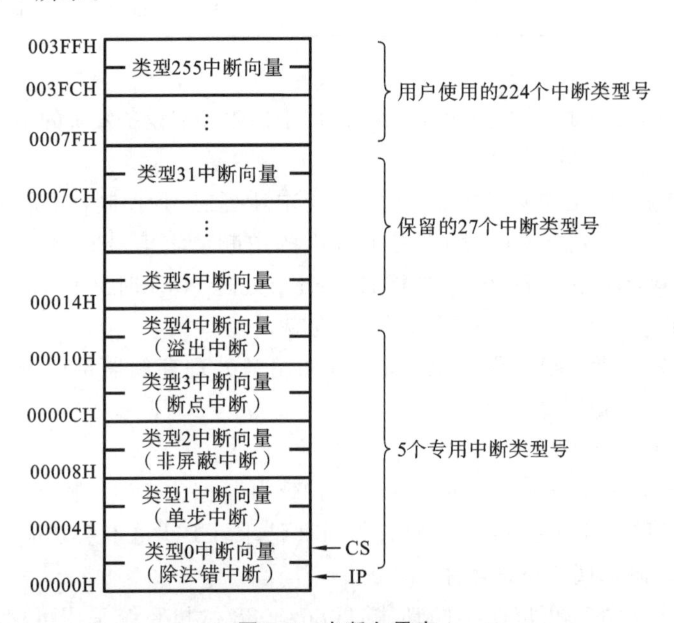

图 7-7 中断向量表

中断向量表中，每个中断向量占 4 字节，低地址 2 字节存放偏移地址，高地址 2 字节存放段基址。中断类型号 0～4 是 5 个专用中断；中断类型号 5～31 是 27 个系统保留中断，不允许用户自行定义；中断类型号 32～255 是 224 个用户自定义中断，这些中断类型号可供软中断 INT *N* 或可屏蔽中断 INTR 使用。IBM-PC/XT 微机系统部分常用的中断类型号及功能如表 7-2 所示。

表 7-2 IBM-PC/XT 微机系统部分常用的中断类型号及功能

中断类型号	中断功能	中断类型号	中断功能
00H	除法错	17H	打印机 I/O 调用
01H	单步	18H	常驻 BASIC 入口
02H	非屏蔽	19H	引导程序入口
03H	断点	1AH	时间调用
04H	溢出	1BH	键盘 Ctrl-Break 控制
05H	屏幕打印	1CH	定时器报时
06H	保留	1DH	显示器参数表
07H	保留	1EH	软盘参数表
08H	定时器	1FH	字符点阵结构参数表
09H	键盘	20H	程序结束，返回 DOS
0AH	保留	21H	系统功能调用
0BH	通信口 2	22H	结束地址
0CH	通信口 1	23H	Ctrl-Break 退出地址
0DH	硬盘	24H	标准错误出口地址
0EH	软盘	25H	绝对磁盘读
0FH	打印机	26H	绝对磁盘写

3. 中断向量的定位

有了中断向量和中断向量表的概念，就可以解决 CPU 是如何由当前程序转到中断服务程序的问题，即中断向量的定位。

由于中断向量在中断向量表中是按中断类型号顺序存放的，每个中断向量占 4 字节，因此每个中断向量在向量表中的地址可按下式计算。

$$中断向量在中断向量表中的地址=中断类型号\ N\times 4$$

CPU 响应中断时，把中断类型号 *N* 乘以 4，得到中断向量的首地址，把首地址开始的两个低字节单元（$4N$，$4N+1$）内容装入 IP，把两个高字节单元（$4N+2$，$4N+3$）内容装入 CS，CPU 就能跳转执行中断类型号为 *N* 的中断服务程序。

【例 7-1】 设中断类型号为 3，由中断类型号取得中断向量的过程如图 7-8 所示。

分析 中断类型号为 3，中断向量在中断向量表中的地址＝3×4＝000CH，000CH 单元开始存放 4 字节的中断向量，中断响应时，该中断向量分别给 CS、IP，CPU 转去执行中断服务程序（物理地址 1EA00H）。

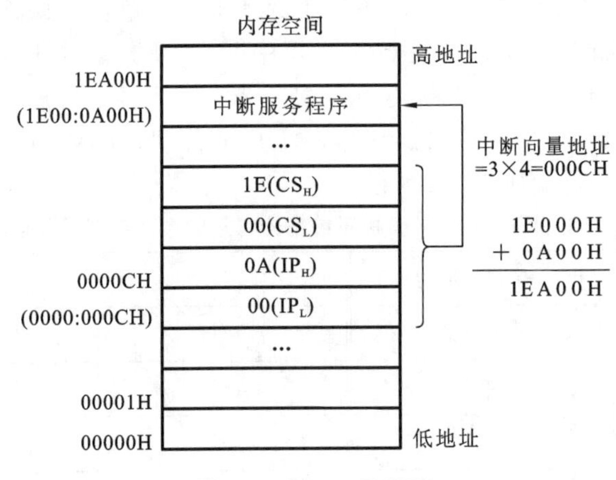

图 7-8 例 7-1 示意图

【例 7-2】 设中断类型号为 40H，中断服务程序的入口地址为 2000:3260H，该中断向量在中断向量表中如何存放？

分析 中断类型号为 40H，中断向量在中断向量表中的地址＝40H×4＝100H，所以从中断向量表的 0000:0100H 开始的连续 4 个单元内分别存放 60H、32H、00H、20H。

4. 中断向量的装载

中断向量是中断服务程序的入口地址，需要事先存放在中断向量表中，称为中断向量的装载。中断向量装载的方法有两种：直接装载和 DOS 系统功能调用装载。

1）直接装载

直接装载用指令编程实现。中断向量直接装载的条件是已知中断类型号。

例如，设某中断源中断类型号为 0AH，中断服务程序入口地址为 INT-SUB，则中断向量在中断向量表中的地址为 0AH×4＝28H 开始的 4 个单元。中断向量直接装载程序段如下。

```
        CLI                          ；关中断
        SUB   AX,AX                  ；AX 清 0
        MOV   ES,AX                  ；中断向量表的段基址赋 0
        MOV   AX,OFFSET INT-SUB      ；中断服务程序的偏移地址送 AX
        MOV   ES:28H,AX              ；将偏移地址装入中断向量表的低地址
        MOV   AX,SEG INT-SUB         ；中断服务程序的段基址送 AX
        MOV   ES:2AH,AX              ；将段基址装入中断向量表的高地址
        STI
        …
INT-SUB:
        …
        IRET
```

2）DOS 系统功能调用装载

DOS 系统功能调用提供了中断向量装载和读取的方法。功能调用 25H 号用来装

载中断向量，35H 号用来读取中断向量。

功能调用 25H 号的入口参数：

(AH)＝25H

(AL)＝中断类型号

(DS:DX)＝中断向量

例如，设某中断源中断类型号为 0AH，中断服务程序入口地址为 INT-SUB，利用 DOS 系统功能调用的中断向量装载方法如下。

```
        CLI
        PUSH  DS
        MOV   AX,SEG INT-SUB       ;将段基址送 DS 寄存器
        MOV   DS,AX
        MOV   DX,OFFSET INT-SUB    ;将偏移地址送 DX 寄存器
        MOV   AX,250AH             ;中断类型号为 0AH,调用 25H 号功能
        INT   21H
        POP   DS
        STI
        …
INT-SUB:
        …
        IRET
```

功能调用 35H 号的入口参数：

(AH)＝35H

(AL)＝中断类型号

出口参数：

(ES:BX)＝中断向量

例如，从中断向量表中读取中断类型号为 0AH 的中断向量。

```
        MOV   AX,350AH             ;中断类型号为 0AH,调用 35H 号功能
        INT   21H
```

该程序段执行后，中断向量放在 ES:BX 中，ES 存放段基址，BX 存放偏移地址。

5. 中断类型号的获取

由上述讨论可知，当 CPU 响应中断时，必须要获得中断类型号，中断类型号乘以 4，得到中断向量在中断向量表中的地址，从而得到中断向量，才能转去执行中断服务程序。不同类型的中断获取中断类型号的方式不同。

1）非屏蔽中断(NMI)和专用中断

这两类中断的中断类型号是固定值，所以中断向量在中断向量表中的地址也是固定的，当中断发生时，CPU 自动转向相应的中断服务程序去执行。

2）软中断

软中断由中断指令 INT *N* 产生，中断类型号由指令中的 *N* 提供。

3）可屏蔽中断

可屏蔽中断的中断类型号通常由中断控制器 8259A 提供，将在 7.3 节介绍。

7.2.3 可屏蔽中断的响应过程

可屏蔽中断必须满足一定的条件才能被响应。

1. 可屏蔽中断的响应条件

(1) IF=1,且该中断未被屏蔽(由 8259A 设置)。

(2) 是当前优先级最高的可屏蔽中断。

(3) 无 NMI 或总线请求信号。

(4) 当前指令执行结束。

2. 可屏蔽中断响应过程

8086/8088 CPU 在机器周期的 T_4 状态采样 INTR 引脚信号,如果有中断请求(INTR=1),且满足响应条件,则 CPU 进入中断响应周期:由$\overline{\text{INTA}}$引脚输出两个连续的中断响应周期,如图 7-9 所示。第 1 个中断响应周期通知外设中断请求得到允许,第 2 个中断响应周期 CPU 获取中断类型号,进入中断服务,自动完成以下处理过程。

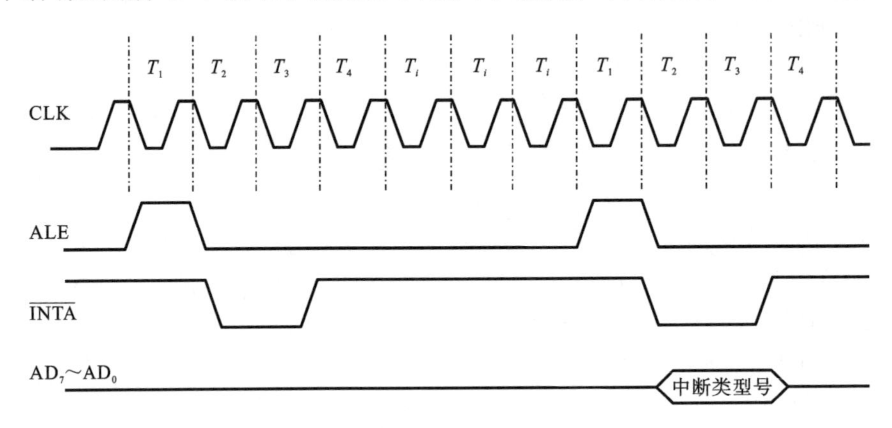

图 7-9 可屏蔽中断响应时序图

(1) 将中断类型号乘 4,得到中断向量在中断向量表中的地址。

(2) 将标志寄存器的内容入栈。

(3) 清除 IF 和 TF 的标志位,即 IF=0,TF=0。IF=0 表示关中断,如果要实现中断嵌套,需要在中断服务程序中用 STI 指令重新开中断。TF=0 表示关单步中断,即调试中不能用单步中断进入中断服务程序。

(4) CS 和 IP 内容入栈,保存断点。

(5) 从中断向量表中获取中断向量送 CS、IP,转入中断处理子程序入口地址。至此,可屏蔽中断响应结束,开始执行中断服务程序。

7.2.4 非屏蔽中断与软件中断的响应过程

非屏蔽中断和软件中断的中断响应过程特点如下。

(1) 中断类型号是固定的或由指令给出。

(2) 不需要执行中断响应周期,不从数据总线获取中断类型号。

(3) 不受 IF 标志的影响。

(4) 非屏蔽中断响应条件是当前指令结束且无总线请求,软件中断响应条件仅为当前指令结束。

(5) 当CPU获得非屏蔽/软件中断的中断类型号后，其后的响应过程和可屏蔽中断响应过程相同。

8086/8088的中断处理过程如图7-10所示。当前指令执行完后，CPU按内部中断、NMI、INTR、单步中断的顺序查询是否有中断请求，当有内部中断时，中断类型号由内部形成或由指令提供；当有NMI时，自动转入类型号为2的中断服务程序；当有INTR时，仅当IF=1时CPU才会进入中断响应周期，获取中断类型号；当有单步中断时，自动转入类型号为1的中断服务程序。图7-10中，在获得中断向量，转入中断服务程序时，要查看是否有NMI和单步中断，如果TEMP=1，则表示中断前已处于单步方式，就与NMI一样重新保护现场和断点，转入单步中断服务程序，若TEMP=0，则表示中断前CPU处于非单步方式，CPU转去执行先前引起中断的中断服务程序。

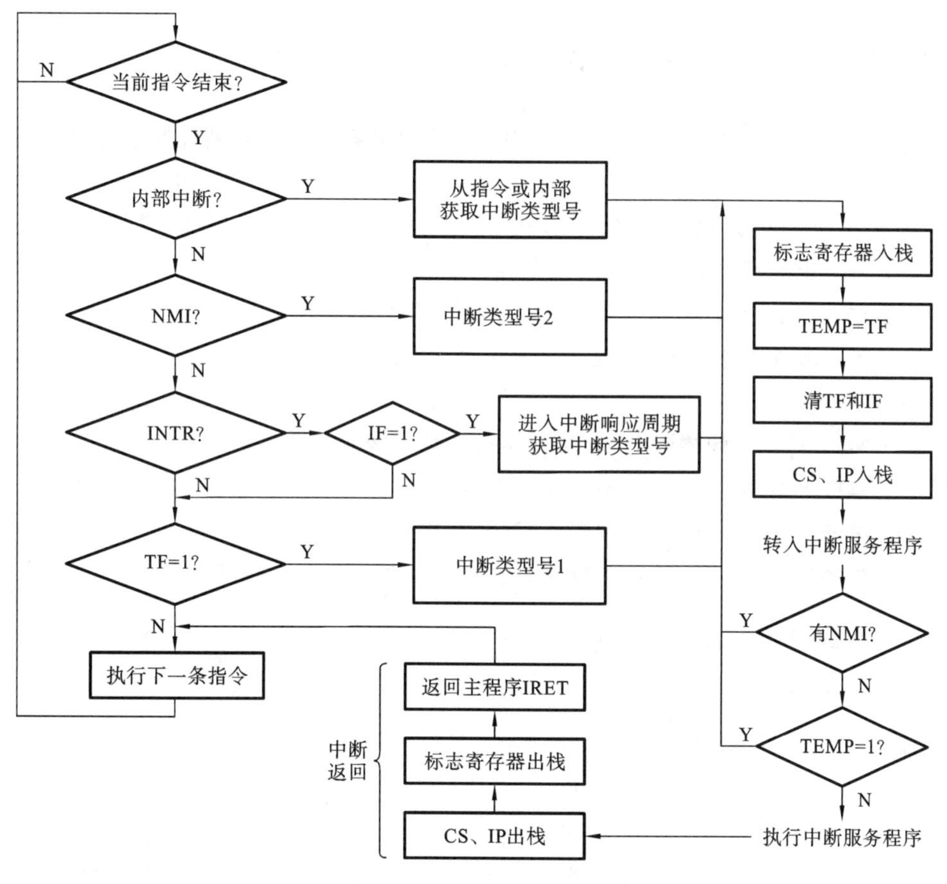

图7-10　8086/8088中断处理过程

自测练习7.2

1. 8086/8088中断系统管理的中断数量有(　　)个。

   A. 16　　B. 64　　C. 256　　D. 1024

2. 设中断类型号为5，则中断向量地址是(　　)。

   A. 05H　　B. 10H　　C. 14H　　D. 20H

3. 下列中断，需要由中断控制器提供中断类型号的是(　　)。

A. 软中断　　B. NMI　　C. INTR　　D. 都需要

4. 响应 NMI 的必要条件是(　　)。

A. 当前指令结束　　B. 无 INTR 请求　　C. IF=0　　D. IF=1

5. 下列中断优先级最高的是(　　)。

A. NMI　　B. INTR　　C. 软中断　　D. 单步中断

6. 8086/8088 外中断方式时，若从内存 0000:0180H 单元开始存放 4 字节，即 45H、FFH、00H、A0H，则该中断类型号 N 为(　　)，中断服务子程序的入口地址 CS:IP 为(　　)。

(1) A. 60H　　B. 70H　　C. 80H　　D. 0180H

(2) A. FF45:A000H　　B. 00A0:45FFH　　C. 45FF:00A0H　　D. A000:FF45H

7.3 可编程中断控制器 8259A

可编程中断控制器 Intel 8259A 是用来管理可屏蔽中断的中断控制芯片，具有识别中断源、中断判优、中断屏蔽与允许、提供中断类型号等功能，具体性能如下。

(1) 一片 8259A 可管理 8 级中断，多片 8259A 级联可管理 64 级中断。

(2) 每级中断都可单独被屏蔽或允许。

(3) 在中断响应周期，可提供相应的中断类型号。

(4) 提供多种工作方式，可通过编程选择。

本节目标：

(1) **掌握 8259A 的内部结构、工作原理及各种功能寄存器。**

(2) **理解并掌握 8259A 的不同工作方式。**

(3) **能够利用 8259A 的控制字，编写初始化程序。**

(4) **能够利用 8259A 设计中断接口电路并编写中断服务程序。**

7.3.1 8259A 的内部结构和引脚

1. 8259A 引脚功能

8259A 是 28 引脚双列直插芯片，如图 7-11 所示。

(1) $D_7 \sim D_0$：双向、三态数据线。

(2) $\overline{CS}$：片选信号，输入，低电平有效时选中芯片。

(3) A_0：地址信号，输入，用于选择 8259A 的 2 个内部端口，$A_0=0$ 对应端口称为偶地址端口，$A_0=1$ 对应端口称为奇地址端口。例如，IBM PC/XT 中 8259A 的端口地址为 20H 和 21H。

(4) $\overline{RD}$：读信号，输入，低电平有效。

(5) $\overline{WR}$：写信号，输入，低电平有效。

(6) INT：发送给 CPU 的中断请求信号，输出，高电平有效。

(7) $\overline{INTA}$：中断响应信号，输入，低电平有效。响应信号占用两个总线周期(见图 7-9)。第一个脉冲到时，8259A 完成 3 个动作：中断请求寄存器(IRR)锁存功能失效，禁止接收新的信号；当前中断信号进入中断服务寄存器(ISR)，相应位置1；清除IRR相应位。第二个脉冲到时，8259A完成3个动作：使IRR锁存功能恢复；将中断类型码送 $D_7 \sim D_0$；若为自动EOI方式，则在第一个INTA时自动清零相应的ISR位。

(8) $IR_7 \sim IR_0$：中断请求信号，输入，来自外设或其他8259A的INT信号，有效电平可为高电平触发或边沿触发。默认情况下，IR_0 优先级最高，IR_7 优先级最低。

(9) $CAS_2 \sim CAS_0$：级联总线，输入或输出。8259A作为主片时，该总线为输出，作为从片时，为输入。

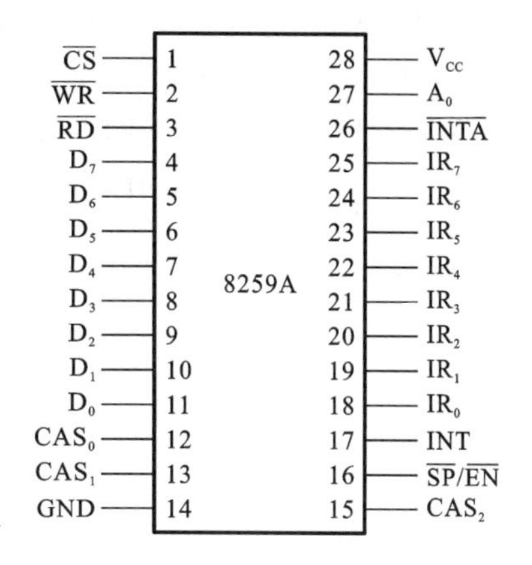

图 7-11　8259A引脚

(10) $\overline{SP}/\overline{EN}$：主/从片设定/缓冲器读/写控制功能信号，双向。当8259A工作在级联方式时，输入，用来决定主/从片：当 $\overline{SP}/\overline{EN}=1$ 时，8259A是主片；当 $\overline{SP}/\overline{EN}=0$ 时，8259A是从片。当8259A工作在缓冲方式时，$\overline{SP}/\overline{EN}$ 作为系统数据总线驱动器的启动信号，输出，低电平有效。

(11) V_{CC}，GND：电源和地线。V_{CC} 接+5 V。

2. 8259A内部结构

8259A是8位芯片，内部结构如图7-12所示。其中，数据总线缓冲器、读/写控制电路、控制逻辑三个部件的引脚与CPU端相连；中断服务寄存器(ISR)、优先级判决电路(PR)、中断请求寄存器(IRR)、中断屏蔽寄存器(IMR)是中断管理部件，引脚 $IR_7 \sim IR_0$ 与外设相连；级联缓冲器/比较器支持多片8259A连接。

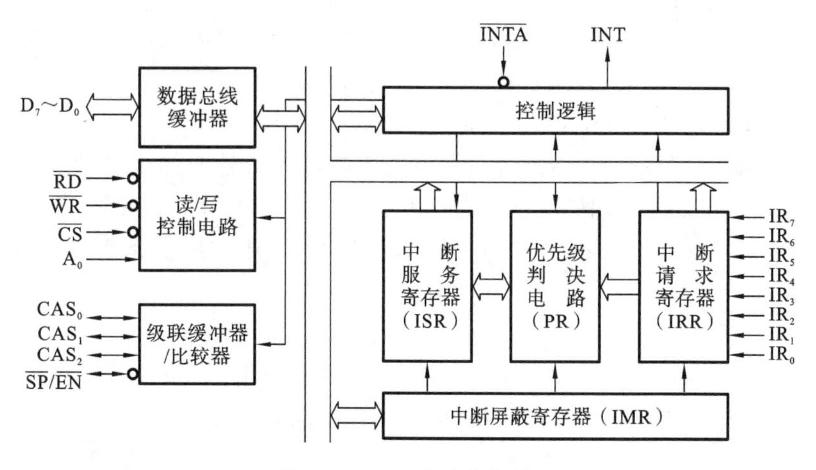

图 7-12　8259A内部结构

1) 数据总线缓冲器

数据总线缓冲器是8位双向三态缓冲器，对应引脚 $D_7 \sim D_0$ 通常与系统数据总线 $AD_7 \sim AD_0$ 相连。数据总线缓冲器可接收来自CPU的命令字，将状态字和中断类型号送给CPU。

2) 读/写控制电路

读/写控制电路接收来自系统总线的读/写控制信号、端口选择信号，实现对8259A

内部寄存器的读/写操作，$\overline{CS}$、A_0 决定访问的内部端口，$\overline{RD}$、$\overline{WR}$决定数据的输入/输出方向。8259A 的读/写操作如表 7-3 所示，包括两套命令字：初始化命令字 ICW1～ICW4 和操作命令字 OCW1～OCW3。当$\overline{CS}$=0 时，读/写操作有效，A_0=0，读/写偶地址端口；A_0=1，读/写奇地址端口。

表 7-3 8259A 的读/写操作

$\overline{CS}$	A_0	$\overline{RD}$	$\overline{WR}$	功 能
0	0	1	0	写入 ICW1、OCW2 和 OCW3
0	1	1	0	写入 ICW2～ICW4 和 OCW1
0	0	0	1	读出 IRR、ISR 和查询字
0	1	0	1	读出 IMR
0	×	1	1	数据总线高阻状态
1	×	×	×	数据总线高阻状态

3）级联缓冲器/比较器

级联缓冲器/比较器用来实现多片 8259A 的级联，相关引脚有 3 根级联线 CAS_2～CAS_0 和 1 根主从片设定/缓冲器读/写控制线$\overline{SP}/\overline{EN}$。多片级联时，1 片为主片，其他为从片。8259A 作为主设备时，CAS_2～CAS_0 是输出信号，作为从设备时，是输入信号。级联时，$\overline{SP}/\overline{EN}$用来区别主、从片，主片$\overline{SP}/\overline{EN}$接高电平，从片$\overline{SP}/\overline{EN}$接地。

4）中断请求寄存器(Interrupt Request Register，IRR)

8 位寄存器，用来锁存外设输入的 IR_7～IR_0 中断请求信号。当 IR_i=1 时，表明对应引脚有中断请求发生，该中断请求信号必须保持到第一个中断响应周期$\overline{INTA}$为止，否则中断请求会丢失。中断响应后，IR_i 上的请求信号应及时撤消。IR_i 引脚的有效电平有上升沿和高电平两种。IR_7～IR_0 的中断优先级顺序从低到高。

5）中断屏蔽寄存器(Interrupt Mask Register，IMR)

8 位寄存器，与 IRR 一一对应，用来设置中断请求信号的屏蔽信息。IMR 的某位为 1，屏蔽对应 IR_i 的中断请求；IMR 的某位为 0，允许对应 IR_i 的中断请求，进入下一步的中断判优。IMR 由操作命令字 OCW1 设置。可以通过设定屏蔽字来动态改变可屏蔽中断优先级。

6）中断服务寄存器(Interrupt Service Register，ISR)

8 位寄存器，与 IRR 一一对应，用来记录当前正在被服务的中断。当 IR_i 的中断请求被 CPU 响应后，第一个$\overline{INTA}$中断响应脉冲将 ISR 的第 i 位置 1。当中断处理结束时，需要清除 ISR 的对应位，清除的方法取决于中断结束方式。如果是中断自动结束，则在第二个$\overline{INTA}$中断响应脉冲时自动清零；如果是非自动结束方式，则需要用中断结束命令清除 ISR 对应位。

要说明的是，当前正在被服务的中断包括 CPU 正在执行中断服务程序的中断、因中断嵌套而暂停的中断，所以 ISR 寄存器可能有多位被置 1。

思考：如果中断结束时不及时清除 ISR 的相应位，会产生什么后果？

7）优先级判决电路(Priority Resolver，PR)

PR 用来管理和识别各中断请求的优先级，选出优先级最高的中断。当多个中断请求同时发生时，PR 会在未被屏蔽的中断请求中选择优先级最高的，由控制逻辑向 CPU 发中断请求信号 INT，CPU 响应中断时，ISR 中的相应位被置 1。在执行某个中断服务的过程中，若有新的中断请求到来，PR 会对新的未屏蔽中断和 ISR 中正在服务的中断进行优先级判别，若新的中断优先级高，则会执行中断嵌套。

8）控制逻辑

控制逻辑电路中有一组初始化命令字寄存器 ICW1～ICW4 和一组操作命令字寄存器 OCW1～OCW3，这两组寄存器用来设置 8259A 的工作方式和操作命令。与控制逻辑电路相关的引脚有 INT、$\overline{\text{INTA}}$，根据优先级判决电路的判定，如果有新的最高优先级中断，控制逻辑将向 CPU 发中断请求 INT，在满足条件的情况下，CPU 发应答信号给$\overline{\text{INTA}}$，完成中断响应过程。

【例 7-3】 分析下列情况下 IRR、IMR、ISR 状态及被响应的中断请求。IR_7～IR_0 中断请求按默认优先级。

（1）设 8259A 的引脚 IR_2、IR_4、IR_6 同时出现中断请求，IR_7～IR_0 非屏蔽，分析哪个中断请求被响应。

（2）设 8259A 的引脚 IR_2、IR_4、IR_6 同时出现中断请求，IR_2 被屏蔽，分析哪个中断请求被响应。

（3）题(2)执行后，在 IR_4 执行过程中，又有新的中断请求 IR_0，分析此时各寄存器状态。

分析　IR_7～IR_0 中断请求的默认优先级为 IR_7 最低、IR_0 最高。当中断请求被屏蔽时，中断服务寄存器 ISR 的对应位不会被置 1，不能得到 CPU 响应。

（1）在已知条件下，IRR＝01010100、IMR＝00000000、ISR＝00000100，IR_2 优先级最高，得到响应。

（2）在已知条件下，由于 IR_2 中断被屏蔽，该中断请求不能得到响应。IRR＝01010100、IMR＝00000100、ISR＝00010000，IR_4 得到响应。

（3）在已知条件下，与已有的中断相比，新的中断请求 IR_0 优先级最高，没有被屏蔽，所以可以嵌套 IR_4 中断，此时，IRR＝01010101、IMR＝00000100、ISR＝00010001，当前正在被服务的是 IR_0、IR_4，当 IR_0 服务结束后，再继续执行 IR_4。

【例 7-4】 设有 3 片 8259A 级联，画出其接口图。3 片 8259A 管理多少级中断？默认情况下，中断优先级如何？

分析　3 片 8259A 级联，1 片为主片，2 片为从片。主片的$\overline{\text{SP}}/\overline{\text{EN}}$接高电平，从片的$\overline{\text{SP}}/\overline{\text{EN}}$接地，3 片 8259A 的 CAS_2～CAS_0 同名端相连，如图 7-13 所示。

主片的 INT、$\overline{\text{INTA}}$与 CPU 的 INTR、$\overline{\text{INTA}}$对应连接，从片的 INT 引脚分别连接主片的 IR_i 端，作为中断请求，所有从片与主片的$\overline{\text{INTA}}$引脚连接，接收从 CPU 来的中断响应信号。

从片 1、2 分别管理 8 级中断，主片 2 个中断请求引脚被从片占用，还剩 6 个中断请求引脚，所以 3 片 8259A 能管理 8＋8＋6＝22 级中断。

在默认情况下，单独的 3 片 8259A 都是 IR_7 优先级最低、IR_0 优先级最高。当 3 片级联时，由于从片 1 接的是引脚 IR_0，从片 1 上的 8 个中断请求优先级高于主片的 IR_6～IR_1；从片 2 接的是引脚 IR_7，从片 2 的 8 个中断请求优先级最低。

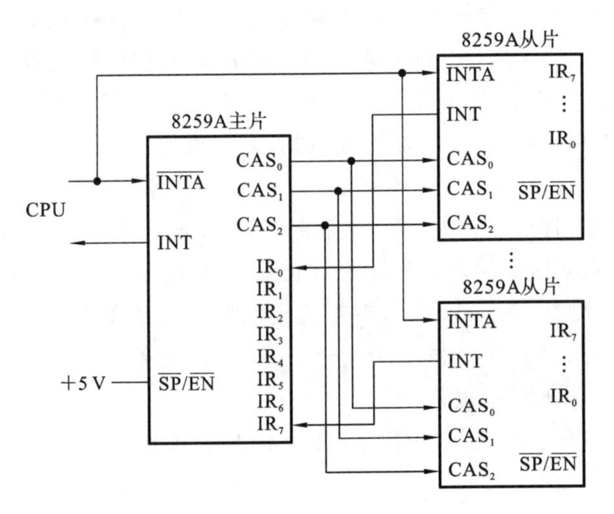

图 7-13　8259A 的级联

3. 8259A 的中断过程

系统上电后，首先要对 8259A 初始化，初始化是指通过编程方式设定 8259A 的命令字。初始化完成后，8259A 处于准备就绪状态，随时准备接收外设传来的中断请求信号。当有中断请求发生时，8259A 对外部硬件中断请求的处理过程如下。

(1) 当有一个或多个中断源申请中断时，通过 $IR_7 \sim IR_0$ 引脚将中断请求寄存器 IRR 相应位置 1。

(2) IRR 与 IMR 的值按位相“与”，将未被屏蔽的中断请求送给优先级判决电路(PR)。

(3) PR 从未被屏蔽的 IRR 中检测出优先级最高的中断请求位，将它与 ISR 中正在被 CPU 服务的中断进行优先级比较，如果新中断的优先级最高，就通过控制逻辑的 INT 引脚向 CPU 申请中断，否则继续执行原有中断服务程序。

(4) 若 CPU 处于开中断状态(IF=1)，则当前指令执行完后，进入中断服务程序，用$\overline{INTA}$信号作为中断应答信号。

(5) 8259A 接收到$\overline{INTA}$的第一个总线周期后，使中断服务寄存器 ISR 相应位置 1，IRR 相应位清 0。如果是级联方式，则主片 8259A 送出级联地址 $CAS_0 \sim CAS_2$，加载到从片 8259A。

(6) 8259A 接收到$\overline{INTA}$的第二个总线周期后，通过数据总线向 CPU 输出当前优先级最高中断的中断类型号。

(7) CPU 将收到的中断类型号乘以 4 得到中断向量地址，在中断向量表中找到中断向量，转入中断服务程序。

(8) 执行中断服务程序，中断返回前，需向 8259A 发送一条 EOI 中断结束命令，使 ISR 相应位复位，结束本次中断。若 8259A 工作在自动中断结束 AEOI 模式，则第二个$\overline{INTA}$脉冲结束时 ISR 中的相应位自动清 0。

要说明的是，中断结束的实质是使 ISR 的相应位清 0。如果中断服务程序没有中断结束命令，ISR 相应位会保持为 1，低级或同级中断将始终得不到响应。

7.3.2 8259A 的工作方式

为适应不同的应用场景，8259A 提供了多种工作方式，如中断优先级、中断结束、中断屏蔽、中断触发和数据线连接方式等，如图 7-14 所示。这些工作方式可通过编程设定。

- 中断优先级方式
  - 优先级固定方式
    - 普通全嵌套方式(默认方式)
    - 特殊全嵌套方式(ICW4 设定)
  - 优先级循环方式
    - 自动循环方式(OCW2 设定)
    - 特殊循环方式(OCW2 设定)
- 中断结束方式
  - 自动中断结束方式(ICW4 设定)
  - 非自动中断结束方式
    - 普通中断结束方式(OCW2 设定)
    - 特殊中断结束方式(OCW2 设定)
- 中断屏蔽方式
  - 普通屏蔽方式(OCW1 设定)
  - 特殊屏蔽方式(OCW3 设定)
- 中断触发方式
  - 边沿触发方式(ICW1 设定)
  - 电平触发方式(ICW1 设定)
- 数据线连接方式
  - 缓冲方式(ICW4 设定)
  - 非缓冲方式(ICW4 设定)

图 7-14 8259A 工作方式分类

1. 中断优先级方式

中断优先级是中断管理的核心，有优先级固定和优先级循环两种方式。

1) 优先级固定方式

该方式下，$IR_7 \sim IR_0$的中断优先级固定，有普通全嵌套和特殊全嵌套两种方式，由 ICW4 命令字设定。

(1) 普通全嵌套方式。

普通全嵌套方式指 $IR_7 \sim IR_0$ 的优先级由高到低固定为 $IR_0 \to IR_7$，IR_0 最高，IR_7最低，是 8259A 的默认优先级方式。该方式特点是，当有多个中断请求同时发生时，优先级最高的中断得到响应；在中断服务期间，同级和低优先级的中断不被响应，但允许响应更高优先级的中断请求，可实现中断嵌套。

(2) 特殊全嵌套方式。

特殊全嵌套方式用于主从级联的中断系统中，优先级顺序也固定为 $IR_0 \to IR_7$，但特殊全嵌套方式允许同级中断嵌套。

同级中断的概念用于中断级联系统，对主片而言，从片的 8 级中断是同级的，但对从片而言，它的 8 个中断优先级是有区别的，所谓同级中断嵌套是针对主片的。

【例 7-5】 设图 7-15 中主片 8259A 采用特殊全嵌套优先级，从片 8259A 采用普通全嵌套优先级，分析系统各中断引脚的优先级。当主片 8259A 的 IR_2 中断请求正在被服务时，从片 IR_7 中断请求到来，问是否能发生中断嵌套？假设没有中断屏蔽。

分析 图 7-15 中有 2 片 8259A，从片接在主片的 IR_1 上，2 片 8259A 都是固定优先级的，所以优先级顺序从高到低为：主片 IR_0、从片 $IR_0 \sim IR_7$、主片 $IR_2 \sim IR_7$。对主片而言，从片 $IR_0 \sim IR_7$ 中断优先级是同级，但从片自身的 $IR_0 \sim IR_7$ 是有优先级顺序的。

当主片 8259A 的 IR_2 中断请求正在被服务时，从片 IR_7 中断请求到来，由于从片接在主片 IR_1 上，从片 8 个中断源的优先级都要比主片 IR_2 高，在没有中断屏蔽的情况

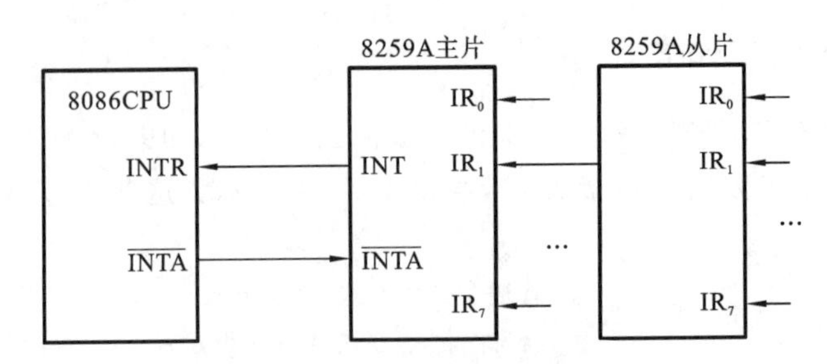

图 7-15 8259A 同级中断嵌套

下，可以发生中断嵌套。

2) 优先级循环方式

这种方式的中断优先级是循环变化的，变化规则是当某个中断源的中断服务完成后，其优先级自动降为最低，而原先比它低一级的中断优先级升为最高。优先级循环方式有优先级自动循环和特殊循环两种，由 OCW2 命令字设定。优先级循环方式常用于各中断源重要程度相同的情况。

(1) 优先级自动循环方式。

优先级自动循环方式的特点是初始优先级固定，从高到低为 $IR_0 \rightarrow IR_7$。当有 IR_i 中断发生，中断服务完成后，IR_i 中断优先级降为最低，IR_{i+1} 中断优先级变为最高。

(2) 优先级特殊循环方式。

优先级特殊循环方式的特点是初始优先级顺序是设定的，用操作命令字 OCW2 设置最低优先级。如果设定 IR_i 为最低优先级，则 IR_{i+1} 为最高优先级。

优先级自动循环和特殊循环的区别：自动循环的最低优先级固定为 IR_7，特殊循环的最低优先级编程设定。

【例 7-6】 设系统有一片 8259A 采用优先级自动循环方式，当 IR_5 中断请求被服务后，中断优先级状态如何？如果采用优先级特殊循环，初始最低优先级是 IR_2，则当 IR_1、IR_5 同时发生中断请求时，哪个中断请求被先响应？

分析 优先级自动循环方式的初始优先级由高到低为 $IR_0 \rightarrow IR_7$，当 IR_5 中断服务完成后，IR_5 中断优先级降为最低，IR_6 为最高，8259A 的 8 级中断优先级顺序为：IR_6，IR_7，IR_0，IR_1，IR_2，IR_3，IR_4，IR_5。

如果采用优先级特殊循环，初始最低优先级是 IR_2，则初始优先级顺序为：IR_3，IR_4，IR_5，IR_6，IR_7，IR_0，IR_1，IR_2。当 IR_1、IR_5 同时发生中断请求时，此时 IR_5 优先级高，优先得到响应。

2. 中断屏蔽方式

中断屏蔽方式是通过编程使屏蔽寄存器 IMR 对应位为 1 或 0，禁止或允许对应位的中断，可动态改变中断优先级，提高控制灵活性。8259A 有两种屏蔽方式：普通屏蔽方式和特殊屏蔽方式，分别由 OCW1、OCW3 命令字设定。

1) 普通屏蔽方式

普通屏蔽方式由 IMR(OCW1)设置。由于 IMR 和 IRR 一一对应，当 IMR 的某位置 1 时，IRR 中对应位的中断请求 IR_i 被屏蔽，不能被 8259A 送 CPU；如果该位置 0，允许 IR_i 中断请求送给 CPU。IMR 的初值为 0。

2）特殊屏蔽方式

8259A 的中断管理通常不允许低级中断打断当前正在被服务的高级中断，但在某些特殊情况下希望在中断服务程序中允许低优先级中断发生，如当高优先级中断持续请求、低优先级中断长时间得不到响应时，可以通过设置特殊屏蔽方式实现低优先级中断嵌套高优先级中断。

特殊屏蔽方式的设定是在中断服务程序中完成的，该方式会屏蔽当前级别中断的后续请求，使 ISR 中的对应位清 0，从 8259A 角度看，ISR 某位为 0，意味着该级别中断结束（虽然此时该级别中断的服务程序仍在执行），从而比该级别低的中断请求得到响应。由于特殊屏蔽方式更改了中断系统优先级结构，在退出较高优先级中断服务程序前，要对其进行恢复，撤消特殊屏蔽方式以避免中断系统优先级的混乱。

【例 7-7】 设 8259A 的 IR_5 中断请求正在被服务，如果要响应 IR_6 中断，应如何设置屏蔽方式？

分析 IR_6 中断优先级低于 IR_5，要想在 IR_5 中断服务时能够响应 IR_6 中断，需设置特殊屏蔽方式。方法是在 IR_5 中断服务程序中，设置 OCW3 命令字，使 ESMM＝1，SMM＝1；在 IR_5 中断服务程序返回前，使 ESMM＝0，SMM＝0，恢复正常优先级顺序。

3. 中断结束方式

中断结束方式是指将 8259A 的 ISR 相应位清 0。当某个中断得到响应时，ISR 对应位被置 1，当中断服务结束时，ISR 对应位必须清 0，否则表示该中断服务还在继续，低优先级中断无法得到响应。8259A 的中断结束方式有三种：自动中断结束方式、普通中断结束方式和特殊中断结束方式。后两种中断结束方式必须用中断结束命令实现。

1）自动中断结束（Auto End of Interrupt，AEOI）方式

该方式不需要中断结束命令，8259A 在第 2 个 $\overline{INTA}$ 脉冲的后沿自动使 ISR 相应位复位。对 8259A 而言，ISR 位清 0 表示中断结束，但实际中断服务程序还在运行，若此时有中断请求出现，且 IF＝1，则无论其优先级如何，都将得到响应。所以，AEOI 方式可能造成优先级紊乱，只用于没有中断嵌套的情况。

2）普通中断结束（End of Interrupt，EOI）方式

该方式用于普通全嵌套方式下的中断结束。采用 EOI 方式，必须在中断服务程序返回前向 8259A 发 EOI 命令，该命令会清除 ISR 中优先级最高的位，结束当前正在处理的中断。普通全嵌套方式下，当前处理的中断就是优先级最高的中断。

3）特殊中断结束（Special End of Interrupt，SEOI）方式

SEOI 和 EOI 命令的区别是 SEOI 指明了要清除 ISR 中的哪一位，EOI 命令清除的是 ISR 中优先级最高的位。特殊中断结束方式用于无法确定当前处理的是哪一级中断的场合，如优先级自动循环。

注意：在级联方式下，主片和各级从片必须分别发中断结束命令。

4. 中断触发方式

8259A 支持两种中断触发方式：电平触发方式和边沿触发方式，由 ICW1 命令字设定。

1）电平触发方式

电平触发是以高电平作为中断请求信号。请求一旦被响应，高电平信号就应及时

撤消，避免重复触发。在 AEOI 方式下，高电平应在第 2 个中断响应信号$\overline{INTA}$清除 ISR 位之前撤消。在非 AEOI 方式下，高电平应在触发中断结束命令前撤消。

2）边沿触发方式

边沿触发方式是以上升沿作为中断请求信号，跳变后高电平应保持到 CPU 输出第 1 个中断响应信号$\overline{INTA}$，之后如果继续维持高电平则不会再次产生中断。

5. 数据线连接方式

8259A 数据线与系统总线的连接方式有缓冲方式和非缓冲方式，由 ICW4 命令字设定。

1）缓冲方式

缓冲方式是指 8259A 数据线通过总线驱动器（如 8286）与系统数据总线相连，总线驱动器起到缓冲和隔离作用，适合于多片级联大系统。该方式下，8259A 的$\overline{SP}/\overline{EN}$输出，用于启动数据总线缓冲器，不表示主/从关系，由 ICW4 的 M/S 位来标识 8259A 是主片还是从片。

2）非缓冲方式

非缓冲方式是指 8259A 数据线与系统数据总线直接相连，8259A 的$\overline{SP}/\overline{EN}$作为输入引脚，单片 8259A 时，$\overline{SP}/\overline{EN}$必须接高电平；多片时，主片的$\overline{SP}/\overline{EN}$接高电平，从片的$\overline{SP}/\overline{EN}$接低电平。非缓冲方式主要用于单片 8259A 或片数不多的级联系统中。

6. 中断查询方式

当 CPU 关中断，IF=0 时，8259A 可以通过查询方式来检查中断请求，具体操作：由 OCW3 发查询命令，读偶地址端口值，该值包含了中断请求信息，如果有中断请求，则将 ISR 的相应位置位转到相应的中断服务程序。有关查询命令字的设置参见 7.3.3 节。

7.3.3 8259A 的控制字与编程

8259A 的工作方式均可通过控制字进行设定。控制字分为两类：初始化命令字（ICW1～ICW4）和操作命令字（OCW1～OCW3），分别实现初始化设置和工作方式设置。相应地，8259A 的编程也分为两类：初始化编程和工作方式编程。

初始化编程是用初始化命令字设定 8259A 的初始状态，该状态在运行时一般不再改变；初始化编程必须在系统上电时完成。

工作方式编程是通过操作命令字设置 8259A 的工作方式，操作命令字可在 8259A 初始化后的任何时间写入。8259A 命令字存放在相应寄存器中，如图 7-16 所示。

8259A 有两个端口地址，用地址线 A_0 区分。$A_0=0$ 表偶地址端口，$A_0=1$ 表奇地址端口。由于 8259A 内部要访问的寄存器有 7 个，所以 8259A 是通过控制字的写入顺序和控制字的特征位来区别这些寄存器。

1. 初始化命令字(Initialization Command Word，ICW)

初始化命令字有 4 个：ICW1～ICW4，必须在 8259A 开始工作前进行设定，要严格按照 ICW1～ICW4 的顺序写入，其中，ICW1 和 ICW2 必须设置，ICW3 和 ICW4 根据工作方式决定是否设置。

1）初始化命令字 ICW1

ICW1 用来设置中断触发方式、系统是否级联等，命令字格式如图 7-17 所示。

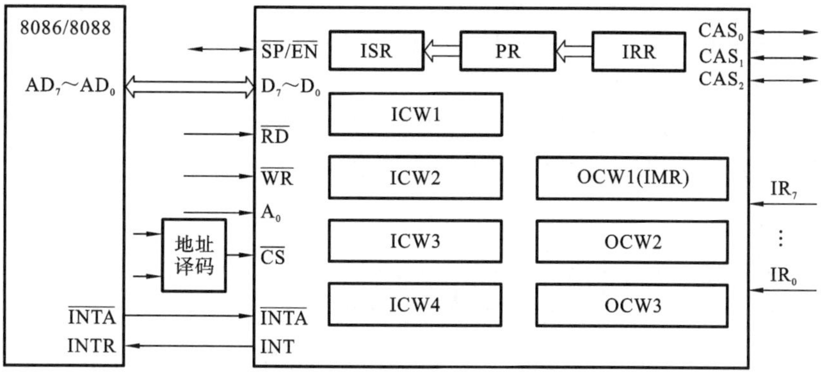

图 7-16 8259A 控制字的编程结构

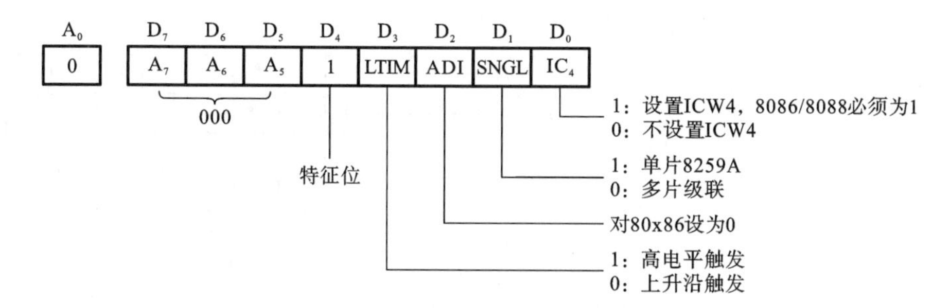

图 7-17 初始化命令字 ICW1 格式

◇ A_0=0:ICW1 写入偶地址端口。

◇ D_7～D_5:在 8086/8088 系统中没有使用,设置为 000。

◇ D_4:为 1,是 ICW1 的特征位。D_4=1 时表示偶地址端口收到的命令字是 ICW1。

◇ D_3:设置中断触发方式,LTIM =0,上升沿触发;LTIM =1,高电平触发。

◇ D_2:对 8086/8088 系统不起作用,ADI=0。

◇ D_1:表明系统是否级联。SNGL=0,级联;SNGL=1,单片 8259A。

◇ D_0:表明是否要设置 ICW4,在 8086/8088 系统中 IC4=1,必须设置 ICW4。

例如,要求单片 8259A,上升沿触发,设置 ICW4,则 ICW1=0001 0011=13H。

2）初始化命令字 ICW2

ICW2 用来设置中断类型号,命令字格式如图 7-18 所示。

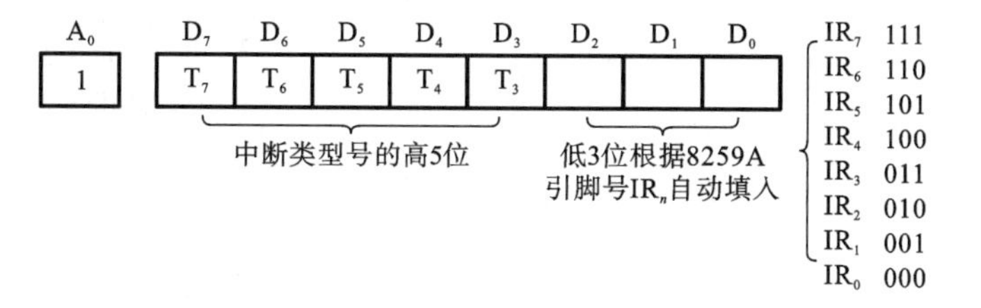

图 7-18 初始化命令字 ICW2 格式

A_0=1,ICW2 写入奇地址端口。

ICW2 用来生成中断类型号,高 5 位 D_7～D_3 由用户设置,低 3 位 D_2～D_0 根据中断请求来自某个 IR_7～IR_0 引脚,由 8259A 自动填充 000～111 中的对应值。

例如，设ICW2＝08H，高5位为00001，低3位自动填充，IR_0～IR_7对应的中断类型号分别为08H、09H、0AH、0BH、0CH、0DH、0EH和0FH。

3）初始化命令字ICW3

ICW3仅用于级联系统，单片8259A不需设置ICW3。ICW1的SNGL＝0时，设置ICW3。主片和从片的ICW3格式不同，如图7-19所示。

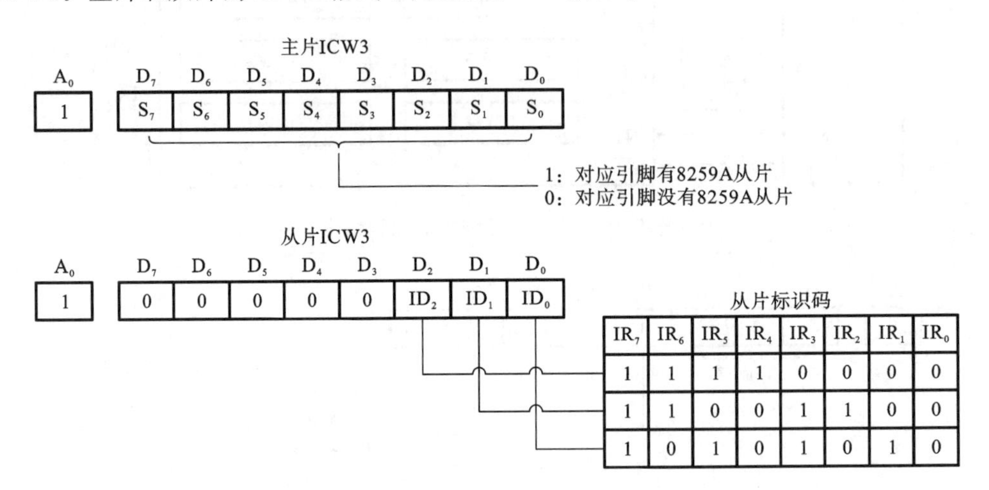

图7-19 初始化命令字ICW3格式

◇ A_0＝1，ICW3写入奇地址端口。

◇ 主片ICW3表明IR_7～IR_0连接从片的情况，若IR_i有从片，则S_i＝1，否则，S_i＝0。

◇ 从片ICW3的D_2～D_0为该从片连接到主片引脚的引脚号，D_7～D_3不用，置0即可。

例如，若某从片ICW3＝02H，说明该从片的INT引脚与主片的IR_2相连，此时主片的ICW3＝04H。若某主片的ICW3＝02H，则说明该主片的IR_1引脚挂载了从片，从片的ICW3＝01H。

4）初始化命令字ICW4

ICW4用来设置固定优先级、中断结束、系统连接方式等，命令字格式如图7-20所示。

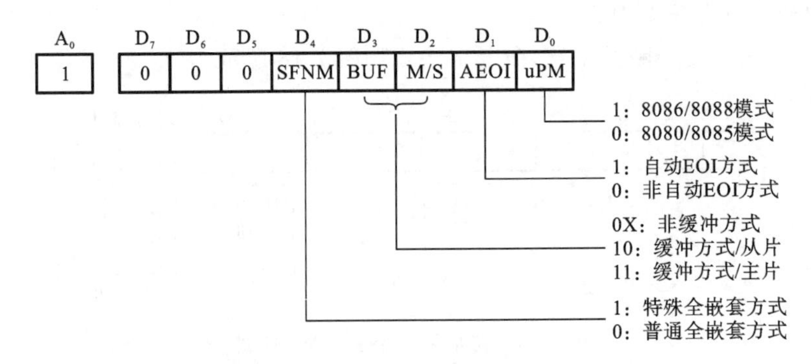

图7-20 初始化命令字ICW4格式

◇ A_0＝1，ICW4写入奇地址端口。

◇ D_7～D_5：ICW4的标志位，设置为000。

◇ D_4：设定固定优先级方式。SFNM＝0，普通全嵌套方式；SFNM＝1，特殊全嵌套方式，用于多片级联系统的主片。

◇ D_3：缓冲方式选择。BUF＝1，缓冲方式；BUF＝0，非缓冲方式。

◇ D_2：决定 8259A 是主片还是从片，仅在 BUF＝1 时有效。当 BUF＝1、M/S＝1 时，8259A 为主片；当 BUF＝1、M/S＝0 时，8259A 为从片。如果 BUF＝0，则 M/S 位不起作用。

◇ D_1：设置中断自动结束方式。AEOI＝1，中断自动结束方式；AEOI＝0，非自动结束方式，此时必须在中断服务程序中使用 EOI 命令，使 ISR 中对应位复位。

◇ D_0：设置 CPU 类型。uPM＝1 是 8086/8088 系统；uPM＝0 是 8080/8085 系统。

例如，设某 8086/8088 系统的 8259A 是普通全嵌套方式，非缓冲，非自动结束方式，则 ICW4＝0000 0001＝01H。

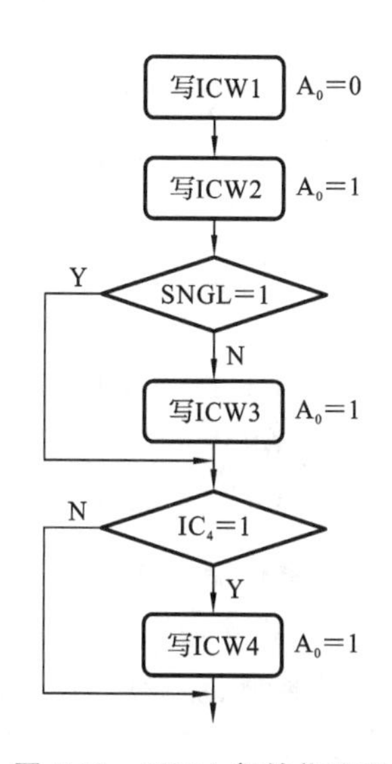

图 7-21 8259A 初始化流程

2. 初始化编程

8259A 必须初始化后才能正常工作，初始化流程如图 7-21 所示。8259A 初始化时应注意以下几点。

(1) 初始化前应保证 CPU 关中断，初始化完成后再开中断。初始化顺序固定。

(2) 系统中的每片 8259A 都要初始化。

(3) 确保每个初始化命令字写入正确的端口地址。

(4) 初始化后，若要改变某个 ICW，则必须重新进行初始化编程，不能只是写入单独的一个 ICW。

【例 7-8】 设某 8086/8088 系统中 8259A 的端口地址为 20H、21H，电平触发方式，单片 8259A，中断类型号为 60H～67H，普通全嵌套，普通 EOI 结束，非缓冲方式。编写初始化程序段。

分析 单片 8259A 不需要设置 ICW3。

```
MOV  AL,1BH        ；写入 ICW1
OUT  20H,AL
MOV  AL,60H        ；写入 ICW2
OUT  21H,AL
MOV  AL,1H         ；写入 ICW4
OUT  21H,AL
```

【例 7-9】 IBM PC/AT 机中 8259A 的主片定义为：上升沿触发，在 IR_2 级联从片，非 AEOI 方式，中断类型号 08H～0FH，普通中断嵌套，端口地址 20H、21H。从片定义为：上升沿触发，级联到主片的 IR2，非 AEOI 方式，中断类型号为 70H～78H，普通中断嵌套，端口地址 A0H、A1H。编写初始化程序段。

主片初始化：

```
MOV  AL,11H        ；写入 ICW1
OUT  20H,AL
```

```
MOV  AL,08H        ;写入ICW2
OUT  21H,AL
MOV  AL,04H        ;写入ICW3
OUT  21H,AL
MOV  AL,01H        ;写入ICW4
OUT  21H,AL
```

从片初始化:

```
MOV  AL,11H        ;写入ICW1
OUT  20H,AL
MOV  AL,70H        ;写入ICW2
OUT  21H,AL
MOV  AL,02H        ;写入ICW3
OUT  21H,AL
MOV  AL,01H        ;写入ICW4
OUT  21H,AL
```

3. 操作命令字(Operating Command Word,OCW)

三个操作命令字OCW1～OCW3用来设置中断屏蔽、优先级循环方式、中断结束方式、中断查询、读取IRR/IMR/ISR寄存器值等,没有顺序要求,可单独使用。系统初始化完成后,可随时向8259A写入操作命令字。

1) 操作命令字OCW1

OCW1用来设置8259A屏蔽字,使IMR中的对应位置1或清0,如图7-22所示。

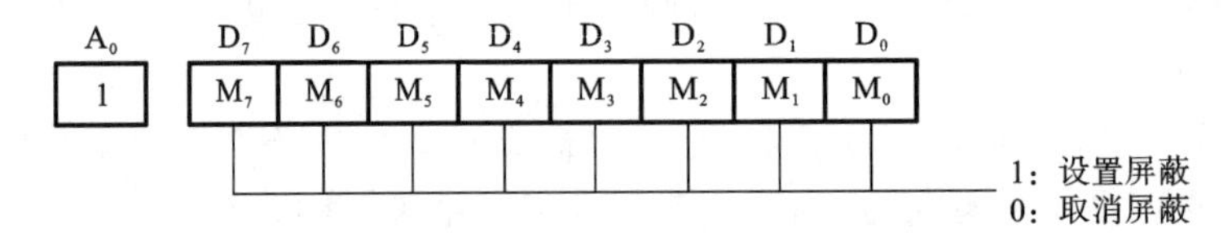

图7-22 OCW1控制字格式

$A_0=1$,OCW1写入奇地址端口。OCW1的值在初始化后可随时从奇地址端口读出。

OCW1实现对IMR寄存器各位的置位和复位。$M_i=1$,对应的IR_i中断请求被屏蔽;$M_i=0$,允许对应IR_i引脚上的中断请求。

例如,若OCW1=05H,则说明IR_0和IR_2上的中断请求被屏蔽,其他引脚的中断请求被允许。IMR值可随时通过奇地址端口读出,并对其进行修改,设奇地址为21H。

```
IN   AL,21H        ;读IMR
AND  AL,7FH        ;允许IR7中断
OUT  21H,AL        ;回写,修改IMR
```

2) 操作命令字OCW2

OCW2用于设置优先级循环方式和中断结束方式,命令字格式如图7-23所示。

◇ $A_0=0$,OCW2写入偶地址端口。

◇ D_4、D_3:特征位,$D_4D_3=00$。

◇ R:设置优先级循环方式。R=0,固定优先级方式;R=1,优先级循环方式。

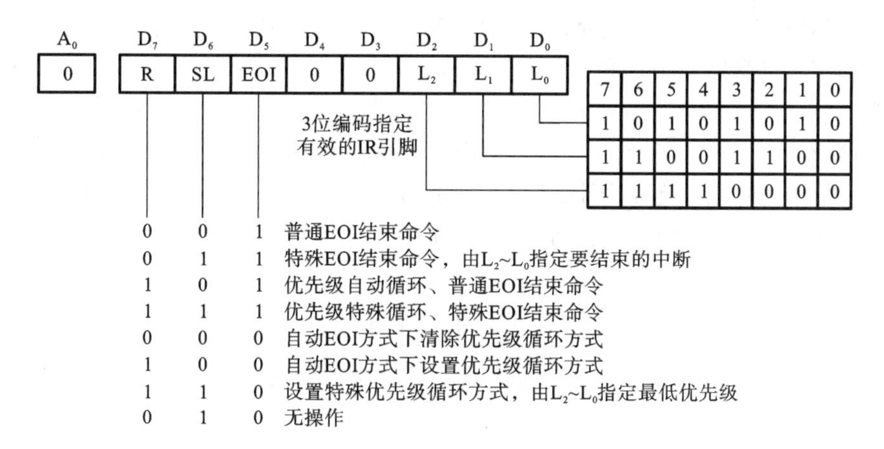

图 7-23　OCW2 命令字格式

◇ SL：设置 $L_2 \sim L_0$ 是否有效。SL＝1，$L_2 \sim L_0$ 有效，指明某个中断级；SL＝0，$L_2 \sim L_0$ 无效。

◇ EOI：中断结束命令。EOI＝1，OCW2 可作为中断结束命令，用于普通中断结束和特殊中断结束方式；EOI＝0，OCW2 不是中断结束命令。

◇ $L_2 \sim L_0$：用来表示 8 个中断引脚 $IR_7 \sim IR_0$ 的编号，当 SL＝1 时，这三位才有效。$L_2 \sim L_0$ 有三个作用：① 当 OCW2 是特殊中断结束命令时，$L_2 \sim L_0$ 指出了要清除中断服务寄存器 ISR 中的哪一位；② 当 OCW2 是优先级特殊循环命令时，$L_2 \sim L_0$ 指定循环开始的最低优先级；③ 当 OCW2 是结束中断且指定新的最低优先级命令时，$L_2 \sim L_0$ 给定了 ISR 中的清 0 位，并将当前最低优先级设为 $L_2 \sim L_0$ 编码值。

例如，设 8259A 工作在普通全嵌套方式，中断返回前的中断结束命令如下。

```
MOV   AL,20H          ;普通 EOI 结束命令
OUT   20H,AL          ;送给偶地址端口
```

再如，设 8259A 工作在优先级特殊循环方式，要求结束 IR_2 中断。

```
MOV   AL,11100010B    ;OCW2 的 SEOI 循环命令，L2～L0＝010
OUT   20H,AL          ;优先级 IR2 最低，IR3 为最高
```

3）操作命令字 OCW3

OCW3 有三个功能：设置和撤消特殊屏蔽方式、设置中断查询方式、设置读内部寄存器的命令，命令字格式如图 7-24 所示。

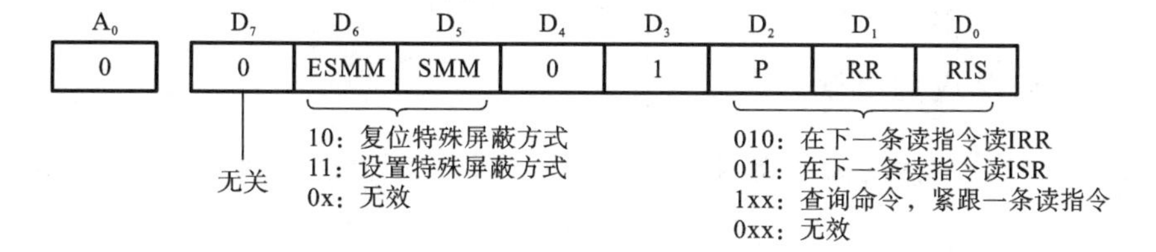

图 7-24　OCW3 命令字格式

◇ A_0＝0，OCW3 写入偶地址端口。

◇ D_4、D_3：特征位，D_4D_3＝01。

◇ D_7：可设为任意值，通常设为 0。

◇ ESMM:特殊屏蔽方式允许位,ESMM =1 时,SMM 位才有意义。

◇ SMM:特殊屏蔽方式位。SMM =1,设置特殊屏蔽方式;SMM =0,清除特殊屏蔽方式。

◇ P:查询命令位。P=1,表示 OCW3 是查询命令字;P=0,非查询命令。查询方式的具体操作是先发查询命令字,紧跟一条读指令,得到优先级最高的中断请求 IR 引脚值。8259A 查询状态字的格式如图 7-25 所示。

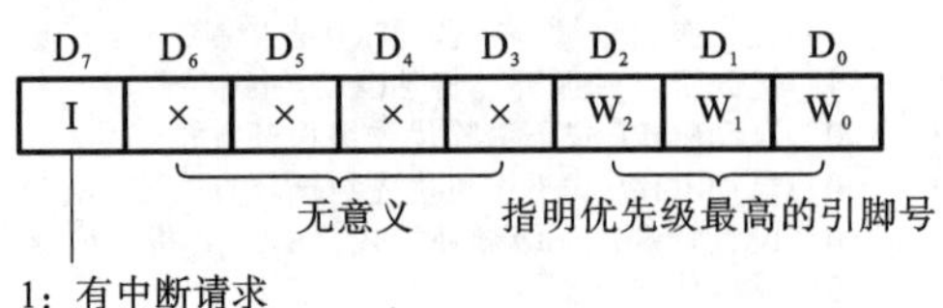

图 7-25 8259A 查询状态字的格式

◇ RR:读寄存器命令位。RR=1,允许读 IRR 或 ISR;RR=0,禁止读 IRR 或 ISR。

◇ RIS:读 IRR 或 ISR 的选择位。$D_1D_0=10$ 时,读出 IRR 的值;$D_1D_0=11$ 时,读出 ISR 的值。

① 读 IRR。

先发读操作命令字(RR=1,RIS=0),再读偶地址端口内容。设偶地址为 20H。

```
MOV   AL,0AH       ; OCW3=0AH
OUT   20H,AL       ; OCW3 写入 8259A
IN    AL,20H       ; 读出 IRR 内容
```

② 读 ISR。

先发读操作命令字(RR=1,RIS=1),再读偶地址端口内容。设偶地址为 20H。

```
MOV   AL,0BH       ; OCW3=0BH
OUT   20H,AL       ; OCW3 写入 8259A
IN    AL,20H       ; 读出 ISR 内容
```

③ 读查询字。

先发查询命令字(P=1),再读偶地址端口内容。设偶地址为 20H。

```
MOV   AL,0CH       ; OCW3=0CH
OUT   20H,AL       ; OCW3 写入 8259A
IN    AL,20H       ; 读出查询字内容
```

7.3.4 8259A 应用举例

8259A 的应用编程包括初始化编程和中断服务程序设计,中断服务程序设计参照图 7-5。

【例 7-10】 设 8086 微机系统中有单片 8259A,其接口电路如图 7-26 所示,译码器 74LS138 的 $\overline{Y_0}$ 输出接 8259A 的片选输出 $\overline{CS}$,8086CPU 的 A_1 接 8259A 的 A_0,8259A 的端口地址为 760H、762H,IR_7 接外部中断,边沿触发,非缓冲器,普通中断结束,8 个中断源的中断向量号为 08H～0FH。要求实现:每按一次开关,触发一次中断,当 CPU 响应 IR_7 中断信号时,在显示器上显示字符“7”。

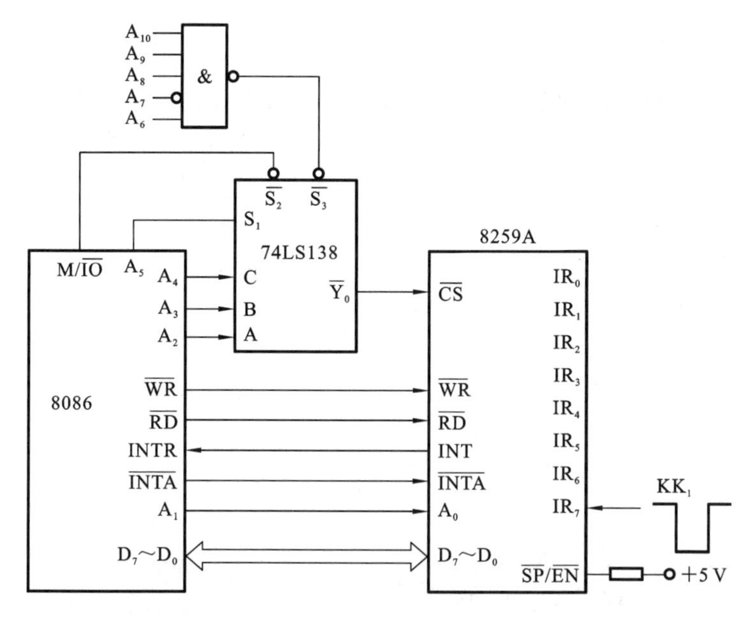

图 7-26 例 6-10 电路

分析 8259A 的 A_0 接地址总线的 A_1，对 8259A 而言，$A_0=0$ 是偶地址，$A_0=1$ 是奇地址，所以 760H 是偶地址，762H 是奇地址。

8259A 正常工作前必须先初始化，单片 8259A 初始化顺序为 ICW1、ICW2、ICW4。要响应 IR_7 中断，必须开放 IR_7 的中断屏蔽。主程序功能为初始化、开放屏蔽、等待中断。中断服务程序功能是显示字符 7。

```
//主程序
CODE   SEGMENT
       ASSUME  CS:CODE
START:
       MOV   AL,13H                   ;写入 ICW1
       MOV   DX,760H                  ;偶地址
       OUT   DX,AL
       MOV   DX,762H                  ;奇地址
       MOV   AL,08H                   ;写入 ICW2
       OUT   DX,AL
       MOV   AL,1H                    ;写入 ICW4
       OUT   DX,AL

       CLI                            ;关中断
       MOV   AX,OFFSET  INTR7         ;中断向量偏移地址装载
       MOV   SI,003CH
       MOV   [SI],AX
       MOV   AX,0000H                 ;中断向量段基址装载
       MOV   SI,003EH
```

```
        MOV   [SI],AX

        IN    AL,DX                  ; 读 IMR,奇地址
        AND   AL,7FH                 ; 允许 IR7 中断
        OUT   DX,AL                  ; 回送屏蔽字
        STI                          ;开中断
        HLT                          ;暂停,有中断发生时响应中断
//中断服务程序
INTR7   PROC
        MOV   AH,02H                 ; 显示字符 7
        MOV   DL,37H
        INT   21H

        MOV   DX,760H                ; 偶地址
        MOV   AL,20H                 ; 中断结束命令字
        OUT   DX,AL                  ; 结束中断
        IRET                         ;中断返回
CODE    ENDS
        END   START
```

思考:本例是无限循环程序,若要求接收 5 次中断后程序结束,应如何修改程序?

【例 7-11】 PC/XT 机中的中断控制电路如图 7-27 所示,IR_2 中断保留给用户使用。编程实现:CPU 每次响应外中断 IR_2 时,显示字符串“This is interrupt 2!”,中断 10 次后退出。设主机启动时已完成 8259A 初始化编程:中断类型号 08H～0FH,普通中断结束,电平触发,缓冲方式。端口地址为 20H 和 21H。

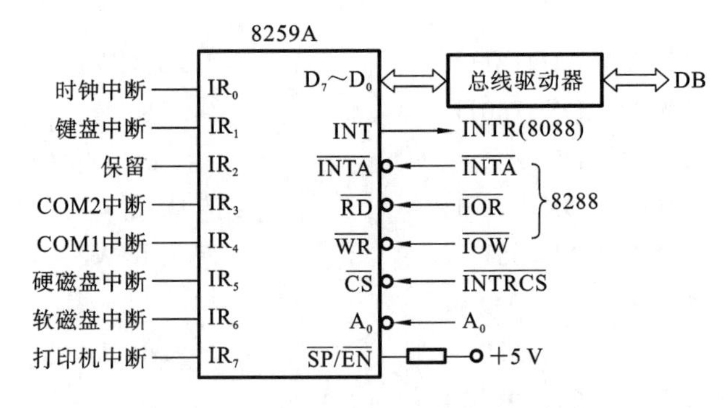

图 7-27　PC/XT 机中的中断控制电路

分析　PC/XT 机中,8259A 的初始化在主机启动时由系统完成,主程序只需装载中断向量、开放屏蔽,设置中断次数。中断服务程序实现字符串显示功能,采用 09 号 DOS 功能调用。

```
//定义数据段
DATA    SEGMENT
        MESS  DB ' This is interrupt 2!',0AH,0DH,'$'
```

```
        CSREG DW ?
        IPREG  DW ?
DATA    ENDS
//定义代码段
CODE    SEGMENT
        ASSUME CS:CODE, DS:DATA
//主程序
START:
        MOV   AX, DATA              ; 数据段段基址送 DS
        MOV   DS, AX
        CLI                         ;关中断
        MOV   AX,350AH              ; 取出原来的 0AH 号中断向量
        INT   21H                   ; 中断调用的返回值为(ES,BX)
        MOV   AX,ES                 ; 暂存原中断向量到内存单元
        MOV   CSREG,AX
        MOV   IPREG,BX

        PUSH  DS                    ; 保存现行的 DS
        MOV   AX,SEG INTR2          ; 新中断矢量装载
        MOV   DS,AX
        MOV   DX,OFFSET INTR2
        MOV   AX,250AH
        INT   21H
        POP   DS                    ; 恢复 DS

        IN    AL,21H                ; 读中断屏蔽寄存器
        MOV   BP,AX                 ; 暂存中断屏蔽寄存器内容
        AND   AL,0FBH               ; 开放 IR2 中断
        OUT   21H,AL

        MOV   CX,10                 ; 中断次数
        STI                         ;开中断
LL:     HLT                         ;等待中断
        LOOP  LL                    ; CX=0 时退出循环

        MOV   AX,BP                 ; 恢复中断屏蔽寄存器内容
        OUT   21H,AL

        PUSH  DS
        MOV   DX,IPREG              ; 恢复原中断向量
```

```
        MOV   AX,CSREG
        MOV   DS,AX
        MOV   AX,250AH
        INT   21H
        POP   DS

        MOV   4C00H                 ;返回 DOS
        INT   21H
//中断服务程序
INTR2   PROC  NEAR                  ;中断服务程序
        MOV   DX,OFFSET MESS        ;取字符串
        MOV   AH,09
        INT   21H                   ;显示每次中断的提示信息
        MOV   AL,20H                ;发出 EOI 结束中断
        OUT   20H,AL
        IRET
INTR2   ENDP
    CODE  ENDS
        END   START
```

自测练习 7.3

1. 将 4 片 8259A 级联,能够管理的可屏蔽中断数量有(　　)级。

   A. 22　　B. 32　　C. 28　　D. 29

2. 8259A 中断结束命令的作用是(　　)。

   A. 将 IRR 中的对应位清 0　　B. 将 IMR 中的对应位清 0

   C. 将 ISR 中的对应位清 0　　D. 将 PR 中的对应位清 0

3. 要实现中断嵌套,应该在中断服务程序内包括(　　)。

   A. STI 指令　　B. CLI 指令　　C. 设置 OCW1　　D. 设置 OCW2

4. 8259A 应用中,需要屏蔽 IR_4、IR_2 的中断请求,OCW1 命令字为(　　)。

   A. 28H　　B. 0AH　　C. 14H　　D. EBH

5. 设系统单片 8259A 工作在优先级自动循环方式下,当前 IR_2 的中断请求已执行并返回,则下一个优先级最高的中断源是(　　)。

   A. IR_1　　B. IR_0　　C. IR_7　　D. IR_3

本章总结

本章介绍了中断的基本概念、中断处理过程、8086/8088 中断系统和中断控制器 8259A。中断有内部中断和外部中断两种。每个中断源需配置一个中断类型号,它与中断向量在中断向量表中的位置相关,用来计算中断向量在中断向量表的地址,从而得到中断服务程序入口地址。8086/8088 中断系统管理 256 级中断,外部可屏蔽中断由

中断控制器8259A管理，8259A提供了多种工作方式，包括中断优先级方式、中断结束方式、中断屏蔽方式、中断触发方式、数据线连接方式等，由初始化命令字ICW1～ICW4和操作命令字OCW1～OCW3设定。8259A可以实现对可屏蔽中断进行中断处理：中断请求，中断判优，中断响应，中断服务，中断返回。

习题与思考题

1. 简述中断处理过程。处理过程各环节的主要操作是什么？
2. 8086/8088系统的中断有哪几类？它们的特点是什么？优先级顺序如何？
3. 可屏蔽中断的响应条件是什么？与NMI响应条件的区别是什么？可屏蔽中断响应过程如何？
4. 中断向量表的作用是什么？存放在内存的什么区间？占多大的空间？如何读/写中断向量表的内容？
5. 什么是中断向量？中断类型号、中断向量和中断向量表之间的关系是什么？设某可屏蔽中断的类型号为08H，中断向量的地址是多少？
6. 对不同类型的中断源，8086/8088 CPU是如何获取中断类型号的？
7. CPU响应8259A的INT请求后，发送的$\overline{\text{INTA}}$应答信号占几个总线周期？分别完成哪些操作？
8. 8259A中断屏蔽寄存器IMR和8086/8088 CPU的中断标志IF在功能上有何区别？在中断响应过程中，它们如何配合工作？
9. 中断结束命令是必须的吗？如果没有中断结束命令会出现什么情况？中断结束命令安排在程序的哪个位置？
10. 判断下列说法是否正确，如有错，指出错误原因。

    (1) 8086系统中，中断向量表存放在ROM地址最低端。

    (2) 优先级别高的中断总是先响应、先处理。

    (3) IBM PC/XT中，RAM奇偶校验错误会引起类型码为2的NMI。
11. 分析下列程序段，说明程序功能。指出中断类型号是多少？中断向量是什么？

```
PUSH  ES
MOV   AX,0
MOV   ES,AX
CLD
MOV   DI,30H
MOV   AX,2000H
STOSW
MOV   AX,3000H
STOSW
POP ES
```

12. 设8086/8088系统中，8259A的端口地址为20H、21H，电平触发方式，单片8259A，中断类型号为60H～67H，普通全嵌套方式，普通中断结束，非缓冲方式。设计8086 CPU与8259A的硬件接口图，并编写初始化程序。

13. 设8086/8088系统采用2片8259A管理中断，主片8259A的中断类型号为40H，端口地址为20H、21H；从片8259A的INT接主片的IR_6，从片的中断类型号为50H，端口地址为80H、81H。主片、从片均采用边沿触发，非缓冲，固定优先级方式，画出2片8259A的级联图，编写初始化程序。

14. 8259A的硬件连接如图7-28所示。假设8259A的中断类型号为48H～4FH，编写程序实现：当开关K从S_1切换到S_2时，产生中断并在屏幕上显示"A 8259A INTERRUPT!"，中断5次后退出程序。

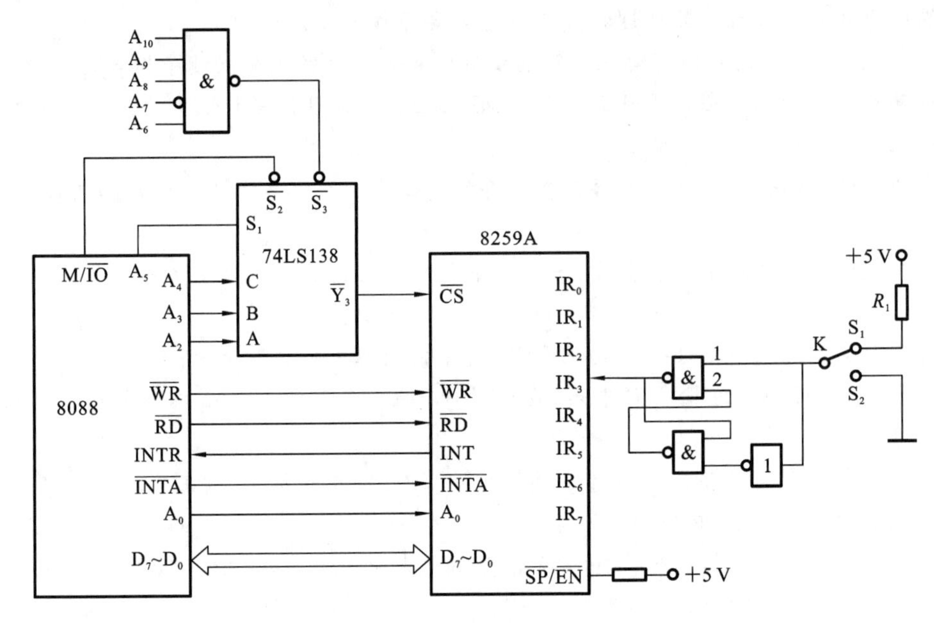

图7-28 题14的硬件连接图

8

可编程接口芯片及应用

可编程接口芯片是实现微机系统接口电路的重要器件，是主机与外部设备信息交换的桥梁。本章从应用角度，介绍常用的可编程接口芯片的功能、内部结构、外部引脚、工作方式、初始化编程及应用实例。

8.1 可编程并行接口芯片 8255A

8255A 是 Intel 公司生产的通用可编程并行接口芯片，适合微机与外部设备间的快速、近距离并行通信，是微机系统常用的接口电路之一。

本节目标：

(1) **理解并行通信的概念，掌握典型并行接口的结构。**

(2) **掌握 8255A 芯片结构、引脚和工作方式。**

(3) **掌握 8255A 的典型应用，能够分析、设计并行接口电路并编写程序。**

8.1.1 并行通信

计算机与外部设备之间或计算机与计算机之间的信息交换称为通信。通信的基本方式可分为并行通信和串行通信两种。本节介绍并行通信。

1. 并行通信

并行通信是指以字节或字长为单位，一次传输 n 位数据。并行通信速度快、传输效率高，但需要的通信线多、成本高，不适合远距离通信，常用于传输速度高、传输距离短的场合，如 PC 机系统总线、高速外设 I/O 总线、芯片内部总线等。

2. 并行接口

并行接口是能够实现并行通信的接口电路。根据信息的输入/输出方向，并行接口可分为输入、输出和双向接口，如连接键盘用并行输入接口，连接打印机用并行输出接口，连接磁盘驱动器用并行双向接口。

并行接口的典型内部结构及接口电路如图 8-1 所示。并行接口内部寄存器有控制寄存器、状态寄存器、输入/输出缓冲寄存器，分别用来存放相应信息。控制寄存器接收来自 CPU 的各类控制命令，如工作方式、操作命令等，控制外设运行。状态寄存器用来存放外设的状态信息，供 CPU 查询，进而控制外设。输入缓冲寄存器接收从外设来的数据，供 CPU 读取。输出缓冲寄存器接收来自 CPU 的数据，供外设读取。

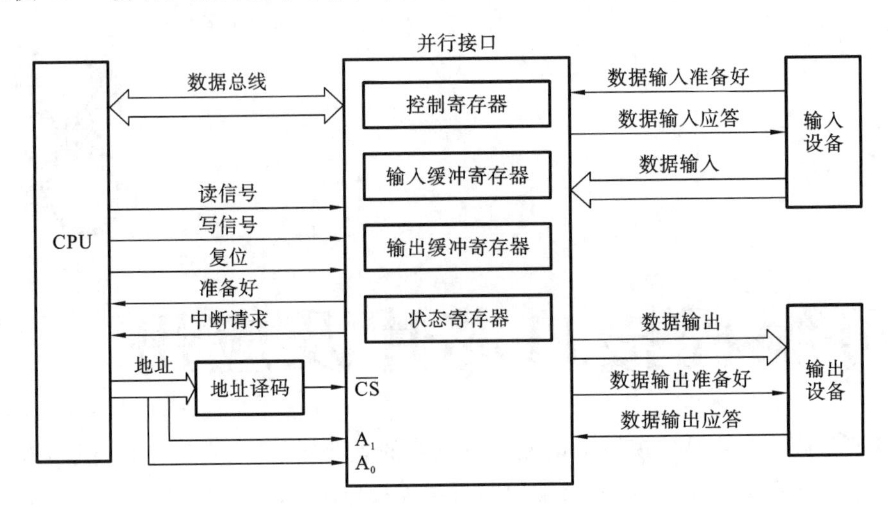

图 8-1　并行接口的典型内部结构及接口电路

并行接口的基本输入/输出操作如下。

1）输入操作

输入操作是并行接口把外设的数据传送给 CPU。当外设准备好数据后，发出“数据输入准备好”状态选通信号，该信号使外设数据输入到并行接口的输入缓冲寄存器中，接口收到数据后，向外设发“数据输入应答”信号，通知外设已收到数据，外设随后撤消选通信号和数据。

并行接口收到数据后，使能状态寄存器的“数据输出准备好”状态位，供 CPU 查询，也可以向 CPU 发中断请求信号，通知 CPU 读取数据。CPU 可用查询或中断方式读取输入缓冲寄存器中的数据，接口自动清除状态位，使数据总线高阻态，至此，完成数据的一次输入。

2）输出操作

输出操作是并行接口把 CPU 的数据传送给外设。当接口状态寄存器的“数据输出准备好”状态位有效时，表示 CPU 可以向接口输出数据，CPU 可用查询或中断方式向接口输出数据。当 CPU 将数据送到输出缓冲寄存器后，接口将数据送给外设的数据线，并向外设发送“数据输出准备好”信号启动外设接收数据，同时自动清除“数据输出准备好”状态位。外设启动接收数据后，向接口发“数据输出应答”信号，告知接口收到数据，此时接口将“数据输出准备好”状态位置位，以便 CPU 输出下一个数据。

8.1.2　8255A 内部结构及引脚

Intel 8255A 是 8 位可编程并行接口芯片，40 引脚，引脚电平与 TTL 兼容，4 个内部端口包括 3 个数据端口和 1 个控制端口，可通过编程设定三种工作方式，单一+5 V 电源。

1. 8255A **内部结构**

8255A 内部结构主要包括 3 个数据端口、A 组控制、B 组控制、数据总线缓冲器、读/写控制逻辑，如图 8-2 所示。

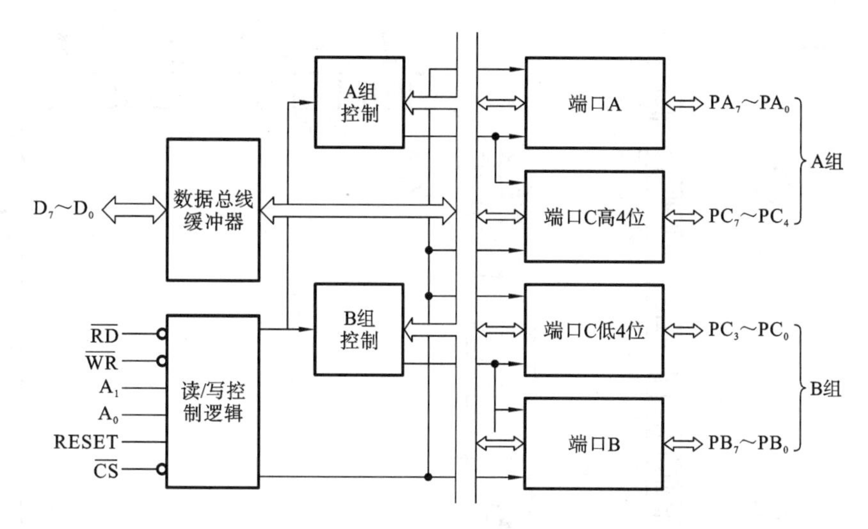

图 8-2 8255A **内部结构**

1）数据端口 A、B、C

3 个数据端口都是 8 位 I/O 端口，与外设相连，可分别编程设定为输入或输出端口，端口 C 的高 4 位和低 4 位可单独分开设定。

端口 A：独立 8 位端口，内部有数据输入/输出锁存功能，用作数据端口。

端口 B：独立 8 位端口，内部有数据输入/输出锁存功能，用作数据端口。

端口 C：可作为独立 8 位端口，也可作为 2 个独立的 4 位端口配合端口 A 或端口 B 工作，仅有输出锁存功能。端口 C 可作为数据端口，也可作为状态或控制端口，为 A、B 两端口提供对外联络的状态和控制信号。

2）A 组控制和 B 组控制

这两组控制电路根据 CPU 的控制字和读/写控制逻辑电路的读/写命令，决定端口的工作方式和读/写操作。

A 组控制：控制端口 A 和端口 C 高 4 位。

B 组控制：控制端口 B 和端口 C 低 4 位。

3）数据总线缓冲器

数据总线缓冲器是一个双向三态的 8 位数据缓冲器，与系统数据总线相连，用来传输输入/输出数据、接收来自 CPU 的控制字、发送状态字给 CPU 等。

4）读/写控制逻辑

读/写控制逻辑负责管理 8255A 的数据传输过程，接收片选信号（$\overline{CS}$）、控制信号（RESET、$\overline{RD}$、$\overline{WR}$）和地址信号（A_1、A_0），向 A 组控制和 B 组控制发送相关命令，实现读/写操作。

2. 8255A 引脚功能

8255A 的引脚除电源 V_{CC} 和地线 GND 外，可分为两大类：一类是与外设相连的引脚，另一类是与 CPU 相连的引脚。图 8-3 给出了 DIP-40 封装和 PLCC-44 封装的引脚图，以 DIP-40 封装为例进行介绍。

1）面向外设的引脚及功能

◇ $PA_7 \sim PA_0$：端口 A 的 I/O 引脚，实现与外设间的并行数据传送。

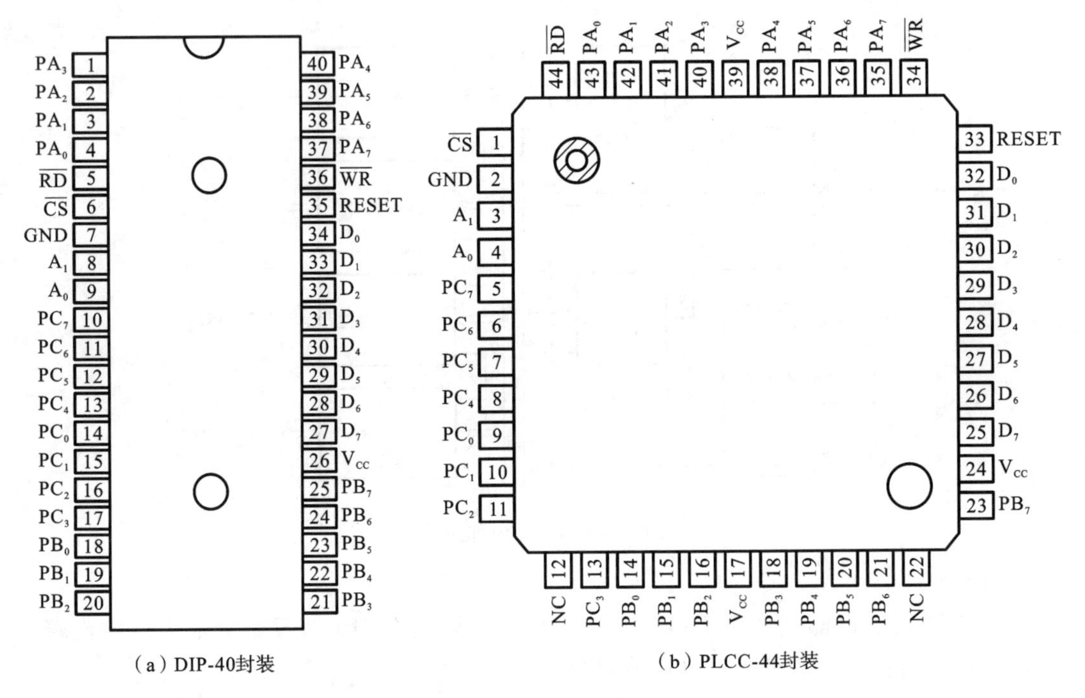

（a）DIP-40封装　　（b）PLCC-44封装

图 8-3　8255A 引脚图

◇ $PB_7 \sim PB_0$：端口 B 的 I/O 引脚，实现与外设间的并行数据传送。

◇ $PC_7 \sim PC_0$：端口 C 的 I/O 引脚，实现与外设间的并行数据传送，或作为 A 端口、B 端口的控制/状态信号。

2）面向 CPU 的引脚及功能

◇ RESET：复位信号，输入，高电平有效时，8255A 内部寄存器被清零，端口 A、B、C 为输入方式。

◇ $D_7 \sim D_0$：8 位数据线，三态双向，与系统数据总线相连，用来与 CPU 交换信息。

◇ $\overline{CS}$：片选信号，输入，低电平有效时，表示 8255A 被选中，CPU 可以对其进行读/写操作。

◇ $\overline{RD}$：读信号，输入，低电平时，表示 CPU 正在读取 8255A 的数据或状态信息。

◇ $\overline{WR}$：写信号，输入，低电平有效时，表示 CPU 正在对 8255A 写入数据。

◇ A_1、A_0：地址线，输入，用来选择 4 个内部端口。8255A 内部有 3 个数据端口和 1 个控制端口，规定 A_1A_0 为 00、01、10、11 时，分别选中端口 A、端口 B、端口 C 和控制端口。片选、地址、读/写控制信号的组合决定了 8255A 不同端口的读/写操作，如表 8-1 所示。

表 8-1　8255A 的端口选择和基本操作

$\overline{CS}$	$\overline{RD}$	$\overline{WR}$	A_1	A_0	操作说明
0	0	1	0	0	读端口 A
0	0	1	0	1	读端口 B
0	0	1	1	0	读端口 C
0	1	0	0	0	写端口 A

续表

$\overline{CS}$	$\overline{RD}$	$\overline{WR}$	A_1	A_0	操作说明
0	1	0	0	1	写端口 B
0	1	0	1	0	写端口 C
0	1	0	1	1	将控制字写入控制口
0	0	1	1	1	非法的信号组合
1	×	×	×	×	未选中

8.1.3 8255A 工作方式

8255A 有三种工作方式:方式 0、方式 1、方式 2。端口 A 有方式 0、方式 1、方式 2 三种工作方式。端口 B 有方式 0、方式 1 两种工作方式。端口 C 可工作在方式 0 下,或者用来配合 A、B 两端口工作。

1. 方式 0:基本输入/输出方式

方式 0 是基本输入/输出方式,A、B、C 三个端口均可工作在方式 0 下,每个端口可单独设为输入或输出端口,端口 C 的高 4 位和低 4 位还可以分别设置输入或输出。

方式 0 主要用于主机与外设间的无条件输入/输出,不需要联络信号,无需查询外设状态,CPU 可以直接对外设进行读/写。

方式 0 也可用于查询式数据传输。此时,端口 A 和端口 B 作为数据端口,端口 C 的某些位用作联络信号,如可把端口 C 的高 4 位或低 4 位设为输出端口,用来输出控制信号,把端口 C 的另外 4 位设置为输入端口,用来接收外设状态。这样,利用端口 C 的配合,实现端口 A 和端口 B 的查询式数据传输。

2. 方式 1:选通输入/输出方式

方式 1 是一种有选通信号的输入/输出方式,传输数据时需要有联络信号,仅用于端口 A 和端口 B。A 端口输入的联络信号固定为 PC_3、PC_4、PC_5,输出为 PC_3、PC_6、PC_7,B 端口输入/输出的联络信号固定为 PC_0、PC_1、PC_2。方式 1 可采用查询或中断方式进行数据传输。

1) 方式 1 输入

当端口 A 和端口 B 工作在方式 1 输入时,其相应的端口控制信号定义如图 8-4 所示。

◇ $\overline{STB}$(Strobe):选通信号,输入,低电平有效,由外设传送给 8255A。$\overline{STB}$有效表示外设已将输入数据准备好,并已输入到 8255A 的输入数据缓冲器中。

◇ IBF(Input Buffer Full):缓冲器满信号,输出,高电平有效。IBF 有效表示 8255A 的相应端口已接收到输入数据,但尚未被 CPU 取走。该信号可供 CPU 查询,也可传送给外设,阻止外设发送新数据。IBF 由$\overline{STB}$信号置位,当 CPU 读取数据后,读信号将其复位。

◇ INTR(INTerrupt Request):中断请求信号,高电平有效,输出给 CPU 或 8259A 的中断请求引脚。只有当$\overline{STB}$=1、IBF=1 且 INTE=1(中断允许)时,INTR 才有效。当 CPU 响应中断并读取数据后,读信号将 INTR 复位。PC_3 为 $INTR_A$,PC_0 为 $INTR_B$。

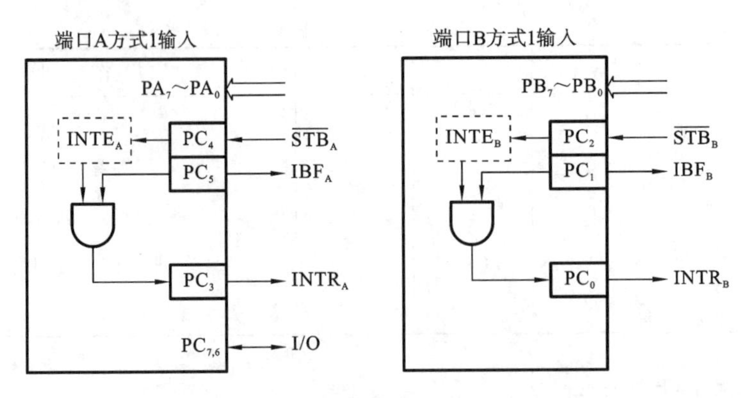

图 8-4 方式 1 输入时端口控制信号定义

◇ INTE(INTerrupt Enable):中断允许信号,没有外部引脚,是控制中断允许或屏蔽的信号。当 PC_4 被置 1 或清 0 时,端口 A 的中断请求被允许或屏蔽;当 PC_2 被置 1 或清 0 时,端口 B 的中断请求被允许或屏蔽。

方式 1 数据输入时序如图 8-5 所示,过程如下。

(1) 外设发 $\overline{STB}$ 有效信号给 8255A,将数据锁存到 8255A 的端口 A 或端口 B 的输入数据缓冲器。

(2) 输入数据缓冲器满后,8255A 发 IBF 应答信号,IBF=1,外设不能发下一个数据。

(3) CPU 查询 IBF 信号,IBF=1 时,CPU 可读取外设数据,$\overline{RD}$ 信号使 IBF 变低,通知外设可以进行下一次数据传输。

(4) 如果采用中断方式,INTR 高电平引发中断,CPU 响应中断后,发 $\overline{RD}$ 信号读取数据,并撤消 INTR 信号和 IBF 信号,外设可进行下一次数据传输。

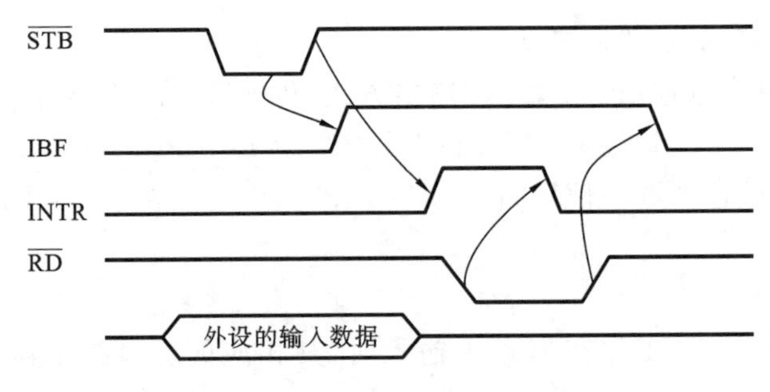

图 8-5 方式 1 数据输入时序

2) 方式 1 输出

当端口 A 和端口 B 工作在方式 1 输出时,端口 C 控制信号定义如图 8-6 所示,其中,中断请求信号 INTR 和中断允许信号 INTE 与方式 1 输入中定义相同,PC_3 为 $INTR_A$,PC_0 为 $INTR_B$。

◇ $\overline{OBF}$(Output Buffer Full):输出缓冲器满信号,输出,低电平有效,由 8255A 送给外设,也可被 CPU 查询。$\overline{OBF}$ 有效表示 CPU 已向数据端口输出了数据,通知外设取走。

◇ $\overline{ACK}$(Acknowledge):应答信号,输入,低电平有效,由外设送给 8255A。$\overline{ACK}$

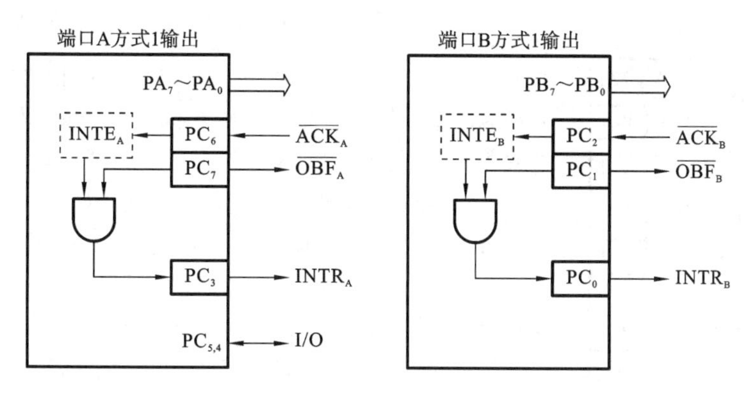

图 8-6 方式 1 输出时端口控制信号定义

有效表示外设已接收了数据，是对$\overline{OBF}$的应答，同时清除$\overline{OBF}$信号。

方式 1 数据输出时序如图 8-7 所示，过程如下。

(1) CPU 向 8255A 写入数据，$\overline{WR}$的后沿使$\overline{OBF}$=0，发送给外设，作为外设接收数据的选通信号。

(2) 外设接收数据后，给 8255A 发应答信号$\overline{ACK}$，同时使$\overline{OBF}$信号无效，一次数据传输结束。

(3) CPU 查询$\overline{OBF}$信号，当$\overline{OBF}$=1 时，可以写入下一个数据。

(4) 如果采用中断方式，INTR 的有效条件是$\overline{ACK}$=1、$\overline{OBF}$=1 且 INTE=1，CPU 响应中断后，发$\overline{WR}$信号写入数据，进行下一次数据传输。

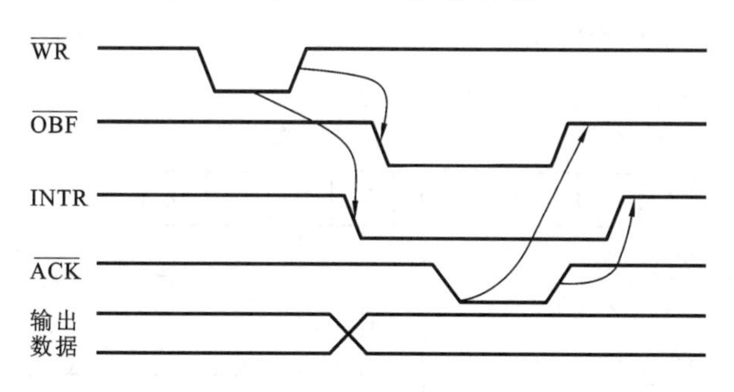

图 8-7 方式 1 数据输出时序

3) 方式 1 的工作特点

方式 1 的工作特点可归纳如下。

(1) 端口 A 和端口 B 均可工作在方式 1 输入或输出。

(2) 若端口 A 和端口 B 都工作在方式 1，端口 C 中有 6 位作为联络信号，剩下的 2 位可工作在方式 0 输入或输出。

(3) 若端口 A 和端口 B 中只有一个工作在方式 1，另一个工作在方式 0，端口 C 中有 3 位作为方式 1 的联络信号，其余 5 位均可工作在方式 0 输入或输出。

(4) 端口 A 或端口 B 工作在方式 1 时，可采用查询或中断方式进行数据传输。

中断方式下，用设置端口 C 位控字的方法将 $INTE_A$ 或 $INTE_B$ 置为 1，由 $INTR_A$ 或 $INTR_B$ 信号申请中断，在中断服务程序中完成数据传输。$INTR_A$ 或 $INTR_B$ 信号通常与 8259 的 IR_i 引脚相连。

查询方式下，CPU 通过读端口 C 查询 IBF 或$\overline{OBF}$信号的当前状态，决定是否进行

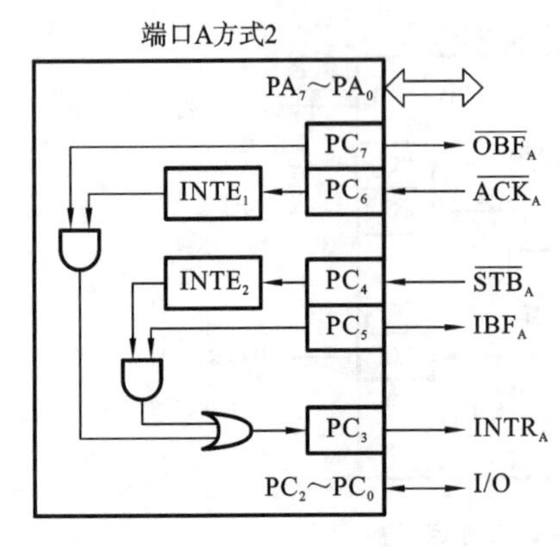

图 8-8　方式 2 控制信号定义

数据传输，端口 C 内容相当于 8255A 的状态字。

3. 方式 2——双向输入/输出方式

方式 2 是一种双向输入/输出传输方式，只适用于端口 A。方式 2 是方式 1 输入/输出的组合，占用端口 C 的 5 个引脚 $PC_7 \sim PC_3$ 作为联络信号，各引脚的定义与方式 1 相同，如图 8-8 所示。要注意的是，方式 2 下只有一根中断请求信号：$INTR_A$，但有两个中断允许信号：$INTE_1$ 是中断输出允许信号，$INTE_2$ 是中断输入允许信号。当端口 A 工作在方式 2 时，端口 B 可工作在方式 0 或方式 1，端口 C 的其他引脚可工作在方式 0。

8.1.4 8255A 控制字与状态字

8255A 控制字用来设定端口的工作方式、输入/输出方向等，控制字有两种：方式控制字和端口 C 位控字。8255A 的状态字由端口 C 提供。

1. 方式控制字

8255A 方式控制字格式如图 8-9 所示。最高位 D_7 为特征位，必须为 1，表明是方式字。端口 A 和端口 B 的工作方式分别由 A 组和 B 组方式选择确定，端口 C 只有方式 0，无需设置。D_4、D_1 分别设定端口 A、B 的输入/输出，D_3、D_0 分别设定端口 C 高 4 位和低 4 位的输入/输出，0 为输出，1 为输入。8255A 的初始化必须设置 8255A 方式控制字，写入控制端口。

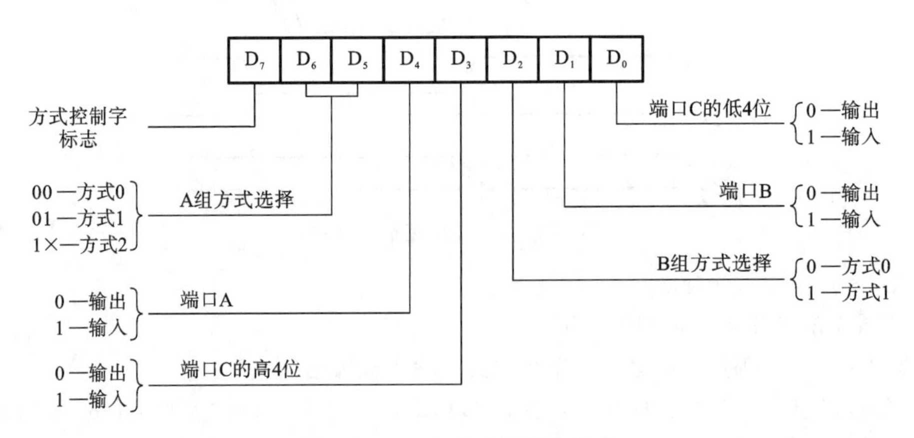

图 8-9　8255A 方式控制字格式

例如，某 8255A 的控制端口地址为 83H，要求将三个数据端口设置为方式 0，其中端口 A 和端口 C 的低 4 位为输出，端口 B 和端口 C 的高 4 位为输入，对应的方式控制字为 10001010B=8AH。

2. 端口 C 位控字

端口 C 位控字也称为端口 C 置位/复位控制字，是将端口 C 的某位置 1 或清 0(对应引脚输出 1 或 0)，格式如图 8-10 所示。最高位为特征位，必须为 0，表明是位控字。

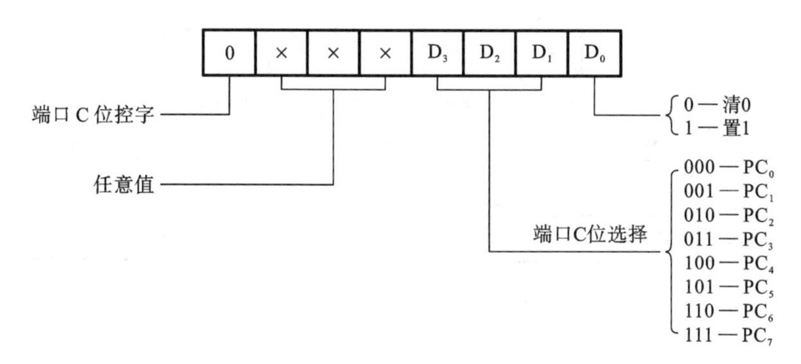

图 8-10　端口 C 位控字

$D_3 \sim D_1$ 指明要操作的位，D_0 指明对该位置 1 或清 0 操作。

端口 C 位控字每次只能操作一位，要想对多位置 1 或清 0，必须多次写入位控字。例如，要求对端口 C 的 PC_7 位置 1，相应的位控字为 00001111B=0FH，对端口 C 的 PC_3 位清 0，位控字为 00000110B=06H。

端口 C 位控字可用来设置方式 1 的中断允许位 INTE、外设的启停信号等，位控字必须在设置方式控制字后才有效。注意，位控字必须写入控制端口，而不是写入端口 C。

3. 状态字

当端口 A 工作在方式 1 或方式 2，端口 B 工作在方式 1 时，端口 C 的某些位用来表示端口 A、B 的工作状态，如图 8-11 所示。由于端口 A、B 的输入/输出可以组合，所以状态字也是组合的，例如端口 A 输入、端口 B 输出，状态字就是(1)和(4)的组合。

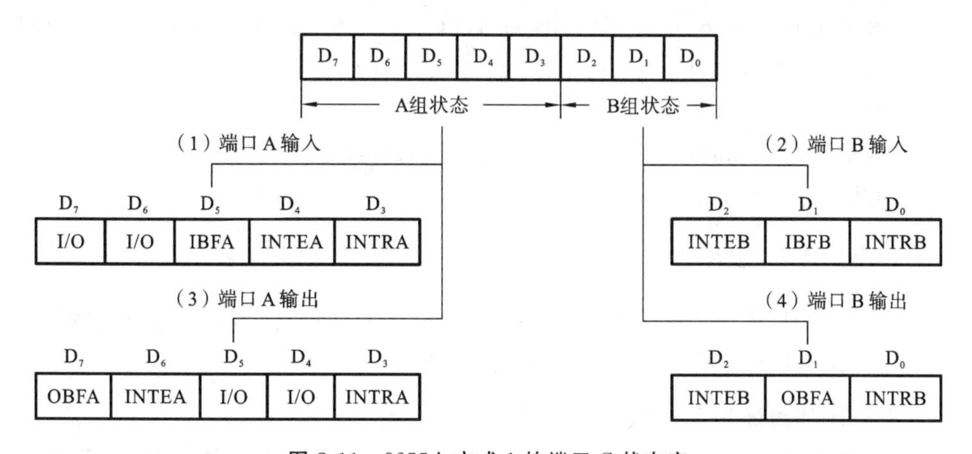

图 8-11　8255A 方式 1 的端口 C 状态字

注意：端口 C 状态字与端口 C 外部引脚的状态不完全一样，如方式 1 输入时，$D_4(PC_4)$与 $D_2(PC_2)$分别表示 $INTE_A$ 和 $INTE_B$ 的状态，而不是$\overline{STB}$的状态；输出时，$D_6(PC_6)$和 $D_2(PC_2)$表示的也是 $INTE_A$ 和 $INTE_B$ 的状态，而不是$\overline{ACK}$的状态。

方式 2 状态字是方式 1 输入和输出状态位的组合，也是从端口 C 读出，如图 8-12 所示。端口 A 工作在方式 2 时，端口 B 可以工作在方式 1 或方式 0，根据端口 B 的输入/输出不同，状态字的组合也不同。

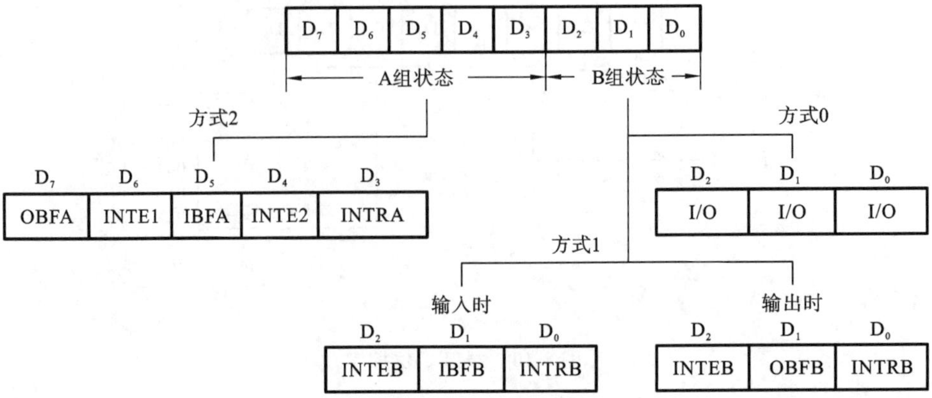

图 8-12　方式 2 的端口 C 状态字

【例 8-1】 设 8255A 端口 A 工作在方式 0，输入；端口 B 工作在方式 0，输出，控制端口地址为 203H，实现对 8255A 的初始化编程。

分析　8255A 的初始化编程是指对 8255A 设置方式控制字，根据条件，已知端口 A、B 的工作方式和输入/输出，端口 C 没有定义，可取默认值 0，方式控制字为 1001 0000B=90H。初始化程序如下。

```
MOV   DX, 203H     ；控制口地址送 DX
MOV   AL, 90H      ；方式控制字送 AL
OUT   DX, AL       ；将控制字写入控制口
```

【例 8-2】 编程实现将 8255A 的 PC_2 清 0，PC_4 置 1，设控制口地址为 63H。

分析　端口 C 的位控字每次只能操作 1 位，对 PC_2 和 PC_4 的位操作需要 2 个位控字。PC_2 清 0 的位控字为 0000 0100B(04H)，PC_4 置 1 的位控字为 0000 1001B(09H)。

```
MOV   AL,04H       ；设置 PC2 清 0 的位控字
OUT   63H,AL
MOV   AL,09H       ；设置 PC4 置 1 的位控字
OUT   63H,AL
```

8.1.5　8255A 的应用

8255A 作为通用 8 位并行接口，可用于并行通信的各种场合，下面通过实例来讨论 8255A 在不同应用中的接口设计方法和编程技巧。

1. 8255A 作为通用 I/O 接口的应用

8255A 是可编程并行接口，可用来扩展系统并口，使系统能同时挂载和处理更多的并行外设。

【例 8-3】 用 8255A 扩展并口。设 8255A 的端口 B 作为输入口外接 8 个按键，端口 A 作为输出口外接 8 个发光二极管，如图 8-13 所示，端口 A、B 都工作在方式 0 下。

(1) 分析电路图，给出 8255A 的端口地址。

(2) 编程实现采集开关状态送发光二极管显示。

(1) 由图 8-13 可知，系统地址总线 $A_9 \sim A_0$ 参与译码，未用到的地址总线设为 1，当译码器的 CBA=000 时，选中 $\overline{Y_0}$。端口地址分配如表 8-2 所示。

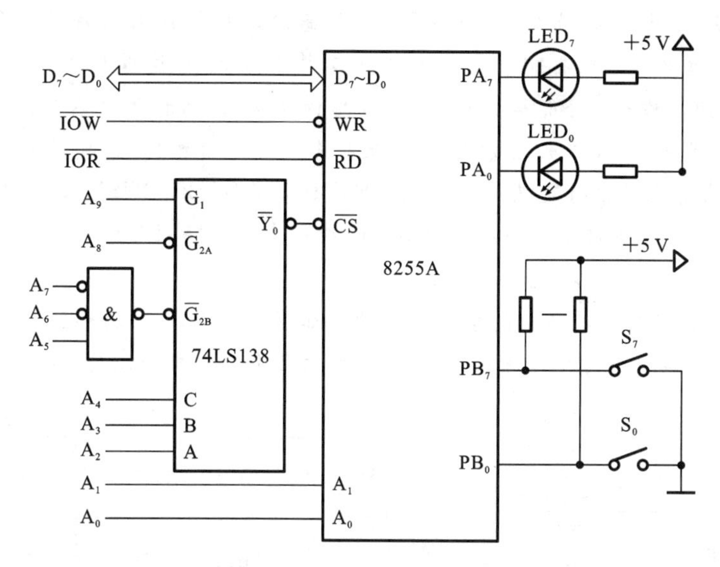

图 8-13　例 8-3 接口电路图

表 8-2　例 8-3 的端口地址分配

$A_{15} \sim A_{10}$	A_9	A_8	A_7	A_6	A_5	A_4	A_3	A_2	A_1	A_0	端 口 地 址
1 1 1 1 1 1	1	0	0	0	1	0	0	0	0	0	FE20H,端口 A
									0	1	FE21H,端口 B
									1	0	FE22H,端口 C
									1	1	FE23H,控制端口

(2) 8255A 方式控制字分析：A 端口工作在方式 0 输出，B 端口工作在方式 0 输入，端口 C 空闲，所以方式控制字是 10000010B=82H。程序如下。

```
CODE  SEGMENT
      ASSUME    CS:CODE
START:
      MOV   AL,82H        ;初始化方式控制字
      MOV   DX,FE23H
      OUT   DX,AL
L1:   MOV   DX,FE21H      ;置端口 B 地址
      IN    AL,DX         ;读开关状态
      MOV   DX,FE20H      ;置端口 A 地址
      OUT   DX,AL         ;输出显示
      JMP   L1            ;循环
CODE  ENDS
      END   START
```

2. 8255A 作为打印机接口的应用

8255A 作为连接打印机的接口，可工作在方式 0，用查询方式输出数据；也可工作在方式 1，用中断方式输出数据。

【例 8-4】 8255A 的端口 A 接打印机，用查询方式将内存缓冲区 DATAPTR 的 100 个字符输出给打印机打印。要求端口 A 工作在方式 0，端口 C 的 PC_2 作为 BUSY 信号输入端，PC_6 作为 $\overline{STB}$ 信号输出端，设计接口电路，编写打印机驱动程序。

分析 本题端口 A 工作在方式 0，要求查询方式传输数据，需要端口 C 配合，此时端口 C 的引脚功能可自行定义，PC_2 连 BUSY、PC_6 连 $\overline{STB}$。BUSY 信号供 CPU 查询，BUSY＝1 时表示打印机正在打印数据，CPU 继续查询等待；BUSY＝0 时，用 PC_6 的位控字产生 $\overline{STB}$ 信号，向打印机输出数据。

查询方式 8255A 与打印机的接口电路设计如图 8-14 所示，PC_3～PC_0 为输入，PC_7～PC_4 为输出。设端口 B 方式 0 输出，方式控制字为 81H。端口地址为 40H～43H。

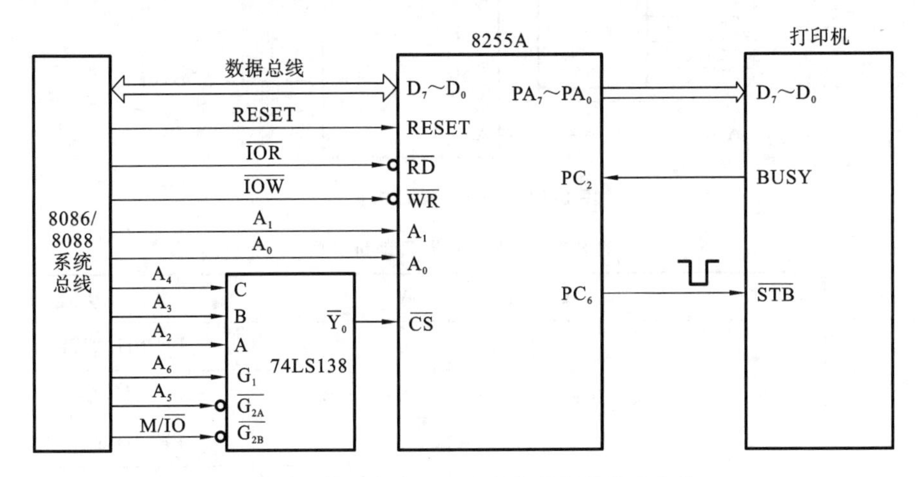

图 8-14 查询方式 8255A 与打印机的接口电路

打印机驱动程序如下。

```
DATA   SEGMENT
    DATAPTR   DB   100 DUP(?)
DATA   ENDS
CODE   SEGMENT
    ASSUME   CS:CODE, DS:DATA
START:
    MOV   AX, DATA
    MOV   DS, AX
PP: MOV   AL, 81H          ；设方式控制字
    OUT   43H, AL
    MOV   AL, 0DH          ；置STB为高电平
    OUT   43H, AL
    MOV   CX, 100          ；传送字符个数
    LEA   DI, DATAPTR      ；取输出数据首地址
LPST:
    IN    AL, 42H          ；读端口 C
    AND   AL, 04H          ；查 BUSY 信号
```

```
        JNZ     LPST            ；忙则等待
        MOV     AL, [DI]        ；不忙，取一个输出字符
        OUT     40H, AL         ；字符送端口 A
        MOV     AL, 0CH         ；置STB为低电平
        OUT     43H, AL
        INC     AL              ；置STB为高电平，产生选通信号
        OUT     43H, AL
        INC     DI              ；修改地址指针
        LOOP    LPST            ；继续输出下一个字符
        MOV     AX, 4C00H
        INT     21H
CODE    ENDS
        END     START
```

【例 8-5】 用中断方式实现例 8-4，8255A 端口 A 工作在方式 1，中断请求信号与 8259A 的 IR_3 相连。

分析 端口 A 工作在方式 1，此时 PC_7 自动作为 $\overline{OBF}$ 信号输出、PC_6 为 $\overline{ACK}$ 信号输入、PC_3 为 INTR 信号输出。PC_3 与 8259A 的 IR_3 连接，中断类型号为 0BH，为产生中断信号 INTR，还应使 8255A 的 INTEA=1，用位控字使 $PC_6=1$ 实现。

打印机中断方式工作过程为：CPU 向打印机输出字符，$\overline{WR}$的后沿使$\overline{OBF}$有效，利用$\overline{OBF}$的下降沿触发单稳触发器，产生打印机所需的选通信号$\overline{STB}$，将字符锁存到打印机；打印机接收到字符后，发出$\overline{ACK}$信号，清除$\overline{OBF}$并使 INTR 有效，CPU 响应中断后再输出下一个字符。接口电路如图 8-15 所示。端口地址为 40H～43H。

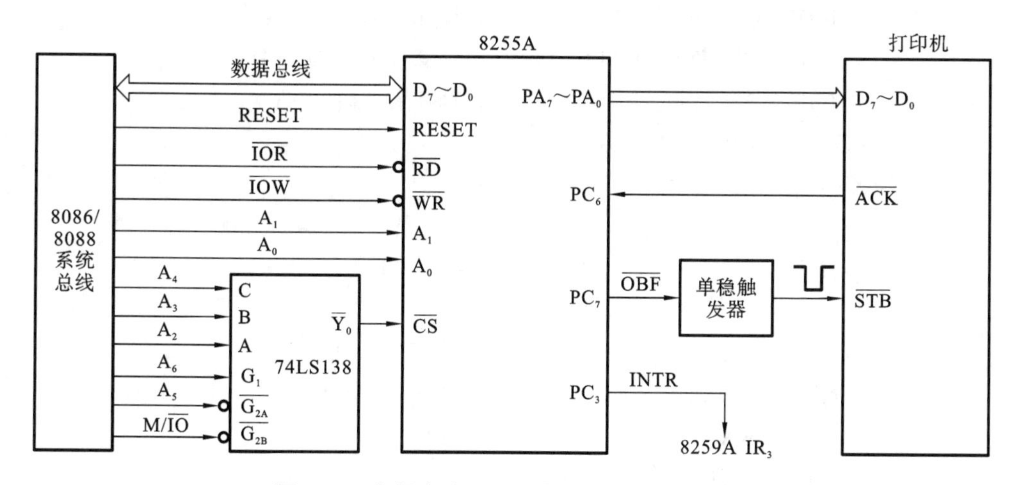

图 8-15 中断方式 8255A 与打印机的接口电路

程序包括主程序和中断服务程序。主程序完成对 8255A 的初始化设置、中断向量装载和开中断等工作，设 8259A 的初始化已由系统完成，根据中断类型号 0BH，应将中断向量写入 0000:002CH(0BH×4=002CH)开始的 4 个连续单元中。中断服务程序完成字符输出。假设系统已经完成对 8259A 的初始化，8259A 的端口地址为 20H、21H。

主程序如下。

```
DATA  SEGMENT
    DATAPTR  DB  100 DUP(?)
DATE  ENDS
CODE  SEGMENT
    ASSUME  CS:CODE, DS:DATA
START:
    MOV   AX,0
    MOV   DS, AX                    ; DS为0,指向中断向量表
    MOV   AX, OFFSET PRINT          ; 装载中断向量偏移地址
    MOV   [002CH], AX
    MOV   AX, SEG PRINT             ; 装载中断向量段地址
    MOV   [002EH], AX
    MOV   AX, DATA                  ; 装载数据段
    MOV   DS, AX
    MOV   AL, 0A0H                  ; 设置8255A方式控制字
    OUT   43H, AL
    MOV   AL, 0DH
    OUT   43H, AL                   ; 置PC6(INTEA)=1,允许端口A中断
    IN    AL, 21H
    AND   AL, 0F7H                  ; 开放8259A IR3中断
    OUT   21H, AL
    MOV   CX, 99                    ; 循环次数
    LEA   DI, DATAPTR               ; 设置字符地址指针
    MOV   AL, [DI]                  ; 取字符送端口A
    OUT   40H, AL
NEXT:
    STI                             ;开中断
    HLT                             ;等待中断
    CLI
    DEC   CX                        ; 循环次数减1
    JNZ   NEXT                      ; 循环
    MOV   AX, 4C00H                 ; 返回DOS
    INT   21H
CODE  ENDS
    END   START
```

中断服务程序如下。

```
PRINT  PROC
    INC    DI                       ; 字符地址指针加1
    MOV    AL, [DI]                 ; 取下一个字符
```

```
        OUT    40H, AL             ;送端口 A
        MOV    AL, 20H             ;中断结束命令
        MOV    20H, AL
        IRET                       ;中断返回
```

3. 8255A **作为矩阵键盘接口的应用**

在微机系统中，键盘是不可缺少的I/O设备，8255A可作为键盘接口。

【例 8-6】 图8-16给出了一个3×4矩阵键盘及8255A的接口电路，图8-17是按键处理程序流程，试分析键盘工作原理并编写按键处理程序。

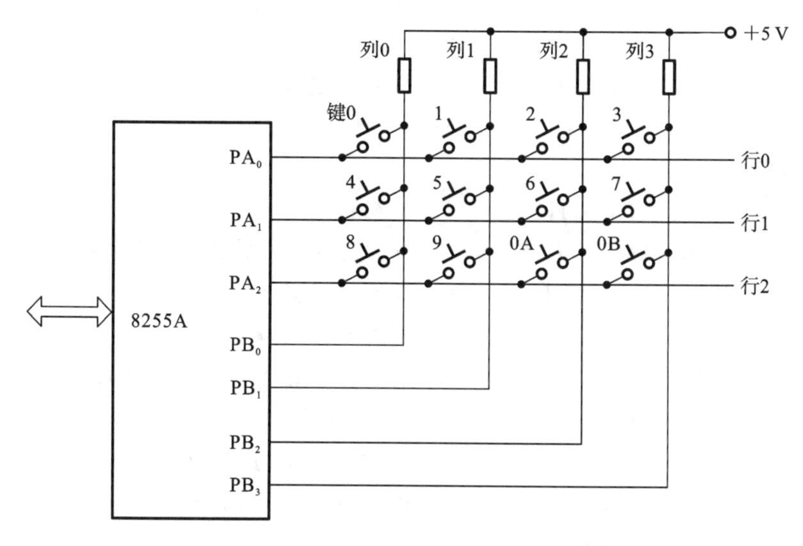

图 8-16　3×4 **矩阵键盘及** 8255A **的接口电路**

分析　矩阵键盘是常见结构，可用行扫描法或反转法识别按键，本例介绍行扫描法。行扫描法的基本思想：设一个 $m\times n$ 的矩阵键盘，对应 m 行 n 列，每个按键占据行、列的一个交叉点，m 行由一个输出端口控制，n 列由一个输入端口控制。当某一行输出低电平时，如果在某一列上有键按下，该列的输入为低电平，通过识别行和列上的电平状态，即可识别键是否按下。

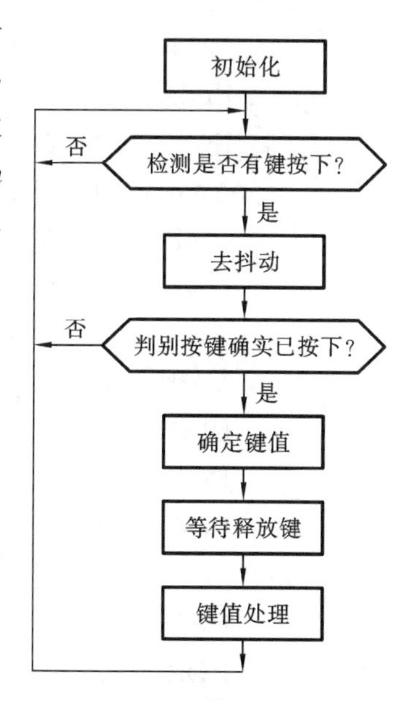

图 8-17　**按键处理程序流程**

行扫描法在编写程序时，可用下面3个步骤来识别按键。

(1) 检测是否有键按下。

将行值输出全0，读入列值。在图8-16中，就是端口A输出0，读入端口B，如果端口B的值（列值）为全1，说明无键按下，继续检测。若读入的数据有一位为0，则表明某个键按下，转(2)。

(2) 去抖动。

在按键的闭合和断开过程中，存在抖动现象，表现为一连串的负脉冲，这是开关的机械特性造成的，一般为5～10 ms，所以在判别到有键

闭合后，用延时程序去抖动，如果延时一段时间后按键仍闭合，则转(3)，否则转(1)。

(3) 确定键值。

为找出按键所在的行值与列值，可采用逐行扫描法，从第0行开始，逐行输出0，每扫描一行，读入列值，若读入数据有一位为0，则表示该位对应的行列交叉点处的按键按下，确定键值的方法：键值＝行首键号＋列值。

例如，图8-16中，若行1列1的键5被按下，当端口A的PA_1输出0，读入端口B的PB_1为0，键值5＝4(行首值)＋1(列值)。设图8-16中8255A的4个端口地址为60H～63H。行扫描按键处理的程序段如下。

```
        MOV   AL, 82H           ; 设置方式控制字
        OUT   63H, AL
        MOV   AL, 0             ; 使各行值输出0
        OUT   60H, AL
LOP1:
        IN    AL, 61H           ; 读列值
        AND   AL, 0FH           ; 屏蔽无用位，保留列值有效位
        CMP   AL, 0FH           ; 查找列值是否有0值
        JZ    LOP1              ; 没有则继续检测
        MOV   BL, 3             ; 有则行值送BL，列值送BH
        MOV   BH, 4
        MOV   CH, 0FFH          ; 取键号初值为FFH
        MOV   AH, 11111110B     ; 逐行扫描，第1次使行值0输出0
        MOV   AL, AH
LOP2:
        OUT   60H, AL           ; 逐行扫描
        ROL   AH, 1             ; 修改扫描码，准备扫描下一行
        IN    AL, 61H           ; 读端口B列值
        AND   AL, 0FH           ; 保留端口B低4位
        CMP   AL, 0FH           ; 查找列值0
        JNZ   LOP3              ; 有，转去找该列值
        ADD   CH, BH            ; 没有，修改键号，以便适合下一行
        MOV   AL, AH            ; 扫描码送AL
        DEC   BL                ; 行值减1
        JNZ   LOP2              ; 未扫描完，转下一行
        JMP   DONE              ; 扫描完毕转其他处理程序
LOP3:
        INC   CH
        ROR   AL, 1
        JC    LOP3              ; CF=1，说明该列值不为0，检查下一列值
        MOV   AL, CH            ; 列值是0，键号送AL
        CMP   AL, 0             ; 是0号键？
```

```
        JZ      KEY0            ；转 0 号键处理程序
        CMP     AL，1           ；是 1 号键？
        JZ      KEY1            ；转 1 号键处理程序
              …
        CMP     AL，0BH         ；是 B 号键？
        JZ      KEYB            ；转 B 号键处理程序
        JMP     DONE
KEY0：  …                       ；0 号键处理程序
KEY1：  …                       ；1 号键处理程序
  ⋮
KEYB：  …                       ；B 号键处理程序
DONE：  …                       ；其他处理程序
```

4. 8255A 作为 LED 数码管接口的应用

微机系统中，常用数码管 LED 作为显示器件。LED 驱动电路简单，易于实现且价格低廉，得到了广泛应用。

1）LED 的工作原理

数码管 LED 由 7 个发光二极管组成，分别称为 a、b、c、d、e、f、g 段，如果加上一位小数点段 D_p 就构成了 8 段，如图 8-18(a)所示。LED 有共阳极和共阴极两种结构，如图 8-18(b)、(c)所示。

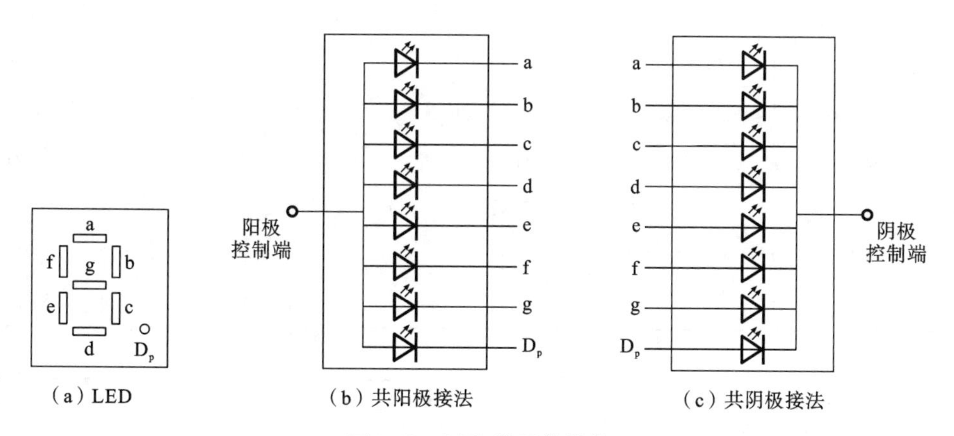

（a）LED　（b）共阳极接法　（c）共阴极接法

图 8-18　LED 数码管结构

共阳极 LED 的公共端接+5 V，要点亮某段，需使该段接低电平，例如要显示字符“1”，应将 b、c 段接低电平，其余段接高电平。

共阴极 LED 的公共端接地，要点亮某段，需使该段接高电平，例如要显示字符“1”，应将 b、c 段接高电平，其余段接低电平。

因此，LED 数码管通过 7 段的亮灭组合，可以实现 0～9、A～F 等字符的显示。7 段 a～g 组成的二进制代码称为段码或显码，a 段为最低位，小数点段 D_p 为最高位（第 7 位），各字符的段码如表 8-3 所示，包括共阴极段码和共阳极段码。

2）LED 显示方式

LED 数码管有两种显示方式：静态显示和动态显示。静态显示是多个 LED 同时显示，每个 LED 的公共端连接在一起，段码线用单独的 I/O 口线控制，这种方式显示稳定、控制简单，但需要较多的 I/O 口线。图 8-19(a)给出了静态显示方式，图中 4 个 LED 数码管至少需要 32 根 I/O 口线。

表 8-3　LED 数码管段码表

显码	共阴极接法									共阳极接法								
	D_7	D_6	D_5	D_4	D_3	D_2	D_1	D_0	7 段代码	D_7	D_6	D_5	D_4	D_3	D_2	D_1	D_0	7 段代码
	D_p	g	f	e	d	c	b	a		D_p	g	f	e	d	c	b	a	
0	0	0	1	1	1	1	1	1	3FH	1	1	0	0	0	0	0	0	C0H
1	0	0	0	0	0	1	1	0	06H	1	1	1	1	1	0	0	1	F9H
2	0	1	0	1	1	0	1	1	5BH	1	0	1	0	0	1	0	0	A4H
3	0	1	0	0	1	1	1	1	4FH	1	0	1	1	0	0	0	0	B0H
4	0	1	1	0	0	1	1	0	66H	1	0	0	1	1	0	0	1	99H
5	0	1	1	0	1	1	0	1	6DH	1	0	0	1	0	0	1	0	92H
6	0	1	1	1	1	1	0	1	7DH	1	0	0	0	0	0	1	0	82H
7	0	0	0	0	0	1	1	1	07H	1	1	1	1	1	0	0	0	F8H
8	0	1	1	1	1	1	1	1	7FH	1	0	0	0	0	0	0	0	80H
9	0	1	1	0	1	1	1	1	6FH	1	0	0	1	0	0	0	0	90H
a	0	1	1	1	0	1	1	1	77H	1	0	0	0	1	0	0	0	88H
b	0	1	1	1	1	1	0	0	7CH	1	0	0	0	0	0	1	1	83H
c	0	0	1	1	1	0	0	1	39H	1	1	0	0	0	1	1	0	C6H
d	0	1	0	1	1	1	1	0	5EH	1	0	1	0	0	0	0	1	A1H
e	0	1	1	1	1	0	0	1	79H	1	0	0	0	0	1	1	0	86H
f	0	1	1	1	0	0	0	1	71H	1	0	0	0	1	1	1	0	8EH
g	0	1	1	1	0	0	1	1	73H	1	0	0	0	1	1	0	0	8CH

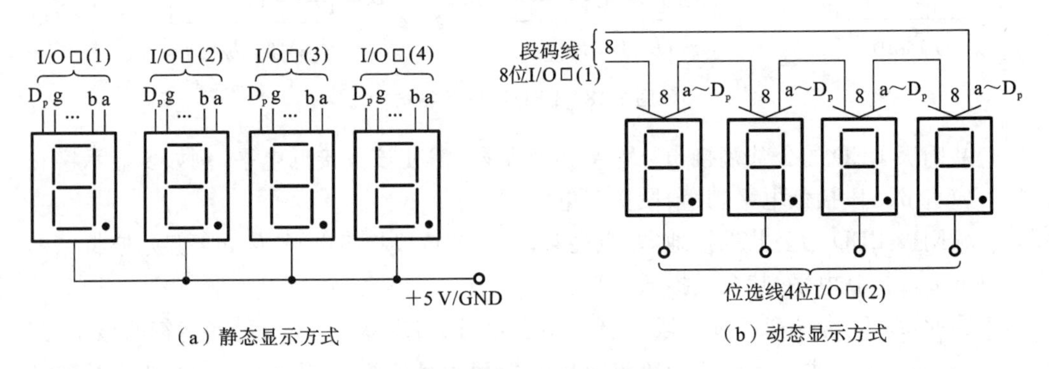

(a) 静态显示方式　　(b) 动态显示方式

图 8-19　LED 数码管显示方式

为节省 I/O 口线，常采用动态显示方式，将所有 LED 的同名段码线并联，每个 LED 的公共端单独接 I/O 口线，称为位选线，如图 8-19(b)所示。所谓动态显示，是指每一时刻只有1位位选线有效，选中一个LED显示，其他LED不显示，通过逐位轮流点亮LED，利用数码管的余辉和视觉暂态，造成多位LED同时点亮的显示效果。

在动态显示方式下，数码管轮流点亮的时间（即扫描间隔）需要根据实际情况进行控制，发光二极管从导通到发光有一定的延时，若点亮时间太短，则会因发光弱而无法看清；若点亮时间太长，则会出现闪烁现象。

【例8-7】 用8255A控制8个共阴极LED数码管动态显示，端口A接8个LED的段码，用2片7407作驱动，端口B接8个位码，用4片75451作驱动，如图8-20所示，设8255A的端口地址为D0H～D3H。要求实现：在8个数码管上同时显示字符0～7。

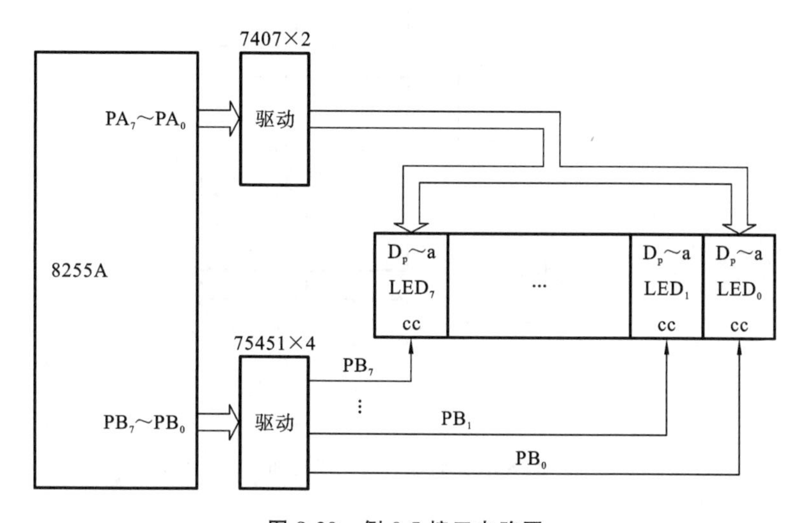

图8-20 例8-7接口电路图

分析 从图8-20可以看出，8个LED数码管采用了动态显示，需采用动态扫描的方法同时显示字符0～7，动态扫描程序框图如图8-21所示。8255A的端口A方式0输出，端口B方式0输出，端口C没有用到，可默认为输出，8255A的方式控制字为80H。

```
DATA   SEGMENT
    TABLE      DB  3FH,06H,5BH,4FH,66H,6DH,7DH,07H
    DATABUF    DB  0,1,2,3,4,5,6,7
DATA   ENDS
CODE   SEGMENT
    ASSUME    CS:CODE,DS:DATA
START:
    MOV   AX,DATA
    MOV   DS,AX
    MOV   AL,80H                       ;8255A方式控制字
    OUT   0D3H,AL
L1: CALL  LEDDISP
    JMP   L1
```

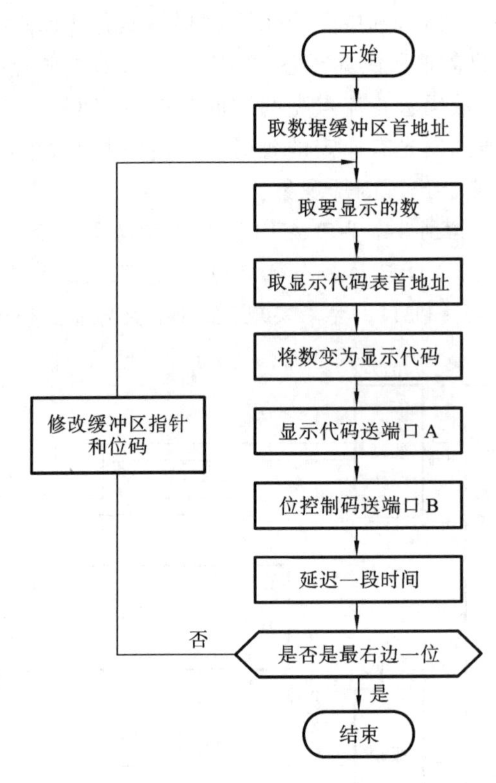

图 8-21　动态扫描程序框图

```
LEDDISP  PROC  NEAR
    MOV  DI,OFFSET  DATABUF        ;DI 指向显示缓冲区首地址
    MOV  CL,7FH                    ;位控码送 CL
DISP:
    MOV  AL,[DI]                   ;要显示的数送 AL
    MOV  BX,OFFSET  TABLE          ;BX 指向段码表首地址
    XLAT                           ;换码得到段码
    OUT  0D0H,AL                   ;段码送端口 A
    MOV  AL,CL                     ;位控码送端口 B
    OUT  0D1H,AL
    PUSH CX                        ;延时程序段
    MOV  CX,30H
DELAY:
    LOOP DELAY
    POP  CX
    CMP  CL,0FEH                   ;显示扫描到最右一位 LED 吗?
    JZ   QUIT                      ;是则退出
    INC  DI                        ;否则修改指针
    ROR  CL,1                      ;位控码右移一位,指向下一位
```

```
        JMP    DISP
QUIT:
        RET
CODE   ENDS
        END    START
```

自测练习 8.1

1. 8255A 有 4 个端口，其中数据口有________个，控制口有________个。
2. 8255A 的端口 A 工作在方式 2 时，使用端口 C 的________位作为与 CPU 和外部设备的联络信号。
3. 当 8255A 的端口 A 和端口 B 均工作在方式 1 输出时，端口 C 的 PC_4 和 PC_5 可以作为________使用。
4. 8255A 中，可以按位置位/复位的端口是________，其置位/复位操作是通过向端口________地址写入位控字实现的。
5. 设 8255A 的端口 A、B 都工作在方式 1 输入，端口 C 的高 4 位定义为输入，方式控制字为(　　)。

   A. AEH　　B. BEH　　C. CEH　　D. DEH
6. 8255A 可作为控制或状态信息的端口是(　　)。

   A. 端口 A　　B. 端口 B　　C. 端口 C　　D. 都可以
7. 8255A 的引脚信号 $\overline{WR}=0$，$\overline{RD}=1$，$\overline{CS}=0$，$A_1A_0=11$ 时，表示(　　)。

   A. CPU 读数据口　　B. CPU 向数据口写数据

   C. CPU 读控制口　　D. CPU 向控制口写控制字
8. 8255A 的方式控制字为 80H，其含义是(　　)。

   A. 端口 A、B、C 均为方式 0 输入　　B. 端口 A、B、C 均为方式 0 输出

   C. 端口 A、B 为方式 1 输入　　D. 端口 A、B 为方式 1 输出

8.2 可编程串行接口芯片 8251A

串行通信是微机系统常用的另一种通信方式。8251A 是 Intel 公司的通用可编程串行接口芯片，是微机和外设串行通信的常用接口。

本节目标：

(1) **理解串行通信的概念，掌握串行异步通信的帧格式。**

(2) **掌握 8251A 芯片结构、引脚和工作方式。**

(3) **掌握 8251A 的典型应用，能够分析设计串行接口电路并编写程序。**

8.2.1 串行通信

1. 串行通信工作方式

串行通信是在一根数据线上按二进制位传输数据。与并行通信相比，串行通信所用的传输线少、成本低，适合远距离传输数据，缺点是速度慢、传输时间长。

串行通信工作方式按照数据传输方向可分为单工、半双工和全双工三种方式，如图 8-22 所示。

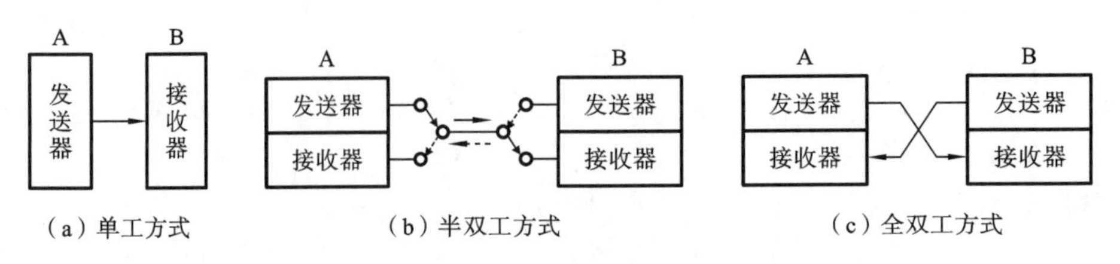

图 8-22 串行通信工作方式

1) 单工方式

单工方式是数据仅能按固定方向传输，如图 8-22(a)所示，数据只能从 A 传送到 B，不能从 B 传送到 A。

2) 半双工方式

半双工方式是数据能双向传输，但不能同时传输，如图 8-22(b)所示，某时刻 A 发送、B 接收，另一时刻 B 发送、A 接收，双方不能同时发送和接收。

3) 全双工方式

全双工方式是数据能同时双向传输，如图 8-22(c)所示，A、B 能同时收、发数据。

2. 同步通信与异步通信

串行通信逐位发送数据，每位传输的时间间隔固定，这就要求通信双方用相同的时间间隔收、发数据，同时需要确定数据的起始位和停止位，因此，串行通信对数据传输格式有严格规定，不同串行通信方式有不同的数据格式。串行通信可分为同步通信和异步通信。

1) 同步通信

同步通信是在约定的通信速率下，收、发双方采用同步时钟，保证完全同步，如图 8-23(a)所示。同步通信的数据格式是由 1～2 个同步字符和多字节数据组成，如图 8-23(b)所示。同步字符作为起始字符触发同步时钟开始收、发数据，多字节数据按位连续发送，每位占用相同的时间间隔，字节间不允许有空隙，没有字符时，要发送专用的空闲字符或同步字符。

同步通信传输信息的位数不受限制，通信效率较高，但要求有准确的同步时钟实现收、发双方的严格同步，对硬件要求较高，适合批量数据传送。

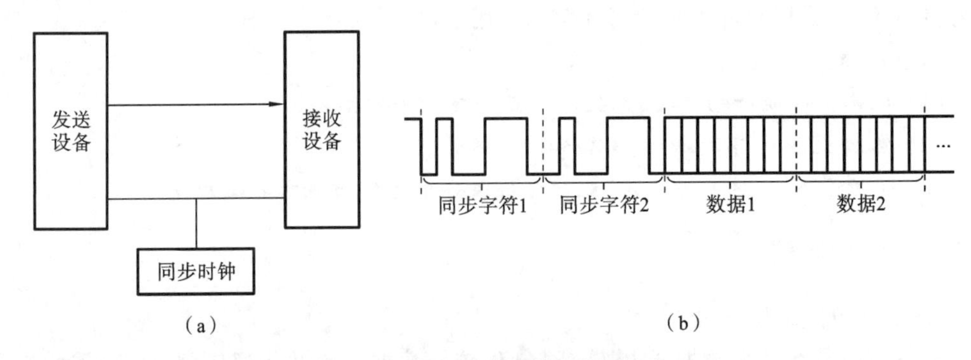

图 8-23 串行同步通信和数据格式

2）异步通信

异步通信是收、发设备使用各自的时钟控制数据发送和接收，无需传输时钟信号，以字符为单位传输数据，字符之间没有固定的时间间隔要求。异步通信规定字符由起始位、数据位、奇偶校验位和停止位组成，这四部分构成了数据帧格式，如图 8-24 所示。

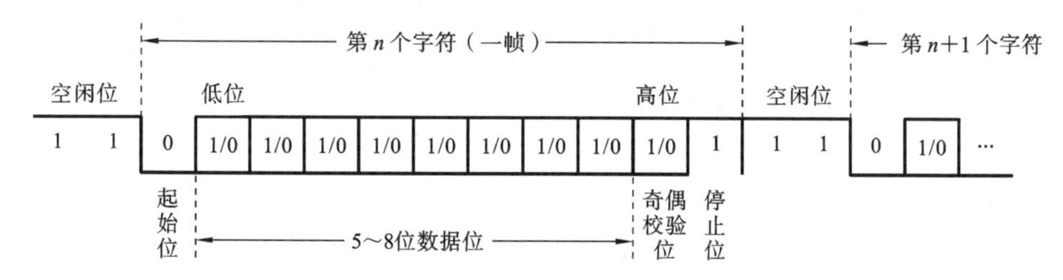

图 8-24　串行异步通信数据帧格式

◇ 起始位：1 位，必须是低电平，标志传送字符的开始。

◇ 数据位：5～8 位，紧跟在起始位之后，按低位在前、高位在后的顺序传送，数据位的个数可编程设定。

◇ 奇偶校验位：1 位，用来检验传输数据的正确性。可选。

◇ 停止位：1 位、1.5 位或 2 位，必须是高电平，标志传送字符的结束。停止位个数可编程设定。

◇ 空闲位：1 位或 n 位，必须是高电平，当没有字符传送时，数据线处于空闲状态。

异步通信的特点是每个字符独立、随机地出现在数据流中，字符间隔用空闲位填充；收、发双方需约定相同的传输速率，每位的传输有严格的定时。异步通信适合于发送数据不连续、传送数据量较少，或对传输速率要求不高的场合。

例如，传送 8 位数据 75H(01110101B)，先低位后高位发送，奇校验，1 个停止位，信号线上的波形如图 8-25 所示。此处由于采用奇校验，校验位和数据位 1 的个数之和应为奇数，所以校验位为低电平。

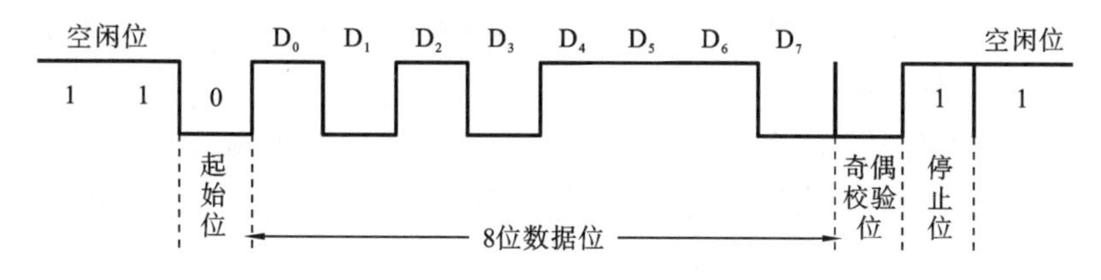

图 8-25　数据 75H 的异步传输

3. 波特率与波特率因子

1）波特率

串行通信传输速率的衡量指标可用比特率或波特率来表示。比特率是单位时间内传输二进制数码的位数，单位为位/秒(b/s)；波特率是单位时间内传输码元符号的个数，单位为波特(Bd)，1 波特即指每秒传输 1 个码元符号。根据调制方式的不同，1 个码元符号可以用 N 位二进制位表示。在计算机的串口通信中，由于数据按二进制位传输，因此波特率等于比特率。

波特率在理论上可以任意设置，考虑到接口的标准性，国际上规定了一个标准波特率系列，常用的波特率为 110、300、600、1200、1800、2400、4800、9600、19200、38400、

115200 等。同一个通信系统中收、发双方的波特率要保证相同,可编程设定。

例如,设一个异步传输过程中每个字符帧包括 1 个起始位、7 个数据位、1 个奇偶校验位和 1 个停止位,如果每秒传输 120 个字符,数据传输的波特率为 120×10=1200 Bd。

2) 波特率因子

为提高串行通信的抗干扰能力,往往用多个时钟传输 1 位二进制数据,收/发 1 个数据位所需要的时钟脉冲个数称为波特率因子,用 n 表示,n 可以是 1、16、32、64 等。收/发时钟频率与波特率、波特率因子的关系如下:

$$收/发时钟频率=波特率\times波特率因子\ n$$

例如,设波特率因子为 16,接收数据时,接收时钟 T_d 按波特率 T_c 的 16 倍对数据进行检测,先检测起始位,再逐位确定数据位和停止位,具体过程:① 在每个接收时钟的上升沿采样数据线,当出现低电平时,可能是起始位,若在 8 个连续时钟周期内均检测到低电平,则确认是起始位,不是干扰信号,如图 8-26 所示;② 以起始位的第 8 个时钟作为基准,每隔 16 个 T_c 采样一次数据线,作为输入数据。通过这种方法,能有效排除线路的噪声干扰,精确确定起始位,得到准确的数据位采样时间基准。

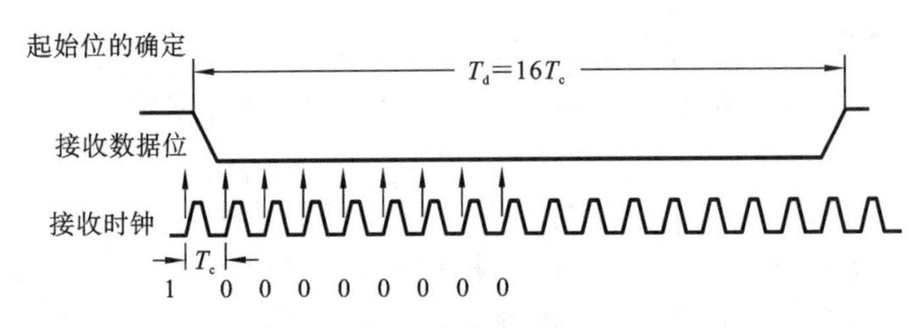

图 8-26 异步串行通信起始位的确定

4. 串行通信的错误校验

在串行通信中,为保证数据传输的正确性,可采用错误校验的方法进行验证。常用的校验方法有奇偶校验、代码和校验、循环冗余校验等。

1) 奇偶校验

奇偶校验用来校验二进制数中 1 的个数是奇数还是偶数,占 1 位。奇偶校验有两种类型:偶校验与奇校验。

偶校验是指数据中 1 的个数和校验位 1 的个数之和为偶数;奇校验是指数据中 1 的个数和校验位 1 的个数之和为奇数。例如,设数据为 0000001,若采用偶校验,则校验位为 1;若采用奇校验,则校验位为 0。

收、发双方应该设定相同类型的校验位。发送时,校验位与数据位一起发送;接收时,根据接收的数据位生成接收方的校验位,与发送方校验位比较,相同表示传输正确,不相同说明传输过程出现了差错。

2) 代码和校验

代码和校验是收、发双方分别对传输的数据块求和(或异或运算,不包含校验字节),产生一个字节的校验和,作为校验字符,接收方将两个校验字符进行比较,相同表示传输正确,否则传输有误。

3) 循环冗余校验

循环冗余校验(Cyclic Redundancy Check,CRC)码,简称循环码,是通过某种数学运算建立数据位和校验位的约定关系,由 N 位有效信息位拼接 K 位校验位构成,是一种具有很强检错、纠错能力的校验码。循环码实现电路简单，常用于磁盘信息传输和计算机网络通信中。

5. 串行接口标准 RS-232C

RS-232C 是美国电子工业协会（Electronic Industry Association，EIA）于 1969 年公布的国际通用串行通信接口标准，规定了通信设备间信号传输的机械、电气、功能等参数，为串行接口部件提供了统一规范，广泛应用于计算机与外设或终端设备间的串行通信。

1）机械特性与信号功能

RS-232C 的机械特性和信号功能规定了与外设的连接方式，在计算机中有 D 型 25 针和 D 型 9 针两种类型，微机通信中一般采用 D 型 9 针接口，如图 8-27 所示。

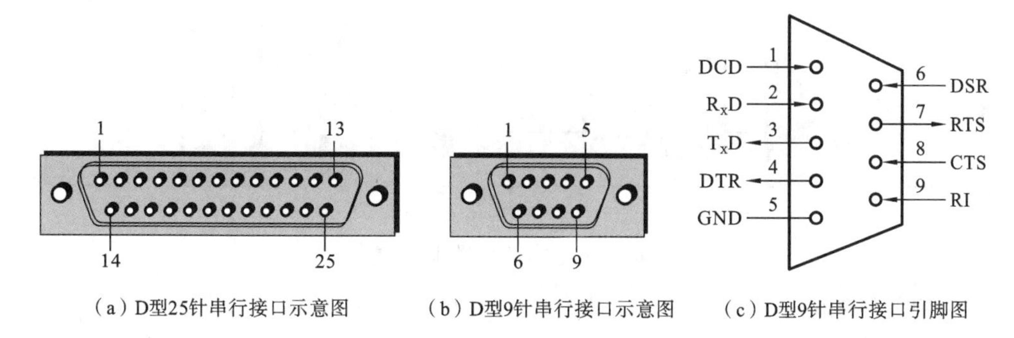

（a）D型25针串行接口示意图　（b）D型9针串行接口示意图　（c）D型9针串行接口引脚图

图 8-27 RS-232C **接口及** 9 **针引脚**

D 型 9 针接口的引脚功能和输入/输出方向如表 8-4 所示。其中，T_XD 和 R_XD 是串行通信的发送数据信号和接收数据信号，其余为联络信号。表 8-4 中，数据终端设备通常指计算机或终端，数据通信设备指调制/解调器。

表 8-4 RS-232C **引脚定义**

引脚号	信号名称	信号方向	功能	引脚号	信号名称	信号方向	功能
1	DCD	输入	载波检测	6	DSR	输入	数据通信设备就绪
2	R_XD	输入	接收数据	7	RTS	输出	请求发送
3	T_XD	输出	发送数据	8	CTS	输入	发送允许
4	DTR	输出	数据终端设备就绪	9	RI	输入	响铃指示
5	GND		信号地				

2）电气特性与连接方式

RS-232C 采用负逻辑电平，规定：－25～－3 V（通常为－15～－5 V）为逻辑“1”；＋5～＋25 V（通常为＋5～＋15 V）规定为逻辑“0”；－3～＋3 V 是未定义的过渡区。显然，RS-232C 的电平与计算机的 TTL 电平不兼容，TTL 电平标准是：＋5 V 为逻辑“1”，0 V 为逻辑“0”，如图 8-28 所示。

因此，当计算机采用 RS-232C 接口标准通信时，必须加电平转换电路。通常使用的转换电路芯片是 MC1488 和 MC1489，MC1488 将 TTL 电平转换成 RS-232C 电平，MC1489 将 RS-232C 电平转换成 TTL 电平。MAX232A 也可实现 TTL 和 RS-232C

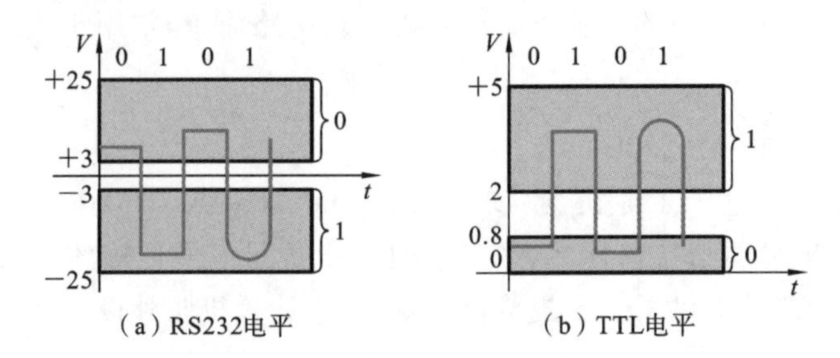

图 8-28 RS-232C 与 TTL 电平

电平的双向转换。RS-232C 双机通信如图 8-29 所示。

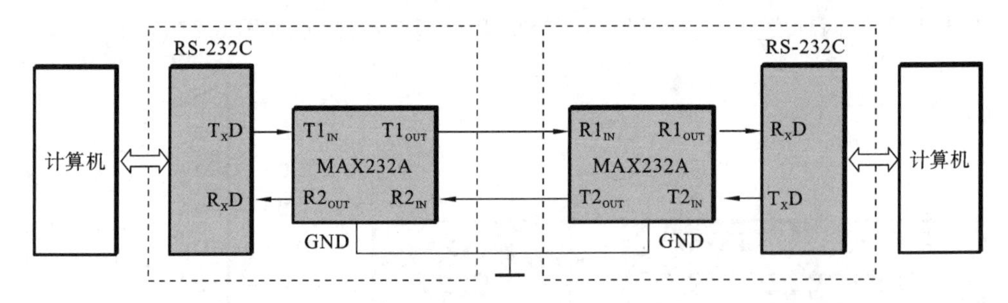

图 8-29 RS-232C 双机通信

常用的可编程串行接口芯片有 Intel 8250、Intel 8251A，以及 TI 公司的 PC16450 和 PC16550 等，下面以 Intel 8251A 为例，介绍可编程串行接口芯片的结构、工作原理及应用。

8.2.2 8251A 内部结构及引脚

8251A 是可编程串行通信接口芯片，有同步通信和异步通信两种工作方式。同步方式的波特率为 0～64000 Bd，异步方式的波特率为 0～19200 Bd。全双工方式提供出错检测，能检测奇偶错误、溢出错误和帧错误三种错误，内设调制/解调控制电路。

1. 8251A 内部结构

8251A 的内部结构主要有发送器、接收器、数据总线缓冲器、读/写控制逻辑和调制/解调控制逻辑等，如图 8-30 所示。

1）发送器

发送器由发送缓冲器、并→串移位寄存器和发送控制电路组成。发送缓冲器接收来自 CPU 的并行数据，通过并→串移位寄存器将数据按位从 T_XD 引脚串行发送出去。发送控制电路控制串行数据发送，异步方式时为字符加上起始位和停止位，同步方式时自动加上同步字符。

2）接收器

接收器由接收缓冲器、串→并移位寄存器和接收控制电路组成。串→并移位寄存器从 R_XD 引脚接收串行数据，转换为并行数据后存入接收缓冲器。接收控制电路控制串行数据的接收，检测并识别控制位信息，如同步字符、起始位、停止位，对数据进行校验等。

3）数据总线缓冲器

数据总线缓冲器是三态双向 8 位缓冲器，与 CPU 的数据总线相连，负责把 CPU 发

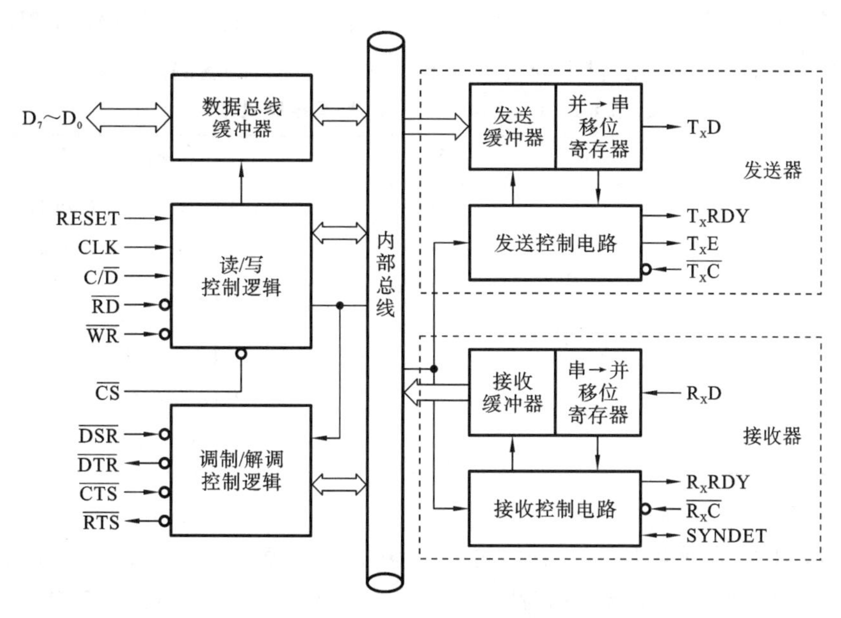

图 8-30 8251A 的内部结构

来的控制命令、同步字符、数据等信息送给发送器，把接收器收到的数据或 8251A 的状态字送给 CPU。

4）读/写控制逻辑

读/写控制逻辑接收读/写相关的控制信号，将这些信号进行组合，产生 8251A 的各种内部操作。

5）调制/解调控制逻辑

调制/解调控制逻辑给调制/解调器提供控制信号，控制 8251A 和调制/解调器。计算机远程通信时，需要用到调制/解调器，发送方输出的串行信号通过调制/解调器转换成模拟信号发送出去，接收方的调制/解调器将模拟信号转换为数字信号送给接收方的接收器。

2. 8251A **引脚功能**

8251A 有 28 个引脚，双列直插封装，单一+5 V 电源，如图 8-31 所示。

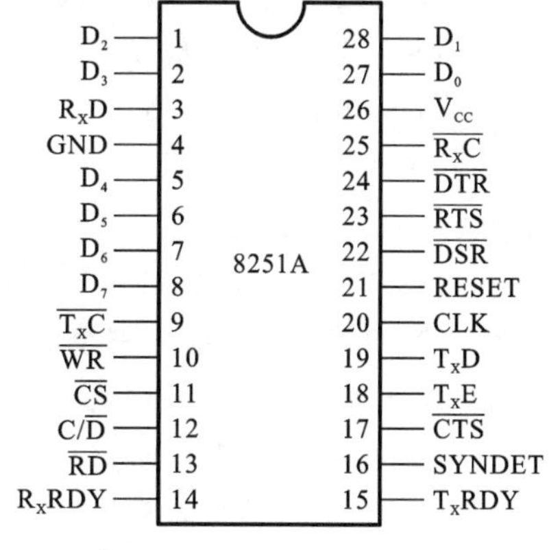

图 8-31 8251A 的引脚

1）面向 CPU 的引脚及功能

◇ $D_7 \sim D_0$：8 位数据线，三态双向，与系统数据总线 $D_7 \sim D_0$ 相连，用来传送命令字、状态信息和收/发数据。

◇ RESET：复位信号，输入，高电平有效时，清除内部寄存器和控制逻辑。

◇ $\overline{CS}$：片选信号，输入，低电平有效时表示 8251A 被选中。

◇ $\overline{RD}$：读信号，输入，低电平有效时表示 CPU 正在对 8251A 进行读操作。

◇ $\overline{WR}$：写信号，输入，低电平有效时表示 CPU 正在对 8251A 进行写操作。

◇ C/$\overline{D}$：控制/数据信号，输入，C/$\overline{D}$=1，选中奇地址端口，是控制/状态口；C/$\overline{D}$=0

选中偶地址端口,是数据输入/输出口。8086/8088 系统中,$C/\overline{D}$与地址线 A_1/A_0 相连。

$\overline{CS}$、$C/\overline{D}$、$\overline{RD}$、$\overline{WR}$的逻辑组合决定了 8251A 的读/写控制操作,如表 8-5 所示。

表 8-5 CPU 对 8251A 的读/写控制操作

$\overline{CS}$	$C/\overline{D}$	$\overline{RD}$	$\overline{WR}$	具体操作
0	0	0	1	CPU 从 8251A 读数据
0	0	1	0	CPU 向 8251A 写数据
0	1	0	1	CPU 读取 8251A 的状态信息
0	1	1	0	CPU 向 8251A 写入控制命令
0	×	1	1	8251A 的数据总线浮空
1	×	×	×	8251A 未被选中

2) 面向外设的引脚及功能

◇ T_XRDY:发送器准备好信号,输出,高电平有效,表明 8251A 已做好发送数据的准备,CPU 可以向 8251A 输入数据。T_XRDY 有效的条件是:$\overline{CTS}=0$,$T_XEN=1$(允许发送),且发送缓冲器为空。T_XRDY 可作为中断请求信号,也可被 CPU 查询。当 CPU 向 8251A 写入一个字符后,T_XRDY 变为低电平。

◇ T_XE:发送器空信号,输出,高电平有效,表明发送器的并→串移位寄存器已空。T_XE 与 T_XRDY 不同,T_XRDY 表示发送缓冲器的状态,T_XE 表示并→串移位寄存器的状态,T_XRDY 先于 T_XE 之前有效,T_XE 表示一个发送过程的完成。

◇ T_XD:数据发送引脚,输出。CPU 送给 8251A 的并行数据在 8251A 内部被转换为串行数据后,通过 T_XD 引脚逐位发送给外设。

◇ R_XRDY:接收器准备好信号,输出,高电平有效,表示 8251A 已经从外设接收到了一个字符,等待 CPU 取走。R_XRDY 可作为中断请求信号,也可供 CPU 查询。当 CPU 从 8251A 读取一个字符后,R_XRDY 变为低电平。

◇ R_XD:数据接收引脚,输入。外设来的串行数据由 R_XD 进入 8251A,经串→并移位寄存器转换为并行数据,被 CPU 读取。

◇ SYNDET:同步检测信号,双向,高电平有效,仅用于同步方式。8251A 有内同步和外同步两种方式。内同步时,8251A 检测到同步字符后,SYNDET 输出高电平,表示收、发双方已同步,后续收到的是有效数据。外同步时,由外部机构检测同步字符,若检测到,则 SYNDET 输入高电平,表明已同步,8251A 将从下一个$\overline{R_XC}$的下降沿开始接收数据,SYNDET 的高电平至少应维持一个$\overline{R_XC}$周期。

3) 面向调制/解调器的引脚及功能

当 8251A 进行远距离通信时,通常要用到调制/解调器,有 4 个联络信号。

◇ $\overline{DTR}$:数据终端准备好信号,输出,低电平有效,用来通知调制/解调器 CPU 已准备就绪,可以通过 8251A 从调制/解调器接收数据了。

◇ $\overline{DSR}$:数据通信设备准备好信号,输入,低电平有效,是调制/解调器对$\overline{DTR}$的响应信号。CPU 可通过读取状态寄存器来查询$\overline{DSR}$是否有效,$\overline{DSR}=0$ 表示外设已准备好发送数据。

◇ $\overline{RTS}$:请求发送信号,输出,低电平有效,是 8251A 向调制/解调器发送的控制信息。$\overline{RTS}$=0,表示 CPU 已准备好通过 8251A 向调制/解调器发送数据。

◇ $\overline{CTS}$:发送允许信号,输入,低电平有效,是对$\overline{RTS}$的响应信号。$\overline{CTS}$=0,8251A 发送数据。

以上 4 个信号通常在远距离通信时作为与调制/解调器的联络信号,近距离传输数据时可悬空不用,但$\overline{CTS}$必须接地,这是因为发送器 T_XRDY 的有效条件是$\overline{CTS}$=0。

4) 时钟信号

8251A 有三种时钟信号 CLK、$\overline{T_XC}$和$\overline{R_XC}$。

◇ CLK:系统时钟信号,输入,产生 8251A 的内部时序。在同步方式下,CLK 的频率要大于收/发数据波特率的 30 倍;在异步方式下,大于数据波特率的 4.5 倍。

◇ $\overline{T_XC}$:发送器时钟,输入,控制 8251A 发送字符的速度。

◇ $\overline{R_XC}$:接收器时钟,输入,控制 8251A 接收字符的速度。

在异步方式下,$\overline{T_XC}$和$\overline{R_XC}$的频率可以是波特率的 1 倍、16 倍或者 64 倍,这个倍数就是波特率因子,由 8251A 编程指定。在同步方式下,$\overline{T_XC}$和$\overline{R_XC}$的频率等于字符传输的波特率。

8251A 没有内置的波特率发生器,在实际使用时,$\overline{R_XC}$和$\overline{T_XC}$通常连在一起,由同一个外部时钟提供,CLK 由另一个外部时钟提供。

3. 8251A 的数据收/发

8251A 的接收和发送过程分为异步和同步两种类型。

1) 异步接收方式

在异步接收方式下,接收器检测 R_XD 引脚的电平状态,无数据时 R_XD 为高电平,一旦 R_XD 为低电平,就需要确定是数据起始位还是干扰信号,此时接收器启动内部计数器用作接收时钟,当计数到一个数据位宽度的一半(如波特率因子为 16 倍,计数到第 8 个脉冲)时,如果 R_XD 仍为低电平,则确认为起始位,否则认为是干扰信号。此后,接收器以同样的接收时钟频率采样 R_XD(如波特率因子为 16,就是每隔 16 个时钟脉冲周期进行采样),将采样的数据位送至串→并移位寄存器,在移位寄存器中进行奇偶校验,去掉停止位,得到并行数据,经内部数据总线送至接收缓冲器,同时发出 R_XRDY 信号供 CPU 查询或引发中断,表示一个字符接收完成。对少于 8 位的数据,8251A 将其高位填“0”。

2) 异步发送方式

异步发送的条件是:发送允许位 T_XEN=1,$\overline{CTS}$=0,且发送缓冲器为空,此时 T_XRDY 有效,可以发送,发送器从数据总线缓冲器获得来自 CPU 的并行数据,自动加上起始位、校验位和停止位(由控制字设置格式),在发送时钟$\overline{T_XC}$的控制下经并→串移位寄存器从 T_XD 端发出。

3) 同步接收方式

在同步接收方式下,8251A 首先搜索同步字符,检测 R_XD 引脚信号的起始电平,将收到的数据经串→并移位寄存器送给接收寄存器,把接收寄存器与同步字符进行比较(同步字符由初始化程序设定,存在同步字符寄存器中),相同表明已同步,输出 SYNDET 信号,不同则重新检测同步字符。

同步后,通信双方开始传输数据。接收器根据接收时钟频率接收 R_XD 上的串行数据，按规定位数装配成并行数据送给数据总线缓冲器，同时发出 R_XRDY 信号，表明 8251A 已接收到一个数据字符。

4）同步发送方式

同步发送方式是在发送允许 T_XEN 和 $\overline{CTS}$ 有效后，才能开始发送过程。发送器首先发送同步字符（由初始化程序设置同步字符格式），然后发送数据块，如果初始化程序设定数据有奇偶校验，则发送器会自动为每个数据字符加上奇/偶校验位；发送过程中，如果 CPU 来不及把新数据提供给 8251A，则发送器会自动插入同步字符；如果是 CRC 校验，则发送器会按特定规则产生相应的校验码并发送。

8.2.3 8251A 控制字与状态字

8251A 的控制字可用来设定同步或异步工作方式、帧格式、同步字符、收发启动等，包括方式选择控制字和操作命令控制字。状态字给出了 8251A 的当前工作状态。

1. 方式选择控制字

方式选择控制字写入奇地址端口，格式如图 8-32 所示。

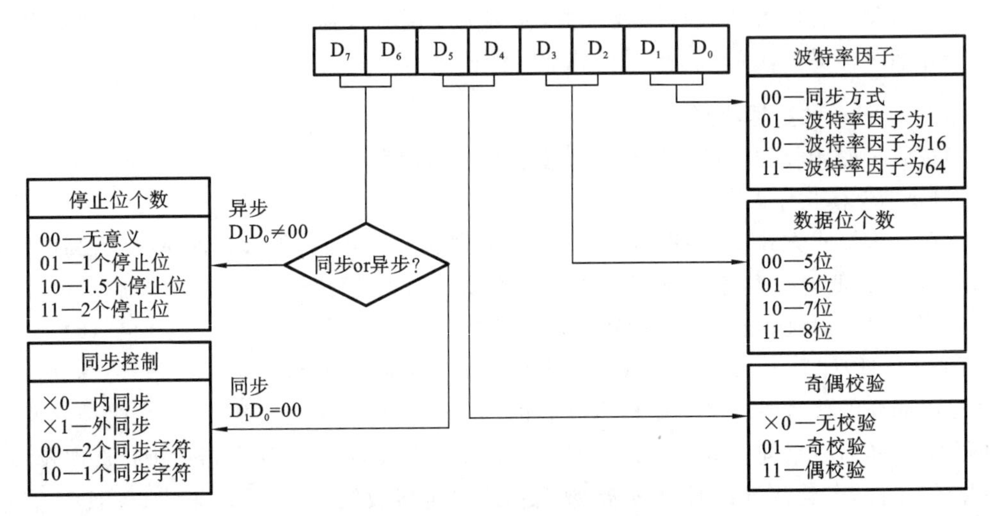

图 8-32　方式选择控制字格式

◇ D_7D_6：在同步和异步方式下含义不同。

同步方式下，D_7D_6 用来决定是内同步还是外同步，以及同步字符的个数。$D_6=1$，外同步；$D_6=0$，内同步；$D_7=1$ 是 1 个同步字符，$D_7=0$ 是 2 个同步字符。

异步方式下，$D_7D_6=00$ 无意义，其他编码决定了停止位的位数。D_7D_6 分别为 01、10、11，对应停止位的位数为 1 位、1.5 位、2 位。

◇ D_5D_4：表示是否需要校验位及校验的类型。$D_4=1$，需要校验，$D_4=0$，不要校验。$D_5=1$ 是偶校验，$D_5=0$ 是奇校验。

◇ D_3D_2：规定传送数据的位数。D_3D_2 分别为 00、01、10、11 时，对应传输字符的位数是 5 位、6 位、7 位、8 位。

◇ D_1D_0：表示同步或异步工作方式。$D_1D_0=00$，同步方式。$D_1D_0\neq00$，异步方式，用来决定异波特率因子。

例如，要求 8251A 工作在异步方式，波特率因子为 64，字符长度为 8 位，奇校验，2

个停止位，方式选择控制字为 11011111B=DFH。

2. 操作命令控制字

操作命令控制字写入奇地址端口，格式如图 8-33 所示。

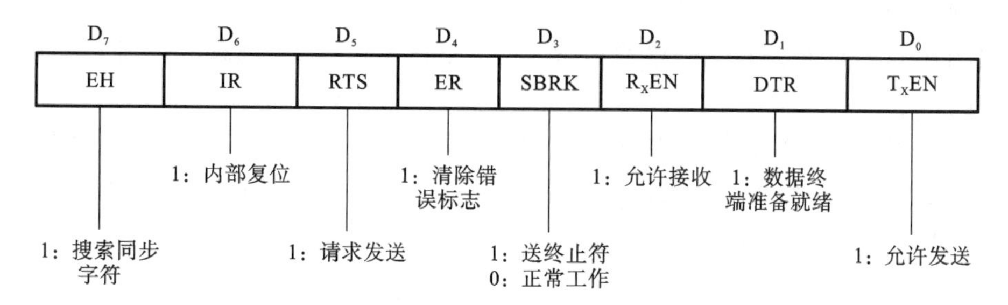

图 8-33 操作命令控制字格式

◇ D_7(EH)：同步方式位。$D_7=1$，表示启动搜索同步字符。

◇ D_6(IR)：复位控制位。$D_6=1$，8251A 内部复位，重新进入初始化流程，操作命令控制字为 40H。$D_6=0$，正常工作。

◇ D_5(RTS)：请求发送位，与引脚$\overline{RTS}$直接相关。RTS =1，使$\overline{RTS}$引脚有效，CPU 通过 8251A 发送数据。

◇ D_4(ER)：清除错误标志位。$D_4=1$，清除状态寄存器中的全部错误标志。

◇ D_3(SBRK)：发送断缺字符位。SBRK=1，使引脚 T_XD 变为低电平，输出终止符“0”，表示数据断缺。SBRK=0，正常工作。

◇ D_2(R_XEN)：允许接收位。$R_XEN=1$，允许 8251A 接收数据；$R_XEN=0$，禁止接收数据。

◇ D_1(DTR)：数据终端准备好位，与引脚$\overline{DTR}$直接相关。DTR =1，使引脚$\overline{DTR}$为 0，表示数据终端已准备好接收数据了。

◇ D_0(T_XEN)：允许发送位。$T_XEN=1$，允许 8251A 发送数据；$T_XEN=0$，禁止发送数据。

注意，$\overline{DTR}$和$\overline{RTS}$引脚的有效电平是通过对操作命令字编程来设置的，这样便于 CPU 与外设进行联系。

3. 状态字

8251A 内部设有状态寄存器，CPU 可以通过 IN 指令读取状态寄存器的内容，具体格式如图 8-34 所示。

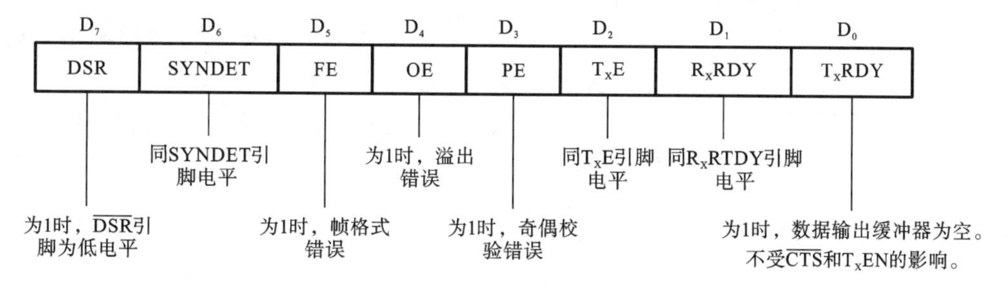

图 8-34 8251A 状态字格式

◇ D_7(DSR):数据终端准备好标志位。当外设(调制/解调器)准备好发送数据时，使$\overline{DSR}$引脚输出低电平,DSR 位被置 1。

◇ D_6、D_2、D_1:与 8251A 同名引脚 SYNDET、T_XE、R_XRDY 的状态完全相同,反映这些引脚当前的工作状态。

◇ D_5、D_4、D_3:分别表示帧格式错误 FE、溢出错误 OE 和奇偶校验错误 PE,为 1 表示出错。

◇ D_0:数据发送准备好标志位,该位的含义与引脚 T_XRDY 不同。状态寄存器的 T_XRDY 是只要数据输出缓冲器为空就置 1,而引脚 T_XRDY 的有效条件是发送缓冲器为空、引脚$\overline{CTS}$=0 且命令字中的 T_XEN=1。

4. 8251A **初始化**

与 8255A 一样,8251A 使用前必须初始化。8251A 初始化编程流程如图 8-35 所示,具体过程如下。

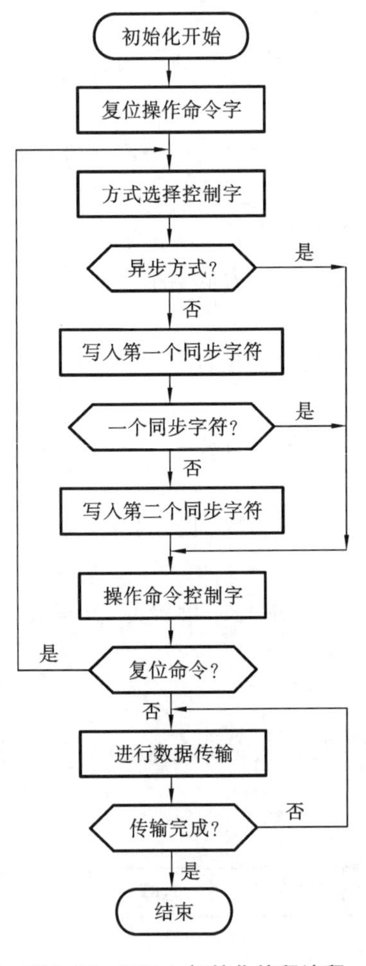

图 8-35　8251A 初始化编程流程

(1) 8251A 复位后,首先向奇地址端口(C/$\overline{D}$=1)写入方式选择控制字,确定 8251A 工作在同步还是异步方式。

(2) 如果是同步方式,则根据方式字确定的同步字符个数,向奇地址端口(C/$\overline{D}$=1)写入 1 个或 2 个同步字符。如果是异步方式,则省略本步骤。

(3) 无论同步还是异步方式,均向奇地址端口(C/$\overline{D}$=1)写入操作命令控制字。如果是复位命令(40H),则 8251A 恢复到初始状态,重新开始接收方式选择控制字;如果不是复位命令,则可进行数据传输。

8251A 初始化编程需注意以下几点。

(1) 由于 8251A 的方式选择控制字、同步字符及操作命令控制字都是写入相同的奇地址端口(C/$\overline{D}$=1),为了避免混淆,写入时必须严格按顺序进行。

(2) 方式控制字必须在复位后首先写入,而且只能写入一次,若要改变 8251A 的工作方式,则必须先通过复位命令使 8251A 复位,才能再次写入方式控制字。

(3) 同步字符和操作命令字在方式控制字之后写入,可多次写入。

(4) 状态字可通过奇地址端口随时读取,没有顺序要求。

8.2.4　8251A 的应用

1. 初始化编程

【例 8-8】　设 8086 系统中 8251A 端口地址分别为 80H(偶地址)和 81H(奇地址),

要求工作方式为：异步通信，字符用 7 位二进制数表示，奇校验，1.5 个停止位，波特率因子为 64，实现接收和发送。编写初始化程序段。

分析 方式选择控制字为 10011011B＝9BH。要实现接收和发送，操作命令控制字的收/发允许位 R_XEN、T_XEN 有效，请求发送 RTS 和数据终端准备好信号 DTR 有效，复位出错标志 ER，操作命令控制字为 00110111B＝37H。根据图 8-35，初始化程序段如下。

```
MOV   AL,40H
OUT   81H,AL      ;写入复位命令
MOV   AL,9BH
OUT   DX,AL       ;写入方式选择控制字,设置工作方式
MOV   AL,37H
OUT   DX,AL       ;写入操作命令控制字,设置工作状态
```

【例 8-9】 设 8086 系统中 8251A 端口地址分别为 80H(偶地址)和 81H(奇地址)，要求工作方式为：同步方式为内同步，有两个同步字符，字符用 7 位二进制数表示，奇校验，设第一个同步字符为 0EFH，第二个同步字符为 7EH。要求：复位出错标志，启动发送器和接收器，当前 CPU 已经准备好且请求发送。编写初始化程序段。

分析 方式选择控制字为 18H，操作命令控制字为 0B7H。初始化程序段如下。

```
MOV   AL,40H
OUT   81H,AL      ;写入复位命令
MOV   AL,18H
OUT   81H,AL      ;写入方式选择控制字,设置工作方式
MOV   AL,0EFH
OUT   81H,AL      ;写入第一个同步字符
MOV   AL,7EH
OUT   81H,AL      ;写入第二个同步字符
MOV   AL,0B7H
OUT   81H,AL      ;写入操作命令控制字,设置工作状态
```

2. 双机通信

【例 8-10】 利用 8251A 实现近距离双机通信，采用 RS-232C 接口标准，硬件连接如图 8-36 所示。要求甲机向乙机传送 100 个字符，异步传输，7 个数据位，1.5 个停止位，奇校验，波特率因子为 64。双机的端口地址均为 80H 和 81H。

分析 图中采用了 RS-232 接口标准，用芯片 MC1488 和 MC1489 实现电平转换。甲、乙两机可进行半双工或全双工通信，CPU 与接口之间可按查询方式或中断方式进行数据传输。本例中设甲机发送，乙机接收，查询方式。

(1) 甲机程序。

```
DATA   SEGMENT
    DATAPTR   DB   100 DUP(?)
DATA   ENDS
CODE   SEGMENT
    ASSUME    CS:CODE,DS:DATA
```

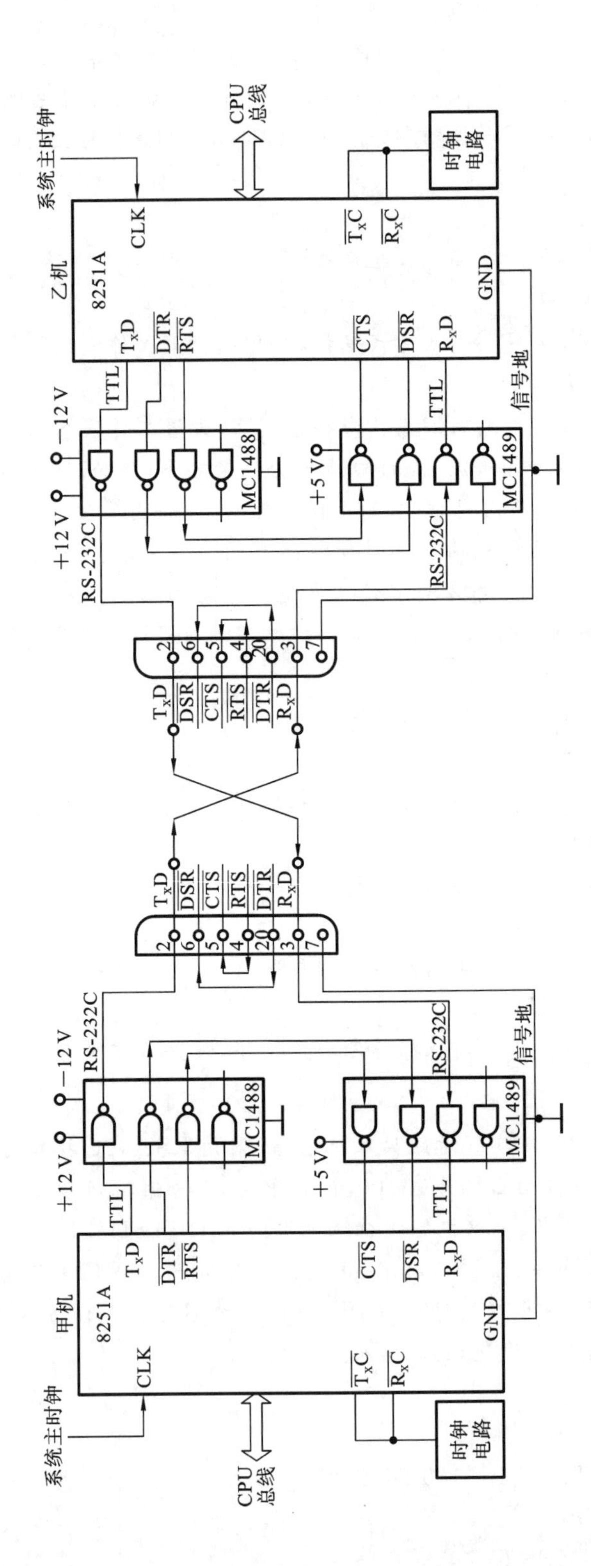

图 8-36 利用8251A进行近距离双机通信硬件连接图

```
START:
    MOV   AL,40H
    OUT   81H,AL        ;写入复位命令
    MOV   AL,9BH        ;写入方式选择控制字
    OUT   81H,AL
    MOV   AL,33H        ;操作命令字
    OUT   81H,AL
    LEA   SI,DATAPTR    ;设发送数据块首地址
    MOV   CX,100        ;设发送数据块字节数
NEXT:
    IN    AL,81H        ;读入状态字
    TEST  AL,01H        ;查询状态位TxRDY是否为"1"
    JZ    NEXT          ;未准备好,继续查询
    MOV   AL,[SI]       ;准备好,发送数据
    OUT   80H,AL
    INC   SI            ;修改地址指针
    LOOP  NEXT          ;未发送完,继续
    MOV   AX,4C00H
    INT   21H
CODE  ENDS
    END   START
```

(2) 乙机程序。

```
DATA  SEGMENT
    DATAPTR  DB  100 DUP(?)
DATA  ENDS
CODE  SEGMENT
    ASSUME  CS:CODE,DS:DATA
START:
    MOV   AL,40H
    OUT   81H,AL        ;写入复位命令
    MOV   AL,9BH        ;写入方式选择控制字
    OUT   81H,AL
    MOV   AL,16H        ;操作命令字
    OUT   81H,AL
    LEA   DI,DATAPTR    ;设接收数据块首地址
    MOV   CX,100        ;设接收数据块字节数
NEXT:
    IN    AL,81H        ;读入状态字
    TEST  AL,02H        ;查询状态位RxRDY是否为"1"
    JZ    NEXT          ;未准备好,继续查询
```

```
        MOV  AL,[DI]        ;准备好,接收数据
        IN   AL,80H
        INC  DI             ;修改地址指针
        LOOP NEXT           ;未发送完,继续
        MOV  AX,4C00H
        INT  21H
    CODE ENDS
        END  START
```

思考:如果要求甲、乙两机能收、发数据,如何修改程序?如何实现中断方式的数据传输?

自测练习 8.2

1. 串行通信中,按照数据在通信线路上的传输方向可分为________、________和________三种传输方式。
2. 串行异步通信的起始位是________(高/低)电平,占________位。
3. RS-232C 接口标准规定的电平是负逻辑,高电平的电压范围是________,低电平的电压范围是________。
4. 8251A 工作在异步方式时,每个字符的数据长度可以是________,停止位长度可以是________。
5. 若 8251A 的波特率因子为 16,波特率为 1200,则时钟频率是________。
6. 串行通信中,若收、发双方采用同一个时钟信号控制,称为(　　)串行通信。
   A. 全双工　　B. 单工　　C. 同步　　D. 异步
7. 设两台微机进行串行双工通信,最少可用(　　)个引脚。
   A. 2　　B. 3　　C. 4　　D. 5
8. 微机的异步串行通信中,用波特率表示数据的传输速率,它是指(　　)。
   A. 每秒传输的字符数　　B. 每秒传输的字数
   C. 每秒传输的字节数　　D. 每秒传输的二进制位数
9. 设某异步串行通信中传送的字符包括 1 个起始位,7 个数据位,1 个偶校验位,1 个停止位,若传送速率为 1200 Bd,则每秒所能传送的字符个数是(　　)。
   A. 100　　B. 120　　C. 1200　　D. 2400
10. 设 8251A 工作在异步方式下,方式选择命令字的 D_1D_0 为 01,若收、发的时钟 T_XC、R_XC 为 4800 Hz,则输入/输出数据速率为(　　)。
    A. 4800　　B. 2400　　C. 1200　　D. 300

8.3 可编程定时/计数器 8253

微机系统中,常用定时/计数器实现延时控制或定时、对外部事件的计数等功能。Intel 8253 是通用的可编程定时/计数器接口芯片。

本节目标：

（1）了解定时、计数的概念，理解不同的定时方法。

（2）掌握 8253 芯片结构、引脚和工作方式。

（3）掌握 8253 的典型应用，能够分析设计定时器接口电路和编程。

8.3.1 定时/计数器概述

定时和计数本质上都是对输入脉冲进行计数，定时是对周期性信号（如时钟信号）进行计数，计数是对外部脉冲进行计数，定时/计数器常用来产生时钟信号、接口电路工作的节拍、信息传输的同步信号等，如微机中的系统日历时钟、动态存储器的定时刷新、蜂鸣器的发声等都是由定时信号产生的。实现定时的方法有软件定时和硬件定时。

1. 软件定时

软件定时一般通过延时程序实现，通过调整延时程序中的指令和循环次数可得到不同的定时时间。软件定时的优点是实现简单，缺点是 CPU 利用率低，难以得到精确定时。

2. 硬件定时

硬件定时分为纯硬件定时和可编程硬件定时两类。纯硬件定时通常采用分频器、单稳电路或简单的定时电路（如 555 集成电路）控制定时时间。虽然纯硬件定时电路结构简单，但电路搭建好后不能改动，定时范围不能由程序来控制和改变，使用不灵活。

可编程硬件定时实际上是一种软、硬件结合的定时方法，由软件编程设置定时时间、硬件电路自动完成定时。可编程硬件定时可灵活调整定时时间，在定时/计数过程中能与 CPU 并行工作，提高了 CPU 利用率，得到广泛应用。

常用的可编程定时/计数器芯片有 Intel 8253、Intel 8254 等，本节以 Intel 8253 为例，介绍可编程定时/计数器芯片的结构、工作原理及应用。

8.3.2 8253 内部结构及引脚

1. 8253 的特点

作为可编程定时/计数器，8253 的特点如下。

（1）有 3 个独立的 16 位减法计数器，可实现计数或定时。

（2）每个计数器都有 6 种不同的工作方式，对应不同的输出波形。

（3）每个计数器均可按二进制或十进制（BCD 码）计数。

（4）最高计数频率可达 2 MHz。

2. 8253 内部结构及引脚

8253 内部结构及引脚如图 8-37 所示。内部结构由数据总线缓冲器、读/写控制逻辑、控制字寄存器和 3 个独立的计数器组成。24 个引脚，分为面向 CPU 的引脚和计数器相关引脚两类。

1）计数器

8253 内部有 3 个结构完全相同的 16 位计数器，每个计数器包含 1 个 16 位初值寄

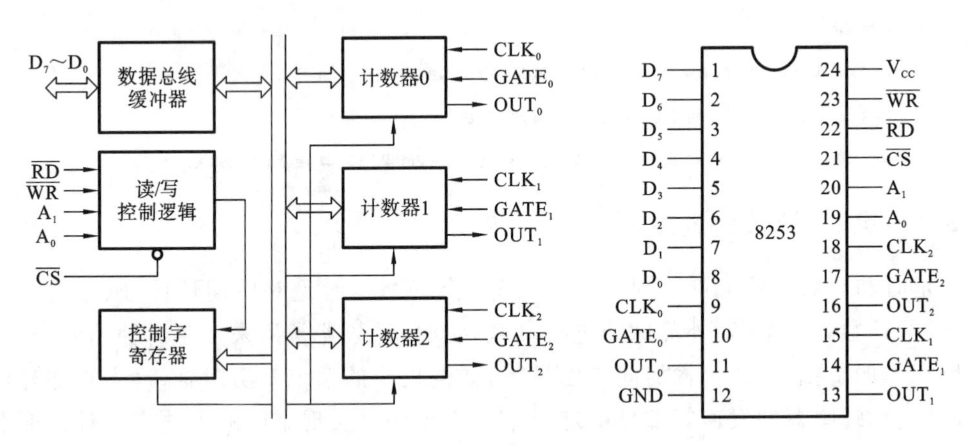

图 8-37 8253 内部结构及引脚

存器、1 个 16 位减 1 计数器和 1 个 16 位输出锁存寄存器，如图 8-38 所示。初值寄存器和输出锁存寄存器都可当作 2 个 8 位寄存器使用，能被 CPU 直接访问，初值寄存器是只写端口，输出锁存寄存器是只读端口，所以两个寄存器可共用一个端口地址。16 位减 1 计数器是计数执行部件，CPU 不能直接访问。每个计数器有 3 个引脚，定义如下。

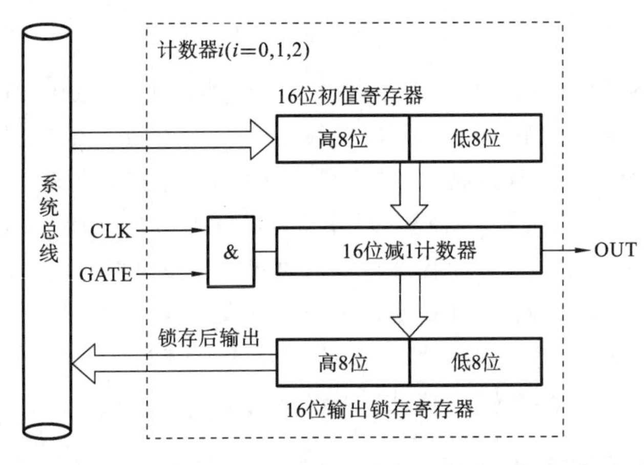

图 8-38 计数器内部结构

◇ CLK：时钟信号，输入，决定了计数频率。每输入一个 CLK，计数器值减 1。CLK 可以是周期性的时钟信号，如系统时钟，也可以是非周期的断续的外部脉冲，前者可用来定时，后者可用来计数。

◇ GATE：门控信号，输入，有效电平可以是高电平或者上升沿，取决于 8253 工作方式。GATE 信号用来控制计数器的禁止、允许或开始。

◇ OUT：计数结束输出信号，输出波形由 8253 工作方式决定。

计数过程中，输出锁存寄存器的值随减 1 计数器变化。当 CPU 要读取当前计数值时，需要先发锁存命令，将输出锁存寄存器的值锁存后再读出，不能直接从减 1 计数器中读取当前计数值。计数值被读取后，锁存命令自动失效，输出锁存寄存器又跟随减 1 计数器动作。

2）数据总线缓冲器

数据总线缓冲器是一个 8 位双向三态缓冲器，CPU 通过该缓冲器向 8253 写入控制字、计数初值或者读取当前计数值。

◇ $D_7 \sim D_0$:8位数据线,三态双向,与系统数据总线相连。

3) 控制寄存器

用来接收来自CPU的控制字,只能写入,不能读出,无对外引脚。控制字用于选择8253的计数器及相应的工作方式。

4) 读/写控制逻辑

读/写控制逻辑从系统控制总线上接收片选信号($\overline{CS}$)、读/写信号($\overline{RD}$和$\overline{WR}$),端口地址选择信号 A_1 和 A_0,对这些信号进行逻辑组合,产生8253内部操作的各种控制信号。

◇ $\overline{CS}$:片选信号,输入,低电平有效时表示8253被选中,CPU可以对8253进行读/写操作。

◇ $\overline{RD}$:读信号,输入,低电平有效时表示CPU对8253进行读操作。

◇ $\overline{WR}$:写信号,输入,低电平有效时表示CPU对8253进行写操作。

◇ A_1、A_0:地址信号,输入,用来选择8253内部4个端口,包括3个计数器和1个控制寄存器。A_1、A_0与片选信号、读/写信号的配合操作,如表8-6所示。

表 8-6　8253 端口选择与读/写操作

$\overline{CS}$	$\overline{RD}$	$\overline{WR}$	A_1　A_0	操　作
0	1	0	0　0	对计数器0设置计数初值
0	1	0	0　1	对计数器1设置计数初值
0	1	0	1　0	对计数器2设置计数初值
0	1	0	1　1	设置控制字或发锁存命令
0	0	1	0　0	从计数器0读取当前计数值
0	0	1	0　1	从计数器1读取当前计数值
0	0	1	1　0	从计数器2读取当前计数值
0	0	1	1　1	无效操作,数据总线高阻态
1	×	×	×　×	未选中,数据总线高阻态

8.3.3　8253的工作方式

8253每个计数器都有6种工作方式:方式0~方式5,可通过编程设定。6种工作方式的不同之处主要体现在以下四点。

(1) OUT初始电平不同。

(2) OUT输出波形不同。

(3) 启动计数器的触发方式不同。

(4) 门控信号GATE对计数操作的影响不同。

1. 方式0——计数结束中断

方式0的特点是软件启动,计数结束的输出信号可作为中断请求信号,不能自动重复计数。

在方式 0 下，写入控制字 CW 后，OUT 的初始电平为低电平，写入计数初值 N 后，在下一个 CLK 的下降沿开始减 1 计数，OUT 保持低电平，当计数到 0 时，OUT 变为高电平，可作为中断请求信号。方式 0 基本输出波形如图 8-39(a)所示。方式 0 只能单次计数，若要再次计数，则需要重新写入计数初值。这种通过写入计数初值启动计数的方式(GATE=1)称为软件触发方式。方式 0 计数需要注意以下两点。

(1) 在整个计数过程中，GATE 应始终保持高电平。若 GATE 变低，则暂停计数，直到 GATE 变高后继续计数，如图 8-39(b)所示。

(2) 计数过程中可以随时改变计数初值，即使原计数初值没有结束，计数器也将按新的计数初值重新计数，如图 8-39(c)所示。如果计数初值是 16 位的，则在写入第一个字节后，计数器停止工作，在写入第二个字节后，计数器按新的计数初值开始计数。

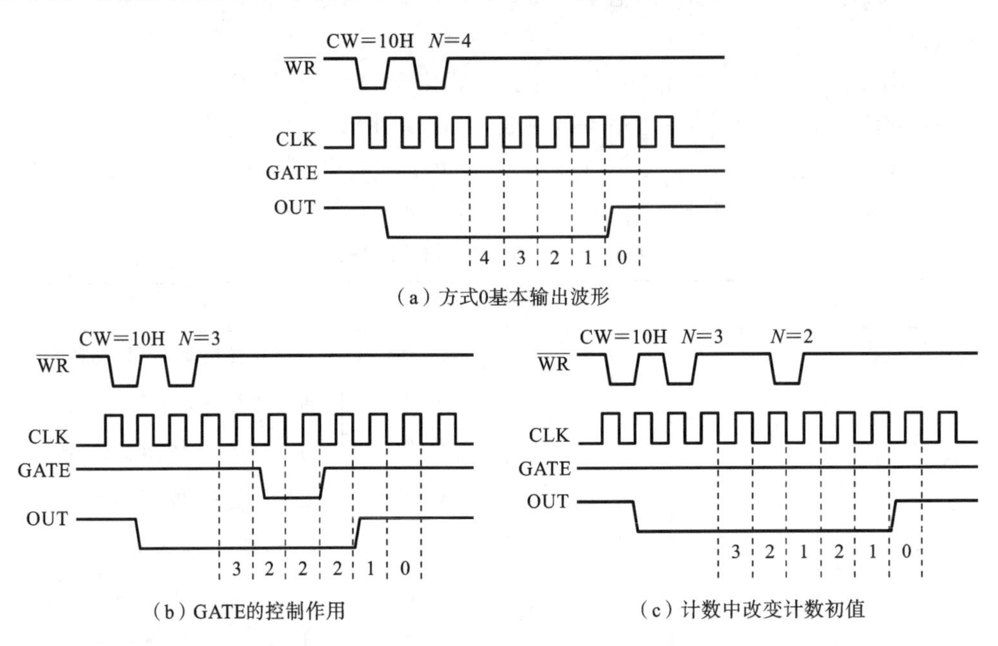

(a) 方式0基本输出波形

(b) GATE的控制作用

(c) 计数中改变计数初值

图 8-39 方式 0 波形

2. 方式 1——可重复触发的单稳态触发器

方式 1 的特点是硬件启动，计数结束的 OUT 输出信号可作为单稳态触发器，不能自动重复计数。

在方式 1 下，写入控制字 CW，OUT 的初始电平为高电平，写入计数初值 N 后并不立即开始计数，要等到门控信号 GATE 产生一个上升沿(硬件触发)后，在下一个 CLK 的下降沿才开始减 1 计数。计数过程中 OUT 一直保持低电平，直到计数为 0 时，OUT 变为高电平，输出宽度为 N 个 CLK 的负脉冲，如图 8-40(a)所示。

方式 1 可重复触发计数。当计数到 0 后，无需再次写入计数初值，只要 GATE 信号有上升沿就可按原计数初值重复计数，得到同样宽度的单稳脉冲。这种由 GATE 上升沿启动计数过程的方式，称为硬件触发方式。方式 1 计数需要注意以下几点。

(1) 计数过程中，GATE 信号变为低电平不会影响计数。

(2) 计数过程中，重新写入计数初值不影响计数过程。只有当 GATE 上升沿再次触发启动后，才按新的计数初值开始计数，如图 8-40(b)所示。

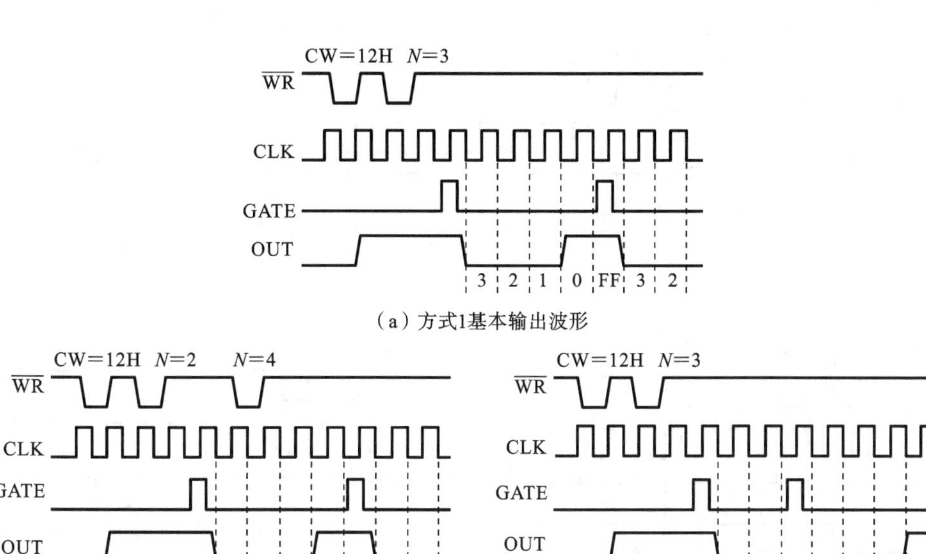

(a) 方式1基本输出波形

(b) 计数中改变初值　　(c) GATE的控制作用

图 8-40　方式 1 波形

(3) 在计数未到 0 时，如果 GATE 再次触发，将再次装入计数初值，重新开始计数，这会使输出的负脉冲宽度增加，如图 8-40(c)所示。

3. 方式 2——分频器

方式 2 的特点是既可以软件启动，也可以硬件启动，计数结束的输出信号可作为 N 分频信号，自动重复计数。

在方式 2 下，写入控制字 CW，OUT 的初始电平为高电平。写入初值 N 后，在下一个 CLK 的下降沿开始计数，门控信号 GATE 应始终为高电平。当计数到 1 时，OUT 输出 1 个 CLK 周期的负脉冲。同时，计数初值自动重新装入，计数过程重新开始。因此，方式 2 可连续工作，输出周期性脉冲信号，如图 8-41(a)所示。

如果计数初值为 N，OUT 输出的高电平宽度为 $N-1$ 个 CLK、低电平宽度为 1 个 CLK，因此 OUT 输出信号实现了对 CLK 信号的 N 分频，8253 可以设置不同的计数初值对 CLK 时钟脉冲进行 1～65535 分频。方式 2 计数需要注意以下几点。

(1) 计数过程中，若输入新的计数初值，不会影响当前计数，会在下一个计数周期按新的计数初值计数，要求 GATE 始终为高电平，如图 8-41(b)所示。

(2) 计数过程中，当 GATE 为低电平时，暂停计数；当 GATE 变为高电平后，在下一个 CLK 的下降沿，计数器按原计数初值重新开始计数，如图 8-41(c)所示。

4. 方式 3——方波发生器

方式 3 与方式 2 类似，也是两种启动方式，可自动重复计数，但为方波信号。

在方式 3 下，写入控制字 CW，OUT 的初始电平为高电平。写入初值 N 后，在下一个 CLK 的下降沿开始计数，OUT 保持高电平，当计数到 $N/2$ 时，OUT 变为低电平，直至计数到 0，OUT 又变为高电平，自动开始新一轮计数。若 N 为偶数，则 OUT 输出对称方波；若 N 为奇数，则输出波形不对称，前$(N+1)/2$ 个 CLK 为高电平，后$(N-1)/2$ 个 CLK 为低电平，如图 8-42(a)所示。

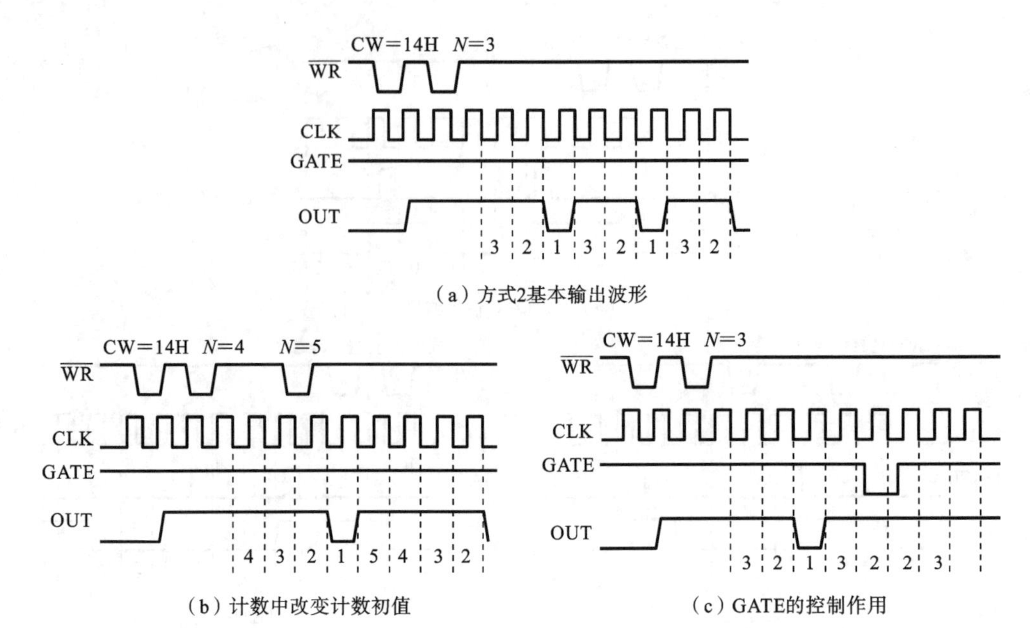

（a）方式2基本输出波形

（b）计数中改变计数初值

（c）GATE的控制作用

图 8-41 方式 2 波形

计数过程中写入新的计数初值不影响当前计数过程，下一个计数周期按新的计数初值开始计数。GATE 信号能控制计数过程，GATE＝1 允许计数，GATE＝0 停止计数，并使 OUT 立即变为高电平；当 GATE 变为高电平后，计数器装入计数初值，重新开始计数，如图 8-42(b)所示。

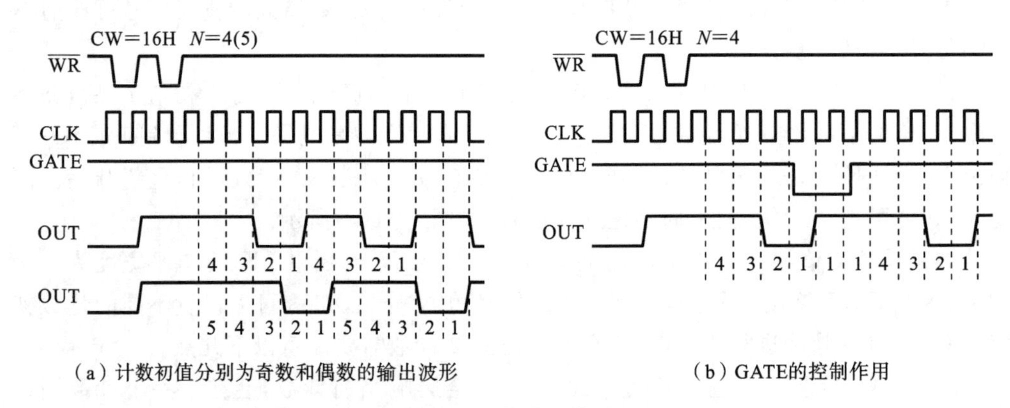

（a）计数初值分别为奇数和偶数的输出波形

（b）GATE的控制作用

图 8-42 方式 3 波形

5. 方式 4——软件触发的选通信号

方式 4 的特点是软件启动，输出信号可作为选通信号，不能自动重复计数。

在方式 4 下，写入控制字 CW，OUT 的初始电平为高电平，写入计数初值 N 后，在下一个 CLK 的下降沿开始计数（软件触发），OUT 保持高电平，当计数到 0 时停止计数，输出 1 个时钟周期的负脉冲，如图 8-43(a)所示。只有当再次输入计数初值后，才重新计数。

方式 4 的工作特点与方式 0 相似，但输出波形与方式 0 不同。如果在计数过程中写入新的计数初值，则计数器在下一个时钟周期按新的计数初值重新计数，如图 8-43(b)所示。门控信号 GATE 高电平允许计数，低电平停止计数，如图 8-43(c)所示。

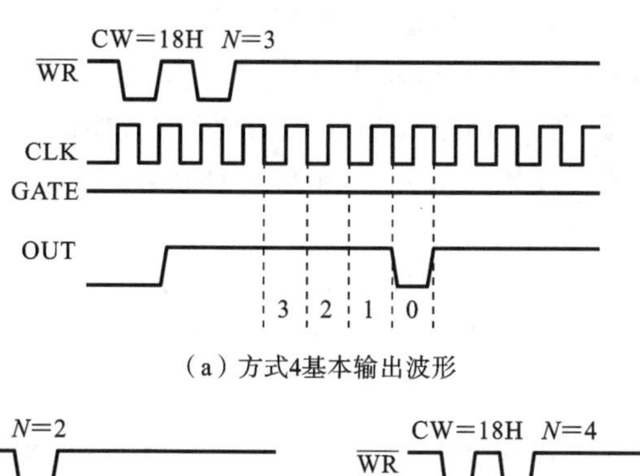

(a) 方式4基本输出波形

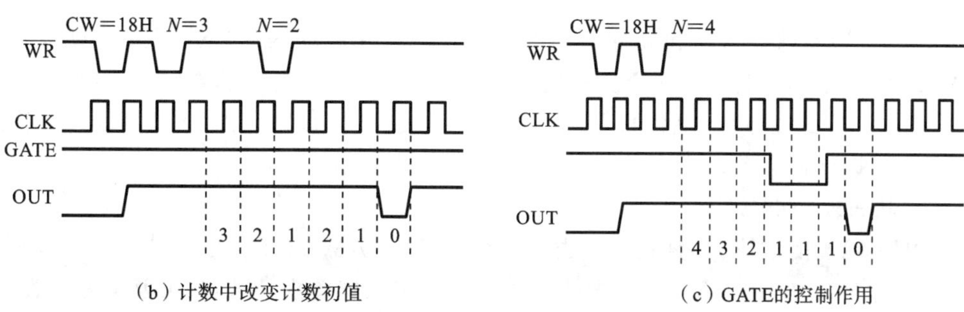

(b) 计数中改变计数初值 (c) GATE的控制作用

图 8-43 方式 4 波形

6. 方式 5——硬件触发的选通信号

方式 5 的特点是硬件启动,输出信号可作为选通信号,不能自动重复计数。

在方式 5 下,写入控制字 CW,OUT 的初始电平为高电平。写入初值 N 后,要等到 GATE 出现一个上升沿(硬件触发)后才开始计数,OUT 保持高电平,当计数到 0 时停止计数,输出 1 个时钟周期的负脉冲,如图 8-44(a)所示。只有当 GATE 再次有上升沿信号到来时,才重新计数。

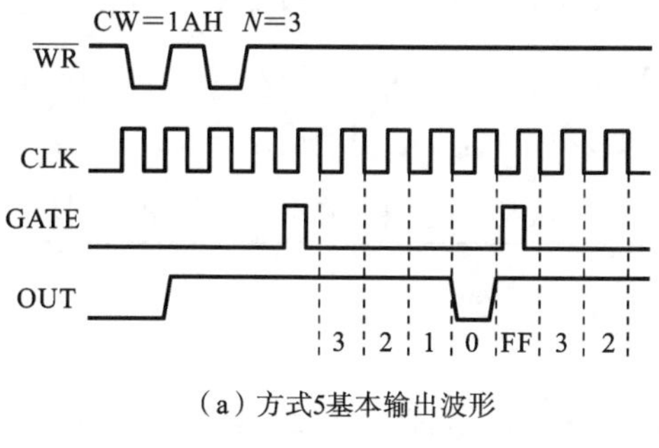

(a) 方式5基本输出波形

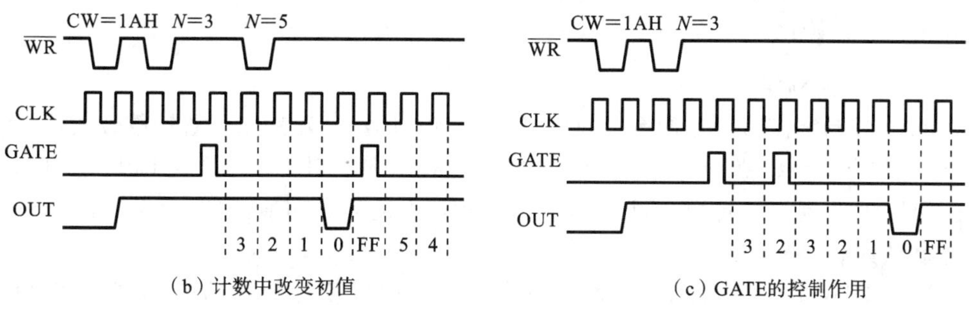

(b) 计数中改变初值 (c) GATE的控制作用

图 8-44 方式 5 波形

方式 5 的工作特点与方式 1 相似，但输出波形不同。如果在计数过程中改变计数初值，则只要没有 GATE 信号触发，就不会影响计数过程，只有当 GATE 有上升沿信号触发时，无论是否计数到 0，都按新的计数初值计数，如图 8-44(b)所示。门控信号 GATE 上升沿触发后重新开始计数，低电平停止计数，如图 8-44(c)所示。

7. 工作方式小结

对比分析 6 种工作方式可知，OUT 初始电平仅方式 0 为低电平，其余 5 种方式均为高电平。每种工作方式的启动方式和输出波形各有特点。

1）启动方式小结

启动计数有软件启动和硬件启动两种方式。软件启动的条件是写入计数初值且 GATE 为高电平，硬件启动的条件是写入计数初值后 GATE 有上升沿信号出现。

方式 0、方式 4 是软件启动；方式 1、方式 5 是硬件启动。方式 2、方式 3 既可以软件启动，也可以硬件启动。

2）输出波形小结

OUT 输出的波形分为两类：一类是连续波形，有方式 2 和方式 3；另一类是非连续波形，有方式 0、方式 1、方式 4 和方式 5，这 4 种方式只能单次计数，如果要重复计数，则方式 0 和方式 4 需重新输入计数初值且 GATE=1，方式 1 和方式 5 需 GATE 的上升沿触发。

表 8-7 列出了 6 种工作方式下门控信号 GATE 的控制作用和 OUT 的输出波形。

表 8-7　6 种工作方式一览表

工作方式	启动方式	停止计数	自动重复	输出波形
0	软件启动	GATE=0	否	计数结束输出高电平
1	硬件启动	—	否	宽度为 N 个 CLK 周期的单一负脉冲
2	软/硬件启动	GATE=0	是	周期为 N 个 CLK，脉宽为 1 个 CLK 的连续负脉冲
3	软/硬件启动	GATE=0	是	周期为 N 个 CLK 的连续方波
4	软件启动	GATE=0	否	宽度为 1 个 CLK 周期的单一负脉冲
5	硬件启动	—	否	宽度为 1 个 CLK 周期的单一负脉冲

8.3.4 8253 控制字与初始化

8253 只有 1 个控制字，可用来选择计数器、设定工作方式和计数方式等。8253 在使用前必须初始化。

1. 8253 控制字

8253 控制字需写入控制端口，格式如图 8-45 所示。D_0 用来设置计数方式，$D_0=0$ 是 BCD 计数，计数范围是 0～9999；$D_0=1$ 是二进制计数，计数范围是 0000H～FFFFH。由于是减 1 计数器，计数初值 0 表示最大的计数初值，BCD 计数对应 10000，二进制计数对应 65536。

D_5D_4(RW_1RW_0)用来设定读/写命令，例如，如果读计数器的值，需要先发命令 $RW_1RW_0=00$，再读计数器；如果设置计数初值，要先规定计数初值的位数，$RW_1RW_0=01$ 表示计数初值是 8 位，写入计数器低 8 位，计数器高 8 位为 0；$RW_1RW_0=11$ 表示

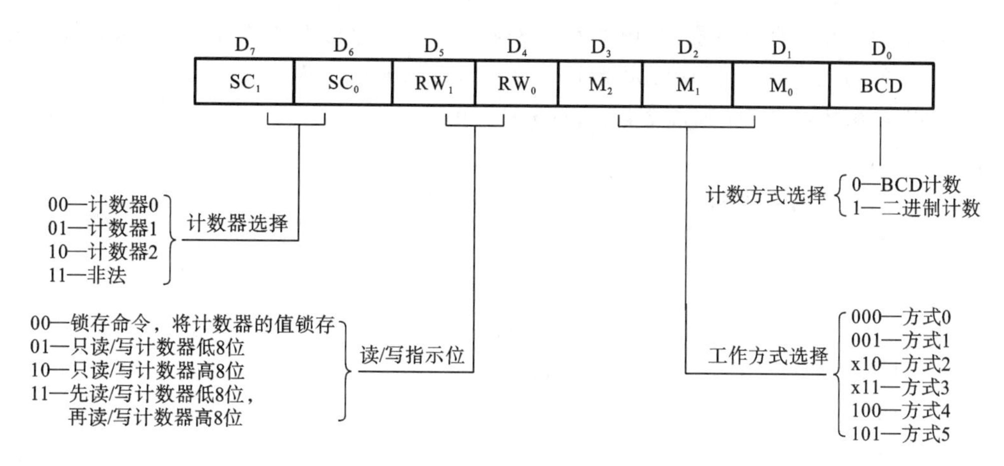

图 8-45 8253 控制字格式

计数初值是 16 位。

2. 8253 初始化

8253 初始化通常包括设定控制字和计数初值，控制字写入控制端口，计数初值写入计数器端口，要求先写控制字，再写计数初值。由于 8253 的 3 个计数器是独立的，每个计数器在使用时需要单独初始化。

【例 8-11】 将 8253 计数器 2 设置为工作方式 2，计数初值为 1000，二进制计数，写出 8253 的初始化程序段。设 8253 的端口地址为 40H～43H。

分析 由于计数初值为 1000，需要 2 字节，所以 $RW_1RW_0=11$。

```
MOV   AL,10110100B        ;计数器 2 的方式控制字
OUT   43H,AL              ;写入控制端口
MOV   AX,1000             ;赋计数初值
OUT   42H,AL              ;先写计数器 2 的低 8 位
MOV   AL,AH
OUT   42H,AL              ;后写计数器 2 的高 8 位
```

【例 8-12】 要求读出 8253 计数器 1 的当前值，写出程序段。设计数长度为 16 位，8253 的端口地址为 40H～43H。

分析 读取当前计数初值前，必须先发锁存命令，将当前输出锁存寄存器的内容锁定，然后执行读操作。锁存命令锁存的是输出锁存寄存器的值，不是减 1 计数器的值，所以，在锁存和读出计数初值的过程中，计数器仍在不停地进行减 1 计数。当 CPU 读取锁定值后，锁存命令自动失效，锁存器又会跟随减 1 计数器变化。程序段如下。

```
MOV   AL,01000000B        ;计数器 1 的锁存命令
OUT   43H,AL              ;写入控制端口
IN    AL,41H              ;读计数器 1 的当前计数初值(低字节)
MOV   BL,AL               ;暂存
IN    AL,41H              ;读计数器 1 的当前计数初值(高字节)
MOV   BH,AL
```

【例 8-13】 用 8253 设计一个循环扫描器。要求扫描器每隔 10 ms 输出 1 个时钟宽度的负脉冲。设 CLK=100 kHz，端口地址为 304H～307H。编写初始化程序段。

分析 输出信号周期是 10 ms，输出波形是 1 个时钟周期的负脉冲，所以应该采用方式 2，计数初值=10 ms/(1/100 kHz)=1000，所以 $RW_1RW_0=11$。设采用计数器 0，GATE 信号保持高电平，初始化程序段如下。

```
MOV   DX,307H      ; 控制口地址
MOV   AL,35H       ; 控制字
OUT   DX,AL
MOV   DX,304H      ; 计数器 0 地址
MOV   AX,1000      ; 计数初值
OUT   DX,AL        ; 先低 8 位
MOV   AL,AH        ; 后高 8 位
OUT   DX,AL
```

8.3.5 8253 的应用

1. 8253 长定时

【例 8-14】 某数据采集系统中，要求以 2 s 为周期进行数据采集，接口电路如图 8-46 所示，8255A 的端口 A 作为现场数据的输入口，8253 提供采样定时。设 8255A 的端口地址为 C0H、C1H、C2H、C3H，8253 端口地址为 E0H、E1H、E2H、E3H。试写出接口芯片的初始化程序。

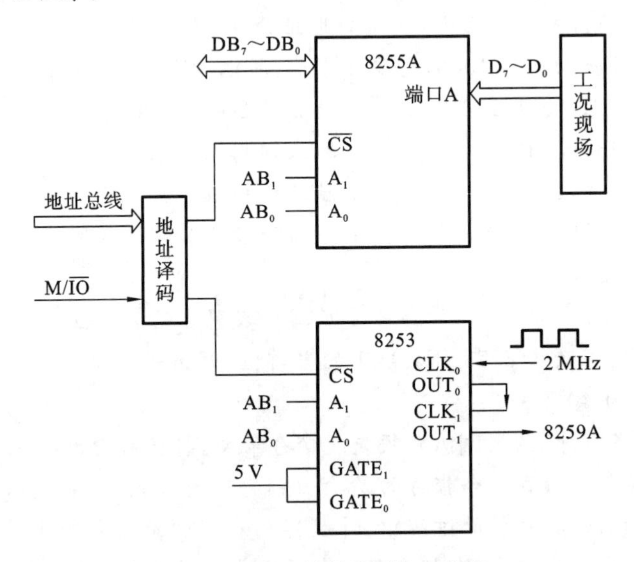

图 8-46 8253 的长定时接口电路

分析 根据题意，8253 应每隔 2 s 向 8259A 发中断信号进行数据采集。当 CLK=2 MHz 时，计数初值为 2 MHz÷0.5 Hz=4×10^6，超出单个计数器的计数范围，可采用 2 个计数器串联的方法，如图 8-46 所示。设计数器 0 工作在方式 3，输出 1 kHz 方波，作为计数器 1 的时钟信号，计数器 1 工作在方式 0，每定时 2 s 输出中断信号进行数据采集。

依据以上分析，计数器 0 工作在方式 3，计数初值为 2 MHz÷1 kHz=2×10^3，控制字为 36H；计数器 1 工作在方式 0，计数初值为 1 kHz÷0.5 Hz=2×10^3，控制字为 70H。8255A 端口 A 工作在方式 0，输入，端口 B 和端口 C 没有用到，默认为方式 0 输

出，方式控制字为90H。

本题的中断服务程序的主要指令是IN AL,0C0H，即可从8255A的端口A读入数据。当然，在中断服务程序中，应再次装载计数器1的计数初值，以实现周期性的数据采集。

初始化程序如下：

```
MOV   AL,90H           ;8255A初始化
OUT   0C3H,AL
MOV   AL,36H           ;8253计数器0控制字
OUT   0E3H,AL
MOV   AX,2000          ;计数器0的计数初值
OUT   0E0H,AL
MOV   AL,AH
OUT   0E0H,AL
MOV   AL,70H           ;8253计数器1控制字
OUT   0E3H,AL
MOV   AX,2000          ;计数器1的计数初值
OUT   0E1H,AL
MOV   AL,AH
OUT   0E1H,AL
```

思考：如果不用2个计数器串联，则应如何实现2 s的定时？

2. 用8253测量连续脉冲信号的周期

【例8-15】 用8253测量连续脉冲信号的周期，如图8-47所示，设8253计数器1作为测量计数器，工作在方式0，8253端口地址为40H～43H，82C55端口地址为60H～63H。

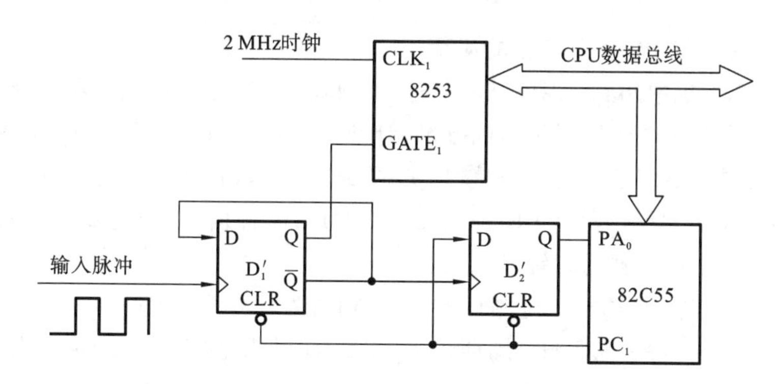

图8-47 8253测量连续脉冲信号的周期

分析 用8253测量连续脉冲信号的周期，需要对脉冲信号的高电平和低电平进行计数，再用计数初值乘以CLK的周期即可得到被测信号周期。在图8-47中，触发器D_1、D_2组成测量控制电路，初始状态下，使82C55的$PC_1=0$，此时触发器D_1的输出$Q_1=0$，$GATE_1=0$，8253计数器1停止计数；当$PC_1=1$时，只要被测输入脉冲信号有一个上升沿，触发器D_1翻转使$Q_1=1$，8253计数器1就开始计数，触发器D_2输出$Q_2=0$；当输入信号出现第二个上升沿时，D_1触发器翻转使$Q_1=0$，8253停止计数，触发器D_2

翻转使输出 Q_2 变为 1,测量过程结束。程序段如下。

```
        MOV   AL,01110000B      ; 8253 计数器 1 方式 0 控制字
        OUT   43H,AL
        MOV   AL,90H            ; 82C55 初始化
        OUT   63H,AL
        MOV   AL,00000010B      ; 82C55 按位置位/复位控制字
        OUT   63H,AL            ; 准备测量(PC1=0)
        MOV   AL,0              ; 计数初值设置为 0
        OUT   41H,AL            ; 写入计数初值的低字节
        OUT   41H,AL            ; 写入计数初值的高字节
        MOV   AL,00000011B      ; 82C55 按位置位/复位控制字
        OUT   63H,AL            ; 允许计数(PC1=1)
LOOP:
        IN    AL,60H            ; 读 82C55 端口 A 得到 Q2 的状态
        TEST  AL,01H            ; 测试 Q2
        JNZ   LOOP              ; Q2=0,循环等待,否则计数结束
        MOV   AL,01000000B      ; 发锁存命令
        OUT   43H,AL
        IN    AL,41H            ; 读低字节
        MOV   BL, AL
        IN    AL,41H            ; 读高字节
        MOV   BH,AL             ; 测量结果保存在 BX 寄存器中
        …                       ;将测量结果 BX 乘以 CLK 的周期
```

3. 8253 **在** IBM PC/XT **机上的应用**

IBM PC/XT 机中用到一片 8253 定时/计数器,内部三个计数器分别实现不同功能。计数器 0 为系统电子钟提供时间基准,计数器 1 为动态 RAM 提供定时刷新,计数器 2 为扬声器提供不同频率的方波信号,如图 8-48 所示,4 个端口地址为 40H~43H。图 8-48 中时钟芯片 8284 的 PCLK 提供 2.383 MHz 时钟信号,经过 D 触发器 74LS175 二分频后作为三个计数器的时钟输入信号。

计数器 0 工作在方式 3,二进制计数,计数初值为 0000H(65536),产生的方波频率为 1.19 MHz÷65536=18.2 Hz,周期约为 55 ms,即每隔约 55 ms 产生一次中断请求,输出信号 OUT_0 与 8259A 的中断请求信号 IRQ_0 相连,用于维护系统的日历时钟。初始化程序如下。

```
        MOV   AL,00110110B      ; 计数器 0 控制字
        OUT   43H,AL            ; 双字节读写,方式 3,二进制计数
        MOV   AL,0
        OUT   40H,AL            ; 写入计数初值的低字节
        OUT   40H,AL            ; 写入计数初值的高字节
```

计数器 1 工作在方式 2,二进制计数,初值为 18,产生的负脉冲周期为 18÷1.19

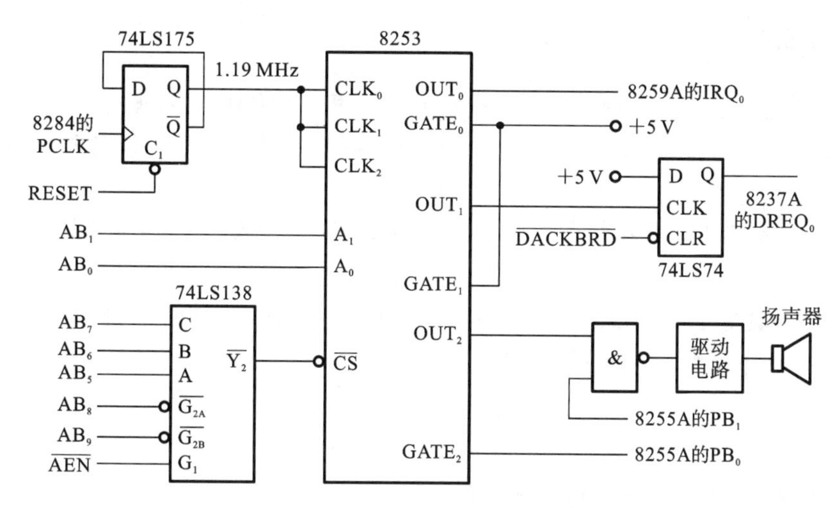

图 8-48 PC 机中 8253 的应用电路

MHz=15.08 μs,输出信号 OUT_1 经 74LS74 驱动后,与 8237A 通道 0 的 DMA 请求信号 $DREQ_0$ 相连,控制 8237A 通道 0 每隔 15.08 μs 对动态存储器刷新一次,满足 DRAM 每 2 ms 刷新一次的要求。初始化程序如下。

```
MOV   AL,01010100B      ;计数器 1 控制字
OUT   43H,AL            ;只读/写低字节,方式 2,二进制计数
MOV   AL,18
OUT   41H,AL            ;写入计数初值的低字节
```

计数器 2 用来控制扬声器发声,能否发声还受 8255A 的 PB_1 和 PB_0 控制。通常使 $PB_1=1$,将 PB_0 接 $GATE_2$ 控制计数器 2 的计数过程,输出的 OUT_2 信号使扬声器发声。例如,在 ROM-BIOS 中有一个 BEEP 子程序,它将计数器 2 设定为方式 3,输出约 1 kHz 的方波,计数初值为 1.19 MHz÷1 kHz =1190,经滤波驱动后推动扬声器发声,程序段如下。

```
MOV   AL,10110110B      ;计数器 2 控制字
OUT   43H,AL            ;双字节读/写,方式 3,二进制计数
MOV   AX,1190           ;写入计数初值的低字节
OUT   42H,AL
MOV   AL,AH             ;写入计数初值的高字节
OUT   42H,AL
IN    AL,61H            ;读 8255A 的端口 B
MOV   AH,AL             ;存于 AH 寄存器
OR    AL,03H            ;使 PB1 和 PB0 均为 1
OUT   61H,AL            ;使扬声器发声
…
MOV   AL,AH
OUT   61H,AL            ;恢复端口 B,停止发声
```

自测练习 8.3

1. 8253 有__________种工作方式，其中用软件启动的工作方式是__________；用硬件启动的工作方式是__________；既可用软件启动又可用硬件启动的工作方式是__________。
2. 设 8253 计数器 1 工作在方式 0，控制信号 $GATE_1$ 变为低电平后，对计数器 1 的影响是__________。
3. 设 8253 计数器 1 工作在方式 1，$CLK_1=1.19318$ MHz，$GATE_1$ 由外部控制，计数初值为 10，则计数器 1 的输出脉冲宽度是__________。
4. 8253 内部有 3 个(　　)位的计数器。

   A. 1　　B. 8　　C. 16　　D. 32
5. 8253 能输出连续波形的工作方式是(　　)。

   A. 方式 0 和方式 2　　B. 方式 2 和方式 3

   C. 方式 1 和方式 5　　D. 方式 4 和方式 5
6. 8253 计数器的最大计数初值是(　　)。

   A. 65536　　B. FFFFH　　C. 0000H　　D. 10000H
7. 当计数初值大于 255 时，8253 需要分几次写入计数初值(　　)。

   A. 0　　B. 1　　C. 2　　D. 3

本章总结

本章介绍了常用可编程接口芯片及应用。应掌握每种接口芯片的内部结构、外部引脚，理解接口的不同工作方式，利用接口的各种控制字实现初始化编程。深入理解不同可编程接口芯片的功能和应用场景，能够综合应用不同接口芯片进行电路设计和应用程序设计。

习题与思考题

1. 分析比较并行通信和串行通信的特点，并行接口和串行接口的主要作用。
2. 8255A 有哪些工作方式，分析各种工作方式的特点。
3. 8255A 的控制字有 2 个，功能分别是什么？2 个控制字共用 1 个端口地址，8255A 是如何区分这两个控制字的？
4. 从 8255A 的端口 C 读出数据时，$\overline{CS}$、A_1、A_0、$\overline{RD}$、$\overline{WR}$引脚分别是什么电平？
5. 编写符合下列要求的初始化程序。设 8255A 的端口地址为 60H～63H。

   (1) 将端口 A、B 设置为方式 0，端口 A、C 作为输出口，端口 B 作为输入口。

   (2) 将端口 A、B 设置为方式 1 输入，PC_6 和 PC_7 设置为输出位。
6. 编写程序，使 8255A 的 PC_2 引脚产生连续方波信号，设 8255A 的端口地址为 60H～63H。
7. 分析串行异步通信和同步通信的特点，以及两者的根本区别。

8. 异步串行通信的帧格式是如何定义的？分析起始位和停止位的作用。设异步串行通信的一帧字符有 8 个数据位、1 个停止位，无校验，波特率为 4800 b/s，求每秒传输的字符数。
9. 什么是波特率、波特率因子？设置波特率因子的作用是什么？当波特率为 9600 b/s，波特率因子为 16 时，收发时钟频率应为多少？
10. RS-232C 接口的信号电平是如何定义的？为什么要这样定义？RS-232C 与 TTL 的电平如何转换？
11. 异步串行通信下，8251A 的初始化包括哪些部分？初始化顺序是如何规定的？
12. 设 8086 系统中有一片 8251A，端口地址为 80H 和 81H。请按以下要求分别编出 8251A 的初始化程序。

    (1) 全双工异步方式通信，波特率因子为 16，每个字符数据为 7 位，偶校验，1.5 个停止位，传送过程错误不复位，且不使用调制/解调器。

    (2) 全双工同步方式通信，每个字符数据为 8 位，不带校验，内同步，两个同步字符分别为 EFH 和 FEH。
13. 分析 8253 在不同工作方式下的启动计数方式和计数过程的控制方法。8253 启动计数后，能独立于 CPU 工作吗，为什么？
14. 设 8253 计数器 0 工作在方式 3，输入时钟频率为 2 MHz，则采用二进制计数和 BCD 计数时，输出信号的最大周期分别是多少？
15. 设 8253 的计数器 1 工作在方式 0，采用 8 位二进制计数，计数初值为 1000，写出计数器 1 的初始化程序。设端口地址为 40H～43H。
16. 采用 8253 计数器 2 设计一循环扫描器。要求扫描器每隔 10 ms 输出宽度为 1 个时钟的负脉冲，设 CLK_2=1 MHz，$GATE_2$=1，端口地址为 240H～243H。编写初始化程序。
17. 设 8255A 的端口 A 接开关，端口 B 接 LED 灯，如图 8-49 所示。编写程序，将采集的开关状态送 LED 显示。设 8255A 的端口地址为 60H～63H。

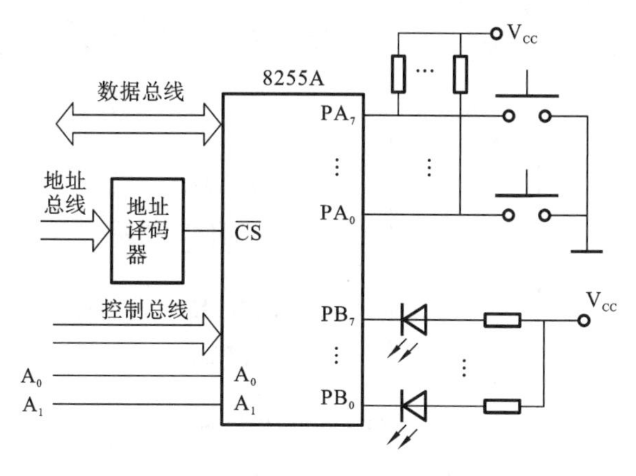

图 8-49 题 17 接口图

18. 设 8255A 的端口 A 接开关，端口 B 接 8 个发光二极管，如图 8-50 所示，设 8255A 端口地址为 200H～203H。试编写程序实现以下功能。

    (1) 当开关 K_0 闭合时，点亮 LED_0、LED_2、LED_4、LED_6，其他 LED 灭。

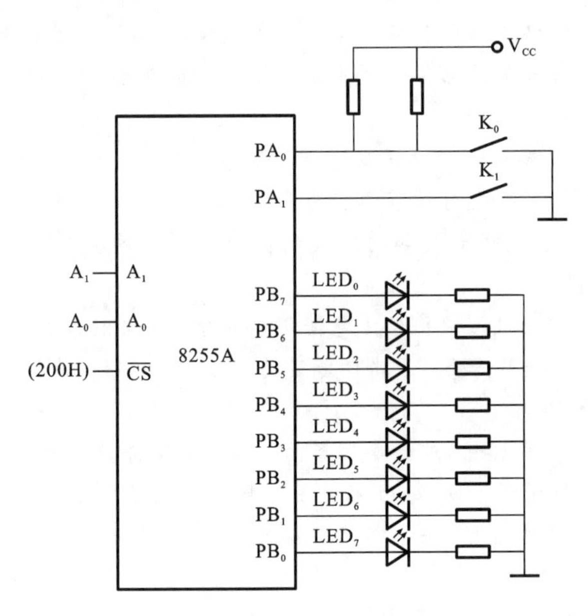

图 8-50 题 18 接口图

(2) 当开关 K_1 闭合时，点亮 LED_1、LED_3、LED_5、LED_7，其他 LED 灭。

(3) 当开关 K_0 和 K_1 同时闭合时，8 个发光二极管全亮。

(4) 当开关 K_0 和 K_1 同时断开时，8 个发光二极管全灭。

19. 设计一个异步串口通信发送程序。要求字符帧格式为 7 个数据位，1 个停止位，偶校验，波特率因子为 64，发送 100 个字符，字符地址为 2000H:3000H。设 8251A 的端口地址为 80H 和 81H。

20. 实现双机异步串行通信，设计接口电路图，编写通信程序。要求：甲、乙两机进行异步串行通信，甲机发送、乙机接收，波特率因子 16，字符长度为 7 位，无校验，2 个停止位，乙机将接收的字符取反后回送给甲机。设两台设备 8251A 的端口地址均为 80H 和 81H。

21. 分析 8253 的接口电路(图 8-51)，给出计数器的工作方式和计数初值，写出初始化程序。

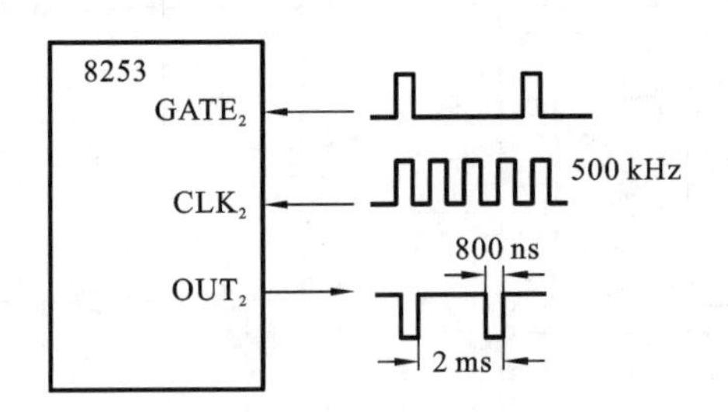

图 8-51 题 21 接口图

22. 工业现场控制设计。图 8-52 是一个开关状态检测并控制继电器通断的电路，要求当开关 S_0～S_7 闭合时，对应的继电器 K_0～K_7 吸合，此时驱动电流流过继电器线圈；若开关断开，则对应继电器断开。系统每隔 20 ms 检测一次开关状态，对继电器进行相应控制。设 8255A 的片选信号 $\overline{CS}$ 由 A_9～A_2 = 10000000 确定。试实现以下功能。

(1) 8255A 的初始化编程(初始状态所有继电器的线圈均无电流流过)。

(2) 设计 8253 接口电路,实现 20 ms 定时,每当到 20 ms 时自动向 CPU 申请中断,完成开关检测和继电器控制。编写完整程序。设 8253 的片选信号$\overline{CS}$由 $A_9 \sim A_2 =$ 11000000 确定,CLK=100 kHz。

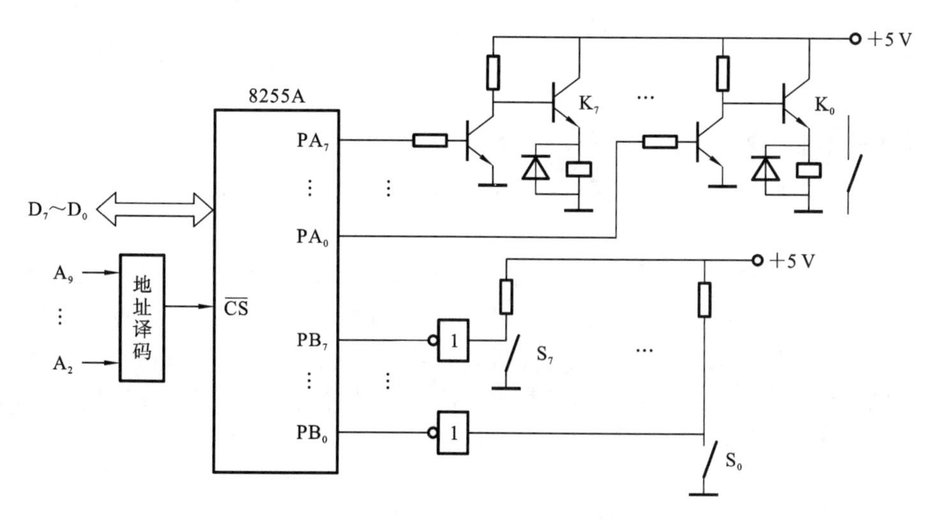

图 8-52 题 22 接口图

9

模拟接口技术

微型计算机处理的是数字信号，要实现对模拟信号的采集和控制，需要通过模/数(Analog to Digital，A/D)和数/模(Digital to Analog，D/A)转换。A/D转换器将外设传来的模拟信号转换为数字信号供计算机处理，D/A转换器将计算机输出的数字信号转换为模拟信号以控制外设运行。本章重点阐述A/D转换技术与D/A转换技术的基本原理、与微机系统的接口方法和程序实现。

9.1 模拟接口技术概述

在工业生产中，计算机常作为测量和控制系统的主控设备。由于计算机只能处理数字量，而实际信号很多是模拟量，因此，在计算机与外设之间常需要设置模拟接口，将被测参数转换成计算机能处理的数字信号；同时，经计算机处理后的运算结果也常需要转换成模拟信号以驱动执行机构，实现控制等目的。

本节目标：

(1) 理解模拟接口在计算机测控系统中的作用。

(2) 掌握模拟量输入/输出通道的主要部件及其功能。

9.1.1 模拟输入/输出系统接口

在实际工业控制和参数测量时，会遇到不同类型的连续变化的物理量，如温度、压力、速度、水位、流量等，这些参数都是非电、连续变化的物理信号，需要先用传感器(如光电元件、压敏元件等)将它们转换成连续的模拟电压或电流，再将模拟电压或电流转换成数字量并送给计算机处理，将模拟量变换成数字量的过程称为模/数(A/D)转换，相关器件称为模/数转换器(A/D转换器或ADC)。另一方面，计算机输出结果是数字量，不能直接控制执行部件，需要将数字量转换成模拟电压或电流，这个过程称为数/模(D/A)转换，相关器件称为数/模转换器(D/A转换器或DAC)。图9-1给出了模拟输入/输出系统的微机接口示意图，上框为模拟输入通道，下框为模拟输出通道。

9.1.2 模拟输入通道

模拟输入通道通常由传感器、运算放大器、低通滤波器、多路模拟开关、采样保持器、A/D转换器组成。

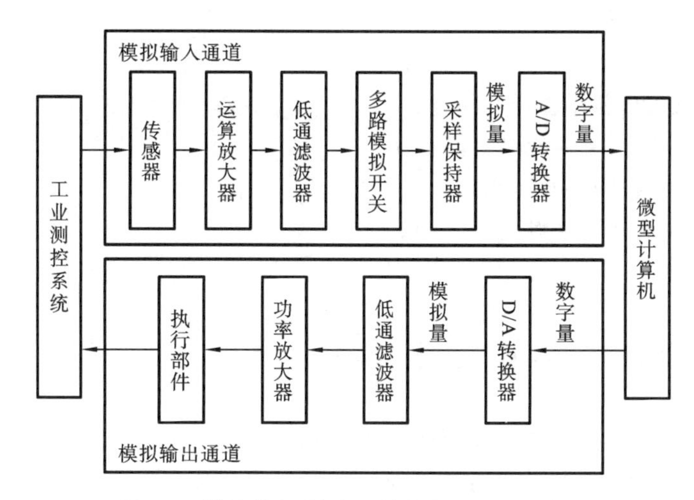

图 9-1 模拟输入/输出系统的微机接口示意图

传感器是将非电量的物理信号转换成电量(电压或电流)的器件。传统的模拟传感器主要由敏感元件、转换元件和变换电路等部件组成。敏感元件用来感受被测量,转换元件将敏感元件输出的物理量信号转换为电信号,再经变换电路放大、调制后输出。有些传感器能直接将探测到的物理信号转换成数字信号或电脉冲,称为数字传感器,如温湿度数字传感器、超声波传感器、角度数字传感器等。同一种物理量可以用不同的传感器测量,如温度测量可选用热敏电阻传感器、热电偶传感器、数字温度传感器等,压力测量可选用压电式传感器、压阻式传感器、振动式传感器等压力传感器,实际使用中可根据应用要求选择合适的传感器。

传感器输出的信号一般较微弱,通常只有 μV 或 mV 量级,需要用高输入阻抗的运算放大器对信号进行调节,以满足 A/D 转换器所需的量程范围。另外,传感器通常安装在现场,其输出常叠加高频干扰信号,需要用低通滤波器或者运算放大器构成的有源滤波电路滤去不必要的干扰和噪声,提高信号信噪比。

A/D 转换器是模拟量输入通道的中心环节,作用是将模拟信号转换成微机能够识别的数字信号。由于输入的模拟信号是连续变化的,而 A/D 转换器完成一次转换需要一定的转换时间,因此要用采样保持器对连续的模拟量进行采样,当 A/D 转换时需要保持住该模拟信号直到转换结束。模拟信号通常变化缓慢,多路开关能使多路模拟信号共用一个 A/D 转换器。常把多路模拟开关、采样保持器与 A/D 转换器集成在一个芯片内,以简化电路、降低成本。

9.1.3 模拟输出通道

模拟输出通道主要由 D/A 转换器、低通滤波器、功率放大器和执行部件组成,用来将微机输出的数字信号转换为模拟信号,以驱动执行部件完成相应动作。D/A 转换器将数字量转换为模拟量时需要一定的转换时间,转换期间应保证输入的数字量不变,因此在微机与 D/A 转换器之间必须有锁存器以保持待转换数字量的稳定,常将锁存器集成到 D/A 转换器中。经 D/A 转换得到的模拟信号一般会经过低通滤波器使其输出平滑。同时,为了驱动执行部件,常采用功率放大器作为模拟量输出的驱动电路。

自测练习 9.1

1. 模拟输入通道中,传感器的作用是__________,多路开关的作用是__________。
2. 模/数转换过程中,采样电路的功能是__________。
3. 能将数字量转换为模拟量的器件是__________。
4. 数据采集系统常用的器件是(　　)。

A. A/D 转换器　　B. D/A 转换器　　C. 功率放大器

9.2 数/模转换芯片及接口技术

D/A 转换器是计算机与模拟量控制对象之间的接口,可将离散的数字信号转换为连续变化的模拟信号,是计算机控制系统的重要组成部分。

本节目标:

(1) **理解 D/A 转换原理。**

(2) **掌握 D/A 转换的技术指标、与微机系统的连接方式。**

(3) **掌握 DAC0832 芯片的结构及典型应用。**

9.2.1 D/A 转换原理

D/A 转换器是一种把数字量转换为模拟量的线性电子器件,它将输入的二进制数字量转换成模拟量,以电压或电流的形式输出,用于驱动外部执行机构。

典型的 D/A 转换器芯片由电阻网络和运算放大器等组成,如图 9-2 所示。电阻网络是核心部件,有权电阻网络和 T 形电阻网络两种主要形式。

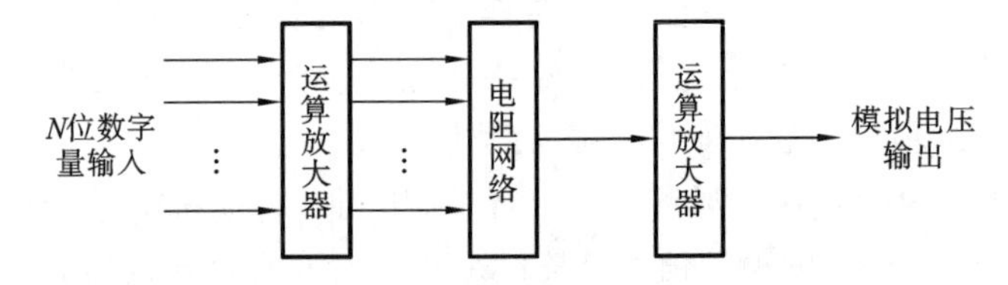

图 9-2　D/A 转换器结构示意图

1. 权电阻网络 D/A 转换器

权电阻网络 D/A 转换器将数字量的每一位代码按权转换为相应的模拟量电压(或电流),然后将这些电压(或电流)叠加起来,所得的总和就是该数字量所对应的模拟量电压(或电流)信号。

例如,二进制数 10000111 的第 7 位、第 2 位、第 1 位和第 0 位为 1,其余位为 0,这 8 个位的权从高位到低位分别是 2^7、2^6、2^5、2^4、2^3、2^2、2^1、2^0,该二进制数要转换成模拟量,必须把每一位上的代码按权转换成对应的模拟分量,再把各模拟分量相加,得到的总模拟量对应的数字量是 135。

图 9-3 给出了四位权电阻 D/A 转换器原理图,包括参考电压 V_{REF}、电子开关、权电阻网络、运算放大器等。电子开关 $S_3 \sim S_0$ 分别由 4 位二进制代码 $b_3 \sim b_0$ 控制,若 $b_0=1$,表示 S_0 与 V_{REF} 接通,$b_0=0$,S_0 与地接通。设运算放大器为理想运算放大器,由图 9-3

可知

$$V_{OUT}=-R_F I_{OUT_1}=-R_F(I_3+I_2+I_1+I_0) \tag{9-1}$$

式中：$I_3=\frac{b_3}{2^0R}V_{REF}$，$I_2=\frac{b_2}{2^1R}V_{REF}$，$I_1=\frac{b_1}{2^2R}V_{REF}$，$I_0=\frac{b_0}{2^3R}V_{REF}$。

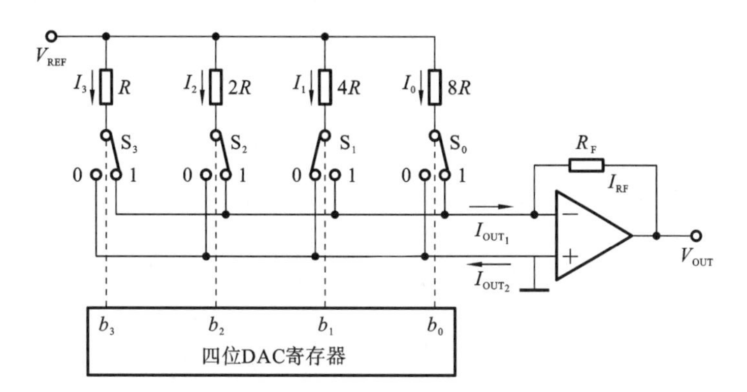

图 9-3　四位权电阻 D/A 转换器原理图

当 $R_F=R/2$ 时，有

$$V_{OUT}=-\frac{V_{REF}}{2^4}(b_3 2^3+b_2 2^2+b_1 2^1+b_0 2^0) \tag{9-2}$$

那么，n 位权电阻网络 D/A 转换器的输出电压可按下式计算：

$$V_{OUT}=-\frac{V_{REF}}{2^n}(b_{n-1}2^{n-1}+b_{n-2}2^{n-2}+\cdots+b_1 2^1+b_0 2^0)=-\frac{V_{REF}}{2^n}D \tag{9-3}$$

式(9-3)表明，输出模拟量 V_{OUT} 与输入数字量 D 成正比，实现了数字量到模拟量的转换。

当 $D=0$ 时，$V_{OUT}=0$；当 $D=b_{n-1}b_{n-2}\cdots b_1 b_0$ 为全 1 时，即

$$D=2^{n-1}+2^{n-2}+\cdots+2^1+2^0=2^n-1 \tag{9-4}$$

则

$$V_{OUT}=-\frac{2^n-1}{2^n}V_{REF} \tag{9-5}$$

可以看出，输出电压 V_{OUT} 的变化范围为 $0\sim-\frac{2^n-1}{2^n}V_{REF}$，$V_{REF}$ 为正电压时，V_{OUT} 为负值，V_{REF} 为负电压时，V_{OUT} 为正值。

在权电阻解码网络中，如果各个权电阻相互独立，则一个 8 位 D/A 转换器需要 8 个阻值的电阻（R，$2R$，$4R$，…，$128R$），D/A 转换器位数越多，权电阻个数越多，电阻阻值差别越大，高阻值精密电阻的制作越困难，制造工艺的难度也相应增加。因此，在实际应用中，更多的是采用 T 形电阻解码网络。

2. T 形电阻网络 D/A 转换器

T 形电阻网络 D/A 转换器由位切换开关、R-$2R$ 电阻网络、运算放大器以及参考电压组成。使用了 T 形电阻网络之后，整个网络中只有 R 和 $2R$ 两种电阻。T 形电阻网络与权电阻网络的主要区别在于电阻求和网络形式不同，它采用分流原理实现对相应数字位的转换。

图 9-4 给出了四位 T 形电阻网络 D/A 转换器原理图，4 位二进制代码 $b_3\sim b_0$ 分别

接电子开关 $S_3 \sim S_0$，控制 $S_3 \sim S_0$ 接运算放大器反向输入端或接地，$b_3=1$ 表示 S_3 与运算放大器反向输入端接通，$b_3=0$ 表示 S_3 与地接通。由于理想运算放大器的同向端和反向端是虚短的，均相当于接地，所以无论 $b_3 \sim b_0$ 是 1 还是 0，流过每条支路的电流都不变，从参考电压端输出的总电流 I 是固定的，大小为

$$I=\frac{V_{REF}}{R} \tag{9-6}$$

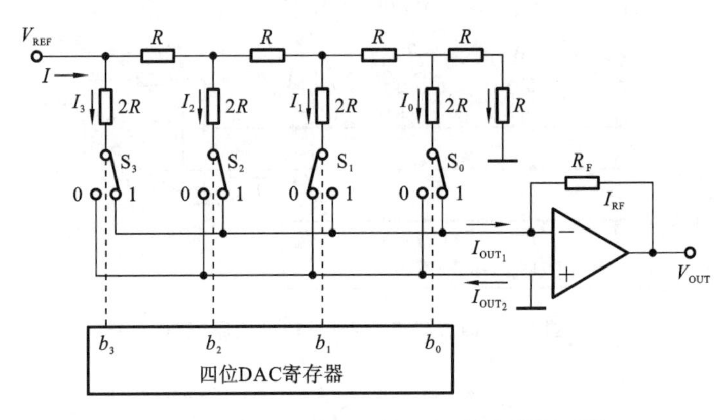

图 9-4 四位 T 形电阻网络 D/A 转换器原理图

流过每条支路的电流不变，分别为 $I/2$、$I/4$、$I/8$、$I/16$，依次减半。电流 I_{OUT_1} 取决于二进制代码 $b_3 \sim b_0$ 是 1 还是 0，大小为

$$I_{OUT_1}=\frac{I}{2}b_3+\frac{I}{4}b_2+\frac{I}{8}b_1+\frac{I}{16}b_0 \tag{9-7}$$

输出电压 V_{OUT} 的值为

$$\begin{aligned} V_{OUT} &= -I_{OUT_1}R=-IR\left(\frac{1}{2}b_3+\frac{1}{4}b_2+\frac{1}{8}b_1+\frac{1}{16}b_0\right) \\ &= -\frac{V_{REF}}{2^4}(2^3b_3+2^2b_2+2^1b_1+2^0b_0) \end{aligned} \tag{9-8}$$

9.2.2 D/A 转换主要技术指标

描述 D/A 转换器的性能参数有很多，正确理解这些参数，有助于在模拟接口设计时正确选择器件。

1. 分辨率

分辨率是指输入数字量每变化一个最低有效位(LSB)，输出模拟量(电压或电流)的变化量，反映了 D/A 转换器对模拟量的分辨能力。常用输入数字量的二进制位数表示分辨率，如 8 位、10 位、12 位等，位数越多，分辨率越高。D/A 转换器的分辨率可用能分辨的最小输出电压与最大输出电压之比表示，设 N 位 D/A 转换器的满量程电压为 V_{FS}，最低有效位对应的电压值为 $V_{FS}/(2^N-1)$，它的分辨率为 $1/(2^N-1)$。例如，8 位 D/A 转换器的分辨率为 1/255。

【例 9-1】 设 10 位 D/A 转换器满量程电压为 $V_{FS}=10$ V，(1) 最低有效位对应的输出电压 V_{LSB} 为多少？(2) 若要求能分辨的最小电压为 5 mV，则应选用几位的 D/A 转换器？

分析 由分辨率公式 $1/(2^N-1)$ 可知

(1) $V_{LSB}=V_{FS}/(2^N-1)=10/(2^{10}-1)$ V$=0.01$ V$=10$ mV；

(2) 由于 $V_{LSB}=5$ mV$=0.005$ V，有 0.005 V$=10/(2^N-1)$ V，$N\approx11$。

2. 转换精度

转换精度是指 D/A 转换器的实际模拟输出值和理论值之间的最大误差，有绝对精度和相对精度两种。绝对精度是指满量程时 D/A 转换器的实际模拟输出值和理论值之差，与 D/A 转换器参考电压的精度、电阻网络的精度有关。相对精度用满量程的百分比来度量，描述了输出模拟量与理论值的接近程度。例如，相对精度±0.1%是指最大误差为满量程 V_{FS}的±0.1%，当满量程 $V_{FS}=10$ V 时，最大误差为±10 mV。

需要注意的是，转换精度和分辨率是两个不同的概念，转换精度是指 D/A 转换器转换的实际值与理论值的接近程度，取决于构成转换器的各部件精度和稳定性，分辨率是指 D/A 转换器能够分辨的最小模拟量，取决于 D/A 转换器的位数。

3. 转换时间

转换时间是指 D/A 转换器输入数字量发生满量程变化时，从输入数字量变化开始到输出模拟量进入与稳态值相差±1/2 LSB 范围内的时间，反映了 D/A 转换器的转换速度，如图 9-5 所示。电流型 D/A 转换器转换时间快，纳秒或微秒级；电压型 D/A 转换器转换时间还需加上运算放大器的响应时间，转换时间要长一些。

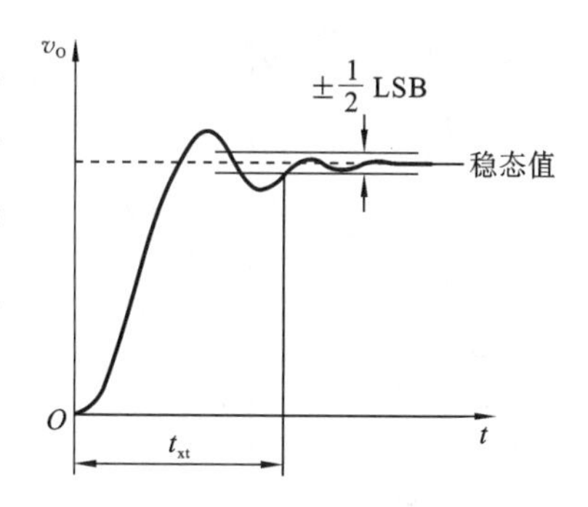

图 9-5 D/A 的转换时间

4. 线性误差

线性误差是指 D/A 转换器的实际转换特性曲线（输入/输出曲线）与理想转换特性曲线之间的误差。理想转换特性曲线是一条直线，实际转换特性曲线偏离理想转换特性曲线的最大值是线性误差。线性误差常用 LSB 的分数形式给出，通常应小于±1/2 LSB，表示输出模拟量与理想值之差最大不会超过 1/2 LSB 输入量对应的模拟值。

5. 温度系数

温度系数表示 D/A 转换器受温度变化影响的特性，它是指在数字输入不变的情况下，模拟输出信号随温度变化产生的变化量。一般用满量程输出条件下温度每升高 1 ℃，输出电压变化的百万分数（10^{-6}/℃）作为温度系数，典型值为 10×10^{-6}/℃～100×10^{-6}/℃。

在使用集成 D/A 转换器时，还需要知道模拟量输出范围、输出方式，工作电源电压，输入码制等。

9.2.3 典型 D/A 转换芯片

D/A 转换器的种类繁多，功能特性各异，本节以常用的 D/A 转换器芯片 DAC0832 为例，介绍 DAC 内部结构及引脚、与 CPU 的连接方式及其应用。

1. DAC0832 主要性能

DAC0832 是 CMOS 工艺制成的 8 位双缓冲型 D/A 转换器，采用 T 形电阻网络，数字输入有输入寄存器和 DAC 寄存器两级缓冲，逻辑电平与 TTL 电平兼容，可以直接与系统总线相连，输出为差动电流信号，需外接运算放大器才能得到模拟电压输出。DAC0832 具有价格低廉、接口简单、转换控制容易等优点。DAC0832 的主要性能如下。

(1) 分辨率为 8 位。

(2) 满量程误差为 ±1 LSB。

(3) 转换时间为 1 μs。

(4) 可单缓冲、双缓冲或直通方式数字输入。

(5) 单一电源供电：+5 V～+15 V。参考电压 ±10 V。

2. DAC0832 引脚

DAC0832 有 20 引脚，引脚图如图 9-6 所示，内部结构图如图 9-7 所示。

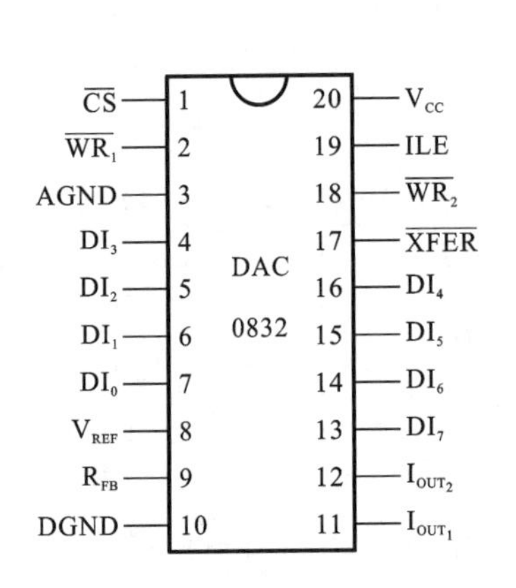

图 9-6 DAC0832 引脚图

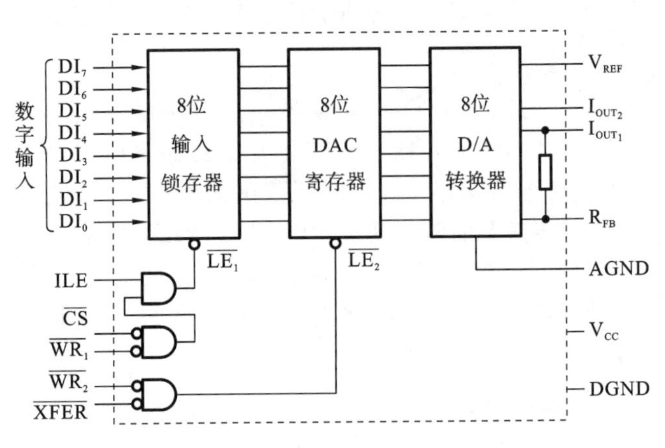

图 9-7 DAC0832 内部结构图

◇ DI_7～DI_0：8 位数据输入信号。

◇ $\overline{CS}$：8 位输入锁存器片选信号，低电平有效。

◇ ILE：数据允许输入锁存信号，高电平有效。

◇ $\overline{WR_1}$：写信号 1，第一级输入锁存器的写选通控制信号，与$\overline{CS}$和 ILE 信号共同作用。当 ILE=1，$\overline{CS}$=0、$\overline{WR_1}$=0 时，$\overline{LE_1}$=1，8 位输入锁存器处于直通状态，输出随输入变化而变化；当$\overline{WR_1}$由低电平变为高电平时，$\overline{LE_1}$=0，8 位输入锁存器锁存数据，输出不随输入变化而变化。

◇ $\overline{XFER}$：传送控制信号，低电平有效，控制数据从输入锁存器传送到 DAC 寄存器，与$\overline{WR_2}$共同作用。

◇ $\overline{WR_2}$：写信号 2，低电平有效。当$\overline{XFER}$和$\overline{WR_2}$同时为低电平时，$\overline{LE_2}$=1，DAC 寄存器处于直通状态，输出随输入(8 位输入锁存器的输出)变化而变化。当$\overline{XFER}$或$\overline{WR_2}$变为高电平时，$\overline{LE_2}$=0，DAC 寄存器中的数据被锁存，同时启动一次 D/A 转换。

◇ I_{OUT_1}：模拟电流输出端 1，其值随 DAC 寄存器的内容变化而变化，当 DAC 寄存器值为全 1 时，输出电流最大，当 DAC 寄存器值为全 0 时，输出电流为 0。

◇ I_{OUT_2}：模拟电流输出端 2，$I_{OUT_1}+I_{OUT_2}$=常数，该常数是固定基准电压的满量程电流。

◇ V_{REF}：参考电源或基准电源输入端，范围是 −10 V～+10 V。作为转换基准，要

求 V_{REF}稳定、准确。

◇ R_{FB}:反馈电阻引出端,接外部运算放大器的输出端,构成 I/V 转换器。

◇ V_{CC}:工作电压端,可在+5～+15 V 之间选取,典型值取+15 V。

◇ AGND:模拟信号地。芯片模拟电路接地点,所有模拟地要接在一起。

◇ DGND:数字信号地。芯片数字电路接地点,所有数字地要接在一起。

3. DAC0832 工作方式

DAC0832 内部寄存器可构成两级锁存,第一级是 8 位输入锁存器,由$\overline{CS}$、$\overline{WR_1}$和 ILE 控制;第二级是 8 位 DAC 寄存器,由$\overline{XFER}$和$\overline{WR_2}$控制。根据对两级锁存器的不同控制,DAC0832 有直通、单缓冲、双缓冲三种工作方式。

1）直通方式

将$\overline{WR_1}$、$\overline{WR_2}$、$\overline{CS}$和$\overline{XFER}$接地,ILE 接高电平,此时 DAC0832 的两级锁存均处于直通状态,一旦 DI_7～DI_0 引脚有数据就进行 D/A 转换并输出。直通方式可用于一些不采用微机的控制系统中。例如,可用 DAC0832 的直通方式构成波形发生器,将波形对应的数字量从 ROM 中取出,转换成对应的模拟信号,无需任何控制信号。

2）单缓冲方式

单缓冲方式是将 DAC0832 的一个寄存器处于直通方式,另一个寄存器处于锁存控制方式,数据仅需经过一级锁存就能被转换。一种常用的接口方式为:将$\overline{XFER}$和$\overline{WR_2}$接地,DAC 寄存器直通;将 ILE 接高电平,$\overline{CS}$接地址译码器输出,$\overline{WR_1}$接系统写信号$\overline{IOW}$,8 位输入锁存器受控,当执行 OUT 指令时,$\overline{CS}$和$\overline{WR_1}$信号有效,启动 D/A 转换器,如图 9-8 所示。

另一种接口方式是 8 位输入锁存器直通,DAC 寄存器受控,该方式下 ILE 接高电平,$\overline{CS}$和$\overline{WR_1}$接地,将$\overline{XFER}$接地址译码器输出,$\overline{WR_2}$接系统写信号$\overline{IOW}$。也可以$\overline{CS}$和$\overline{XFER}$共同接到同一译码器输出,$\overline{WR_1}$和$\overline{WR_2}$接系统写信号$\overline{IOW}$,此时 8 位输入锁存器和 DAC 寄存器同时受控或直通,也属于单缓冲方式。

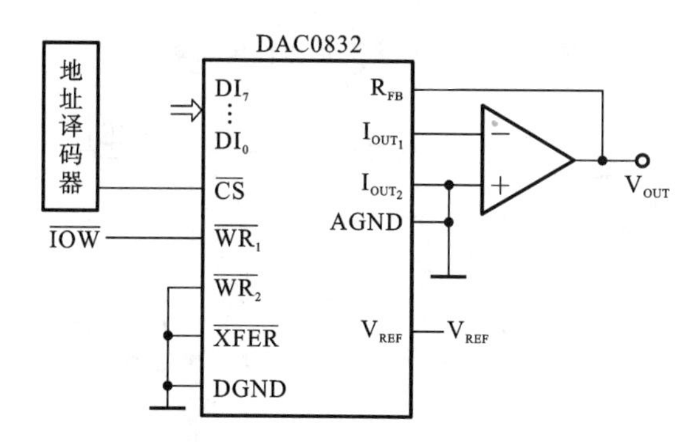

图 9-8　DAC0832 单缓冲方式

3）双缓冲方式

当 DAC0832 的两个寄存器都处于受控方式时,称为双缓冲方式。此时,需要给两个寄存器各分配一个端口地址,分别给$\overline{CS}$和$\overline{XFER}$;$\overline{WR_1}$和$\overline{WR_2}$与系统写信号$\overline{IOW}$相连,ILE 接高电平,如图 9-9 所示。

双缓冲方式下,需要有 2 条 OUT 指令产生 2 次写信号,分两步完成 D/A 转换:第

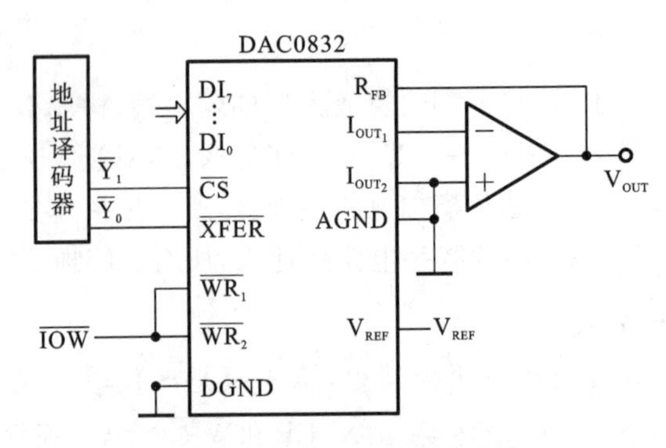

图 9-9 DAC0832 双缓冲方式

1 个写信号将数据写入输入锁存器，第 2 个写信号将待转换数据写入 DAC 寄存器并启动转换，同时更新输入锁存器的数据。双缓冲方式下，在 D/A 转换的同时，下一个数据已送到输入锁存器器，可有效提高转换速度。双缓冲方式常用于多路模拟量同时输出的场合。

4. DAC0832 **输出方式**

DAC0832 的模拟输出是电流形式，常使用运算放大器将电流输出转换为电压输出。根据输入的数字量不同，电压输出可分为单极性电压输出和双极性电压输出两种，如图 9-10、图 9-11 所示。

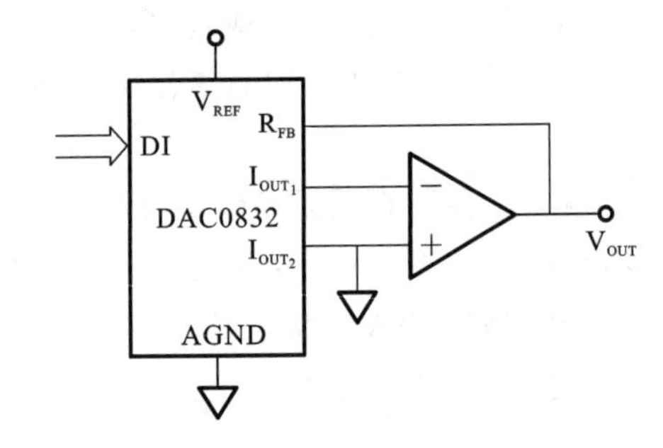

图 9-10 DAC0832 单极性电压输出

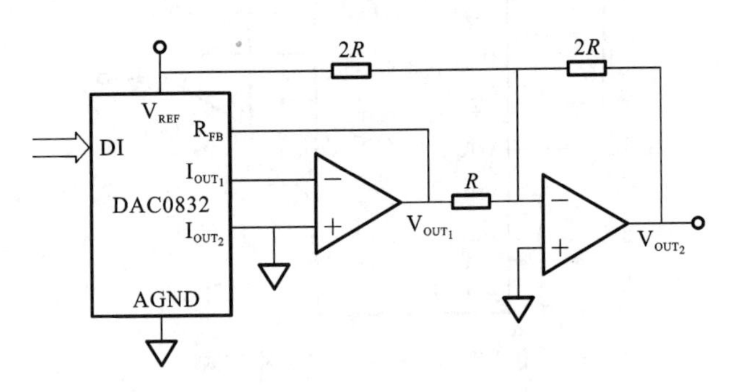

图 9-11 DAC0832 双极性电压输出

1) 单极性电压输出

当输入为单极性数字时，经 DAC0832 单极性输出的模拟电压总是与基准电压的极性相反，或全为负值，或全为正值。输出电压 V_{OUT} 与输入数字量 D 的关系为

$$V_{OUT}=-V_{REF}\times\frac{D}{256} \tag{9-9}$$

设输入数字量 D 为 0～255，基准电压 $V_{REF}=-5$ V，当 D=FFH=255 时，最大输出电压 $V_{max}=(255/256)\times 5$ V=4.98 V；当 D=00H 时，最小输出电压 $V_{min}=0$ V；当 D=01H 时，最低有效位的电压 $V_{LSB}=(1/256)\times 5$ V=0.0195 V。单极性理想电压输出如表 9-1 所示。

表 9-1 单极性理想电压输出

输入数字量	理想电压输出	
00000000	0	0
00000001	−1LSB	1LSB
00000010	−2LSB	2LSB
10000000	$-V_{REF}/2$	$\lvert V_{REF}\rvert/2$
11111110	$-V_{REF}+2$LSB	$\lvert V_{REF}\rvert-2$LSB
11111111	$-V_{REF}+1$LSB	$\lvert V_{REF}\rvert-1$LSB

2）双极性电压输出

D/A 待转换数字量也可以是双极性（有正有负）的，因此希望 D/A 转换输出也是双极性的，如控制系统中电机的正转和反转控制，就要求控制电压的模拟量有极性变化。双极性电压输出是在单极性电压输出电路的基础上再加一级运放，V_{REF} 为第二级运放提供一个偏移电压，如图 9-11 所示。

双极性数字量的表示方法有多种，但只有补码和移码适用于 D/A 转换。其中用移码最方便，要实现双极性电压转换，需先将代码转换为相应的移码，再送 D/A 转换器输出。移码 $(D)_B$ 是由基本二进制数加偏移值得到，即

$$(D)_B=\pm D+2^n \tag{9-10}$$

式中：$\pm D$ 是二进制数，2^n 是偏移值，n 为二进制数位数。例如，$n=4$ 时，+6 的二进制数表示为+110，其偏移码为+110+1000=1110。−6 的二进制数表示为−110，其移码为−110+1000=0010。

双极性输出电压 V_{OUT} 与输入数字量 D 的关系为：$V_{OUT}=(2\times D/256-1)\times V_{REF}$。设输入数字量 D 为 0～255，基准电压 $V_{REF}=-5$ V，当 D=FFH=255 时，$V_{OUT}=(2\times 255/256-1)\times V_{REF}\approx V_{REF}=-5$ V；当 D=00H 时，$V_{OUT}=-1\times V_{REF}=5$ V；当 D=128 时，最低有效位的电压 $V_{LSB}=(2\times 128/256-1)\times V_{REF}=0$ V。理想的双极性电压输出与输入数字量关系如表 9-2 所示。

表 9-2 理想的双极性电压输出与输入数字量关系

输入数字量	理想电压输出	
00000000	$-\lvert V_{REF}\rvert$	$+\lvert V_{REF}\rvert$
00000001	$-\lvert V_{REF}\rvert+1$LSB	$+\lvert V_{REF}\rvert-1$LSB
00000010	$-\lvert V_{REF}\rvert+2$LSB	$+\lvert V_{REF}\rvert-2$LSB
10000000	0	0
10000001	1LSB	−1LSB
11111110	$V_{REF}-2$LSB	$-\lvert V_{REF}\rvert+2$LSB
11111111	$V_{REF}-1$LSB	$-\lvert V_{REF}\rvert+1$LSB

5. DAC0832 芯片的应用

【例 9-2】 用 DAC0832 作为波特率发生器，编程实现方波、三角波、正向锯齿波输出。硬件连线如图 9-12 所示。设端口地址为 0FFF0H，$V_{REF}=-5$ V。

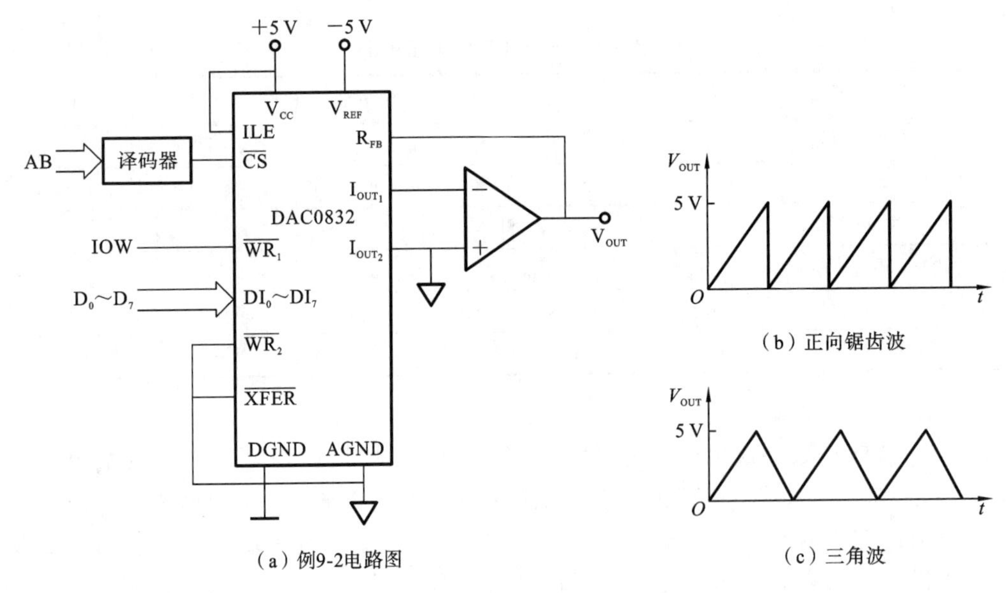

（a）例9-2电路图 （b）正向锯齿波 （c）三角波

图 9-12 例 9-2 图

分析 图 9-12 采用了单缓冲接口，DAC0832 的 8 位锁存器为受控方式，DAC 寄存器为直通。输出为单极性。

（1）锯齿波程序段。

```
    MOV  DX,0FFF0H
    MOV  AL,00H
L1: OUT  DX,AL
    INC  AL
    JMP  L1
```

（2）三角波程序段。

```
    MOV  DX,0FFF0H
    MOV  AL,00H
L1: OUT  DX,AL
    INC  AL
    JNZ  L1
L2: DEC  AL
    OUT  DX,AL
    JNZ  L2
    JMP  L1
```

（3）方波程序段。

```
    MOV  DX,0FFF0H
L1: MOV  AL,00H
```

```
        OUT   DX,AL
        CALL  DELAY
        MOV   AL,0FFH
        OUT   DX,AL
        CALL  DELAY
        JMP   L1
DELAY   PROC
            MOV   CX,100      ;延时子程序(延时常数可修改)
DELAY1:
            LOOP  DELAY1
            RET
DELAY   ENDP
```

【例 9-3】 已知DAC0832输出电压范围为0～5 V,现希望输出电压为1～4 V、周期任意的正向锯齿波。设 $V_{REF}=-5$ V,端口地址为0278H。

分析 输出电压 V_{OUT} 与输入数字量 D 关系为 $V_{OUT}=-V_{REF}\times\frac{D}{256}$,有

$$1\text{ V 电压对应的数字量}=1\times\frac{256}{5}\approx51=33\text{H}$$

$$4\text{ V 电压对应的数字量}=4\times\frac{256}{5}\approx205=\text{CDH}$$

程序中增加了任意键按下时停止输出波形的功能,用到了BIOS中断INT 16H。程序段如下。DELAY子程序参见例9-2。

```
       MOV   DX,0278H    ;0832的端口地址送DX
NEXT1: MOV   AL,33H      ;最低输出电压对应的数字量送AL
NEXT2: OUT   DX,AL       ;输出数字量到0832
       INC   AL          ;数字量加1
       CALL  DELAY       ;调用延时子程序
       CMP   AL, 0CCH    ;到最大值(输出4V电压)否?
       JNA   NEXT2       ;若没有到最大值则继续输出
       MOV   AH, 1       ;达到最大输出则判断有无任意键按下
       INT   16H
       JZ    NEXT1       ;若无任意键按下则重新开始下一个周期
       HLT               ;有键按下则退出
```

自测练习 9.2

1. 电流输出的D/A转换器,为得到电压转换结果,应使用__________。
2. 反映D/A转换器稳定性的指标是(　　)。
   A. 分辨率　　B. 转换精度　　C. 线性误差　　D. 输出阻抗
3. DAC0832的分辨率是(　　)。
   A. 8位　　B. 10位　　C. 12位　　D. 16位

4. 设 DAC0832 内部锁存器第一级工作在锁存方式，第二级工作在直通方式，则$\overline{XFER}$和$\overline{WR_2}$电平分别是(　　)。

A. 高，高　　B. 低，低　　C. 高，低　　D. 低，高

5. 设 DAC0832 基准电压为+5 V，单极性输出，当输入数据为 FFH 时，输出的最大模拟电压值为(　　)。

A. +5 V　　B. −5 V　　C. +4.98 V　　D. −4.98 V

9.3　模/数转换芯片及接口技术

A/D 转换器是模拟信号与计算机或其他数字系统之间的接口，可将连续变化的模拟信号转换为数字信号，以便计算机或数字系统进行处理。在数据采集系统中，A/D 转换器是重要组成部分。

本节目标：

(1) **理解** A/D **转换原理。**

(2) **掌握** A/D **转换的技术指标、与微机系统的连接方式。**

(3) **掌握** ADC0809 **芯片的结构及典型应用。**

9.3.1　A/D 转换原理

A/D 转换器是将模拟量转换成数字量的线性电子器件，其输入是模拟量，可以是电压信号或电流信号；输出是数字量，可以是二进制码、BCD 码等。常用的 A/D 转换方法有计数式、双积分式、逐次逼近式等。

1. 计数式 A/D 转换

计数式 A/D 转换器主要由 D/A 转换器、计数器和比较器组成，如图 9-13 所示。V_{IN}是模拟输入电压，V_{OUT}是 D/A 转换器的数字输出电压，V_C 是计数器的控制端信号。当 V_C=1 时，计数器从 0 开始计数，V_C=0 时停止计数。

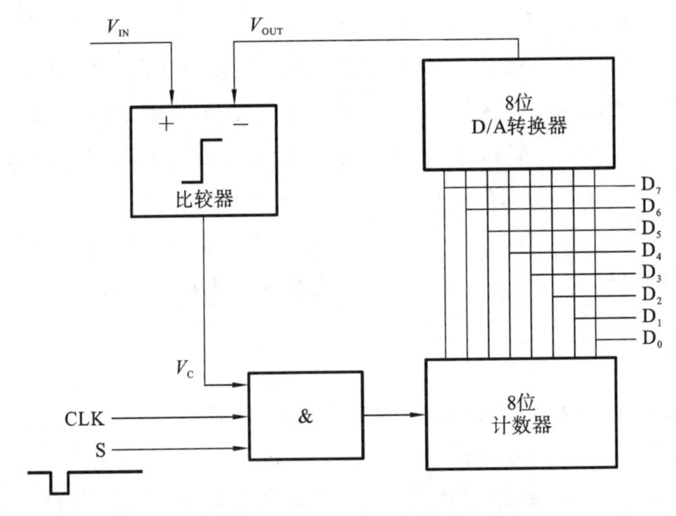

图 9-13　计数式 A/D 转换原理图

具体工作过程如下：给启动信号 S 一个负脉冲，使计数器复位；当启动信号 S 恢复高电平时，计数器准备计数；D/A 转换器的输出电压 V_{OUT} 初值为 0，此时，比较器输出为高电平，从而使计数控制信号 V_C 为 1，计数器开始计数；D/A 转换器输入端的数字量逐步增加，使输出电压不断上升；当 $V_{OUT} < V_{IN}$ 时，比较器输出保持高电平，当 $V_{OUT} > V_{IN}$ 时，比较器输出低电平，计数控制信号 V_C 变为 0，计数器停止计数，其值就是输入模拟电压对应的数字量。V_C 的负向跳变也是 A/D 转换的结束信号，表示当前已经完成一次 A/D 转换。

计数式 A/D 转换器实现简单，但转换速度较慢，适合转换位数较低的慢速模拟信号。

2. 双积分式 A/D 转换

双积分式 A/D 转换器由电子开关、积分器、比较器和控制逻辑等组成，如图 9-14 所示，它将未知电压 V_{IN} 转换成时间值来得到转换结果，也称为 T-V 型 A/D 转换器，属于间接测量。具体工作过程：启动转换后，控制逻辑先将电子开关接到 V_{IN}，积分器从 0 开始积分，同时计数器开始计数，当积分器完成固定时间 T 的正向积分后，控制逻辑将电子开关接到 V_{REF}，积分器进行反向积分（放电过程），同时计数器重新计数，直到积分器输出为 0 时，停止反向积分，比较器通知控制逻辑转换结束，计数器停止计数，此时的计数值就是 A/D 转换值。

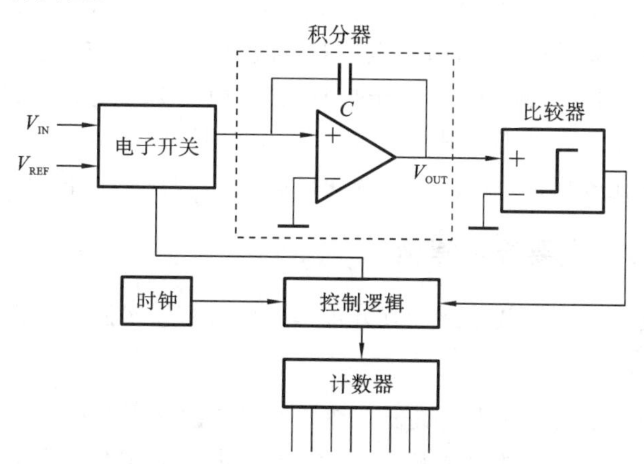

图 9-14 双积分式 A/D 转换原理图

图 9-15 给出了双积分式 A/D 转换输出波形，正向积分的积分时间固定，反向积分的积分斜率固定，V_{IN} 越大，反向积分时间越长，积分器的输出电压越大，计数器在反向积分时间内所计的数值就是输入 V_{IN} 对应的数字量。

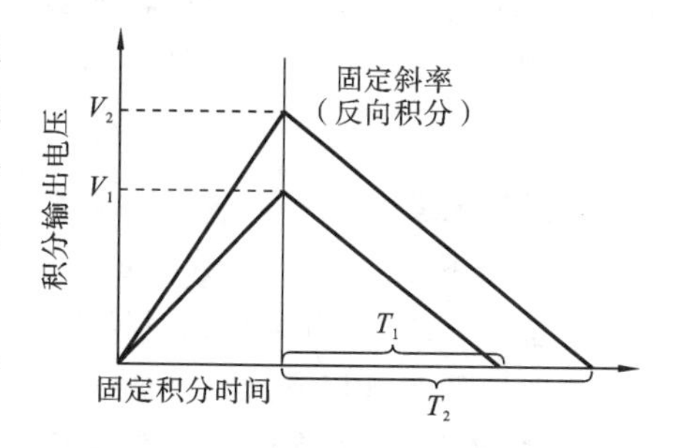

图 9-15 双积分式 A/D 转换输出波形

双积分式 A/D 转换的优点是转换精度高、抗干扰能力强，但由于要经历正、反两次积分，因此转换速度较慢，一般用于精度要求高，但速度要求不高的场合。

3. 逐次逼近式 A/D 转换

逐次逼近式 A/D 转换器主要由比较器、控制逻辑、D/A 转换器和逐次逼近寄存器等组成,如图 9-16 所示。其工作原理是:当启动信号 START 有效时,将逐次逼近寄存器复位,使其最高位为 1、其余位为 0,经 D/A 转换器转换成电压 V_N,与输入电压 V_{IN} 比较,若 $V_N < V_{IN}$,则逐次逼近寄存器的最高位保留为 1,否则最高位清 0;之后,将次高位置 1、其余位置 0,继续转换比较,如此重复,直到逐次逼近寄存器的最低位处理完成为止,此时,控制逻辑给出 EOC 结束信号,转换得到的数字量保存在锁存缓存器中。逐次逼近式 A/D 转换速度、转换精度和价格都适中,是最常用的 A/D 转换器。

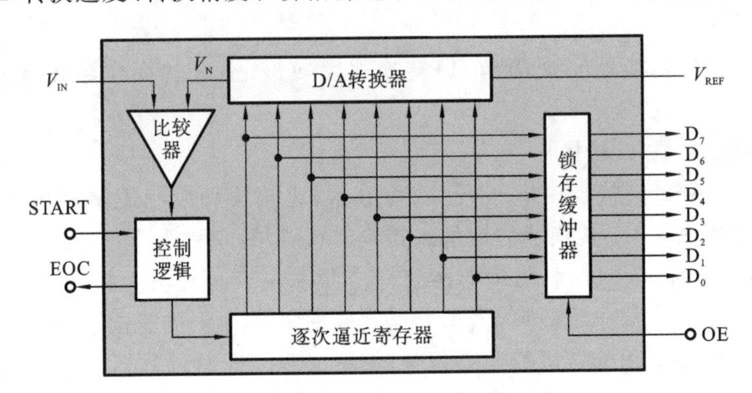

图 9-16 逐次逼近式 A/D 转换原理图

此外,还有一些类型的 A/D 转换器也得到了广泛应用。例如,Σ-Δ 式 A/D 转换既具有积分式 A/D 转换精度高的优点,也具有逐次逼近式 A/D 转换速度快的优点,且分辨率高、线性度好,对工业现场的串模干扰具有较强的抑制能力。市场上已有多种 Σ-Δ 式 A/D 转换芯片可供选用。其他还有并行比较型 A/D 转换、串并比较型 A/D 转换、电容阵列逐次比较型 A/D 转换、压频变换型(V/F 型)A/D 转换等。

9.3.2 A/D 转换主要技术指标

衡量 A/D 转换的主要技术指标有分辨率、量化误差、转换精度、转换时间等。

1. 分辨率

ADC 分辨率是指数字输出的最低有效位所对应的输入模拟量,可理解为输出数字量变化一个相邻数码所需的输入模拟量,常用二进制的位数表示,常见的有 8 位、10 位、12 位、16 位、24 位等 A /D 转换器。ADC 分辨率也可以用满量程电压 V_{FS} 的 $1/2^N$ 表示,例如,一个满量程电压 $V_{FS}=10$ V 的 12 位 ADC,能分辨的最小输入电压值是 10 V×1/ $2^N=2.4$ mV。

2. 量化误差

ADC 把模拟量转换为数字量,是用数字量近似表示模拟量,这个过程称为量化。量化误差是 ADC 的有限位数对模拟量进行量化而引起的误差,即对一定范围内连续变化的模拟量只能量化成同一个数字量产生的误差。量化误差是固有的,无法消除,一旦 ADC 位数确定了,量化误差就确定了。

实际上,要准确表示模拟量,ADC 的位数需要很大甚至无穷大。一个分辨率有限的 ADC 的阶梯状转换特性曲线与具有无限分辨率的 ADC 转换特性曲线(直线)之间的最大偏差即是量化误差。通常用 1 LSB 或 1/2 LSB 来表示量化误差。图 9-17 给出了一个 3 位 A/D 转换器量化误差为 1 LSB 和 1/2 LSB 的示意,1 LSB 量化误差的计算

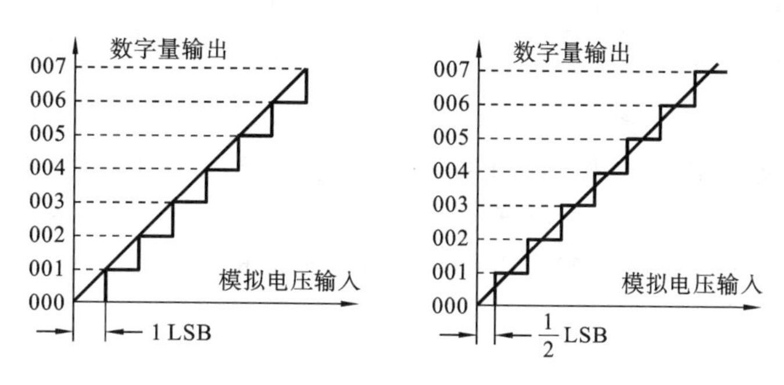

图 9-17 A/D 转换量化误差

公式为

$$量化误差(1\ LSB)=\frac{输入满量程电压}{ADC最大数字量输出}=\frac{V_{FS}}{2^N-1} \tag{9-11}$$

3. 偏移误差

偏移误差是指输入信号为零时,输出信号不为零的值,也称为零值误差。假定ADC没有非线性误差,则其转换特性曲线各阶梯中点的连线必定是直线,这条直线与横轴相交点所对应的输入电压值就是偏移误差。零值误差可外接电位器(调至最小)。

4. 满量程误差

满量程误差是指满量程输出数码所对应的实际输入电压与理想输入电压之差,又称为增益误差。

5. 转换精度

由于A/D转换输出的数字量与输入模拟量不是一一对应的关系,而是一个输出数字量对应某个范围的输入模拟量,这个范围大小就反映了A/D转换精度,即实际输出接近理想输出的精确程度。转换精度有绝对精度和相对精度两种。

绝对精度是实际的模拟输入电压值与理论模拟电压值之差,常用数字量的最低有效位LSB作单位来表示,如±1/2 LSB。相对精度是用模拟电压满量程的百分比表示,如N位ADC的相对精度为$(1/2^N)\times100\%$,8位ADC的相对精度为0.4%,10位ADC的相对精度为0.1%。

6. 转换时间

转换时间是指完成一次A/D转换所需时间,反映了A/D转换的速度。转换时间的倒数是转换速率。例如,若完成一次A/D转换所需时间是200 ns,则转换速率为5 MHz。

7. 动态范围

A/D转换器动态范围指模拟输入电压的变化范围。模拟输入电压分为单极性和双极性两种,单极性动态范围为0~+5 V,0~+10 V或0~+20 V;双极性动态范围为-5 V~+5 V或-5 V~+10 V。

ADC的其他指标还有线性度、温度系数、增益系数、非线性、电源灵敏度等,在选用A/D转换器时,应根据具体使用条件合理选择。

9.3.3 典型A/D转换芯片

本节以常用的A/D转换芯片DAC0809为例,介绍ADC内部结构及引脚、与CPU

的连接方式及其应用。

1. ADC0809 主要性能

ADC0809 是 CMOS 工艺制作的 8 位逐次逼近式 A/D 转换器，具有 8 个模拟输入通道，输出具有三态锁存和缓冲功能，可直接与系统数据总线相连。采用逐次逼近式转换法，具有较高的转换速度。ADC0809 的主要性能如下。

(1) 分辨率为 8 位。

(2) 转换时间为 100 μs。

(3) 线性误差为±1 LSB。

(4) 输入电压范围为 0～+5 V。

2. ADC0809 引脚

ADC0809 有 28 个引脚，其引脚排列及定义如图 9-18 所示。各引脚信号功能如下。

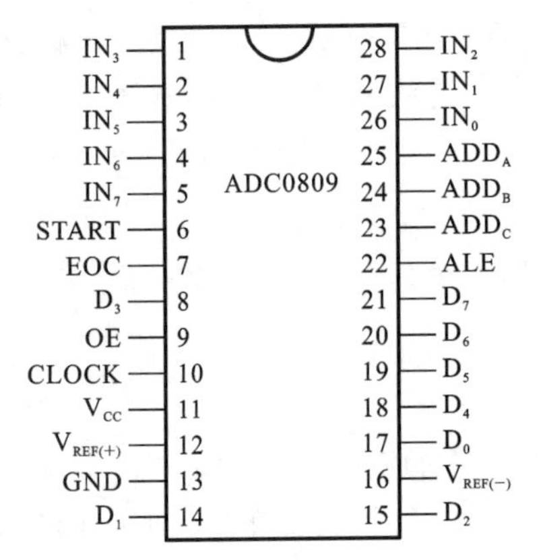

图 9-18 ADC0809 引脚图

◇ D_7～D_0：8 位数字量输出信号。

◇ IN_7～IN_0：8 路模拟电压输入信号，可连接 8 路模拟量输入。

◇ ADD_C、ADD_B 和 ADD_A：通道地址选择信号，用来选择 8 路模拟量 IN_7～IN_0 中的一路。ADD_C 为最高位，ADD_A 为最低位。

◇ ALE：地址锁存允许信号，控制通道选择开关的打开与闭合。ALE=1 时接通某一路的模拟信号，ALE=0 时锁存该路的模拟信号。

◇ START：转换启动信号，输入，下降沿有效。START 上升沿使内部逐次逼近寄存器复位，下降沿启动 A/D 转换。

◇ EOC：A/D 转换结束输出信号，高电平有效。在 START 信号上升沿有效后，EOC 输出低电平表示正在转换，当 EOC 输出高电平时表示 A/D 转换结束。EOC 可作为状态查询信号或中断请求信号。

◇ OE：输出允许信号，高电平有效。当 OE 有效时，三态输出锁存器的转换结果送系统数据总线，被 CPU 读取。

◇ CLOCK：时钟输入信号，范围为 10 kHz～1 MHz，典型值为 640 kHz。

◇ $V_{REF(+)}$ 与 $V_{REF(-)}$：正负基准电压输入端。中心值为 $(V_{REF(+)}+V_{REF(-)})/2$，应接近于 $V_{CC}/2$，其偏差不应该超过±0.1 V。正负基准电压的典型值分别为 +5 V 和 0 V。

◇ V_{CC}：工作电压，+5 V 输入。

◇ GND：地。

3. ADC0809 内部结构

ADC0809 内部结构如图 9-19 所示，主要由以下三部分组成。

(1) 模拟通道部分：由 8 通道模拟开关、地址锁存器和译码器组成，输入的 3 位地址信号 ADD_C、ADD_B 和 ADD_A 由 ALE 信号锁存到地址锁存器，经译码器译码后选中相应的模拟通道，表 9-3 给出了 ADC0809 输入地址和选中通道的对应关系。

(2) 转换部分：由 8 位 DAC、逐次逼近寄存器(SAR)、比较器和控制逻辑等组成。

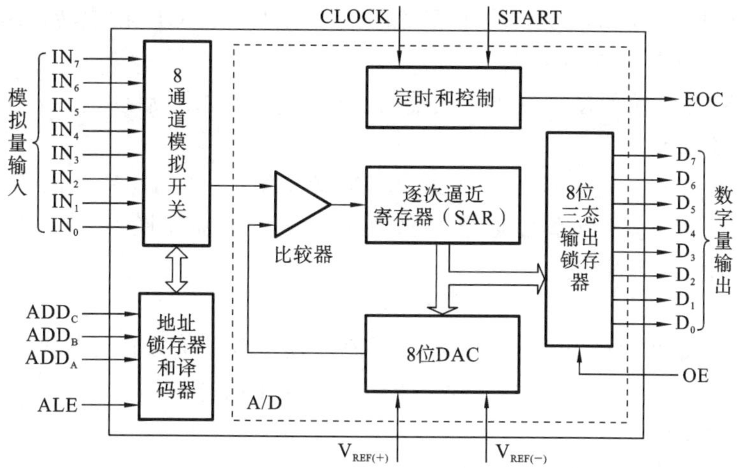

图 9-19　ADC0809 内部结构

(3) 输出部分：由 8 位三态输出锁存器输出转换结果。

表 9-3　ADC0809 输入地址和选中通道的对应关系

选中通道	ADD_C	ADD_B	ADD_A	选中通道	ADD_C	ADD_B	ADD_A
IN_7	1	1	1	IN_3	0	1	1
IN_6	1	1	0	IN_2	0	1	0
IN_5	1	0	1	IN_1	0	0	1
IN_4	1	0	0	IN_0	0	0	0

4. ADC0809 工作过程

ADC0809 工作时序如图 9-20 所示。外部时钟信号经 CLOCK 进入内部定时和控制电路，作为转换时间基准，具体工作过程如下。

(1) 首先 CPU 送出地址信号 ADD_A、ADD_B 和 ADD_C，确定要转换的模拟通道号。

(2) ALE 信号有效，将选中的模拟信号锁存，送给比较器的输入端。

(3) START 信号紧随 ALE 之后(或与 ALE 同时出现)，START 的上升沿将逐次逼近寄存器复位，下降沿启动 A/D 转换。

(4) 在 START 上升沿之后，EOC 信号变为低电平(2 μs+8T 内，不定)，表示正在转换，一旦 EOC 变为高电平，则表示转换结束。

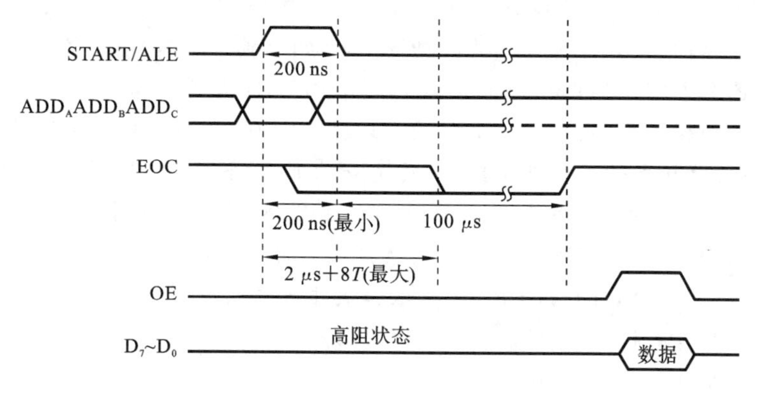

图 9-20　ADC0809 工作时序

(5) CPU 检测到 EOC 为高电平后，输出一个正脉冲到 OE，读取转换结果。

5. ADC0809 与系统的接口

ADC0809 与系统的接口主要涉及模拟量输入、数据输出、启动信号和结束转换等。

1) 模拟量输入

ADC0809 有 8 个模拟量输入通道，由 ADD_C、ADD_B 和 ADD_A 编码确定。ADD_C、ADD_B 和 ADD_A 可直接与系统地址总线相连，也可以通过接口（如 74LS373、Intel 8255A）得到通道地址编码。

2) 数据输出

由于 ADC0809 的输出有三态缓冲锁存器，$DB_7 \sim DB_0$ 可以直接与系统数据总线相连，也可以通过接口（如 74LS244、Intel 8255A）与系统相连。

3) 启动信号

ADC 在转换前，需要加启动信号。启动有脉冲启动和电平启动两种，ADC0809 采用脉冲启动。通常将 ADC0809 的 START 和 ALE 信号连接在一起，利用 ALE 上升沿有效、START 下降沿有效的特点，用一个正脉冲信号完成地址锁存和启动转换 2 个步骤。

4) 结束转换

当 ADC0809 的 EOC 信号从低电平变为高电平时表示转换结束，CPU 判断转换结束的方式有多种，如查询方式、中断方式、延时等待方式等。

(1) 查询方式：通常把 EOC 信号经三态缓冲器送到系统数据总线的某一位上，转换开始后，CPU 不断查询 EOC 状态，直到 EOC 由低电平变为高电平。查询方式简单、可靠，是较常用的一种方法。

(2) 中断方式：EOC 作为中断请求信号接到中断控制器的输入端，转换结束时，向 CPU 申请中断，CPU 响应中断后，在中断服务程序中读取数据。中断方式适合实时性要求较高或参数较多的数据采集系统。

(3) 延时等待方式：不使用 EOC 信号，CPU 启动 A/D 转换后，需要延时一段时间，延时时间必须大于转换时间，延时结束读取转换结果。该方式占用 CPU 时间，仅适用于简单场合。

6. ADC0809 应用举例

ADC0809 主要用于数据采集系统中，1 片 ADC0809 最多可采集 8 路模拟数据。

【例 9-4】 用 ADC0809 作 A/D 转换器，分别对 8 路模拟信号轮流采样一次，将采样结果存入数据段 BUFFER 开始的数据区中，采用查询方式工作，如图 9-21 所示。

分析 图 9-21 中，ADC0809 通过接口芯片 8255A 与系统相连，8255A 的端口 A 作为转换结果的输入口，端口 B 低 3 位用来选择 ADC0809 的 8 路模拟通道，端口 C 控制 A/D 转换的启动和转换结果输出，并负责查询 EOC 状态。8255A 的 3 个端口均可工作在方式 0，输入/输出方向如图 9-21 所示。因此，8255A 的控制字为 91H，端口地址为 200H～203H。用 ADC0809 实现上述数据采集的程序片段如下。

```
LEA  SI,BUFFER   ；置数据缓冲区首地址
MOV  DX, 203H    ；8255A 初始化
MOV  AL,91H
OUT  DX,AL
```

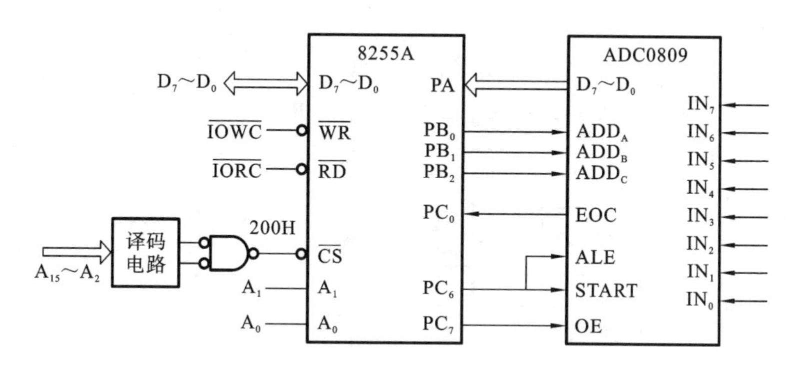

图 9-21 例 9-4 接口电路图

```
    MOV  CX,08H       ；设置通道数,循环次数
    MOV  BL,00H       ；设置初始通道号
L1：MOV  DX,201H      ；送通道地址给端口 B
    MOV  AL,BL
    OUT  DX,AL
    MOV  DX,203H      ；使 PC6 置 1,ALE/START=1
    MOV  AL,0DH
    OUT  DX,AL
    MOV  AL,0CH       ；使 PC6 清 0,START=0
    OUT  DX,AL        ；启动转换
    MOV  DX,202H      ；指向端口 C
L2：IN   AL,DX        ；读 EOC 状态
    TEST AL,01H       ；转换是否开始
    JNZ  L2           ；若未开始(EOC=1),则等待
L3：IN   AL,DX        ；再读 EOC 状态
    TEST AL,01H       ；转换是否结束
    JZ   L3           ；若未结束(EOC=0),则等待
    MOV  AL,80H       ；转换结束,置 PC7=1,OE 有效
    OUT  DX,AL
    MOV  DX,200H      ；指向端口 A
    IN   AL,DX        ；读取转换数据
    MOV  [SI],AL      ；转换结果送缓冲区
    INC  BL           ；指向下一个输入通道
    INC  SI           ；指向下一个缓冲单元
    LOOP L1           ；判断 8 路模拟量是否全部采样完毕
    HLT
```

【例 9-5】 用 ADC0809 作 A/D 转换器,采样 IN_7 路模拟信号 100 次,将转换结果存入 BUFFER 开始的数据区中。采用中断方式工作,接口如图 9-22 所示。

分析 图 9-22 中,ADC0809 与系统总线直接连接。系统地址总线的 $A_2 \sim A_0$ 与 ADC0809 的 3 位通道地址选择线相连,$A_9 \sim A_3$ 参与地址译码,8 个模拟量通道地址设

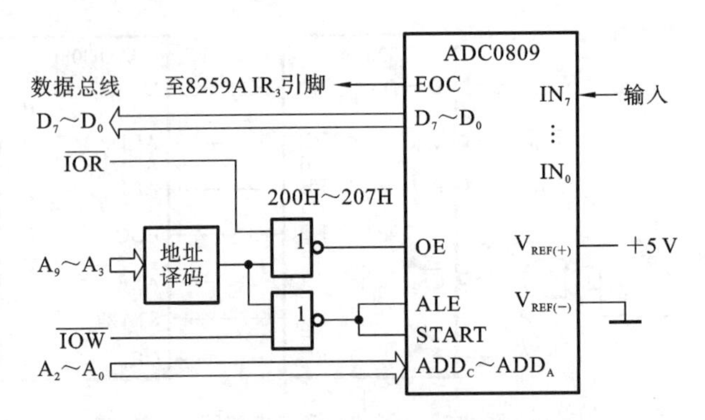

图 9-22 ADC0809 工作在中断方式的连接

为 200H～207H。启动信号 START 和通道锁存信号 ALE 共连，启动转换的同时锁存模拟通道地址。中断方式下，EOC 信号接 8259A 的 IR_3 引脚，当 EOC 有效时产生一次中断，在中断服务程序中执行读操作，IN 指令产生的 $\overline{IOR}$ 信号将使 OE 有效，使能 ADC0809 内部三态输出锁存器，读取转换结果。设 8259A 的端口地址为 20H，21H。用 ADC0809 实现上述数据采集的程序片段如下。

主程序段(省略设置中断向量、开中断屏蔽部分)。

```
START: LEA    BX,BUFFER   ；设定输入缓冲区指针
       MOV    CX,100      ；设定 A/D 转换次数
       MOV    DX,207H     ；设通道地址
       STI                ；开放中断
LP1:   OUT    DX,AL       ；启动模拟量转换
       HLT                ；暂停，等待中断到来
       LOOP   LP1         ；若不够 100 个数据，则返回重新启动
       CLI                ；关中断
       HLT                ；暂停
```

中断服务程序部分。

```
INTEP: PUSH   AX
       IN     AL,DX       ；读取转换结果
       MOV    [BX],AL     ；存入内存一个字节
       INC    BX
       MOV    AL,20H      ；发中断结束命令
       OUT    20H,AL
       POP    AX
       IRET
```

自测练习 9.3

1. A/D 转换结束后，CPU 获取转换结果的方法有________、________和________。
2. ADC0809 是________位的 A/D 转换器，其转换方法是________。
3. 设 ADC0809 的 $V_{REF(+)}=+5$ V，$V_{REF(-)}=0$ V，当输入模拟电压为 3 V 时，输出的数

字量为____________。

4. 若 CPU 用中断方式读取 ADC0809 转换结果，则发出中断请求信号的引脚是（　　）。
   A. START　　B. ALE　　C. EOC　　D. OE

本章总结

本章介绍了模拟接口技术。通过本章学习，应掌握模/数转换、数/模转换的工作原理和技术指标，重点理解分辨率、转换精度等主要指标。掌握典型 A/D、D/A 芯片，及其与 CPU 的接口设计方法和程序设计方法。

习题与思考题

1. A/D 转换器、D/A 转换器在微机系统中的作用分别是什么？
2. A/D 转换器、D/A 转换器主要技术参数有哪些，分别反映了它们的什么性能？
3. 描述 DAC 转换原理。为什么更多采用 T 形电阻网络而不是权电阻网络？
4. 设 8 位 D/A 转换器满量程电压为 V_{FS}=5 V，(1) 最低有效位 LSB 对应的输出电压 V_{LSB} 为多少？(2)若要求能分辨的最小电压为 5 mV，则应选用几位的 DAC？
5. DAC0832 与 CPU 的接口方式有哪些？双缓冲方式用在什么情况下？如果要同时输出 2 路模拟量，则需要几片 DAC0832？
6. 设 DAC0832 的基准电压 V_{REF}=−5 V，当输入数字量为 40H 时，输出的单极性模拟电压和双极性模拟电压分别是多少？
7. 参照图 9-12 电路，编程实现：(1) 输出负向增长的锯齿波；(2) 输出双极性锯齿波。波形如图 9-23 所示。

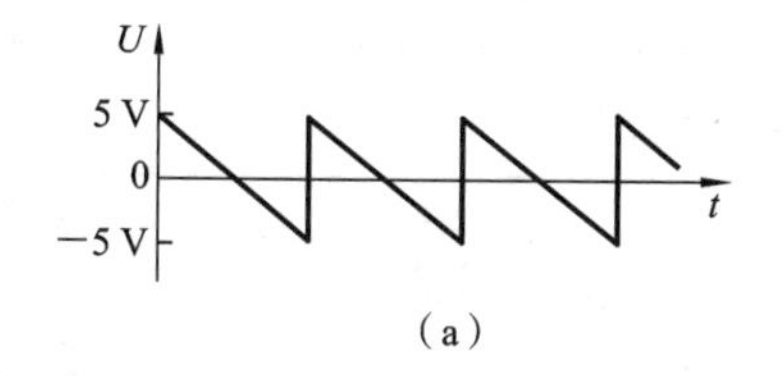

(a)

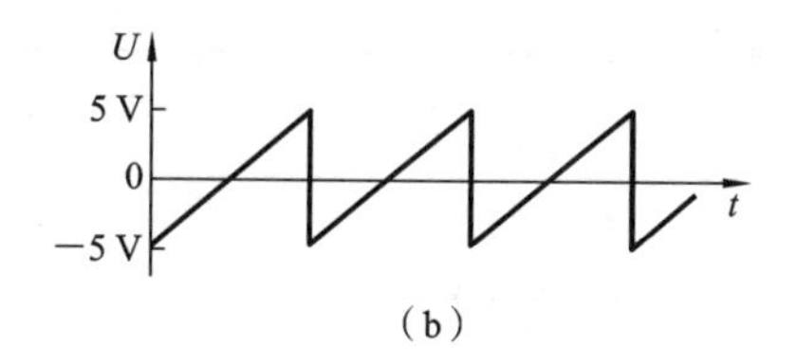

(b)

图 9-23　题 7 波形

8. 一个完整的数据采集电路有哪些部分组成？分析各部分功能。在 A/D 转换中为什么要进行采用保持？
9. A/D 转换产生的量化误差为什么无法消除？设满量程电压为+5 V，则 8 位、12 位、16 位 ADC 量化误差(1 LSB)分别是多少？
10. 分析 ADC 技术指标中分辨率和转换精度的区别。
11. 设某 12 位 A/D 转换器的输入电压为 0～+5 V，求出当输入模拟量为下列值时输出的数字量：(1) 1.25 V；(2) 3.75 V。
12. 参考图 9-21，增加一片 8253 芯片，设计电路图，编写程序实现以 5 kHz 频率进行采样（即每隔 200 μs 采样一个数据），对 IN_7 连续采样 100 个数据。8253 通道 0 工作在方式 1，CLK_0 输入 1 MHz。

附录 A　ASCII 码

表 A-1　ASCII 码

	列	0	1	2	3	4	5	6	7
行	高/低	000	001	010	011	100	101	110	111
0	0000	NUL	DLE	SP	0	@	P	、	p
1	0001	SOH	DC_1	!	1	A	Q	a	q
2	0010	STX	DC_2	”	2	B	R	b	r
3	0011	ETX	DC_3	#	3	C	S	c	s
4	0100	EOT	DC_4	$	4	D	T	d	t
5	0101	ENQ	NAK	%	5	E	U	e	u
6	0110	ACK	SYN	&	6	F	V	f	v
7	0111	BEL	ETB	’	7	G	W	g	w
8	1000	BS	CAN	(	8	H	X	h	x
9	1001	HT	EM	)	9	I	Y	i	y
A	1010	LF	SUB	*	:	J	Z	j	z
B	1011	VT	ESC	+	;	K	[	k	{
C	1100	FF	FS	,	<	L	\	l	|
D	1101	CR	GS	—	=	M	]	m	}
E	1110	SO	RS	.	>	N	Ω	n	~
F	1111	SI	US	/	?	O	-	o	DEL

表 A-2　控制符号的含义

NUL	null	空白	DLE	data line escape	转义
SOH	start of heading	序始	DC1	device control 1	设备控制 1
STX	start of text	文始	DC2	device control 2	设备控制 2
ETX	end of text	文终	DC3	device control 3	设备控制 3
EOT	end of tape	送毕	DC4	device control 4	设备控制 4
ENQ	enquiry	询问	NAK	negative acknowledge	不确认
ACK	acknowledge	确认	SYN	synchronize	同步字符
BEL	bell	响铃	ETB	end of transmitted block	传输块结束
BS	backspace	退格	CAN	cancel	作废
HT	horizontal tab	横表	EM	end of medium	载终
LF	line feed	换行	SUB	substitute	置换
VT	vertical tab	纵表	ESC	escape	换码
FF	form feed	换页	FS	file separator	文件分隔符
CR	carriage return	回车	GS	group separator	组分隔符
SO	shift out	移出	RS	record separator	记录分隔符
SI	shift in	移入	US	union separator	单元分隔符

附录 B　DOS 功能调用

AH	功　　能	入 口 参 数	出 口 参 数
00H	程序终止,返回操作系统	CS=程序段前缀	
01H	键盘输入字符并回显		AL=输入字符
02H	显示输出	DL=被显示字符的 ASCII	
03H	异步通信输入		AL=输入数据
04H	异步通信输出	输出数据	
05H	打印机输出	DL=输出字符	
06H	直接控制台 I/O	DL=FF(直接控制台输入) DL=其他值(显示输出)	AL=输入字符的 ASCII
07H	键盘输入(无回显)		AL=输入字符的 ASCII
08H	键盘输入(无回显) 检测 Ctrl-Break		AL=输入字符的 ASCII
09H	显示字符串	DS:DX=串首地址,'$'结束字符串	
0AH	键盘输入字符串到内存缓冲区	DS:DX=缓冲区首地址	(DS:DX+1)=实际输入的字符数
0BH	检验键盘状态		AL=00 有输入 AL=FF 无输入
0CH	清除输入缓冲区并请求指定的输入功能	AL=输入功能号 (1,6,7,8,A)	
0DH	磁盘复位		清除文件缓冲区
0EH	指定当前缺省的磁盘驱动器	DL=驱动器号 0=A,1=B,…	AL=驱动器数
0FH	打开文件	DS:DX=FCB 首地址	AL=00 文件找到 AL=FF 文件未找到
10H	关闭文件	DS:DX=FCB 首地址	AL=00 目录修改成功 AL=FF 目录中未找到文件
11H	查找第一个目录项	DS:DX=FCB 首地址	AL=00 找到 AL=FF 未找到
12	查找下一个目录项	DS:DX=FCB 首地址 (文件中带有 * 或?)	AL=00 找到 AL=FF 未找到
13	删除文件	DS:DX=FCB 首地址	AL=00 删除成功 AL=FF 未找到

续表

AH	功　能	入 口 参 数	出 口 参 数
14H	顺序读	DS:DX=FCB 首地址	AL =00 读成功 =01 文件结束,记录中无数据 =02 DTA 空间不够 =03 文件结束,记录不完整
15H	顺序写	DS:DX=FCB 首地址	AL =00 写成功 =01 盘满 =02 DTA 空间不够
16H	建文件	DS:DX=FCB 首地址	AL =00H 建立成功 =FFH 无磁盘空间
17H	文件改名	DS:DX=FCB 首地址 (DS:DX+1)=旧文件名 (DS:DX+17)=新文件名	AL=00H 成功 AL=FFH 未成功
19H	取当前缺省磁盘驱动器		AL=缺省的驱动器号 0=A,1=B,2=C,…
1AH	置 DTA 地址	DS:DX=DTA 地址	
1BH	取缺省驱动器 FAT 信息		AL=每簇的扇区数 DS:BX=FAT 标识字节 CX=物理扇区大小 DX=缺省驱动器的簇数
1CH	取任一驱动器 FAT 信息	DL=驱动器号	同上
21H	随机读	DS:DX=FCB 首地址	AL =00H 读成功 =01H 文件结束 =02H 缓冲区溢出 =03H 缓冲区不满
22H	随机写	DS:DX=FCB 首地址	AL =00H 写成功 =01H 盘满 =02H 缓冲区溢出
23H	测定文件大小	DS:DX=FCB 首地址	AL= 00H 成功(文件长度填入 FCB) AL=FFH 未找到
24H	设置随机记录号	DS:DX=FCB 首地址	
25H	设置中断向量	DS:DX=中断向量 AL=中断类型号	
26H	建立程序段前缀	DX=新的程序段前缀	
27H	随机分块读	DS:DX=FCB 首地址 CX=记录数	AL =00H 读成功 =01H 文件结束 =02H 缓冲区太小,传输结束 =03H 缓冲区不满

续表

AH	功　能	入口参数	出口参数
28H	随机分块写	DS:DX=FCB 首地址 CX=记录数	AL =00H 写成功 =01H 盘满 =02H 缓冲区溢出
29H	分析文件名	ES:DI=FCB 首地址 DS:SI=字符串地址 AL=控制分析标志	AL =00H 标准文件 =01H 多义文件 =02H 非法盘符
2AH	取日期		CX=年 DH:DL=月:日(二进制) AL=星期(0～6,0 为周日)
2BH	设置日期	CX:DH:DL=年:月:日	AL=00H 成功,AL=FFH 无效
2CH	取时间		CH:CL=时:分 DH:DL=秒:1/100 秒
2DH	设置时间	CH:CL=时:分 DH:DL=秒:1/100 秒	AL =00 设置时间成功 =FF 设置时间无效
2EH	置磁盘自动读写标志	AL=00 关闭标志 AL=01 打开标志	
2FH	取磁盘缓冲区的首地址		ES:BX=缓冲区首地址
30H	取 DOS 版本号		AH=发行号,AL=版本
31H	结束并驻留	AL=返回码 DX=驻留区大小	
33H	Ctrl-Break 检测	AL =00 取状态 =01 置状态(DL) DL =00 关闭检测 =01 打开检测	DL =00 关闭 Ctrl-Break 检测 =01 打开 Ctrl-Break 检测
35H	取中断向量	AL=中断类型号	ES:BX=中断向量
36H	取空闲磁盘空间	DL=驱动器号 0=缺省,1=A,2=B,…	成功:AX=每簇扇区数 BX=有效簇数 CX=每扇区字节数 DX=总簇数 失败:AX=FFFFH
38H	置/取国家信息	DS:DX=信息区首地址	BX=国家码(国际电话前缀码) AX=错误码
39H	建立子目录(MKDIR)	DS:DX=ASCIIZ 串地址	AX=错误码
3AH	删除子目录(RMDIR)	DS:DX=ASCIIZ 串地址	AX=错误码
3BH	改变当前目录(CHDIR)	DS:DX=ASCIIZ 串地址	AX=错误码
3CH	建立文件	DS:DX=ASCIIZ 串地址 CX=文件属性	成功:AX=文件代号 错误:AX=错误码

续表

AH	功　　能	入 口 参 数	出 口 参 数
3DH	打开文件	DS:DX=ASCIIZ 串地址 AL =0 读 =1 写 =3 读/写	成功:AX=文件代号 错误:AX=错误码
3EH	关闭文件	BX=文件代号	失败:AX=错误码
3FH	读文件或设备	DS:DX=数据缓冲区地址 BX=文件代号 CX=读取的字节数	读成功：AX=实际读入的字节数 AX=0 已到文件尾 读出错:AX=错误码
40H	写文件或设备	DS:DX=数据缓冲区地址 BX=文件代号 CX=写入的字节数	写成功:AX=实际写入的字节数 写出错:AX=错误码
41H	删除文件	DS:DX=字符串地址	成功:AX=00 出错:AX=错误码(2,5)
42H	移动文件指针	BX=文件代号 CX:DX=位移量 AL=移动方式(0:从文件头绝对位移,1:从当前位置相对移动,2:从文件尾绝对位移)	成功:DX:AX=新文件指针位置 出错:AX=错误码
43H	置/取文件属性	DS:DX=ASCIIZ 串地址 AL=0 取文件属性 AL=1 置文件属性 CX=文件属性	成功:CX=文件属性 失败:CX=错误码
44H	设备文件 I/O 控制	BX=文件代号 AL =0 取状态 =1 置状态 DX =2 读数据 =3 写数据 =6 取输入状态 =7 取输出状态	DX=设备信息
45H	复制文件代号	BX=文件代号 1	成功:AX=文件代号 2 失败:AX=错误码
46H	人工复制文件代号	BX=文件代号 1 CX=文件代号 2	失败:AX=错误码
47H	取当前目录路径名	DL=驱动器号 DS:SI=字符串地址	(DS:SI)=字符串 失败:AX=出错码
48H	分配内存空间	BX=申请内存容量	成功:AX=分配内存首地址 失败:BX=最大可用内存

续表

AH	功　能	入口参数	出口参数
49H	释放内容空间	ES=内存起始段地址	失败:AX=错误码
4AH	调整已分配的存储块	ES=原内存起始地址 BX=再申请的容量	失败:BX=最大可用空间 AX=错误码
4BH	装配/执行程序	DS:DX=字符串地址 ES:BX=参数区首地址 AL=0 装入执行 AL=3 装入不执行	失败:AX=错误码
4CH	带返回码结束	AL=返回码	
4DH	取返回代码		AX=返回代码
4EH	查找第一个匹配文件	DS:DX=字符串地址 CX=属性	AX=出错代码(02,18)
4FH	查找下一个匹配文件	DS:DX=字符串地址 (文件名中带有?或*)	AX=出错代码(18)
54H	取盘自动读写标志		AL=当前标志值
56H	文件改名	DS:DX=字符串(旧) ES:DI=字符串(新)	AX=出错码(03,05,17)
57H	置/取文件日期和时间	BX=文件代号 AL=0 读取 AL=1 设置(DX:CX)	DX:CX=日期和时间 失败:AX=错误码
58H	取/置分配策略码	AL=0 取码 AL=1 置码(BX)	成功:AX=策略码 失败:AX=错误码
59H	取扩充错误码		AX=扩充错误码 BH=错误类型 BL=建议的操作 CH=错误场所
5AH	建立临时文件	CX=文件属性 DS:DX=字符串地址	成功:AX=文件代号 失败:AX=错误码
5BH	建立新文件	CX=文件属性 DS:DX=字符串地址	成功:AX=文件代号 失败:AX=错误码
5CH	控制文件存取	AL =00 封锁 =01 开启 BX=文件代号 CX:DX=文件位移 SI:DI=文件长度	失败:AX=错误码
62H	取程序段前缀		BX=PSP 地址

附录 C　BIOS 中断调用

INT	功能号	功能名称	入口参数	出口参数
10H	00H	设置显示方式	AL＝00H AL＝01H AL＝02H AL＝03H AL＝04H AL＝05H AL＝06H AL＝07H AL＝08H AL＝09H AL＝0AH AL＝0BH AL＝0CH AL＝0DH AL＝0EH AL＝0FH AL＝10H AL＝11H AL＝12H AL＝13H AL＝40H AL＝41H AL＝42H	分辨率为 40×25 的黑白方式 分辨率为 40×25 的彩色方式 分辨率为 80×25 的黑白方式 分辨率为 80×25 的彩色方式 分辨率为 320×200 的彩色图形方式 分辨率为 320×200 的黑白图形方式 分辨率为 640×200 的黑白图形方式 分辨率为 80×25 的单色文本方式 分辨率为 160×200 的 16 色图形 分辨率为 320×200 的 16 色图形 分辨率为 640×200 的 16 色图形 保留(EGA) 保留(EGA) 分辨率为 320×200 的彩色图形 分辨率为 640×200 的彩色图形 分辨率为 640×350 的黑白图形 分辨率为 640×350 的彩色图形 分辨率为 640×480 的单色图形 分辨率为 640×480 的 16 色图形 分辨率为 320×200 的 256 色图形 分辨率为 80×30 的彩色文本 分辨率为 80×50 的彩色方式 分辨率为 640×400 的彩色文本
10H	01H	置光标类型	CH＝光标起始行 CL＝光标结束行	
10H	02H	置光标位置	BH＝页号 DH＝行数 DL＝列数	
10H	03H	读光标位置	BH＝页号	DH＝行数 DL＝列数
10H	04H	读光笔位置		AH＝0 光笔未触发 AH＝1 光笔触发 CH＝像素行 BX＝像素列 DH＝字符行 DL＝字符列

续表

INT	功能号	功能名称	入口参数	出口参数
10H	05H	置显示页	AL=页号	
10H	06H	当前显示页上卷	AL=上卷行数,0为清屏 BH=填充字符属性 CH/CL=左上角行/列号 DH/DL=右下角行/列号	
10H	07H	当前显示页下卷	AL=下卷行数,0为清屏 BH=填充字符属性 CH/CL=左上角行/列号 DH/DL=右下角行/列号	
10H	08H	读光标位置的字符和属性	BH=页号	AH=属性 AL=字符
10H	09H	在当前光标位置显示字符及属性	BH=页号 BL=属性 AL=字符 CX=字符总数	
10H	0AH	在当前光标位置显示字符	BH=页号 AL=字符 CX=字符总数	
10H	0BH	置彩色调色板	BH=彩色调色板 ID BL=和 ID 配套使用的颜色	
10H	0CH	写像素	DX=行数(0～199) CX=列数(0～639) AL=像素值	
10H	0DH	读像素	DX=行数(0～199) CX=列数(0～639)	AL=指定位置的像素值
10H	0EH	显示字符	AL=字符 BL=前景色	
10H	0FH 件	读当前显示方式		AH=字符列数 AL=显示方式
16H	00H	从键盘读字符		AL=字符的 ASCII 码 AH=字符的扫描码
16H	01H	读键盘缓冲区字符		ZF=0:AL=字符的 ASCII 码 AH=字符的扫描码 ZF=1:缓冲区为空

续表

INT	功能号	功能名称	入口参数	出口参数
16H	02H	读控制键状态		AL=键盘状态字节
17H	00H	打印字符 回送状态字节	AL=字符 DX=打印机号	AH=打印机状态字节
17H	01H	初始化打印机 回送状态字节	DX=打印机号	AH=打印机状态字节
17H	02H	取打印机状态	DX=打印机号	AH=打印机状态字节

附录 D　DEBUG 调试软件

DEBUG.EXE 程序是专门为分析、研制和开发汇编语言程序而设计的一种调试工具,具有跟踪程序执行、观察中间运行结果、显示和修改寄存器或存储单元内容等多种功能,是学习汇编语言必须掌握的调试工具。

1. DEBUG 程序的使用

在 DOS 提示符下键入命令:

C:\> DEBUG　[盘符:][路径][文件名.EXE][参数 1][参数 2]

屏幕上出现 DEBUG 的提示符"-",表示系统在 DEBUG 管理之下,可以用 DEBUG 进行程序调试。通常在 DEBUG 命令中带有文件名参数。

2. DEBUG 的常用命令

(1) 汇编命令 A。

格式:A[起始地址]或 A　　　;每输入完一条指令,用回车键来确认

功能:将输入源程序的指令汇编成目标代码并从指定地址单元开始存放。若缺省起始地址,则从当前 CS:100 (段地址:偏移地址)地址开始存放。A 命令按行进行汇编,主要用于小段程序汇编或对目标程序修改,具有检查错误的功能,如有错误,则用"^Error" 提示。然后重新输入正确命令即可。

注意:DEBUG 的 A 命令中数字部分输入的默认格式是十六进制,如输入 10,对于计算机而言,就是 10H。A 命令不支持标识符的输入,只能用准确的"段地址:偏移地址"来设置跳转的位置。

(2) 反汇编命令 U。

格式 1:U [起始地址]

格式 2:U [起始地址][结束地址|字节数]

功能:格式 1 从指定起始地址处开始固定将 32 个字节的目标代码转换成汇编指令形式,若缺省起始地址,则从当前地址 CS:IP 开始。

格式 2 将指定范围的内存单元中的目标代码转换成汇编指令。

(3) 显示、修改寄存器命令 R。

格式:R[寄存器名]或 R

功能:若给出寄存器名,则显示该寄存器的内容并可进行修改。若缺省寄存器名,则按以下格式显示所有寄存器的内容及当前值(不能修改):

```
AX=0000  BX=0004  CX=0020  DX=0000  SP=0080  BP=0000  SI=0000
DI=0000  DS=3000  ES=23A0  CS=138E  IP=0000
NV UP DI PL NZ NA PO NC
138E:0000      MOV AX,1234
     -R AX             ; 输入命令
     AX 0014           ; 显示 AX 的内容
```

⋮ ；供修改，不修改按回车

若对标志寄存器进行修改，则输入：－RF。

屏幕显示如下信息，分别表示 OF、DF、IF、SF、ZF、AF、PF、CF 的状态：

NV UP DI PL NZ NA PO NC

若不修改，则按回车键。若要修改，则需个别输入一个或多个此标志的相反值，再按回车键。R 命令只能显示、修改 16 位寄存器。

(4) 显示存储单元命令 D。

格式 1：D[起始地址]

格式 2：D[起始地址][结束地址|字节数]

功能：格式 1 从起始地址开始按十六进制显示 80H(128)个单元的内容，每行 16 个单元，共 8 行，每行右边显示 16 个单元的 ASCII 码，不可显示的 ASCII 码则显示“·”。格式 2 显示指定范围内存储单元的内容，其他显示方式与格式 1 一样。如果缺省起始地址或地址范围，则从当前的地址开始按格式 1 显示。

例如：

-D 200

表示从 DS:0200H 开始显示 128 个单元内容；

-D 100 120

表示显示 DS:0100～DS:0120 单元的内容。

说明：在 DEBUG 中，地址表示方式有如下形式：

段寄存器名：相对地址

如

DS:100

段基值：偏移地址(相对地址)

如

23A0:1500

(5) 修改存储单元命令 E。

格式 1：E[起始地址] [内容表]

格式 2：E[地址]

功能：格式 1 按内容表的内容修改从起始地址开始的多个存储单元内容，即用内容表指定的内容来代替存储单元当前内容。例如，

-E DS:0100 'VAR' 12 34

表示以 DS:0100 为起始单元的连续 5 字节单元内容依次被修改为

'V'、'A'、'R'、12H、34H

格式 2 是逐个修改指定地址单元的当前内容。例如，

-E DS:0010

156F:0010 41.5F

其中，156F:0010 单元原来的值是 41H，5FH 为输入的修改值。若只修改一个单元的内容，则这时按回车键即可；若还想继续修改下一个单元内容，则此时应按空格键，就显示下一个单元的内容，需修改就键入新的内容，不修改再按空格跳过，如此重复直到修改完毕，按回车键返回 DEBUG“-”提示符。如果在修改过程中，将空格键换成按“-”键，

则表示可以修改前一个单元的内容。

(6) 运行命令 G。

格式：G[=起始地址][第一断点地址][第二断点地址]…

功能：CPU 从指定起始地址开始执行，依次在第一、第二等断点处中断。若缺省起始地址，则从当前 CS:IP 指示地址开始执行一条指令。最多可设置 10 个断点。

(7) 跟踪命令 T。

格式：T[=起始地址][正整数]　　　;缺省时执行一条指令

功能：从指定地址开始执行"正整数"条指令。若缺省"正整数"，则表示执行一条指令，若两项都缺省，则表示从当前 CS:IP 指示地址开始执行一条指令。

(8) 指定文件命令 N。

格式：N〈文件名或扩展名〉

功能：指定即将调入内存或从内存写入磁盘的文件名。该命令应用在 L 命令和 W 命令之前。

(9) 装入命令 L。

格式 1：L[起始地址][盘符号][扇区号][扇区数]

格式 2：L[起始地址]

功能：格式 1 根据盘符号，将指定扇区的内容装入到指定起始地址的存储区中。

格式 2 将 N 命令指出的文件装入到指定起始地址的存储区中，若省略起始地址，则装入到 CS:100 处或按原来文件定位约定装入到相应位置。

(10) 写磁盘命令 W。

格式 1：W〈起始地址〉[驱动器号]〈起始扇区〉〈扇区数〉

格式 2：W[起始地址]

功能：格式 1 把指定地址开始的内容数据写到磁盘上指定的扇区中。

格式 2 将起始地址的 BX×10000H+CX 个字节内容存放到由 N 命令指定的文件中。BX 中存放程序段地址的末地址与首地址的差(通常程序存放在一个段中，即 BX=0)，CX 中存放偏移地址的末地址与首地址的差。在格式 2 的 W 命令之前，除用 N 命令指定存盘的文件名外，还必须将要写的字节数用 R 命令送入 BX 和 CX 中。

(11) 退出命令 Q。

格式：Q

功能：退出 DEBUG，返回到操作系统。

以上介绍的是 DEBUG 常用命令，其他命令请参考有关书籍。

参 考 文 献

[1] 戴胜华，付文秀，黄赞武，等. 微机原理与接口技术[M]. 3 版. 北京：清华大学出版社与北京交通大学出版社，2019.

[2] 吴宁，乔亚男. 微机原理与接口技术[M]. 4 版. 北京：清华大学出版社，2016.

[3] 龚尚福. 微机原理与接口技术[M]. 3 版. 西安：西安电子科技大学出版社，2019.

[4] 楼天顺. 微机原理与接口技术[M]. 3 版. 北京：科学出版社，2020.

[5] 杨晓东. 微型计算机原理与接口技术[M]. 北京：机械工业出版社，2007.

[6] 吴叶兰，王坚，王小艺，等. 微型计算机原理与接口技术[M]. 北京：机械工业出版社，2009.

[7] 周荷琴，冯焕清. 微型计算机原理与接口技术[M]. 北京：中国科学技术大学出版社，2011.

[8] 艾德才. 微型计算机原理与接口技术(80386～Pentium)[M]. 北京：中国水利水电出版社，2004.

[9] 钱晓捷，陈涛. 微型计算机原理与接口技术[M]. 4 版. 北京：机械工业出版社，2013.

[10] Kip R Irvine. Intel 汇编语言程序设计[M]. 5 版. 温玉杰，梅广宇，罗云彬，等，译. 北京：电子工业出版社，2007.

[11] 余春暄，施远征，左国玉. 80x86 微机原理及接口技术——习题解答与实验指导[M]. 北京：机械工业出版社，2008.

[12] 王永山. 微型计算机原理与应用[M]. 西安：西安电子科技大学出版社，2004.

[13] Barry B Brey. The Intel Microprocessors 8086/8088，80186/80188，80286，80386，80486，Pentium，Pentium Pro Processor Architecture，Programming，and Interfacing[M]. 5. Edition. Prentice Hall，2003.

[14] Intel® 64 and IA-32 Architectures Software Developer's Manual. http://www.intel.com/design/literature.htm.